Plasma Beam
Surface Strengthening Technology

等离子束
表面强化技术

崔洪芝 著

化学工业出版社
·北京·

内容简介

等离子表面强化技术因等离子束能量密度高、设备易操控、成本低等优点，为材料穿上"保护衣"，在工业生产中得到了迅猛发展，尤其是在能源、电力、化工、海洋装备等领域得到了很好的应用。《等离子束表面强化技术》是作者近年来在等离子领域研究成果的总结和概括，主要内容包括：对等离子表面强化技术的发展及其应用进行简介；系统阐述了等离子及等离子束表面强化技术的原理；重点介绍了钢铁材料表面等离子束熔覆 Fe、Ni 基及高熵合金涂层的成分-工艺-结构-性能之间的关联及抗磨耐蚀机理；拓展了利用放电等离子烧结制备 Ni 基合金和高熵合金材料；介绍了作者团队在高通量等离子熔射制备及测试技术的相关成果，建立耐磨蚀材料数据库，用于缩短材料研发周期，指导耐磨蚀材料设计；附录收入了耐磨蚀涂层材料数据管理系统和 BS 架构耐磨蚀涂层材料数据管理系统简介。本书可为各类涂层的不同应用需求提供研究数据支持。

本书可供高等院校及科研单位从事金属材料表面强化领域研发的技术人员以及广大材料专业工作者参考，也可作为高等院校材料、化学及相关专业高年级本科生、研究生的专业读物。

图书在版编目（CIP）数据

等离子束表面强化技术/崔洪芝著 . —北京：化学工业出版社，2023.5

ISBN 978-7-122-43151-6

Ⅰ.①等…　Ⅱ.①崔…　Ⅲ.①表面合金化-等离子冶金　Ⅳ.①TG174.445

中国国家版本馆 CIP 数据核字（2023）第 048063 号

责任编辑：李玉晖　　　　　　　　　　文字编辑：王丽娜　林　丹
责任校对：刘曦阳　　　　　　　　　　装帧设计：张　辉

出版发行：化学工业出版社（北京市东城区青年湖南街 13 号　邮政编码 100011）
印　　装：北京科印技术咨询服务有限公司数码印刷分部
710mm×1000mm　1/16　印张 24　字数 399 千字　2023 年 8 月北京第 1 版第 1 次印刷

购书咨询：010-64518888　　　　　　售后服务：010-64518899
网　　址：http://www.cip.com.cn
凡购买本书，如有缺损质量问题，本社销售中心负责调换。

定　　价：128.00 元

前　言

本书作者对等离子束金属表面强化的研究始于 1990 年，从等离子产生的原理开始到设计等离子发生器、研发等离子体表面处理设备，扩展应用于镁合金及钢铁材料的表面等离子强化，研发了等离子束表面冶金强化技术、等离子束熔覆技术以及等离子束高速熔射技术。本书综合了课题组三十多年来的研究积累，参考了国内外同仁的相关研究，从基本原理、设备开发、涂层材料体系设计和性能表征以及工程应用四个方面阐述了等离子束表面强化技术。本书科学性与工程性并重，可以作为等离子强化技术研究人员的基础入门，又能为工程技术人员提供解决企业实际问题的参照，尤其在提高极端化环境零部件服役寿命和安全性、助力我国深地深海和极地探测战略部署方面应用潜力巨大。

本书分为 7 章。第 1 章简述了等离子束表面强化技术的发展及其应用。第 2 章依据课题组自主研发的等离子束强化设备，首先介绍了等离子体的产生、温度特性，等离子束（弧）产生的形式及特性；阐述了等离子束表面强化设备关键部件等离子束发生器、喷嘴，以及送粉系统、机床控制系统、喷水冷却系统与气路等部分。第 3—5 章重点介绍了钢铁材料表面等离子束熔覆 Fe、Ni 基及高熵合金涂层的成分设计、工艺参数，探讨了熔覆参数与涂层组织、耐磨和耐蚀性能之间的关联及抗磨耐蚀机理。第 6 章介绍了利用放电等离子烧结制备 Ni 基 TiB_2-TiC 复合陶瓷和高熵合金材料，与等离子束熔覆技术制备材料进行了组织、性能对比，深化等离子束熔覆机理。第 7 章介绍了作者团队在高通量等离子熔射制备及测试技术的相关成果，建立耐磨蚀材料数据库，用于缩短材料研发周期，指导耐磨蚀材料设计。

本书由崔洪芝教授主持撰写，张国松参与撰写第 1 章至第 5 章，宋晓杰参与撰写第 6 章和第 7 章，韩野参与本书附录的撰写，参加本书资料整理的有王明亮博士、张新杰博士、王珂、马国梁、陈浩等。此外，还要感谢作者课题组全体师生，是他们的辛勤付出，才有了这些丰富的研究成果。

本书涉及的内容广泛，撰写时参考了国内外相关领域一些最新资料和成果，在此谨向有关文献作者表示诚挚的谢意！最后感谢国家高技术发展研究计划（863 计划）（2015AA064404）、国家自然科学基金（U2106216、51072104、51272141、51971121）、山东省泰山学者工程（tspd20161006）、山东省重大科技创新工程项目（2019JZZY010303）等对研究工作的资助！

由于作者水平有限，书中难免存在不足和疏漏之处，希望广大同仁和读者不吝赐教，以使本书内容更加准确、完善。

作者
2023 年 2 月

目 录

第一章 概述

随着高新技术的普遍应用，工业生产水平和效率不断提高，高载、高速、高效的运行模式成为工程运行中的常态，这对零部件的综合应用性能提出了越来越高的要求。金属材料广泛应用于工业、农业、交通和日常生活等领域，在服役过程中金属零部件常会出现断裂、表面损失和过量变形失效，由此带来巨大的经济损失，甚至造成安全事故。随着更进一步的研究和人们对生活品质的更高要求，金属材料在未来科技和各个垂直领域的应用会越来越广泛、越来越精细，断裂不再是金属零部件失效的主要形式，由磨损或腐蚀造成的表面损伤将成为金属零部件失效的主导。

第一节 表面工程技术

表面工程是表面经过预处理后，再通过表面涂覆、表面改性或多种表面技术复合处理，改变固体金属表面或非金属表面的形态、化学成分、组织结构和应力状况，以获得表面所需性能的系统工程。表面工程技术是表面工程的核心和实质。

一、表面工程技术内涵及分类

表面工程技术最突出的技术特点是无需改变整体材质，就能获得本体材料所不具备的某些特殊性能。表面工程技术获得的表面覆盖层厚度一般从几十微米到几毫米。当前表面工程已经发展成为材料、物理、信息技术、生物医学等学科交叉、复合型综合学科。表面工程技术发展的优势在于：

①采用高性能的表面材料与造价低廉的基体材料相配合，具有较好的整体性能。

②节省能源和材料，性能与基体相比较为优异，具有节能减材的效能。

③应用在再制造领域能够减少对环境的破坏，是发展循环经济的需要。因此表面工程对于提升我国装备制造业水平，解决再制造行业发展中遇到的一系列问题具有很好的现实意义。

表面工程技术的应用领域非常广泛，主要的应用包括：

①结构材料表面耐磨耐蚀方面，在结构件表面制备耐磨耐蚀保护层或者涂覆层，显著提高了结构件表面抗腐蚀及抗磨损的能力；

②再制造工程应用方面，通过对废旧材料的表面修复或者增材制造，使废旧材料避免了回炉再造，减少了对能量的消耗和对环境的破坏，在民用和军事工业中都有很好的应用；

③功能材料和元器件方面，材料表面工程技术降低了制备功能材料的成本，制备出了具有特殊功能的表面涂层；

④环保材料方面，表面工程技术制备出了吸附剂，可以去除空气中的有害成分，许多的绿色能源结构材料都应用了表面沉积或者涂覆工程技术。

表面工程技术按照学科特点分为表面涂镀技术、表面改性技术和薄膜技术等，如表 1-1 所示；按照工艺特点可分为电镀、涂装、堆焊、热喷涂、热扩渗、化学转化膜、彩色金属、气相沉积等，如表 1-2 所示。

表 1-1　表面工程技术按学科特点分类

类别	定义	常见手段
表面涂镀技术	将液态涂料涂覆在材料表面或将镀料原子沉积在材料表面形成涂层或镀层	热喷涂、堆焊、电镀、化学镀、气相沉积和涂装技术
表面改性技术	利用热处理、机械处理、离子处理和化学处理等方法,改变材料表面的成分及性能的技术	热扩渗、转化膜、表面合金化、离子注入和喷丸强化
薄膜技术	采用各种方法在工件表面上沉积厚度为 $100nm \sim 1\mu m$ 或数微米薄膜的技术	气相沉积技术

表 1-2　表面工程技术按工艺特点分类

工艺	常见手段
电镀	合金电镀、复合电镀、电刷镀、非晶态电镀和非金属电镀
涂装	特殊用途、特殊类型的新涂料和涂装工艺
堆焊	埋弧自动堆焊、振动电弧堆焊、CO_2 保护自动堆焊和等离子堆焊
热喷涂	火焰喷涂、电弧喷涂、等离子喷涂和爆炸喷涂
热扩渗	固体渗、液体渗、气体渗和等离子渗
化学转化膜	化学氧化、阳极氧化、磷酸盐膜和铬酸盐膜
彩色金属	整体着色、吸附着色及电解着色
气相沉积	化学气相沉积和物理气相沉积
三束改性	激光束改性、电子束改性和离子束改性

二、常见表面工程技术

1. 气相沉积技术

气相沉积技术是利用气相发生物理和化学变化过程，在需要强化的材料表面形成功能性涂层的工艺。一般分为三类：物理气相沉积、化学气相沉积、等离子体化学气相沉积。

物理气相沉积（PVD）技术在近些年得到较快的发展，工业应用要求也越来越高，应用面不断扩大，处理的对象以前主要是硬质合金和高速钢（HSS）材料，近年来在模具钢和结构钢领域也开始有所应用；在保证被处理材料性能不下降前提下不断降低 PVD 温度，是 PVD 技术发展的一个方向；在沉积材料方面，早期开发的材料主要为碳化钛（TiC）和氮化钛（TN）类型，后来逐渐发展了金刚石、类金刚石和立方氮化硼（CBN）膜，一些功能性薄膜也逐渐被开发出来，例如 TiO_2 膜（具有良好光催化性能）、MgF_2/ZnS 膜（具有较好的红外反射率和可见光透过率）等。化学气相沉积（CVD）是使涂层材料呈现气态或者蒸气态时，发生界面反应成为固体沉积物的技术，最早出现在 20 世纪 60 年代的美国，开始阶段专家们将此项技术应用在多孔材料致密化方面，通过引导气体深入多孔材料内部沉积以达到使材料致密化的目的。近些年来 CVD 技术广泛应用于制备陶瓷及陶瓷基复合材料，一些学者也研究了低压 CVD 理论模型；在技术应用方面，英国航空公司 Dunlop 利用 CVD 技术制备的刹车盘在全球的市场占有率达 63%。将等离子体应用于气相沉积过程，逐渐形成了等离子体化学气相沉积（PCVD）技术，一般

CVD 技术需要较高的温度，限制了基体材料的选择，而在 PCVD 技术中引入了低温平衡等离子体技术，改变了材料反应的热力学和动力学条件。PCVD 的优点主要表现在反应过程温度较低，与 PVD 相比又具有设备和方法简便易行的优点，因此得到了较好的发展。

2. 电镀和化学镀

电镀是指在电解质的水溶液中施加外加电流，以基体金属材料作为阴极，在电流作用下金属离子发生迁移，在金属表面发生反应形成镀层的技术。化学镀采用还原剂和金属盐类物质为原料，在材料表面发生自催化，从而生成镀层。两种方法在原理方面的主要区别是电镀工艺需要外加电流，而化学镀不需要外加电流，依靠自催化反应合成镀层。

一般化学镀镀层较为均匀，可以达到仿形的效果，可以对任何形状的工件施镀；而电镀因为存在外加电流，所以镀层产生速度很快，产生同等厚度的镀层所需时间远远小于化学镀。化学镀镀层可以具有非常复杂的形状，厚度均匀，一般具有较好的耐腐蚀性和耐磨性，在航天、航空、石油、计算机和汽车等领域都有所应用，近些年复合化学镀的发展扩大了化学镀工艺的应用领域。具有关部门统计，化学镀镍每年的增长速度在 15% 以上，美国化学镀镍企业达 2000 家以上，产值 10 亿美元以上，我国的化学镀镍企业也达 300 家以上。

3. 热喷涂

在 1908 年 U. Schoop 教授第一次系统性地提出热喷涂的概念，发展到 20 世纪中叶火焰喷涂和电弧喷涂已经成为钢铁构件防护的常用手段，当前热喷涂的发展方向主要集中在新型涂层材料的设计和研发、功能涂层的开发设计等方面。热喷涂技术的原理是将喷涂材料加热到半熔化状态，采用高速的焰流或者气流使半熔化状态的喷涂材料雾化形成熔滴形态，同时在焰流或者气流的加速作用下，喷涂材料高速喷射到基材的表面，因为撞击力度较大，可在基材表面铺展和变形，而形成沉积层，最终形成热喷涂涂层。根据不同功能的需要，涂层可以选择非金属或者金属的丝材或者粉末作为喷涂原料。通常情况下，一般将喷涂技术分为超音速喷涂、火焰喷涂、等离子喷涂等几类。在进行喷涂之前基材表面必须进行打磨或者喷丸处理，去除表面的油污和氧化层，同时也增加了基材表面的粗糙度，有利于增强基材表面与涂层的结合能力。在各种表面工程技术当中热喷涂技术的优点主要表现为：具有很高的生产效率，原料可选种类非常丰富，可制备各种功能涂层，可以满足不同场合、不同领域的应用需求。

热喷涂技术作为一种传统的表面工程手段在工业生产中表现出了很强的生命力，但是也存在很多的局限性，这些问题限制了其在一些特殊工业领域的应用。喷涂涂层以堆垛的方式进行沉积，在组织中容易出现孔洞缺陷；由于喷涂过程中温度过高，并且在到达基材表面之前要不可避免地与空气接触，所以在热喷涂涂层中往往存在较多的氧化物杂质；与基材的结合方式一般表现为机械结合，因此在一些构件中会出现涂层开裂的问题。

4. 堆焊

堆焊在国内最早发展于 20 世纪 50 年代，一般采用埋弧焊、焊条电弧焊和气体保护焊等焊接方式，在需要保护金属表面制备一层具有特定性能的堆焊层。主要强化机理为表面合金化的过程，通常在焊接材料（焊丝、药皮等）中加入特定的合金元素成分，在熔化过程中进入熔覆涂层金属中，在金属表面获得需要的性能。相比于其他表面技术，堆焊技术工艺较为简单，焊接所需设备价格较低，特别适用于现场操作，在零件耐磨、耐腐蚀和修复方面得到了较多的应用。

通过大量堆焊强化零件的研究发现，其耐磨性能和耐腐蚀性能的提升并不是特别理想，主要是由于焊接材料过渡元素扩散系数低，并且在焊接过程中损失较大，所以在所形成的表面堆焊层中合金元素含量较少，得到的强化相颗粒含量较少，没有达到很好的强化效果；此外，其设备简陋、精度较差，不具备在大型设备和先进制造领域进行大量应用的条件。

5. 激光熔覆

激光熔覆技术已经发展了 30 余年，在机械表面强化、零件修复等方面表现出了很好的应用潜力，国防和汽车制造等重要领域都广泛采用该技术。其原理是按照需要设计配置合金粉末，以高能量的激光束为热源，将合金粉末采用同步送粉或者预涂的办法施加于基材表面进行熔化，形成与基材呈冶金结合的涂层，激光熔覆涂层一般具有特殊的力学或者物理化学性能。激光熔覆技术具有较高的应用性和学术研究价值，主要的优势为：熔覆涂层加热和冷却速度极快，可快速凝固形成细化组织，在一些研究中可形成非晶组织；得到的涂层稀释率较低，与基材呈冶金结合的方式，残余应力较小；可选用的原料范围较广泛，可以根据需要进行成分的设计，物相和组织及性能比较容易控制；加工精度较高，无接触化加工，大部分可以实现自动化控制生产。

激光熔覆作为一种新型的材料表面强化手段，可以对零部件局部进行处理，从而改善基材耐磨损、耐腐蚀性能，比较广泛地应用于现代工业。但是激光也有其不可避免的局限性，比如加工成本较高、设备机构复杂、容易出现故障。由于激光传输的原理，激光在遇到障碍物后会产生高热，所以对加工环境要求较高，一般工业生产环境难以满足要求。

6. 等离子束熔覆

等离子束熔覆技术是以高功率的等离子弧为热源，在基材表面添加熔覆材料，当熔覆材料瞬时所吸收的能量超过临界值时，基材表面与熔覆材料共同熔化，产生熔池，随后快速凝固形成与基材冶金结合的熔覆层。通过数控设置程序，可以实现往复扫描制备大面积涂层，从而对工件进行表面强化或者修复。与表面重熔和表面相变硬化技术相比，等离子束熔覆技术可以通过改变熔覆材料得到组织结构更加灵活、性能更加优良的涂层，所以在工业生产中应用广泛。同气相沉积、化学镀、热喷涂、堆焊、激光熔覆等表面改性手段相比，等离子束熔覆技术有以下一些特点：

① 等离子弧具有较大的能量密度，熔覆过程加热和冷却速度较快，可以细化涂层组织，有利于改善铸态组织的成分偏析和提高合金元素的固溶度，很多情况下可以得到非晶和非平衡组织；

② 可以根据性能需要，选择合适的材料体系进行设计；

③ 通过改变等离子束熔覆的工艺参数，减少基体的熔化，从而控制稀释率，减少污染，使熔覆涂层保持熔覆材料较好的性能；

④ 熔覆材料体系广泛，等离子束熔覆通常不受热力学条件的限制，包括陶瓷材料、Fe 基、Ni 基、Co 基合金粉末都可以作为熔覆材料；

⑤ 自动化控制情况下通过改变送粉速率可以得到厚度不同的涂层，在超厚涂层方面具有较大的优势；

⑥ 涂层表面质量良好，与基体呈冶金结合状态；

⑦ 可以在再制造领域中进行工业应用。

第二节　等离子体及其应用

等离子体，简单的说就是电离的气体，其具有化学活性高、能够和电磁场产生相互作用的特点，这些特点决定了等离子体在表面强化领域有着得天独厚的优势。等离子体可以是部分电离的，如辉光放电等离子体，其电离度通常小于10％；也可以是全部电离的，如高温核聚变反应中的等离子体，其电离度可以达到100％。按照等离子体的温度，将工业应用中的等离子体分为高温等离子体和低温等离子体，低温等离子体又可分为热等离子体和冷等离子体：

① 高温等离子体：温度为 $10^6 \sim 10^8 K$，如核聚变等离子体，各粒子达到了热力学平衡，具有统一的热力学温度；

② 热等离子体：温度在 $3 \times 10^3 \sim 3 \times 10^4 K$，如电弧等离子体、等离子弧，各粒子基本达到了热力学平衡，具有统一的热力学温度；

③ 冷等离子体：温度不确定，如辉光放电等离子体，电子温度上万开尔文，正离子和中性粒子温度在室温附近，电子、正离子和中性粒子均未达到热力学平衡。

无论是热等离子体还是冷等离子体，都可以用于材料的表面强化处理。冷等离子体表面强化技术主要有：等离子体增强物理气相沉积（PEPVD）、等离子体增强化学气相沉积（PECVD）、等离子体辅助热处理、等离子体浸没离子注入；热等离子体表面强化技术主要有：电弧喷涂、电弧堆焊、等离子喷涂、等离子粉末堆焊、等离子熔覆等。

等离子体增强物理气相沉积（PEPVD）在真空环境下进行，是用物理的方法（如蒸发、溅射等）使镀膜材料气化，在基体表面沉积成膜的方法。常用的技术包括溅射沉积（直流和射频）、真空电弧沉积、离子镀（溅射离子镀和电弧离子镀）。

等离子体增强化学气相沉积（PECVD），是一种用等离子体激活反应气体，促进其在基体表面或近表面空间进行化学反应，生成固态膜的技术。等离子体化学气相沉积技术的基本原理是在射频或直流电场作用下，源气体电离形成等离子体，利用低温等离子体作为能量源，通入适量的反应气体，然后利用等离子体放电，使反应气体激活并实现化学气相沉积的技术。按产生等离子体的方法，分为射频等离子体CVD、直流等离子体CVD和微波等离子体CVD等。

等离子体浸没离子注入（PⅢ）或脉冲等离子掺杂（脉冲PⅢ）是通过应用高电压脉冲直流或纯直流电源，将等离子体中的加速离子作为掺杂物注入合适的基体或置有电极的半导体芯片的靶的一种表面改性技术。电极对于正电性等离子体是阴极，对于负电性等离子体是阳极。等离子体可在设计好的真空室中以不同的等离子体源产生，如可产生最高离子密度和最低污染水平的电子回旋共振等离子体源，以及氦等离子体源、电容耦合等离子体源、电感耦合等离子体源、直流辉光放电和金属蒸气弧（对金属物质来说）。真空室可分为两种：二极式和三极式，前者电源应用于基体而后者应用于穿孔网格。

等离子喷涂技术是采用由直流电驱动的等离子电弧作为热源，将陶瓷、合金、金属等材料加热到熔融或半熔融状态，并以高速喷向经过预处理的工件表面而形成附着牢固的表面层的方法。具有：超高温特性，便于进行高熔点材料的喷涂；喷射粒子的速度高，涂层致密，黏结强度高；由于使用惰性气体作为工作气体，所以喷涂材料不易氧化等特点。

等离子粉末堆焊是以等离子弧作为热源，应用等离子弧产生的高温将合金粉末与基体表面迅速加热并一起熔化、混合、扩散、凝固，等离子弧离开后自激冷却，在其表面形成一层高性能的合金层，从而实现零件表面的强化与硬化的堆焊工艺。

第三节　等离子束表面强化技术及应用

等离子束也称为等离子弧，是通过外部的约束使自由电弧的弧柱受到强烈压缩而获得的电弧。离子束分为钨极和水冷铜喷嘴之间的非转移弧、钨极和工件之间的转移弧，主要受到机械压缩、强制冷压缩和电磁压缩的约束。离子束受到压缩后，弧柱电流密度显著升高，束流温度及电离度大幅提高，能量密度随之大幅提高。等离子束同时还具有稳定性好、焰流速度高及可控性高等优点，属于低温热等离子体。等离子束表面强化技术主要有：等离子束淬火、等离子束喷涂及等离子束熔覆等。

一、等离子束淬火

等离子束淬火是一种利用高能量密度热源对材料进行表面热处理的方法。它以等离子电弧作为热源对工件表面进行加热，使被加热部位的温度在很短的时间内达到相变温度以上，然后靠工件自身冷却和相变获得所需要的组织，从而获得良好的表面耐磨性和耐腐蚀性。

许多零件的破坏是自表面磨损开始的，如汽缸套、凸轮轴、曲轴及齿轮等，因此对这些零件的表面进行等离子弧表面热处理是提高使用寿命、节省材料的有效方法。对加工工具如模具、刀具及一些刃口工具如剪刀等进行等离子弧表面热处理可形成带超弥散组织的强化区，从而可获得较高的硬度、耐热性和耐裂纹性。等离子弧淬火区晶粒和晶内的组织非常细小，在强度和硬度很高的情况下仍保持相当高的韧性和塑性，采用此技术对金属材料进行表面改性可显著提高材料寿命。等离子弧淬火可用于用常规硬化方法不能处理或者几乎不可能处理到的表面，如丝杠螺纹部分、齿轮和齿条的齿部、凸轮和靠模的工作面以及许多零件的各种槽、沟、孔的局部硬化处理。对于表面积很大的工件如导轨以及主轴、转轴、轴和杆等而言，运用等离子弧表面淬火来获得连续的硬化层也颇有前途。

等离子束淬火工艺已经被应用于柴油发动机缸套、油井冲击钻具的外缸套、波纹管旋压机床的旋压辊及托辊，以及装甲车辆曲臂、平衡肘、大制动鼓、风扇轴、扭力轴及柴油机曲轴等多种耐磨件和模具、刀具的表面硬化。所涉及的被淬火材料包括中碳钢、合金钢、灰铸铁、球墨铸铁及硼合金铸铁等。

二、等离子束喷涂

等离子束喷涂是一种材料表面强化和表面改性技术，首先在阴极和阳极（喷嘴）之间产生一直流电弧，该电弧把导入的工作气体加热电离成高温等离子体，并从喷嘴喷出，形成等离子焰，等离子焰的温度很高，其中心温度可达 30000K，喷嘴出口的温度可达 15000～20000K。焰流速度在喷嘴出口处可达 1000～2000m/s，但会迅速衰减。粉末由送粉气送入火焰中被熔化，并由焰流加速得到高于 150m/s 的速度，然后喷射到基体材料上形成膜，可以使基体表面具有耐磨、耐蚀、耐高温氧化、电绝缘、隔热、防辐射、减摩和密封等性能。等离子束喷涂技术在耐磨、耐蚀涂层等传统领域的应用已经较为广泛，从 20 世纪 50 年代至今，其应用领域由航空、航天扩展到了钢铁工业、汽车制造、石油化工、纺织机械、船舶等。近年来等离子束喷涂技术在高新技术领域如纳米涂层材料、梯度功能材料、超导涂层等方面的应用研究逐渐受到人们的重视。等离子束喷涂亦有用于医疗用途，如在人造骨骼表面喷涂一层数十微米的涂层，作为强化人造骨骼及加强其亲和力的方法。

三、等离子束熔覆

等离子束熔覆先以钨极作为负极，焊枪作为正极形成非转移弧回路，通过电流击穿匀速送入腔体内的氩气，使腔体内氩气分子被电离，从而在焊枪喷嘴和钨极间形成非转移弧（引弧）；然后以基材工件为正极，钨极为负极形成新回路，在高频高压激发下于工件和钨极间形成转移弧（主弧），主弧在机械压缩、电磁压缩和热压缩共同作用下形成稳定且高密度的等离子弧。稳定且高密度的等离子弧作用于熔覆材料及基体表面形成熔池，熔池以"液珠"的形式存在，在本身重力、表面张力、气体动力和等离子弧吹力等作用下，在金属表面铺展开来，熔池会迅速凝固，形成与金属基体呈冶金结合并具有快速凝固特征的等离子熔覆层。

等离子束熔覆技术是采用等离子束为热源，对金属表面进行热处理以获得具有优异的耐磨、耐蚀、耐热、耐冲击等性能的新型材料，熔覆原料熔化后快速凝固形成与基材冶金结合的熔覆层。等离子束熔覆技术作为表面工程领域重要的技术之一，使得零部件能够重新服役，大大延长了零部件的使用寿命，在矿山机械、电力、化工石油、汽车零部件再制造等领域应用十分广泛。

第二章 等离子束表面强化设备及应用

等离子体是以等离子状态存在的物质，常被视为是除固、液、气外，物质存在的第四态。等离子体可以分为天然等离子体和人工等离子体，工业生产中用到的等离子体都是人工等离子体。等离子束表面强化作为高能束表面强化的重要手段，主要包含等离子喷涂、等离子化学热处理、等离子弧表面淬火、等离子熔覆和等离子合金化等。

本章主要介绍等离子体、等离子束的产生原理，集成了等离子束发生系统、冷却系统、电气控制系统及三维运动控制系统自主研发的等离子束表面强化设备及其在各工业领域应用情况。

第一节 等离子体及等离子束

一、等离子体

1. 等离子体的概念

等离子体（plasma）实质上是电离的气体，是由部分电子被剥夺后的原子及原子团被电离后产生的正负离子组成的离子化气体状物质，尺度大于德拜长度的宏观电中性电离气体，其运动主要受电磁力支配，并表现出显著的集体行为。等离子体可以是部分电离的，像等离子体表面处理中常用的辉光放电等离子体，其电离度通常为 $1\%\sim10\%$；也可以是全部电离的，像高温核聚变反应中的等离子体，其电离度可以达到 100%。

2. 等离子体产生形式及特点

要想气体电离，必须向其输入一定的能量。根据提供能量的方式，等离子体的产生方式可以分为热致电离、气体放电电离和光致电离。

（1）热致电离　任何物质只要加热到足够高的温度都会变成等离子体，热致电离产生等离子体的本质是粒子碰撞，其电离度随着温度升高而增大、随着气体压力增大而减小。热致电离产生等离子体的原理最简单，但是因为没有熔点那么高的容器，所以在实际生产中很难应用。

（2）气体放电电离　气体放电分为自持放电和非自持放电，产生等离子体的是自持放电。气体放电方式产生的等离子体主要包括直流辉光放电等离子体、高频辉光放电等离子体、电弧等离子体和等离子弧。

（3）光致电离　利用激光产生的高能量密度脉冲，经透镜聚焦，照射到气体上，气体在短时间内吸收大量能量，发生电离，形成光致电离等离子体。

对于特别稀薄的等离子体，长期处于远离热力学平衡状态，温度是不确定的；对于辉光放电等离子体，电子和重粒子分别处于热力学平衡状态，但是因电子和重粒子质量相差太大，它们之间无法建立热力学平衡，温度出现两相性，电子温度上万开尔文，重粒子温度在室温附近，形成双温等离子体；对于高密度等离子体，各粒子之间达到热力学平衡，具有统一一定的温度。工业应用的高密度等离子体分为高温等离子体和低温等离子体，低温等离子体又可以分为热等离子体和冷等离子体。高温等离子体，即粒子温度为 $10^5 \sim 10^8 \text{K}$，如太阳表面等离子体、核聚变等离子体和激光聚变等离子体等均属于高温等离子体。低温等离子体，即粒子的温度为从室温到 $3 \times 10^5 \text{K}$ 左右，其中，按重粒子温度水平低温等离子体还可分为：

（1）热等离子体　即重粒子温度为 $3 \times 10^3 \sim 3 \times 10^4 \text{K}$，基本上达到热力学平衡状态，所以具有统一的热力学温度，如电弧等离子体、高频等离子体等均属于热等离子体；

（2）冷等离子体　即重粒子温度只有室温那么高，而电子温度可高达上万开尔文，所以远离热力学平衡状态，如辉光放电就属于冷等离子体。

等离子体具有导电性、准电中性、与电磁场的可作用性、化学活性高和温度高等特点。

二、等离子束

1. 等离子束的概念及产生

等离子束是一种温度更高的压缩电弧，通过外部拘束对自由电弧的弧柱进行强烈压缩，从而提高电弧的温度，如图 2-1 所示，这种压缩型电弧则称为等离子束。

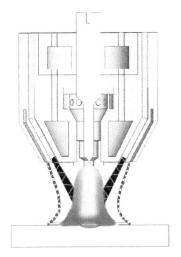

图 2-1　等离子束示意图

等离子束的挤压作用主要是通过水冷紫铜喷嘴来实现的，阴极钨电极和阳极喷嘴或工件间的等离子束受到三方面的约束压缩：

（1）机械压缩　喷嘴内孔直径限制了等离子束的扩展空间，对其实现了强制性的机械压缩作用。

（2）强制冷却压缩　高温高能的等离子束之所以能被强制限定在喷嘴内，是因为导热性良好的紫铜的水冷作用，使喷嘴孔道内壁一直保持很低的温度。同时，靠近孔道内壁的气流受到冷却作用，形成了很薄的低温气流层，呈非电离状态，阻碍电流通过，迫使电流从离子束中间流过，使离子束进一步压缩。机械压缩依赖于强制冷却压缩，所以强制冷却压缩是等离子束最重要的压缩。

（3）电磁压缩　对于弧柱中心的导电部分，可以把电子流想象为无数根电流方向相同的导线，根据电磁定律，则存在着指向弧柱中心的压缩力，这种由于电流自身磁场产生的压缩现象被称为自磁收缩效应。

等离子束受到三方面的压缩后，弧柱电流密度显著提高，温度和电离度随之大幅提高。

2. 等离子束的分类

等离子束根据建立的方式可以分为：非转移型弧、转移型弧和联合型弧，如图 2-2 所示。

（1）非转移型弧　铜喷嘴接正极，钨棒接负极，工件不带电。等离子弧建立在钨棒与铜喷嘴之间，高温、高速的等离子焰流从喷口射出，见图 2-2 （a）。

（2）转移型弧　工件接正极，钨棒接负极，喷嘴不接电，它仅起对弧进

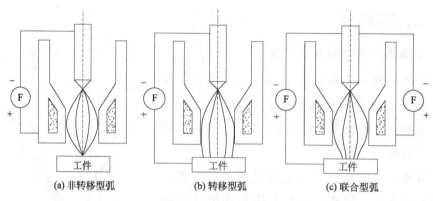

(a) 非转移型弧　　　　(b) 转移型弧　　　　(c) 联合型弧

图 2-2　等离子束形式

行压缩的作用。等离子弧建立在钨棒与工件之间，它对工件的加热能力较非转移型弧高，见图 2-2(b)。

（3）联合型弧　喷嘴、工件均接正极，钨棒接负极。上述两类型等离子弧同时存在，故称联合型等离子弧。在一般情况下，联合型弧中的非转移弧是作为辅助热源的，转移弧为主；也有使喷嘴与工件之间产生电弧的特殊联合型弧，并可使用交流电接于喷嘴与工件之间，见图 2-2(c)。

3. 等离子束的特性

与自由电弧相比，等离子束在温度、热功率、热效率焰流速度、电特性、稳定性、稀释率和可控性等方面都具有独特之处。

（1）等离子束的温度　等离子束最引人注目的特点就是温度非常高，典型的等离子弧温度为（1～2）万开尔文。等离子弧温度高于任何已知材料的熔化温度，甚至高于蒸发温度。对大多数等离子束，最适合的温度范围为10000～20000K，这样高的温度，用传统方法是难以达到的。等离子束的参数可在很大范围内改变，其温度也会在很大范围内变化。但对比等离子弧和其他弧的温度分布可发现，等离子弧在整个弧柱中都有很高的温度。

（2）等离子束的热功率　电弧的热功率就是单位时间内电能转变成热能的量，也就是耗电率。把电弧看作电阻，电弧的热功率为（$1\mathrm{cal/s} = 4.1868\mathrm{W}$）：

$$Q = 0.24UI\,(\mathrm{cal/s}) \tag{2-1}$$

式中，0.24 是电能转变为热能的系数，$\mathrm{cal/(W \cdot s)}$；I 是电弧电流，A；U 是电弧电压，V。

当等离子弧的电流与普通焊接电弧电流相同时，它通常有较高的电压，因而具有较大的热功率。等离子弧的热功率可通过很多规范参数控制调整。除改变电流外，它的喷嘴直径和长度、气体流量、气体介质成分以及喷嘴几何形状、电极与喷嘴及工件间相对位置等都是可调节的工艺参数。

（3）等离子束的热效率　电能在等离子枪中转变成了热能，但这些热能并没有全部用于加热工件。在转移弧中，工件得到了60％的热能；在非转移弧及联合型弧中工件得到的热量比例分别为25％和35％～40％，此即等离子弧的热效率。

$$Q_e = 0.24UI\eta \ (\text{cal/s}) \tag{2-2}$$

式中，η 为等离子弧的热效率。

表面上等离子弧的热效率要比开放电弧的热效率低（金属极开放电弧焊时热效率约为70％～85％），但是等离子弧的热量非常集中，可以迅速地把工件的加热部位加热到高温，也就是说加热能力利用率高。

（4）等离子束的焰流速度　等离子弧的另一个非常引人注目的特点是通常等离子焰流以极高的速度从等离子枪的喷嘴喷出。在喷嘴附近，有时这个速度可以接近音速；在一些场合，喷射速度可以超过音速。在等离子枪中，不断送入的工作气体在喷嘴孔道中被加热到很高的温度，体积剧烈膨胀，因而焰流自喷嘴喷出时速度很高（热力加速）、流量很大，具有很大的冲力。焰流速度高、冲击力大的等离子弧称为"刚性弧"；焰流速度低、冲击力小的弧称为"柔性弧"。通过改变工作气体流量、喷嘴直径可获得"刚性弧"或"柔性弧"。

（5）等离子束的电特性　等离子弧的电特性即其伏-安特性，是等离子弧处于稳定工作状态时，其电压与电流之间的关系。这个关系又称为等离子弧的静特性，即弧长一定时，随电流的增大，而其电压降低。这个变化趋势与电阻上的电压和电流间关系相反。这是由于在电弧中随着电流的增加，弧柱直径也增加，同时温度也有所提高，结果电弧的电阻减小了，使得电压下降。当电流非常大时，磁收敛效应使弧柱直径的增加受到限制，出现平的或上升的伏-安特性。在等离子弧中，喷嘴限制了弧柱尺寸的增加，造成了其伏-安特性与自由弧的差别。这类差别主要表现在两方面：一方面，等离子弧通常具有较高的电压；另一方面，等离子弧比较容易形成平的和上升的伏-安特性。等离子弧具体的伏-安特性形状与工作气体的种类与流量、喷嘴尺寸、电极间距离等因素有关。

（6）等离子束的稳定性　在等离子枪中，工作气体沿切线方向送入，气

流在管道中形成漩涡，漩涡的中心压力最低，弧柱总是力图处于这个压力最低的区域，因而等离子弧具有较强的方向性且能稳定燃烧。

（7）等离子束的稀释率　保证了等离子熔覆技术与其他技术相比而言涂层更优异的耐磨性与硬度。

（8）等离子束的可控性　等离子束的热量和温度可以通过改变输入功率、工作气体流量、喷嘴的形状等在很大范围内进行控制。

第二节　等离子束熔覆设备

等离子束表面强化设备采用系统集成技术及模块化设计理念，主要包括：等离子束发生系统（等离子电源和发生器）、三维运动机械系统、冷却系统及控制系统等。等离子束熔覆设备还包括送粉系统，其原理如图 2-3 所示。第一代等离子束表面强化设备如图 2-4 所示。

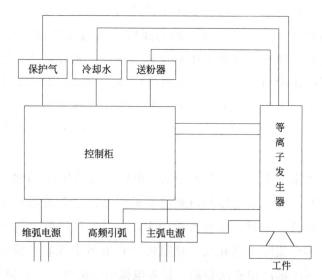

图 2-3　等离子束熔覆设备原理图

一、等离子束发生系统

等离子束表面强化设备中，核心部分是等离子束发生系统，主要包括等离子电源和发生器，如图 2-5 所示。等离子束表面强化技术采用转移型等离子束为热源，精确计量的电离气体进入发生器，在水冷紫铜喷嘴内，高频击穿钨极和阳极喷嘴壁之间的气体间隙，引燃非转移弧；钨极和阳极工件之间

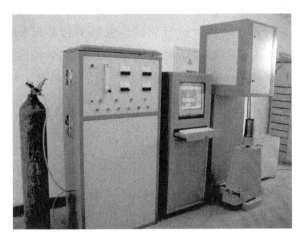

图 2-4 第一代等离子束表面强化设备

借助非转移弧过渡引燃转移弧，再利用转移弧的热量熔化基体或者合金粉末。

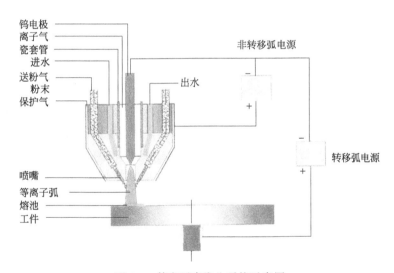

图 2-5 等离子束发生系统示意图

等离子束工作电源的空载电压一般为工作电压的 3～4 倍，等离子束发生器直接进行转移弧引弧的冲击非常大，容易使喷嘴和电极冲击烧损，以及造成零件表面的烧伤。因此，要对引弧过程进行束型切换和电流衰减控制。

束型切换主要是完成转移束型和非转移束型的优势互补。转移束型的引弧不受喷嘴与工件距离的限制，且束柱稳定，但作为阳极的喷嘴热能聚集较多，热量利用率较低，对冷却状况要求较高。非转移束型的特点正好与之相反。引弧过程的束型切换，是在引弧开始阶段使用非转移束型，且非转移束的工作电压和电流都较低，使等离子束能量低而不致对金属管道表面造成烧伤。当非转移束的引弧稳定后，进行非转移束型向转移束型的切换，由于转移束由非转移束来引发，引弧成功率高且对金属表面的冲击小。束型切换后，电压随之升高，电流的增大由衰减控制电路完成，其原理如图 2-6 所示。

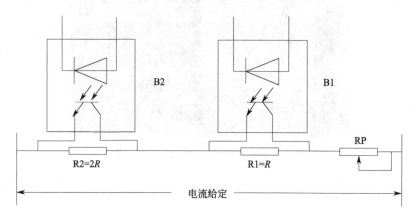

图 2-6　电流衰减控制电路图

在图 2-6 中，RP 为电流给定电位器，可根据处理工艺要求进行调整，R1 与 R2 串联于 RP 回路，在启动过程的开始，光电耦合器 B1 和 B2 均不导通，相当于 RP、R1、R2 串联，由于 R1＝R、R2＝2R，因此根据 B1 与 B2 的工作状态，与 RP 相串联的电阻可实现 0、R、2R 和 3R 四种形式，即可实现四种电流给定值。由于该电流的衰减过程是由中控控制的，计算机可以随时检测当前工作电流的大小，从而根据启动状态输出不同的给定值。

对于逆变电源，主要采取以下抗干扰措施：

① 驱动绝缘栅双极型晶体管（IGBT）的信号线采用双绞线；

② 为了增加 IGBT 工作时的抗干扰能力，用专用的驱动模块驱动 IGBT，该驱动模块利用内部光耦，有效地抑制驱动脉冲的干扰信号；

③ 印刷电路板上的电源线与地线设计的短、粗、直，以提高抗干扰性能；

④ 合理布置电路板上的元器件，将相关器件尽量靠近，以减短引线，便于调试；

⑤ 高频功率变压器远离控制电路。

等离子束发生器不仅要产生维持弧、转移弧，还要有冷却、送粉通道，其结构及技术要求复杂：第一要求将处于中心的等离子束与周围的冷空气隔绝，以稳定等离子弧；第二能获得沿弧柱径向温度分布较为平缓的柔性等离子束，以减小熔池冶金的不均匀性和对熔池的冲击力；第三等离子炬连续工作的可靠性与长寿命，可以提高等离子冶金的热效率。根据上述要求，设计开发了等离子束发生器，如图 2-7 所示。

图 2-7　等离子束发生器

1—进气通道；2、3—进出水通道兼阴极；4、5—进出水通道兼阳极；6—阳极座；7—挡环；

8—钨电极；9—喷嘴；10—绝缘垫

喷嘴是等离子束的压缩通道，尽管有良好的冷却系统，但是苛刻的服役环境严重影响其使用寿命。为了便于更换，喷嘴结构设计为阳极座上的独立结构，采用内嵌式紧密连接，使其与阳极座保持良好的热接触和电接触，保证了喷嘴的散热和阳极特性。喷嘴是控制等离子弧的关键部件，对等离子弧的稳定性有很大的影响，而且喷嘴的结构形状、几何参数能控制和调节等离子弧的刚、柔程度。如图 2-8 所示喷嘴结构中，喷嘴主要几何参数为孔径 d、孔道长 L 和压缩角 α。d 决定着等离子束的直径，压缩比（d/L）控制在 1 以内。

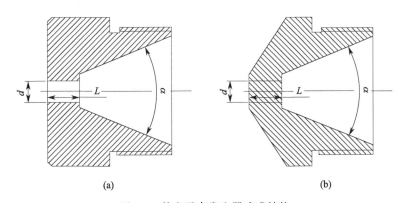

(a)　　　　　　　　　　　　　　　　(b)

图 2-8　等离子束发生器喷嘴结构

除了内部尺寸外，喷嘴的外部结构形状对电弧的稳定性也有较大的影响。

喷嘴外部端头为平面时，如图 2-8（a）所示，电弧的射流作用，将使端面区域的气体卷入电弧区，并随电弧冲向工件，这时端面区域的气体需要补充，由于保护气的流向距离较大，会降低等离子弧的稳定性。而把喷嘴外部端头修改为半球形或者圆锥形，如图 2-8（b）所示，保护气体可以沿弧面直接流到电弧的周围，电弧射流所带走的周围气体可以及时得到补充，从而提高电弧的稳定性。经过长期试制调试，喷嘴结构确定为圆锥形端头，压缩比 0.8、压缩角 53°，如图 2-9 所示。

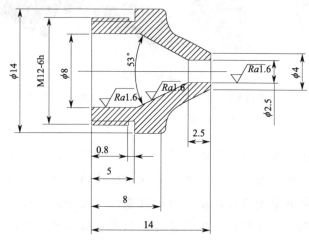

图 2-9　等离子束发生器喷嘴

二、水、气及粉通道系统

冷却水路是等离子束发生器冷却的关键，关系到整个发生器的使用效果。低温冷却水先从外部冷却水管进入枪体中的右侧冷却水通道（前枪体冷却水管）中，由于发生器中喷嘴对于冷却散热要求最高，因此右侧冷却水通道中冷却水首先流入阳极冷却水腔。在阳极冷却水腔处，冷却水首先对喷嘴进行冷却，保证了喷嘴的冷却效果。待阳极冷却水腔中水满后，冷却水便在水压的作用下沿着左侧冷却水通道（后枪体冷却水管）上行，再途经绝缘座过水孔道和阴极座的通孔流入阴极冷却水腔。在阴极冷却水腔内，温度略有上升的冷却水可以对冷却要求较低的钨极进行冷却，冷却顺序合理。待冷却水填满阴极冷却水腔后，冷却水从回水接头处流出，实现了一个冷却水循环。等离子束发生器冷却水路结构示意图如图 2-10 所示。

等离子束熔覆时，保护气流能够隔绝外部空气，避免氧化物的产生，对

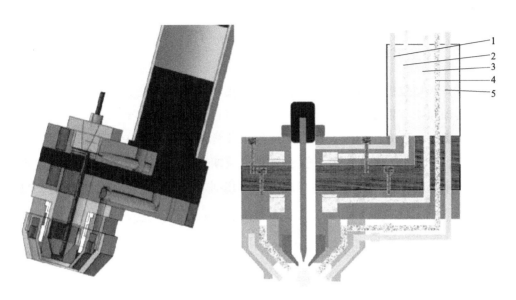

图 2-10   等离子束发生器冷却水路结构示意图

1—压缩气体管×1 根；2—后枪体冷却水管×2 根；3—前枪体冷却水管×2 根；

4—送粉管×1 根；5—保护气体管×1 根

合金熔池起到保护作用。保护气先从外部保护气输入管进入保护气通槽内，再进入上保护气通道。在从上保护气通道进入下保护气通道时，保护气会途经保护气均气槽。保护气均气槽的作用就是稳定保护气流速与压力，使保护气均匀地进入锥形的下保护气通道。随后，保护气从下保护气通道中喷出，围绕在喷嘴下方空间，形成一圈保护气流。保护气流除了保护熔池外，与等离子弧之间也会形成一个局部负压力区域，该区域会对粉末产生抽吸作用，使得部分流动性差的粉末也能进入等离子弧中，有利于提高粉末利用率和均匀性。保护气通道（保护气体管）示意图如图 2-10 所示。工作气首先从工作气输入管输入，进入工作气通道；然后待工作气充满工作气通道后，会流向喷嘴内腔，再流经钨极和喷嘴内腔的环形空间，在钨极与喷嘴之间的电压作用下工作气发生电离，形成高温中低压的等离子体；最后再从喷嘴处压缩喷出，形成高温高压的等离子射流。

金属粉末从枪体左右两个外部送粉通道（送粉管）进入，填满环形送粉通槽（图 2-10）。随后，粉末从环形送粉通槽进入上送粉通道，继而再进入下送粉通道。最后，粉末从均匀分布的送粉孔喷出，其焦点汇聚在等离子枪的轴心线上。流畅、均匀的送粉通道和精确的轨迹保证了粉末的利用率，使得大部分粉末得到了利用。

三、控制系统

设备采用数控系统（CNC）控制，实现对弧压、电流、送粉量、摆动幅度和摆动频率等重要参数的精确控制，并通过相关参数调节完成对熔覆层的厚度、宽度、硬度的柔性调整。系统以工业控制计算机（IPC）为开发平台，充分兼容 PC 机软硬件资源，能缩短开发周期、提高产品性能、降低技术成本和技术风险，便于系统维护和系统升级。控制系统的硬件结构如图 2-11 所示。

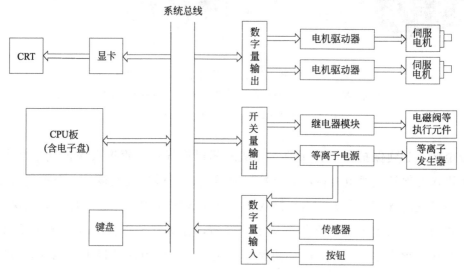

图 2-11　控制系统硬件结构示意图

CRT—阴极射线显像管

数控系统的总体软件结构如图 2-12 所示。

系统主程序由开始、引弧、送粉、冶金、结束等几大部分组成，配有相关子程序和中断程序，分别控制主电流的调节、送粉器的开关、工作台的运动、冶金电流的递增或递减等过程。等离子束表面冶金主程序流程框图 2-13 所示。

为了实现样品阵列的快速制备，开发了高通量等离子束熔覆设备，如图 2-14 所示。设备主要由以下几部分组成：等离子束熔覆专用电源、配粉和混粉设备、六通道同步送粉结构等。其基本运行原理为：根据合金粉末配方要求将各种原始原料粉末放入配粉原料罐中，按照成分配比进行控制并送入下

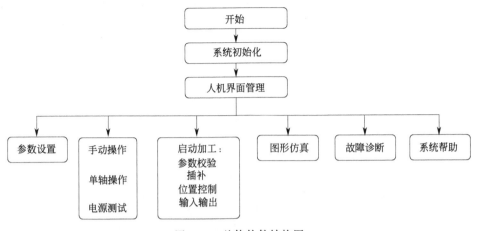

图 2-12　总体软件结构图

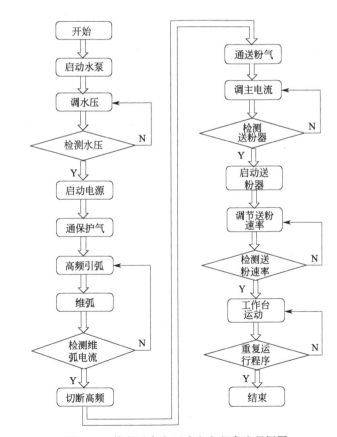

图 2-13　等离子束表面冶金主程序流程框图

部混粉罐中，一次可混 6 种合金粉末，待全部完成后将混粉罐密封然后进行混粉操作，混粉完成后将合金粉末罐放入左侧送粉器中；熔覆时，将起灭弧、送粉、工装运行轨迹等写入程序，由控制设备控制熔射过程，在基体表面形成强化涂层。每次可连续制备六种合金粉末体系的熔覆层，效率比普通等离子熔射设备高 10 倍以上，特别适合于粉末配方的快速优选。主要技术参数：一次装夹可制备 30 个样品（5 组/次×6 个/组），电流 50～200A，电压 30～40V，输入功率 15～20kW，气量 3～15L/min，送粉量 20～80g/min，扫描线速度 300～1000mm/min。

图 2-14　高通量等离子束熔覆设备

第三节　等离子束表面淬火及应用

等离子束表面淬火是将等离子束定向作用在金属表面，能量被材料表面吸收并转换为热能，该热量通过热传导机制在材料表层内扩散，造成相应的温度场，从而导致材料的性能在一定范围内发生变化，使金属表面产生物理、化学或相结构转变，进而达到金属表面改性。

一、等离子束表面淬火原理及工艺

等离子束表面淬火属于一种利用高能量密度热源对材料进行表面热处理的方法。它以等离子电弧作为热源对工件表面进行加热，使被加热部位的温度在很短的时间内达到相变温度以上，然后靠工件自身冷却和相变获得所需要的组织，从而获得良好的表面耐磨性和耐腐蚀性。等离子束可以通过直流电源在等离子炬的钨极、喷嘴与被处理的零件之间的不同连接方式，得到转移弧、非转移弧和联合弧三种。转移弧和联合弧可以获得比非转移弧更深的硬化层，非转移弧的氩气流量对钢的硬化层深度的影响较大，联合弧的电弧燃烧稳定，比较适合于等离子弧淬火处理。

1. 等离子束表面淬火的特点

等离子束表面淬火具有以下特点：

① 可在所需要的部位对工件表面进行选择性的表面处理，能量的利用率高，能耗小。

② 加热过程非常迅速，高密度的热流使工件表面能在很短的时间内达到很高的温度，并由表及里形成一个很大的温度梯度，所以一旦停止加热，便能以极快的速度冷却，不需要外加淬火介质，而实现自冷淬火。而且获得的表面硬度也高于常规热处理。

③ 它对金属进行非接触式加热，没有机械应力作用，而且加热和冷却速度快，热应力也小，因此处理后工件的变形较小，可减少或者省去后续处理。

④ 等离子束表面淬火是在氩气保护气体中进行，所以无氧化现象。

⑤ 等离子束发生装置结构较简单，同时热效率较高。

⑥ 等离子束表面淬火操作简单，离子束发生器维修保养方便。

⑦ 等离子束表面淬火的成本低，并且对环境无污染。

⑧ 利用等离子束对零件进行加热表面淬火，容易实现工业化生产。

⑨ 设备投资小、生产运行成本低，这也是在很多场合下激光淬火无法取代它的最主要的原因。

当然，等离子束表面淬火也存在一些不足。例如，在淬火过程中，外部影响因素很多，需要控制的参数多，对实现稳定的淬火工艺增加了难度。等离子束表面淬火对于工件小的局部，窄的沟、槽等表面实现比较困难，而且，硬化层深度较浅，有一定的应用限制。

2. 工艺参数及其对淬火效果的影响

等离子束表面淬火过程是一个快速加热和快速冷却过程，其温度变化非常迅速（温度保持在相变温度以上的时间小于100ms），属于短时淬火。等离子束表面淬火工艺参数有喷嘴孔径、喷嘴孔道长度、孔道比、喷嘴的压缩角、电极内缩量、电极端部形状、工作气体、钨极与喷嘴的同心度、工作气流量、工作电流、喷嘴到工件表面的距离、扫描螺距和扫描速度等。

（1）喷嘴孔径　喷嘴孔径是影响淬火条纹宽度和淬火效率的重要参数，

喷嘴孔径的大小直接影响等离子弧柱的直径和弧柱温度的高低。喷嘴孔径增大，则电弧的压缩程度减弱，气流吹力减小，弧柱能量密度减小，最终会影响淬火效果。但一定尺寸的喷嘴孔径均对应一定的许用电流，当喷嘴孔径过小，电流密度超过许用值时，容易发生"双弧"现象，破坏工艺的稳定。同时，喷嘴孔径大小也会直接影响淬火硬化带的宽度，从而影响淬火工艺的生产率。

（2）喷嘴孔道长度　随着喷嘴孔道长度的增加，电弧电压升高，电弧热功率也会提高。但随着电弧长度的增加，电弧的高温锥心区也上升，相应的热损耗增加，使焰流的温度降低，导致电流值减小。

（3）孔道比　喷嘴孔道长度与孔径应有一定的比例，选择喷嘴时要注意它们之间合适的配合关系。为了提高电弧的压缩程度，希望用直径较小而孔道长度较大的喷嘴，即孔道比大一些。但是，为了避免双弧现象，必须限制孔道长度在一定限度内，推荐孔道比最大为2，一般取1～1.5。

（4）喷嘴的压缩角 α　α 过小时，气流不稳，而且因喷嘴内腔尺寸太小，钨极直径的选择也受到限制，且使对中困难。

（5）电极内缩量　它是一个非常重要的参数，对电极烧损有很大影响。如电极内缩量太小，当电极伸进喷孔时，气流的冲击以及气体和电极的化合作用会使电极损耗严重，导致等离子弧不稳定；如电极内缩量太大，则在喷嘴出口处电弧截面增加，电弧变粗，电弧穿透力减弱。电极端头在喷嘴内的恰当位置应该是在气流的虹吸作用处，使电极端头处于相对的"真空"状态，则电极不易烧损，并有利于电弧压缩。一般选取的电极与喷嘴距离为喷嘴孔道长再加上0.2mm。

（6）电极端部形状　电极端头太尖容易烧损，太钝时阴极斑点容易跳动，影响电弧的稳定性，甚至产生双弧或烧坏喷嘴。电极尖锥角大小可根据使用电流大小而适当地变化。电流小则尖锥角可以小一些，能够使电弧稳定；电流大时，电极端部可以有一个平头，其直径可为0.8～1mm，尖锥角一般与喷嘴压缩角相同。

（7）工作气体　等离子淬火一般采用氩气作为工作气体，它与各种金属均不发生化学反应，也不溶解于各种金属，是良好的保护介质。

（8）钨极与喷嘴的同轴度　它对等离子淬火的效果有很大的影响，工作时必须严格保证钨极的准确装夹，实际上就是钨极与喷嘴的准确对中。电极尖应在喷嘴的中心，且电极的中心轴线应与喷嘴中心轴线重合。

（9）工作气流量　一方面气体流量增加时电弧电压随之增加，电弧功率会有所提高；另一方面，气体流量增加会使电弧压缩程度增加，能量更集中。但气流量的增加是有一定限度的，过大会导致电弧熄灭。

（10）工作电流　工作电流是一个最重要的工艺参数，在确定上述各工艺参数后，随着工作电流的增加，射流长度增加，电弧的挺度变大。但电流的增加受喷嘴孔径的限制，当电流过大时，则弧柱直径增大，工件易熔融；当电流过小时，从喷嘴喷出的射流短且直径小，电弧发散。

另外，淬火过程中电流的稳定也是十分重要的，随着工作时间的延长，钨极肯定会出现烧损，这时弧柱长度变大，电流会有所下降，淬火效果也会随之下降。此时必须及时对电流进行调整，以保证淬火的效果。

（11）喷嘴到工件表面的距离　随着距离的增加，虽然电弧电压将随之增加，但同时等离子弧显露在空间的长度加大，热辐射损耗增加，气体保护作用减弱，通常这会导致电弧发散、淬火条纹的宽度加大、热影响区扩大。

（12）扫描螺距和扫描速度　扫描螺距和扫描速度需要根据工件的淬火要求选择，但必须同时考虑前面所提及的各工艺参数的限制，以保证淬火过程能够顺利进行。

二、等离子束表面淬火技术应用

等离子束表面淬火工艺已经被应用于柴油发动机缸套、油井冲击钻具的外缸套、波纹管旋压机床的旋压辊和托辊，以及装甲车辆曲臂、平衡肘、大制动鼓、风扇轴、扭力轴及柴油机曲轴等多种耐磨件和模具、刃具的表面硬化。所涉及的被淬火材料包括中碳钢、合金钢、灰铸铁、球墨铸铁及硼合金铸铁等。等离子束淬火区晶粒和晶内的组织非常细小，在强度和硬度很高的情况下仍保持相当高的韧性和塑性，采用此技术对金属材料进行表面改性可显著提高材料寿命。等离子束表面淬火可用于用常规硬化方法不能处理或者几乎不可能处理到的表面，如丝杠螺纹部分、齿轮和齿条的齿部、凸轮和靠模的工作面以及许多零件的各种槽、沟、孔的局部硬化处理。对于表面积很大的工件如导轨以及主轴、转轴、轴和杆等而言，应用等离子束表面淬火来获得连续的硬化层也颇有前途。

1. 在机械行业中的应用

（1）喷塑机丝杠　材料为 40Cr 钢（调质处理），长度 960mm，螺纹表面硬度要求 50～55HRC、精度要求 1 级。原采用中频淬火处理，淬火变形大，硬度不均匀，造成不合格率高及使用寿命低。采用等离子束表面淬火后，既满足了技术要求，又提高了使用寿命。

（2）机床导轨 一般的机床导轨，经等离子束淬火后，其硬化层硬度可达 800～900HV，深度可达 0.10～0.20mm，组织为细小的隐针马氏体，而且在 0.15mm 淬火深度范围内，其硬度变化不明显，完全能够达到使用要求。具有工作性能稳定、工作效率高、设备投资小（约为激光的 1/3）、处理成本低。

2. 在能源行业中的应用

（1）抽油泵衬套 是管式组合抽油泵的主要部件，在实际使用中，它与柱塞进行间隙配合，由于砂粒、石屑等杂质的影响，衬套经常因内壁发生磨损而报废。目前，各抽油泵厂家生产的衬套内壁均是进行镀铬处理，不仅工艺复杂、成本高，而且其排出废液易造成环境污染。一般的抽油泵衬套，经等离子束淬火后，硬度可达 800～900HV，组织为细小的隐针马氏体，而且在 0.15mm 的淬火深度范围内，其硬度变化不明显，完全能够达到使用要求。经等离子淬火处理的抽油泵衬套，使用寿命可比原工艺处理的提高 20%，且工艺简单、操作方便，其经济效益是非常可观的。

（2）汽轮机 关于马氏体类不锈钢扭曲叶片进汽边的等离子束淬火，叶片经等离子束淬火后的硬化与硬化包边效果好，能达到设计要求。在叶片进汽边尖端 5～12mm 范围内淬透，硬化区最高维氏硬度可达 450～500HV。由于等离子束淬火瞬间加热，特别是独有的瞬间冷却的特点，淬火区硬化层的晶粒细化效果显著，基材晶粒可以细化至 8 级或更细小。经等离子束淬火、回火的叶片，淬火区及热影响区残余应力为压应力。残余压应力能够延缓疲劳裂纹的萌生，抑制淬硬层中疲劳裂纹的扩展。等离子束淬火造成的叶片扭曲变形与弯曲变形小，不会影响装配，加工完毕的成品叶片可直接进行等离子束淬火，不必像高频淬火那样，叶片在淬火之前需特意增加一次高温做应力回火处理

3. 在交通运输行业中的应用

（1）内燃机摇臂件 材料为 45 钢，经预先调质处理，技术要求：淬火硬度 50～55HRC、淬硬层深 1.5～3mm。原热处理工艺采用乙炔-氧火焰淬火，质量不稳定造成不合格率高。采用等离子束淬火处理后，表面

硬度 58～62HRC，回火后 52～55HRC，淬硬层深 2mm，晶粒度 11 级。使用淬火机床，实现了热处理生产工艺半自动化，提高了产品质量和使用性能。

（2）汽车挂车无芯滚道　材料为 QT50-5（退火态），直径 980mm，滚道要求淬火硬度 40～55HRC、径向变形量不超过±0.03mm。采用等离子束表面淬火处理后，表面硬度 45～50HRC，径向变形量不超过允许的范围±0.03mm，显著提高了耐磨性及使用寿命。

（3）柴油机缸套　经等离子束淬火处理后，硬化层深度为 0.15～0.18mm、宽度为 2.8～3.1mm、表面硬度为 895～950HV，如图 2-15 所示。

图 2-15　等离子束淬火处理柴油机缸套

在实验台架上进行耐久试验，通过气缸套磨损试验进行对比和验证，检测气缸套内孔试验前后的磨损。压装后和试验后缸径尺寸公差见表 2-1。对表中的检测数据进行统计计算，2 种气缸套缸孔压装后的平均公差约为 0.029mm，缸径尺寸大致相同。运行 48h 后，普通缸套缸径平均公差为 0.065mm，等离子缸套平均公差为 0.055mm；普通缸套的平均磨损量为 0.036mm，等离子缸套的平均磨损量为 0.026mm。等离子缸套的平均磨损量低于普通缸套，说明其耐磨性能优于普通缸套，等离子束淬火能增加缸孔的耐磨性能。

（4）车轮轮缘　通过等离子束淬火可提高金属的疲劳强度，因而也就相应提高了机车车轮的使用寿命和稳定性能。经等离子束淬火强化的车轮轮缘的磨耗量为一般轮缘磨耗量的 1/3～2/5。通过对同等条件下（山区）经强化的车轮与一般标准车轮的运行情况比较证实：前者的磨耗量比后者减少了 1/2。

表 2-1 压装后和试验后缸径尺寸公差   单位：mm

缸套测量时间	x 方向(上部)	y 方向(上部)	x 方向(中部)	y 方向(中部)	x 方向(下部)	y 方向(下部)
ZCP01(普通缸套)压装后	0.040	0.035	0.030	0.030	0.030	0.030
ZCP01(普通缸套)试验后	0.075	0.070	0.068	0.065	0.060	0.065
ZCP02(等离子缸套)压装后	0.030	0.035	0.030	0.040	0.030	0.030
ZCP02(等离子缸套)试验后	0.060	0.065	0.050	0.055	0.055	0.050
ZCP03(普通缸套)压装后	0.020	0.020	0.025	0.025	0.030	0.030
ZCP03(普通缸套)试验后	0.075	0.070	0.065	0.060	0.060	0.060
ZCP04(等离子缸套)压装后	0.030	0.035	0.030	0.040	0.030	0.030
ZCP04(等离子缸套)试验后	0.065	0.060	0.060	0.065	0.055	0.050
ZCP05(普通缸套)压装后	0.035	0.030	0.035	0.025	0.030	0.020
ZCP05(普通缸套)试验后	0.070	0.075	0.065	0.025	0.055	0.055
ZCP06(等离子缸套)压装后	0.030	0.025	0.030	0.025	0.030	0.025
ZCP06(等离子缸套)试验后	0.065	0.060	0.055	0.055	0.050	0.050
ZCP07(普通缸套)压装后	0.030	0.040	0.035	0.030	0.030	0.030
ZCP07(普通缸套)试验后	0.070	0.070	0.065	0.065	0.060	0.060
ZCP08(等离子缸套)压装后	0.030	0.035	0.035	0.030	0.030	0.035
ZCP08(等离子缸套)试验后	0.060	0.055	0.055	0.060	0.050	0.055

4. 在模具行业中的应用

对 5CrMnMo 钢冲剪机上模具进行了等离子束表面淬火处理，硬化层硬度大于 60HRC，硬化层深度 2.5mm，硬化层金相组织为马氏体＋少量残余奥氏体，过渡区金相组织为马氏体＋屈氏体及少量残余奥氏体。等离子束表面淬火处理后，满足了 5CrMnMo 钢模具的工况工艺要求，且因细小的马氏体晶粒而具有较高的硬度和耐腐蚀能力；残余奥氏体数量少，减少了时效变形和开裂的可能性，提高了工件的尺寸稳定性。

5. 在军工中行业的应用

(1) 炮钢材料 炮钢的服役条件非常苛刻，在火炮发射过程中，身管内膛部位的炮钢材料不仅会受到高温高压的火药燃气对其产生的烧蚀，而且在弹丸挤进时内膛还会受到弹带对内壁的摩擦磨损，坡膛还会受到弹丸的撞击。因此要求身管用钢必须具有高屈服强度和良好的冲击韧性。将等离子束淬火工艺应用于身管坡膛强化，不但可以延长身管寿命，更重要的是可以在火炮身管已使用一段时间的情况下对其进行二次强化，这对于提高身管表面强度、提高军事装备保障能力都有非常重要的现实意义。

(2) 坦克零部件 利用等离子弧高温高能量密度的特点，进行了坦克零件表面局部淬火实验，使零件表面硬度达到 55～65HRC。淬火后零件的变形

量很小，减小了后续工艺的加工难度，解决了坦克大型零件局部淬火的难题。

第四节　等离子束熔覆及应用

等离子束熔覆技术是在金属表面获得优异的耐磨、耐蚀、耐热、耐冲击等性能的新型材料表面改性技术。其以高功率的等离子弧为热源，在基材表面添加熔覆原料，当熔覆原料瞬时所吸收的能量超过临界值时，基材表面与熔覆材料共同熔化，产生熔池，随后快速凝固形成与基材冶金结合的熔覆层，可以实现往复扫描制备大面积涂层，从而对工件进行表面强化或者修复。

一、等离子束熔覆技术原理与工艺

1. 等离子束熔覆技术原理及特点

等离子束熔覆过程中先以钨极作为负极，枪体作为正极形成非转移弧回路，通过电流击穿匀速送入腔体内的氩气，使腔体内氩气分子被电离，从而在喷嘴和钨极间形成非转移弧（引弧）；然后以基材工件为正极，钨极为负极形成新回路，在高频高压激发下于工件和钨极间形成转移弧（主弧），主弧在机械压缩、电磁压缩和热压缩共同作用下形成稳定且高密度的等离子弧。稳定且高密度的等离子弧作用于熔覆材料及基体表面形成熔池，熔池以"液珠"的形式存在，在本身重力、表面张力、气体动力和等离子弧吹力等作用下，在金属表面铺展开来，然后迅速凝固，形成与金属基体呈冶金结合并具有快速凝固特征的等离子熔覆层。

等离子束熔覆技术具有以下特点：

① 熔覆层的质量稳定可靠，涂层厚度可控，通过调节熔覆电压、电流和扫描速度等工艺参数，可获得质量优良的熔覆层。

② 熔覆层与金属基体的结合强度高，呈冶金结合，能承受一定的冲击，抗冲击性好。

③ 等离子束熔覆设备自动化程度高、操作简单、维护便捷、易于产业化，可有效节省劳动和生产成本。

④ 熔覆涂层粉末制备简单，粉末利用率高，可实现多种材料的熔覆。

⑤ 等离子束熔覆具有快速加热和凝固的特点，可以获得不受常规条件溶解度和平衡相图决定的相溶解度所限制的新合金涂层，涂层组织均匀细小，具有良好的综合性能。

⑥ 由于等离子束熔覆热源集中、作用时间短，所以热影响小、涂层稀释率低。

但等离子熔覆技术也存在一定的问题，如涂层开裂、工件变形和表面精整度差等，这在一定程度上限制了该技术的应用。

应用等离子束熔覆工艺可以较大地提高熔覆处理后工件表面的耐磨损、耐腐蚀、抗氧化、耐高温等性能，因此等离子束熔覆技术在工业生产中得到了迅猛发展，尤其是在矿山磨损和海洋磨蚀领域得到了很好的应用。等离子束熔覆技术也因其自身所具有的优点而成为众多工程技术人员和科研工作者的研究热点。热喷涂、堆焊、激光熔覆、等离子束熔覆是表面工程技术中应用最为广泛的几种工艺方式，其主要特点如表 2-2 所示。

表 2-2　表面强化技术比较

工艺方式	涂层结合强度	操控性	成本	工作条件	其他
热喷涂	▽	◇	○		
堆焊	○	▽	○	CO_2	生产效率低
激光熔覆	○	○	▽	惰性气体	表面需处理
等离子束熔覆	○	○	○	惰性气体	

注：○—好；◇—中等；▽—较差。

2. 等离子束熔覆技术工艺

（1）熔覆粉末的给粉方式　等离子束熔覆材料通常以粉末的形式加入，目前常采用的是耐磨、耐蚀等综合性能良好，且与基体润湿性较好的 Ni 基、Co 基、Fe 基等自熔合金粉末。等离子束熔覆粉末的供给方式分为两种：同步送粉式和粉末预置式（见图 2-16）。

① 同步送粉式：在等离子束的高温束流作用下，基材表面迅速熔化形成熔池，同时熔覆粉末以气体作为载体，配合重力作用实现送粉。由于受到等离子束作用，粉末在到达基材表面之前已经呈熔化或半熔化状态，当半熔化粉末送达基材表面熔池后，在金属熔池中发生扩散和混合作用，经快速凝固后在基材表面形成呈冶金结合的涂层。该方法操作相对简单，前期处理工作较少，但是对粉末的形态要求较高，粉末必须为雾化工艺球形粉末，或者尺寸较大才能够实现送粉。另外在操作过程中也容易出现和等离子束喷涂工艺相似的问题，比如粉末飞溅相对严重，会对工作环境造成一定的污染。

② 预置粉末式：将配制好的粉末与黏结剂相混合，均匀地涂覆在基材表

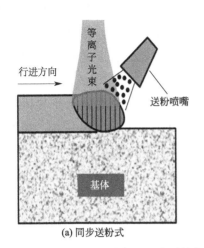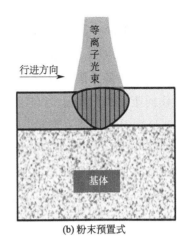

图 2-16　熔覆粉末的给粉方式示意图

面，在干燥处理后，利用激光或者等离子束等高能束的作用使粉末熔化，基材表面也部分熔化，然后与熔覆层材料混合，冷却凝固后形成冶金结合涂层，达到表面改性的目的。为了使基体材料能够熔化从而与熔覆层材料相混合，一般要求涂覆材料熔点大于或者等于基体材料的熔点。该方法不受粉末体系的限制，通过调整工艺能够较好控制粉末飞溅，提高了粉末的利用率，同时对环境污染较少。但是采用这种方式时如果涂覆材料热传导能力较差，则会影响基材的熔化，冶金结合较难形成，且熔覆层厚度较难控制。

（2）等离子束熔覆工艺控制　等离子熔覆层组织与性能主要受到粉体、基体前处理、工艺参数等影响。材料选定的情况下，等离子熔覆层的组织与性能主要受工艺参数的影响，包括熔覆功率、扫描速率、工作间距（即等离子炬与工件间距离）、气体流量、搭接率等。熔覆前对基体进行预热以及熔覆后对工件进行保温缓冷，可以降低热应力，减少工件产生变形以及在涂层中产生裂纹。对熔覆层进行热处理，可以均匀化涂层的合金元素，改善涂层的耐腐蚀、耐磨损及塑韧性等性能。

① 工艺参数控制

a. 熔覆功率：若熔覆功率太小，粉末熔化而基体不熔化，涂层在金属表面呈"液珠"状态，润湿性差，凝固后将形成"铁豆"；随着熔覆功率的增大，熔覆层组织得到细化，表面平整度降低；若熔覆功率太大，基体熔化量增多，稀释作用增强，熔覆层成分将偏离涂层设计成分，同时涂层表面烧损严重，硬度将有所下降，达不到性能要求。

b. 扫描速率：随着扫描速率的增大，熔池不断减小并集中在等离子弧根部，粉末利用率下降，基体熔化量减少，稀释率降低，同时熔覆层的冷却速度加快，热影响区减小，涂层组织得到细化，表面硬度增加。当扫描速率超过一定值时，熔池将无法连续形成。

c. 工作间距：若等离子炬与工件间距离太小，电离及保护气体对涂层吹力将增大，粉末飞溅严重；随着距离的增大，熔覆电压将升高，基体熔化量增多；若等离子炬与工件间距离太大，将不能顺利点火起弧。

d. 气体流量：随着电离气体流量的增大，粉末飞溅严重，等离子弧柱温度升高，涂层吸收的热量增多，这将会改变熔池的形状，降低熔覆层表面平整度。

e. 搭接率：实际生产中，为了制得大面积熔覆层，还需考虑涂层搭接率。若搭接率太小，两熔道高度相同，涂层间有明显凹陷区，易形成孔洞、裂纹等缺陷；随着搭接率的增大，熔覆层晶粒粗化，显微硬度有所降低，涂层中应力减小，裂纹不易产生；若搭接率太大，后一道涂层高于前一道，将无法保证最终成型表面的尺寸精度。多道搭接过程中，等离子束在试样小面积范围内连续往复加热，基体受到预热，当温度高于单道熔覆时，同样功率下将熔化较多，稀释率将增大，且冷却速度降低，界面非自发形核率减小，界面附近原子互扩散能力加强，涂层组织将发生变化。多道搭接顺序：先在基体表面熔覆互相平行、有一定间隔的熔道，再在两互不搭接的熔道之间进行一次搭接熔覆（如图 2-17 所示）。搭接熔道的影响基本只限于与之搭接的两熔道上，较易获得大面积无裂纹的熔覆层。

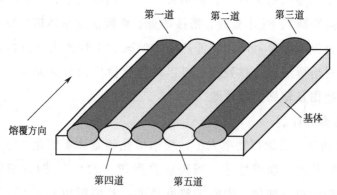

图 2-17　等离子束熔覆搭接方式示意图

② 复合等离子束熔覆技术

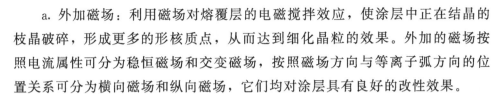

a. 外加磁场：利用磁场对熔覆层的电磁搅拌效应，使涂层中正在结晶的枝晶破碎，形成更多的形核质点，从而达到细化晶粒的效果。外加的磁场按照电流属性可分为稳恒磁场和交变磁场，按照磁场方向与等离子弧方向的位置关系可分为横向磁场和纵向磁场，它们均对涂层具有良好的改性效果。

b. 机械振动辅助：通过在熔覆过程中施加一个垂直于或平行于基板方向的机械振动来实现，机械振动的振幅和频率对涂层的组织及性能有着显著的影响。

c. 超声波辅助：超声波的加入一方面降低了原子的激活能，使液态原子更容易转变为固态原子；另一方面，超声波的加入降低了熔覆层的过冷度。这两方面的作用增大了形核率，此外，超声振动带来的冲击力、搅拌对流及热起伏，使得熔覆层中的大块晶粒破碎，并且可以均匀化熔覆层中的合金元素分布。

③ 涂层体系调控。目前国内外等离子束熔覆涂层主要是 Fe 基合金、Ni 基合金和 Co 基合金三大体系：

a. Fe 基合金：等离子束熔覆用 Fe 基合金润湿性较好，能够与大多数成型工件良好结合，应用较普遍。铁基合金粉末是为了降低成本而开发研制的，具有价格低廉及耐磨性好的优点，其良好的耐磨性主要来源于涂层中生成的高硬度的硼化物、M_7C_3 型及 $M_{23}C_6$ 型碳化物，其常规配方适用于再制造受到剧烈磨损的零部件（如轧辊、采煤机截齿、挖掘机铲齿及中温中压阀门密封面等），但是耐蚀性及抗氧化性较差，韧性、抗开裂能力等还有待提升。在现有 Fe 基合金基础上，合理设计合金化和熔覆工艺，以及前处理、后处理工艺，是进一步促进其应用的关键。

b. Ni 基合金：等离子束熔覆用 Ni 基合金是以 Ni 为主要元素，然后在其中添加一定的 Cr、B、Si 和 C 等元素组成的合金，其高温自润滑性及耐蚀性能优良。除了在普通钢件表面熔覆以提高其耐磨性、耐蚀性外，在铸铁、不锈钢、耐热钢等特殊性能钢表面也可以有很好的应用。与 Fe 基合金相比，Ni 基合金尽管成本较高，但在一些对耐蚀性、耐磨性、耐热性要求更高的场合应用前景更好。Ni 基合金在熔点以下温度范围内，均具有面心立方结构，其塑韧性优于 Fe 基合金。此外，Ni 基合金能够固溶更多提升材料耐蚀性的元素（如 Cr、Mo 等），使得其耐蚀性相比于 Fe 基合金更好。Ni 基合金适用于修复排气阀密封面、刮板及泵柱塞等耐磨耐蚀零部件。

c. Co 基合金：等离子束熔覆用 Co 基合金是以 Co 为基本成分，并加入

Mo、Cr、W 及 Ni 等元素组成的合金。相较于 Fe 基合金和 Ni 基合金，其具有更佳的热硬性、耐热性及抗氧化性，但是价格昂贵。Co 基合金出色的综合性能，尤其是良好的高温性能，使得其适用于高温下耐磨、耐蚀和抗热疲劳的零部件，如高温高压安全阀、热剪切刀具、汽轮机叶片及轧钢机导轨等。

在 Fe 基、Ni 基和 Co 基合金三大涂层体系基础上，增加硬质颗粒增强相并熔覆形成复合涂层，可以提高涂层的耐磨性能，常添加的增强颗粒主要为碳化物、氮化物、硼化物及氧化物等陶瓷颗粒的一种或多种。增强颗粒的添加方式主要有直接加入法和原位生成法两种。直接加入法又包含两种方法：一种是将增强颗粒和合金粉末机械混合均匀进行熔覆；另一种是额外添加一个送粉通道，将增强颗粒加入金属熔池中，增强颗粒可以避开与等离子弧的接触，以减少其熔解量。原位生成增强颗粒的方法具有增强颗粒在涂层中分布均匀、与黏结相材料结合良好及表面无污染等优点，其基本原理是利用不同元素或化合物之间进行化学反应，从而生成一种或几种陶瓷颗粒增强相。

二、等离子束熔覆技术应用

等离子束熔覆技术作为表面工程领域重要的技术之一，可以在损伤的零部件表面熔覆一层性能优良的涂层，使得零部件能够重新服役，大大延长零部件的使用寿命，在矿山机械、阀门、石油化工、农机刀具、造纸机械、模具、汽车零部件再制造等领域应用十分广泛。

1. 矿山机械领域的应用

（1）截齿 采煤机截齿直接与煤层和岩石接触，工作过程中，截齿受到的磨损和冲击力最大，寿命一般较短，需要经常更换，这样不仅增加成本，而且影响采掘效率。截齿的主要失效形式有以下 4 种：①正常磨损；②合金头脱落；③崩裂；④齿柄折断。等离子束熔覆技术可以解决截齿的磨损和合金头脱落问题。采用等离子束熔覆技术在截齿锥体的表面进行耐磨强化处理，经过强化处理后，截齿表面会得到组织结构合理、硬度高、韧性好、平滑而美观的合金陶瓷粉末熔覆层，如图 2-18 所示。在合金陶瓷粉末中添加 Al_2O_3、陶瓷等防火花成分，切割半煤岩、纯岩石或和钢铁物体撞击时具有消除火花的作用，因此这种截齿被称为"无火花耐磨截齿"。截齿表面的耐磨层不仅有效提高了截齿的耐磨性能，而且改善了截齿的抗冲击性，保护合金头不会因周围齿体磨损过量而造成脱落。在工作过程中，截齿的熔覆层和岩石撞击不会产生火花，在矿井中使用更加安全；另外，由等离子束熔覆技术加工的耐磨层不需要淬火，这样就避免了硬质合金头受淬火激冷开裂，既简化了工艺，又提高了质量。

图 2-18 等离子束熔覆截齿

（2）刮板输送机中部槽 刮板输送机作为采煤行业的关键枢纽设备，常常由于恶劣的工作环境发生磨损失效，对中部槽中板、底板、槽口、槽帮及铲板部采用等离子束熔覆修复技术强化处理，能够从根本上提升采矿设备维修的品质，延长设备的使用寿命。采用等离子束熔覆修复，中部槽槽口强化处理长度不低于 100mm，中部槽铲板部连续强化层宽度不小于 100mm，中部槽中板和底板采用八字形强化条进行强化处理，八字形夹角在 75°左右，如图 2-19 所示。采用等离子束熔覆技术在失效的采煤机中部节槽部分熔覆一层耐磨涂层，能大大延长其服役寿命，显著提高采煤效率。采用等离子束熔覆技术修复的刮板输送机中部槽中板维修使用寿命是新产品的 1.5～2 倍。

（3）液压支架 主要与采煤机、刮板输送机等一系列综采设备配套使用，完成矿井采掘工作面的支护、自动放煤等功能，是煤炭企业建设高产高效安全矿井、实现采掘机械化不可或缺的关键设备，顶梁与掩护梁的升降靠千斤顶的液压动作来实现。井下存在大量腐蚀性介质，并且容易遭到飞溅的煤矸石撞击，造成千斤顶缸体和活塞杆的镀铬层剥落，同时缸筒内径会磨损变大，从而导致整架液压支架失效。液压支柱修复经历了电镀时代，但由于此工艺对环境高污染、对身体严重致癌而渐渐被淘汰，等离子束熔覆技术以洁净及其高性能正逐渐被各大煤炭生产企业所认可（图 2-20）。

图 2-19　等离子束熔覆处理刮板输送机中部槽

图 2-20　等离子束熔覆处理液压支架

另外，在矿井运行设备中，各种螺杆、钻杆、轴、链轮、减速机、泵、风机等运转机械的工作面，会因磨损、腐蚀而造成配合尺寸超差或表面失效。采用等离子束熔覆表面强化修复手段进行再制造（图 2-21），可节省开支、缩短维修周期、发挥已有资源的潜力。

（4）盾构机　随着城市地铁轨道路网的延伸及建设力度的加大，盾构机工作区间不仅需穿越常见的软弱地层，同时还需在部分硬岩地段中通过。一般认为刮刀适用于土层及部分软岩，盘形滚刀适用于硬岩，其中单刃滚刀可以在强度很高（200MPa 以上）的岩石中工作。为延长滚刀盘使用寿命，通常采用等离子束熔覆技术在滚刀刀圈表面熔覆高强度硬质合金材料，如图 2-22所示，能够极大提高零件的耐磨抗压性能，延长更换刀具的时间，提高工作

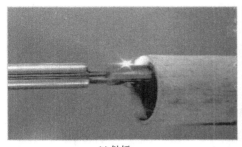
(a) 钻杆

(b) 链轮

图 2-21　等离子束熔覆钻杆和链轮

面的掘进效率。

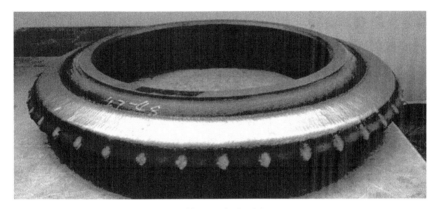

图 2-22　等离子束熔覆滚刀刀圈

2. 阀门领域的应用

阀门内漏的主要原因是密封面的损坏，造成密封面损坏的原因很多，主要有机械原因和化学原因，其中磨粒磨损、冲击磨损、压力磨损为机械原因，腐蚀和气蚀磨损为化学原因。阀门密封面都要受到上述一种或两种以上的复合磨损。尤其是高端阀门，如高温高压电站阀门、核工业阀门、长输管线阀门、井口阀门、石油化工阀门等，其工况条件十分恶劣，有的工作压力高达42.0MPa，有的工作温度高达 540℃以上，有的要求开启 10 万次密封面不损坏，有的要求使用 30 年密封面不泄漏，这样苛刻的要求，不是普通材料和一般工艺所能解决的。因此，一些工业发达国家在阀门密封面的堆焊材料、焊接工艺、焊接设备方面进行了大量的试验研究，其中等离子束熔覆技术最为成功，熔覆产品如阀瓣、阀门闸板（图 2-23）等。

采用等离子束熔覆再制造工艺在发动机排气门密封锥面熔覆 ST6 合金粉

(a) 阀瓣　　　　　　　　　　　　　(b) 阀门闸板

图 2-23　等离子束熔覆阀瓣和阀门闸板

末（图 2-24），熔覆层平均硬度达 552.8$HV_{0.1}$，熔覆层组织由 Co 中固溶 Ni、Cr 形成的奥氏体基体和基体上弥散分布的碳化物硬质相及其共晶组织组成，这些硬质相提高了熔覆层的耐磨性。排气门密封锥面的端面跳动测试表明，经等离子束熔覆后的排气门端面跳动均在规定的范围之内，说明该技术对排气门基体的热影响是较小的，没有引起基体的变形。超声无损检测表明，等离子束熔覆冶金层没有发现任何气孔、裂纹等冶金缺陷。等离子束熔覆再制造工艺处理后的发动机排气门不仅恢复了性能，且再制造后的产品质量达到甚至超过新品，具有良好的节能、节材、环保效益。

熔覆前　　　　　　　　　　　　　熔覆后

图 2-24　等离子束熔覆处理排气门

3. 石油化工领域的应用

石油化工业中，生产设备工况条件具有三高（即高腐蚀、高磨损及高温）的特点，采用等离子束熔覆工艺，将镍基或钴基高合金材料堆焊在设备密封面上，可以达到提高设备使用寿命和运转安全性的目的。这种表面改性方法对提高材料耐磨、耐腐蚀及高温性能，延长使用寿命，节省贵重材料，降低产品成本具有重要意义。

石油钻井设备绞车刹把轴，其轴颈磨损超过 0.5mm 后，传统的修复工艺就不能满足再次修复使用，往往只能报废更换新轴，造成成本一直居高不下。JC-32 绞车刹把轴，该轴长 1790mm、直径 60mm、材质 45♯ 调质处理，以前采用焊修配合孔位置等工艺进行修复，修复周期长、修复工序较多。采用铁基粉末对其磨损表面进行等离子束熔覆后（如图 2-25），该刹把轴熔覆表面成型均匀，表面硬度检测为 25HRC，效果良好，修复周期及成本显著下降。

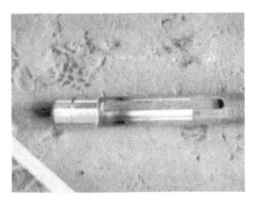

图 2-25　等离子束熔覆修复绞车刹把轴

在石油钻杆表面熔覆螺旋形状或直线形状的耐磨层，不仅提高了钻杆的耐磨性能，而且还有利于排渣，防止抱死等现象。对于开采中后期的油田，由于地层蠕变油管跟随套管变形，油管或抽油杆偏离其正常位置，导致在抽油杆周期性上下往复运动过程中抽油杆接箍与油管内壁产生摩擦；加之采出液含水量高、矿化度高，使得抽油杆接箍与油管内壁长期处于电化学腐蚀加高接触应力强磨损的恶劣环境下。采用等离子束熔覆技术在油管内及抽油杆接箍外表面熔覆耐磨抗蚀的自润滑复合涂层，可以有效提高抽油杆接箍及其对磨偶件油管的使用寿命。等离子束熔覆处理高耐磨油管、扶正器及抽油杆接箍实物如图 2-26 所示。

煤制天然气气化炉采用鲁奇碎煤加压气化炉，承压外壳内有水冷壁，废锅流程能充分回收废热蒸汽，炉体材质为碳钢、合金钢、不锈钢。鲁奇气化炉是一个夹套式的容器，该设备上封头为椭圆形，下封头为锥形，由内壳和外壳组成。内外筒之间间隙为 48mm，其中充满了水及水蒸气。内外筒压差

(a) 油管

(b) 扶正器

(c) 抽油杆接箍

图 2-26　等离子束熔覆高耐磨油管、扶正器及抽油杆接箍

为 0.05MPa，为了减小由温差引起的膨胀而产生的应力，内筒设有膨胀节。按设计要求，气化炉下部炉箅座、煤灰出口法兰、传动轴套，顶部煤进口法兰及搅拌器轴套等均与原煤直接接触。由于原煤中含有硫、碱性金属、氯离子等其他物质，气化炉内筒壁会出现严重腐蚀问题，后期，防腐堆焊层的穿孔和裂纹更加严重，气化炉下部区域腐蚀非常严重，防腐堆焊层基本失效。采用自动化机械等离子束熔覆的方法进行强化防腐处理，如图 2-27 所示。熔覆过程全部由熔覆机器人来完成，自动熔覆速度高、材料损耗小、热输入量极低，保证具有极低的稀释率，以及耐应力腐蚀、晶间腐蚀和点蚀的优势。

图 2-27　等离子束熔覆气化炉内筒壁

4. 农机刀具领域的应用

农业机械的工作环境都比较恶劣，许多农机部件在使用过程中均遭受不同程度的磨损侵害。农机中的犁铧、耙片、锄铲、旋耕机刀片、根茬粉碎还田机刀片、破茬碎土刀片等，工作时长期与土壤、砂石、秸秆、根茬等直接接触，因遭受剧烈的冲击和摩擦而造成磨损。据统计大约有 80% 以上农机刀具失效是由磨损造成的。一般小麦根茬粉碎还田机械的单刀作业面积仅为

70hm² 左右，而玉米根茬粉碎还田机械的单刀作业面积仅为 40hm² 左右。严重磨损的刀具不仅使作业质量变差，而且使油耗、阻力和功耗显著增高，从而增加了作业成本。采用等离子束熔覆技术对刀具进行强化，有利于延长刀具使用寿命，减少换刀次数，提高作业效率，在农业机械行业广泛应用，如等离子束熔覆农机刀片、等离子束熔覆旋耕刀、等离子束熔覆还田刀（图 2-28）。

(a) 农机刀片　　　　　　　(b) 旋耕刀　　　　　　　(c) 还田刀

图 2-28　等离子束熔覆农机刀片、旋耕刀及还田刀

5. 造纸机械领域的应用

造纸机械轴长时间工作易损、不耐磨，需要在表面堆焊碳化钨硬质涂层，使用等离子束熔覆技术可以很好地解决堆焊这一难题，且熔覆层质量好、结合强度高，等离子束堆焊熔覆速度快，使用合金粉末，成本低。经过等离子束堆焊处理的造纸机械断轴、刀片等（图 2-29），使用周期延长，并且轴可以再利用，降低成本，提高生产效率。

图 2-29　等离子束熔覆处理螺旋刀片

6. 模具领域的应用

模具使用寿命取决于其抗磨损和抗机械损伤能力，一旦磨损过度或机械损伤，须经修复才能恢复使用。目前常采用的维修技术有电镀、堆焊和热喷涂等。电镀层较薄，而且与基体结合差，形状损坏部位难以修复；在堆焊、喷涂时，热量注入大，模具热影响区大。玻璃制品成型过程中，玻璃模具频繁地接触1100℃以上的熔融玻璃，长期处于高温状态下工作，而且反复的开模合模过

程中也会发生机械撞击和化学性反应等。通常模具内腔尚未失效的情况下合缝线处首先出现损坏，导致生产出的玻璃制品合缝线粗大而报废，模具过早失效。采用手工氧乙炔喷焊，难以控制喷焊质量，而等离子束熔覆改进了喷焊的方法和具体工艺，与手工氧乙炔喷焊相比焊粉使用量减少 40％，工人的劳动强度大大降低，还避免了工人长期暴露在喷焊辐射的环境中，产生职业健康问题。同时，采用等离子束熔覆技术，将原来的"两步喷焊法"变成了一步到位，生产效率提升，如图 2-30 所示。

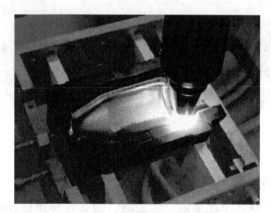

图 2-30　等离子束熔覆处理玻璃模具

第三章 等离子束熔覆 Fe 基合金涂层

Fe 基合金润湿性好，能够与大多数金属工件良好结合，且价格低廉、耐磨性强，在工业中应用广泛。Fe 基合金良好的耐磨性主要来源于涂层中生成的高硬度的硼化物、M_7C_3 型及 $M_{23}C_6$ 型碳化物，其常规配方适用于再制造受到剧烈磨损的零部件（如轧辊、采煤机截齿、挖掘机铲齿及中温中压阀门密封面等）。但是，Fe 基合金耐蚀性及抗氧化性较差，韧性、抗开裂能力低，因此常加入 Co、Mo、Cu、Mn 等元素及陶瓷颗粒提高 Fe 基合金性能。本章主要对等离子束熔覆制备 Fe 基陶瓷复合涂层的成分设计、工艺参数、微观组织及性能进行研究分析。

第一节 Fe-TiC-TiB$_2$ 涂层

一、实验材料及熔覆工艺

基体材料为 Q235 钢，切割为 $110mm \times 30mm \times 10mm$ 大小，表面用砂轮机打磨去掉铁锈和氧化皮，再用金相砂纸打磨，最后用酒精擦洗并吹干备用。Q235 钢成分如表 3-1 所示。

表 3-1　Q235 钢成分　　　　　　单位：%（质量分数）

元素	C	Mn	Si	S	P	Fe
含量	≤0.17	≤1.4	≤0.35	≤0.035	≤0.035	Bal.

注：Bal. 表示锭金属元素。

熔覆涂层材料选用 Ti 粉、Fe 粉、B_4C 粉和碳纳米管（CNTs），粉末参数如表 3-2 所示。

表 3-2　粉末参数

参数	Ti	Fe	B_4C
平均粒度	20μm	30μm	30μm
目数	200～300 目	200～300 目	W20
纯度	99.9%	99%	94%

调整 CNTs 添加量，设计 3 种涂层材料体系，配比见表 3-3，将分别用 Ⅰ、Ⅱ、Ⅲ 代表各自体系。

表 3-3　涂层材料体系配比及熔覆基本参数

体系	摩尔比	参数
Ⅰ	$4Fe+3Ti+B_4C+0.1CNTs$	
Ⅱ	$4Fe+3Ti+B_4C+0.2CNTs$	熔覆电流 100A 熔覆速度 300mm/min
Ⅲ	$4Fe+3Ti+B_4C+0.3CNTs$	

配好的粉末置于 101-A 型数显式电热恒温干燥箱中，50℃保温 5h。等离子束熔覆电流 100A，熔覆速度为 300mm/min，喷头到工件的距离 10mm。整体工艺流程如图 3-1 所示。

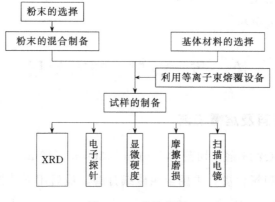

图 3-1　工艺流程图

二、物相、微观组织

1. 物相分析

图 3-2 为熔覆涂层 XRD 图谱，三种涂层都主要由 α-Fe 及 Fe_2B、TiB_2、

Ti₃B₄、Fe₃C 和 TiC 组成。根据实验设计的反应原理，等离子束熔覆后的涂层应含有 TiB₂ 和 TiC 两种陶瓷相；Fe₂B、Ti₃B₄ 和 Fe₃C 的形成，说明等离子束熔覆过程中前驱体粉末又发生了一些其他反应。

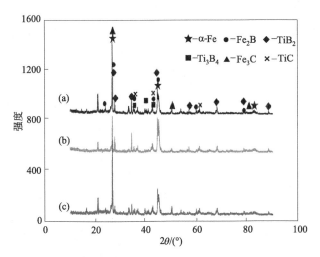

图 3-2　等离子束熔覆涂层 X 射线衍射图

（a）体系Ⅰ；（b）体系Ⅱ；（c）体系Ⅲ

2. 微观组织

图 3-3 为熔覆涂层体系Ⅰ的微观组织图，分为涂层区、过渡区和基体区。涂层显微组织为典型熔覆组织，随着离界面距离的增加，熔覆层组织以柱状晶形态生长，方向大致是平行于熔池最大热流散热方向向内部生长，这种组织特征可以极大地提高熔覆层和基体的结合强度。因为在熔融过程中，熔池与基体的中心边界区会形成一层很薄的边界层，这个区域的液体近似不流动，完全由液态 Q235 钢组成，导致凝固过程中凝固物质从此向边界层中生长，在结合区形成了枝晶状。涂层部分存在大量深灰色组织，大多为六边形和矩形的规则形态，大小不一。对图 3-3(b) 中ⅰ区和ⅱ区域进行能谱（EDX）面扫分析得到图 3-4，结合图 3-5 对两点进行能谱分析，可以看出六边形和矩形的深灰色组织为 TiB₂。TiB₂ 为密排六方结构，密排面为（0001）面，晶粒长大时容易沿着 c 轴的方向择优生长，于是形成以六边形为表面的晶体，在微观组织形貌上多呈现长条状或棒状。

对图 3-3(d) ⅲ区中白色颗粒状物质进行分析，由能谱图 3-5(c) 得出，该物质为 TiC。图中 TiC 颗粒较小，TiB₂ 物相比较大、比较多，这是因为熔覆材料中较高的 TiB$_2$ 含量一定程度上也起到了阻碍和限制 TiC 颗粒长大的作用，因此比起 TiB$_2$ 来，TiC 的颗粒比较细小。TiC 为面心立方结构，Ti 原子和 C 原子呈现中心对称结构，C 原子填充在八面体间隙的位置中，这种情况导致 TiC 在形核过程中，在对称晶面的生长速度相同，容易形成对称结构。TiC 在熔覆涂层中可以独立形核生长，使得涂层中增强相颗粒的分布更加弥散、均匀。

等离子束加热拥有比较高的加热和冷却速率，很大程度上提高了 TiC 和 TiB$_2$ 的形核率，减少了高温阶段晶粒的生长时间，使得晶粒得到了细化。同时 TiC 生长速度较快并且呈现各向同性，其形貌为近似球状，因为在反应过后的快速冷却过程中，TiC 晶粒来不及进行小晶面的生长而保留了近似球状的形态。

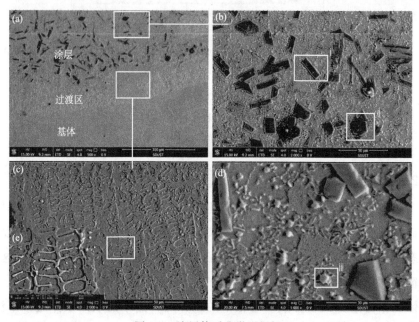

图 3-3　涂层体系 I 微观组织

涂层体系 II 和 III 与涂层体系 I 相似，也分为涂层区、过渡区和基体区，但是生成的物相形状及尺寸大小发生了变化。图 3-6 涂层体系 II 微观组织图中，测得两个 TiB$_2$ 的长度约为 23μm 和 15μm，而图 3-7 涂层体系 III 中 TiB$_2$ 长度约为 3.5μm 和 3.4μm。涂层体系 III 中 TiB$_2$ 发生了晶粒细化，图中分布着较多的 CNTs，CNTs 弥散分布在组织中，产生了细化 TiB$_2$ 晶粒的作用。

3. 显微硬度

采用 FM-700 维氏硬度计，沿等离子束熔覆层横断面由表及里测定复合涂层的显微硬度，共取 30 个点，载荷力 100gf，距离 3000μm，测量三次取平

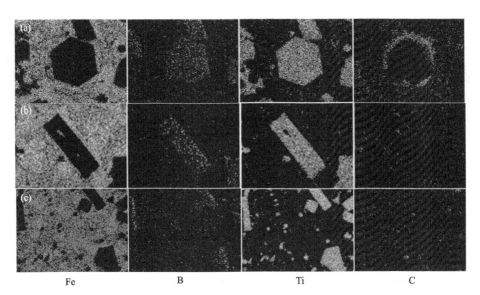

图 3-4　图 3-3 各区域 EDS 面扫分析图

（a）图 3-3 ⅱ区面扫图；（b）图 3-3 ⅰ区面扫图；（c）图 3-3 ⅲ区面扫图

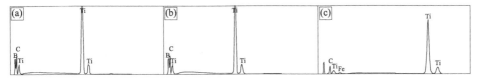

图 3-5　图 3-3 各区域能谱分析图

（a）图 3-3 ⅰ区 EDS；（b）图 3-3 ⅱ区 EDS；（c）图 3-3 ⅲ区 EDS

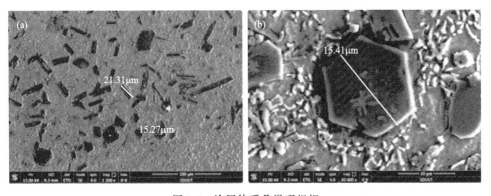

图 3-6　涂层体系Ⅱ微观组织

均值，将所得到的数据进行统计归纳，得到涂层显微硬度分布图 3-8。由图可知，0.1CNTs 配比涂层的显微硬度值最大，0.3CNTs 配比的涂层显微硬度值要略大于 0.2CNTs 配比涂层。显微硬度分布图显示，显微硬度值一开始会提

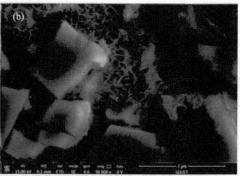

图 3-7　涂层体系Ⅲ显微组织

升，然后到达最大值，随后下降，说明涂层中部区域的显微硬度值比涂层表层区要大一些。而一般来说，表层区的晶粒细小，显微硬度值应该更高些，但是因为在等离子束熔覆过程中，等离子弧的能量密度高，而与等离子弧直接接触的表层区中的陶瓷相颗粒和合金元素会被严重烧损，导致致密性较差和杂质比较多，最终造成显微硬度值有所降低。

涂层显微硬度较高是因为在等离子束熔覆过程中原位合成了陶瓷相 TiB_2 和 TiC，这些陶瓷相既能够细化组织，又起到沉淀强化作用。再加上等离子束熔覆加热及冷却的速度都比较快，凝固过程中组织的不均匀收缩导致很多位错，陶瓷相的存在会阻碍金属基体中的位错运动，从而能够很好地提高涂层的显微硬度。

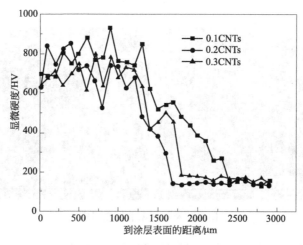

图 3-8　涂层显微硬度

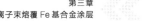

三、涂层摩擦磨损性能

涂层摩擦系数变化如图 3-9 所示，初始阶段试样和摩擦副处于磨合阶段，曲线波动较大，之后摩擦系数曲线逐渐平稳，基体的摩擦系数呈上升趋势，说明随摩擦时间的增加，基体的减摩性逐渐减弱，这是因为随摩擦时间的增加材料变热且基体会有大片的磨屑脱落（见图 3-10），使得材料的摩擦系数变大。涂层摩擦系数曲线比较平稳，说明涂层组织的摩擦系数抵抗温度变化的能力较强，且没有较大的磨屑脱落，较基体性能更加稳定。0.1CNTs 添加量涂层的摩擦系数最低且更加平稳，说明其减摩效果明显。

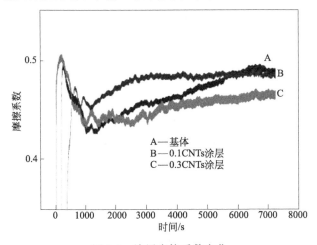

图 3-9　涂层摩擦系数变化

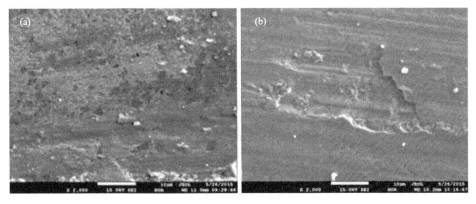

图 3-10　涂层与基体磨损形貌

（a）0.1CNTs 涂层；（b）基体

图 3-10 为基体和 0.1CNTs 涂层磨损形貌。涂层中基体磨损，造成弥散

于涂层中的增强相突出，此时微凸起增强相会起到一定承载、减摩作用，随着磨损时间的延长，会有部分增强相颗粒与基体脱离形成游离于摩擦副之间的磨粒。法向载荷的施加会使得脱落的碳化物颗粒与磨损表面的挤出点承受很高的局部接触应力。作用在颗粒上的垂直分力使得其压入表面，水平分力使得其在摩擦面产生相对位移，其机理是对表面产生犁削的作用，由此产生微小的犁沟。Q235 钢表层存在一定量的残留奥氏体，磨损过程中摩擦应力会诱导表层产生摩擦马氏体相变。表层的加工强化作用要小于亚表层，且材料的最大接触应力也位于磨损试样的亚表层而不是表层。表面的位错密度常小于亚表面的位错密度，当位错累积到一定程度会形成微裂纹，微裂纹向表层扩展延伸到一定临界尺寸，并和临近裂纹相交连，裂纹与表面之间的材料最终呈片状磨屑的形式剥落。

小　结

① 原位形成的 TiB_2 和 TiC 硬质颗粒，与基体的结合比较牢固。

② 涂层体系添加 CNTs 后，其弥散分布在熔覆涂层组织中，能够细化 TiB_2 晶粒，产生了弥散强化的效果，提高涂层的硬度、降低摩擦系数并保持稳定性。

③ CNTs 添加量对涂层的组织有明显的影响，0.1CNTs 添加量使涂层中的 TiB_2 颗粒大小均匀、涂层的硬度最高、摩擦系数最低、抗磨性能最好。

第二节　Fe55-TiC-TiB$_2$ 涂层

一、实验材料及熔覆工艺

涂层基体粉选用 Fe55 自熔性合金粉末，其化学成分如表 3-4 所示。

表 3-4　Fe55 合金粉末的化学成分　　　　单位：%（质量分数）

元素	C	Si	B	Cr	Ni	Fe
Fe55	0.7~1.0	3.0~4.0	3.5~4.0	16~18	10~13	Bal.

图 3-11 为涂层原始粉末的形貌，其中 Fe55 粉（48~75μm，≥98%，北京兴荣源科技有限公司），粉末为类球状；Ti 粉（48~75μm，≥99.7%，北京兴荣源科技有限公司），粉末为不规则颗粒；B_4C 粉（14~20μm，94%，

牡丹江前进碳化硼有限公司），粉末为不规则的多边形。

图 3-11　原始粉末形貌图

(a) Fe55；(b) Ti；(c) B₄C

基体采用 Q235 钢，涂层粉末处理及熔覆过程同第一节，本节等离子熔覆实验所采用参数如表 3-5 所示。

表 3-5　等离子熔覆实验参数选择范围

工作电压/V	工作电流/A	工作距离/mm	氩气流量/(L/min)	扫描速度/(mm/min)
40V	70 80 90	10	20	300

二、物相、微观组织

1. 物相分析

图 3-12 为不同等离子电流时涂层表面的 XRD 图，从图中可以看出主要的物相组成为 TiB_2（PDF-♯35-0741）、TiC（PDF-♯32-1383）、α-Fe（PDF-♯06-0696）、Fe_2B（PDF-♯39-1314）、$Fe_3(C,B)$（PDF-♯03-0411）。物相当中不存在 B_4C 和 Ti，且随着等离子电流的增加，衍射峰的种类没有明显的改变，但 TiB_2 和 TiC 所对应的衍射峰强度有所增大，说明随着电流的增大 TiB_2 和 TiC 物相增多。

2. 微观组织

图 3-13 是电流为 70A 的等离子熔覆涂层微观组织场发射扫描电子显微镜（FESEM）照片，涂层无裂纹、气孔等缺陷，与基体呈冶金结合的涂层厚度为 $900\sim1000\mu m$，涂层和基体之间存在过渡层，可以有效地提高涂层和基体之间的结合力。熔覆层主要存在四种形态的物相：长度为 $60\sim80\mu m$ 的深灰色纤维状组织和长度为 $4\sim5\mu m$ 的类六边形的块状 ［图 3-13(b) 1 和 2 标记处，显微硬

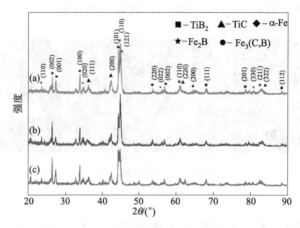

图 3-12　不同等离子电流时涂层表面的 XRD 图

(a) 70A；(b) 80A；(c) 90A

度为 2845HV$_{0.2}$]；不规则的多边形组织［图 3-13(c) 3 标记处，显微硬度为 2975HV$_{0.2}$]，其尺寸为 2~3μm；颜色较浅的长椭圆形状的 α 初生相［图 3-13(c) 曲线封闭区域内，显微硬度为 250HV$_{0.2}$]；在 α-初生相周围分布有片状共晶组织［图 3-13(c) 4 标记处］。过渡区［图 3-13(d)］大量分布着长椭圆形的 α-初生相和片状共晶组织，共晶体沿着初生相晶界呈网状分布。

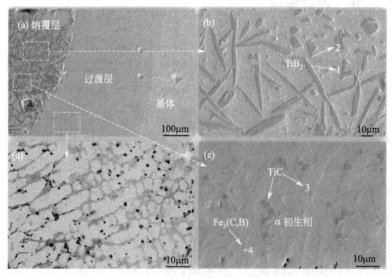

图 3-13　70A 等离子熔覆电流下得到的涂层微观组织

图 3-14 为图 3-13(b) 的能谱面扫图，图 3-15 为图 3-13 各标记处的能谱定量分析。结合 XRD 结果可以看出，深灰色纤维状组织和类六边形的块状组

织富 B 元素和 Ti 元素，为 TiB$_2$ 相；不规则的多边形组织富 C 元素和 Ti 元素，为 TiC 相。

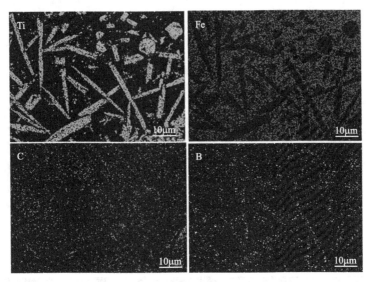

图 3-14　图 3-13（b）的能谱面扫图

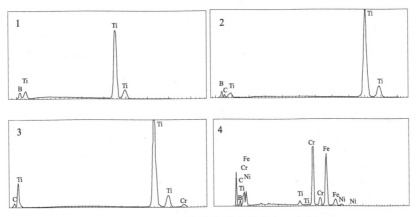

图 3-15　图 3-13 各标记处的能谱定量分析

图 3-16 为等离子熔覆电流 80A 时得到的涂层 FESEM 图，结合其能谱面扫图（图 3-17）可以确认增强相长条状 TiB$_2$ 数量减少，演变为类六边形或者立方形。

90A 等离子熔覆电流下得到的涂层的微观组织如图 3-18 所示，随着电流的提高，长条状 TiB$_2$ 数量更少而类六边形的块体 TiB$_2$ 数量更多，同时球状 TiC 数量也显著增加。

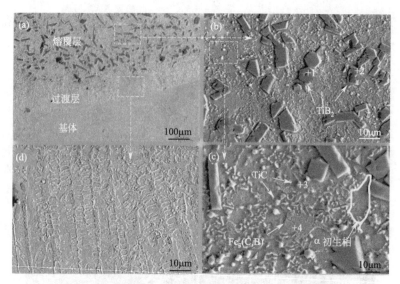

图 3-16 80A 等离子熔覆电流下得到的涂层微观组织

(a) 横截面；(b) 和 (c) 涂层放大图；(d) 界面放大图

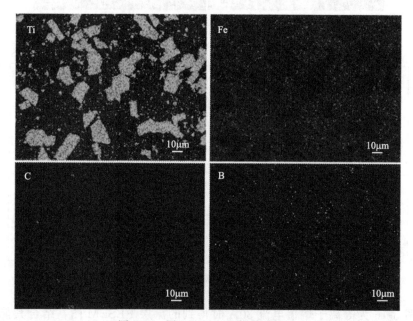

图 3-17 图 3-16(b) 的能谱面扫图

在以 Fe、Ti、B$_4$C 为初始粉末，通过等离子束熔覆的方式形成的熔池当中，所涉及的主要反应：

$$3Ti + B_4C \longrightarrow 2TiB_2 + TiC \tag{3-1}$$

$$9Fe + B_4C \longrightarrow 3Fe_2B + Fe_3(C,B) \tag{3-2}$$

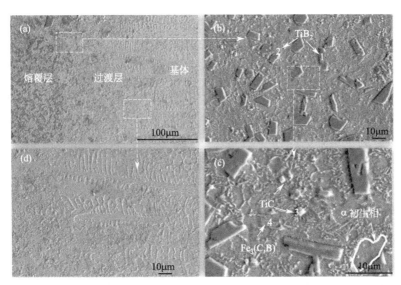

图 3-18　90A 等离子熔覆电流下得到的涂层微观组织

(a) 横截面；(b) 和(c) 涂层放大图；(d) 界面放大图

　　涂层的顶部 TiB_2 数量较多，类似初生相的长椭圆形以及类似共晶体的层片状数量较少；但在涂层底部近基体区域，TiB_2 数量较少而类似初生相的长椭圆形以及类似共晶体的层片状数量较多。等离子束高达 10000K，预置涂层在等离子束流开始加热瞬间便熔化发生反应，等离子束流扫过以后，熔池随即发生了急速冷却。等离子束熔覆前 Fe、Ti、B_4C 粉末随机分布在预置涂层当中，当高能量等离子束扫过初始粉末时，混合粉末中的金属粉末瞬间熔化，B_4C 分解出 [B] 和 [C]，融入 Fe、Ti 粉末熔化形成的熔池中，Fe 液因为量多、密度大下沉。等离子束扫描过后，高熔点的 TiC 和 TiB_2（TiB_2 熔点为 2980℃，TiC 熔点为 3067℃）将先行析出、长大，其次是 Fe_2B 形成。TiC、TiB_2 和 Fe_2B 三种 C/B 化合物的形成，消耗掉大量的 B、C 和 Ti 元素，因此在涂层上部形成大量的 TiB_2、TiC 以及 Fe_2B。

　　在涂层底部因存在大量的 Fe 以及剩余的 [B] 和 [C]，随着温度的下降 α 相将以初生相（α-Fe）的形式析出。因为 [C]、[B] 元素在 α 相中的分配系数小于1，随着先共晶 α 相增多和长大，熔池中 [C]、[B] 元素浓度不断升高，在初生 α 相晶界处不断富集。当冷却至共晶温度时，发生共晶反应 L ——→α-Fe＋Fe_3（C，B），最终以层片状形态在先共晶 α 相的晶界处呈网状分布。

　　TiC 的晶体结构与 NaCl 的晶体结构类似，Ti 原子排列在 fcc 点阵上，C 原子占据着八面体中的空位形成了另一个 fcc 结构。{111} 晶面为最密排原子面，具有最低的能量。因此达到平衡状态的 TiC 晶体应该是正八面体形状。但是由于 [001] 和 [111] 方向上生长速率的不同，在等离子束熔覆快速冷却的非平衡条件下，受生长动力学和热质传输的影响，TiC 也有可能生长成截角八面体或类球状。在初生的 α 相长大过程中，已经形成的 TiC 颗粒不断被推挤，因而当共晶体在初生 α 相之间形成时，TiC 主要分布在共晶体上，这种分布有利于增强共晶体 α+Fe₃(C, B) 的层间抗撕裂性。

三、涂层性能

1. 断口形貌

图 3-19 为不同等离子熔覆电流下得到的涂层断口形貌的 FESEM 图，断口当中都存在大量的片状或块状的六边形 TiB_2 陶瓷相。随着等离子电流的增大，陶瓷相的尺寸变小，与此同时 TiB_2 的厚径比变大。因为 TiB_2 的晶格结构为类 AlB_2 的六方晶系 $P6/mmm$ 的空间晶系，Ti 原子和 B 原子交替分布。由于 TiB_2 为密排六方结构，各方向的生长速度（growth rates）如下：$GR_{0001} < GR_{1010} < GR_{1011} < GR_{1210} < GR_{1211}$，在结晶过程中其沿 c 轴方向择优生长。在等离子熔覆极端非平衡下，TiB_2 晶核一旦形成，极易沿着 c 轴方向失稳生长为长条状。但是，也有部分 TiB_2 颗粒沿着密排晶面 {0001} 二维生长成为六边形的片状或者长方体。等离子束电流增大，熔池在高温阶段的时间相对延长，TiB_2 失稳形成的长条状越少，六边形片状或者长方体形态越多。

由图 3-19(c)、(e) 可以看出当 TiB_2 陶瓷相由于外力作用与基体分离时，陶瓷相自身未发生断裂或开裂 [图 3-19(c)]，说明陶瓷相本身具有较高的强度和较好的抗冲击能力，且 TiB_2 陶瓷相与基体界面结合良好 [图 3-19(e) 方框内放大图]，说明陶瓷相和基体之间有着很好的润湿性。

2. 显微硬度

图 3-20 为不同等离子熔覆电流下涂层的显微硬度曲线图，从图中可以看出，电流对于涂层中基体组织的影响不大，TiB_2 和 TiC 硬质相能够明显提高涂层的硬度，涂层的平均硬度为 $650 \sim 800HV_{0.5}$，相较于基体的平均硬度 $170HV_{0.2}$ 提高了 4 倍左右。由于涂层与基体之间存在过渡层，涂层到基体硬度下降较为缓慢，这就避免了由于硬度突变带来的应力集中，提高了涂层与基体的抗冲击性能。长条状 TiB_2 可改变涂层断裂的裂纹扩展方向，TiC 因主要分布在共晶体上，有利于增强共晶体的抗层间撕裂性，这种多尺度强化有

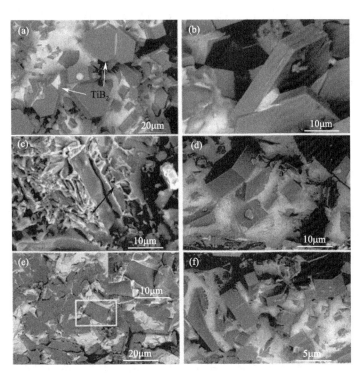

图 3-19　不同等离子熔覆电流下得到的涂层断口形貌

(a)、(b) 70A；(c)、(d) 80A；(e)、(f) 90A

利于提高涂层的抗冲击断裂性能。当等离子束电流为 70A 时 TiB$_2$ 和 TiC 增强相尺寸较大，导致硬度曲线波动较大。

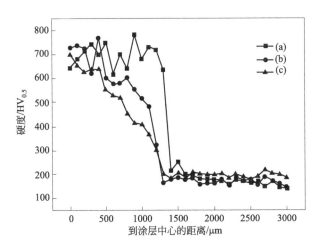

图 3-20　不同等离子熔覆电流下涂层的显微硬度曲线图

(a) 70A；(b) 80A；(c) 90A

图 3-21 为 TiB_2 相表面显微硬度压痕和断裂形貌图。由于 TiB_2 相本身具有较高的硬度，类六边形的 TiB_2 相在金刚石压头作用下发生了明显的裂纹 [图 3-21(a) 箭头所指]，但是裂纹在压痕的尖角处没有延伸，同时基体与 TiB_2 陶瓷相之间也不存在裂纹。证明 TiB_2 陶瓷相与基体的匹配性较好，能够阻碍裂纹在基体和增强相之间传递。

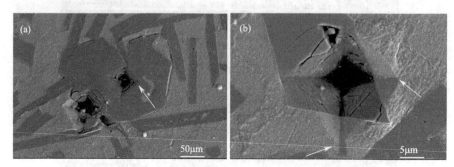

图 3-21　TiB_2 相表面显微硬度压痕(a) 和断裂形貌(b)

3. 摩擦磨损性能

图 3-22 为基体和不同等离子电流下获得涂层的摩擦系数曲线图。由图可以看出，涂层的摩擦系数都比较稳定且都低于 Q235 基体的摩擦系数，且随着等离子电流的增大涂层的摩擦系数逐渐降低。

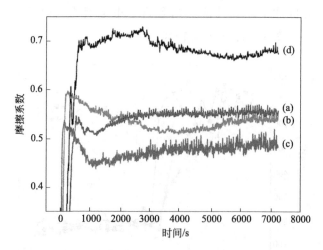

图 3-22　基体和不同等离子电流下获得涂层的摩擦系数曲线图

(a) 70A；(b) 80A；(c) 90A；(d) Q235

图 3-23 为基体和 90A 等离子电流下制备的涂层的磨损形貌。由图中可

以看出，基体和涂层的磨损痕迹有着明显的不同。图 3-23(a) 为 Q235 基体的磨损形貌，可以看出磨损表面非常粗糙、不均匀，并且存在大量的犁沟。磨损机制主要为黏着磨损，这种黏着行为使得表面产生了大量的剥落 [图 3-23(a) 封闭区域内]。涂层区域的磨损表面 [图 3-23(b)] 更加平整，存在少量的犁沟且犁沟的深度较浅，在磨痕表面存在着大量深灰色的块状增强相。进一步分析表明该增强相为块状的 TiB_2 [图 3-23(b) 箭头所指]，并且在 TiB_2 和基体的界面上没有发现裂纹，其磨损机制为微观切削和磨粒磨损的机制。

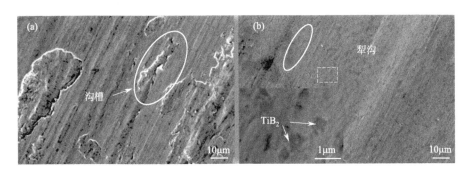

图 3-23　磨损形貌

(a) Q235 钢基体；(b) 90A 等离子电流制备的涂层

当具有高硬度的对磨球在涂层表面滑动时，复合涂层当中存在的具有较高硬度的 TiB_2 和 TiC 多尺度的增强相颗粒能够起到支撑表面微凸体的作用，从而防止基体材料受到严重的破坏。当复合涂层由于受压产生塑性变形受到剪切作用时，具有一定塑韧性能的基体材料又能够束缚具有较高硬度的增强相颗粒，所以相较于没有增强相颗粒增强的基体材料，复合涂层的耐磨性能有了很大程度的提高。然而在较高载荷和较大应力应变时，会在基体和硬质相颗粒的界面附近产生尖角应力集中。

小　结

① 以 Fe55、Ti、B_4C 粉为初始粉末，在 Q235 钢表面原位形成由 TiB_2＋TiC＋Fe_2B＋Fe_3C＋α-Fe 多种强化相组成的复合涂层。当等离子电流为 70A 时，TiB_2 形态主要为长条状，长度为 $60\sim74\mu m$，部分呈类六边形块状，尺寸为 $4\sim5\mu m$。TiC 尺寸为 $2\sim3\mu m$，形态主要为不规则多边形块状。随着等离子束电流的增大，TiB_2 厚径比变大，类球状形态的 TiC 数量增多。Fe_3

（C，B）＋α-Fe 共晶体沿着初生相 α-Fe 晶界呈网状分布，细小的 TiC 颗粒主要分布在共晶体的层片状组织上。

②在等离子束熔覆极端非平衡下，TiB_2 晶核极易沿着 c 轴方向失稳生长为长条状，少部分 TiB_2 颗粒沿着密排晶面二维生长成为六边形的片状或者长方体。受生长动力学和热质传输的影响，TiC 也有可能生长成截角八面体或类球状。随着等离子束电流增大，TiB_2 相尺寸变小、厚径比变大，TiC 生长更加充分，形态更加近似于球状。

③涂层的平均硬度是 Q235 钢基体的 3～4 倍，涂层与基体之间存在一定厚度的过渡层，使得涂层与基体之间的硬度呈梯度分布。长条状 TiB_2 可改变涂层断裂的裂纹扩展方向，而 TiC 因主要分布在共晶体上，有利于增强共晶体的抗层间撕裂性，这种多尺度强化有利于提高涂层的抗冲击断裂性能。

④涂层的摩擦系数稳定且低于 Q235 基体，随着等离子电流的增大涂层的摩擦系数逐渐降低。相较于 Q235 基体，复合涂层的磨损表面更加平整和均匀，犁沟数量较少且较浅，表明复合涂层对基体材料起到了很好的保护作用。

第三节　Fe-ZrB_2-ZrC 涂层

一、实验材料及熔覆工艺

图 3-24 为原始粉末形貌图，Fe 粉（≥98%，23～59μm），粉末为类球状；Zr 粉（≥97%，9～39μm），粉末为不规则颗粒状；B_4C 粉（≥99%，24～75μm），粉末为不规则多边形；SiC 粉（≥97%，48～75μm），粉末为不规则多边形。

基体采用 Q235 钢，以 Zr、Fe、B_4C、混合粉末为原料，原位反应合成制备 ZrB_2、ZrC 增强的 Fe 基复合涂层，体系反应如下：

$$3Zr + B_4C \longrightarrow 2ZrB_2 + ZrC \tag{3-3}$$

本节主要研究不同粉末配比（Zr＋B_4C 的添加量占原始粉末的比例）和不同熔覆电流对 Fe-ZrB_2-ZrC 涂层组织及性能的影响。

1. Zr+B_4C 添加量对涂层的影响

熔覆材料的成分配比如表 3-6 所示，原始粉末根据 $3Zr＋B_4C$ 在总体原始

图 3-24 原始粉末形貌图

(a) B_4C；(b) Fe；(c) Zr；(d) SiC

粉末中的质量比设计，分别为 30％、40％ 和 50％，标注为 S1、S2 和 S3。等离子熔覆电压 40V、电流 100A、扫描速度 240mm/min、氩气流量 20L/min、喷嘴距离工件的距离 10mm。

表 3-6 不同 $Zr+B_4C$ 含量熔覆层原始粉末成分

单位:％（质量分数）

试样	原材料			
	Fe	$3Zr+B_4C$	Zr	B_4C
S1	70	30	24.96	5.04
S2	60	40	33.28	6.72
S3	50	50	41.60	8.40

2. 等离子熔覆电流对涂层的影响

将 Fe 粉、Zr 粉和 B_4C 粉按照 Fe：$(Zr+B_4C)$＝6：4 的质量比称量，其中 Zr 粉和 B_4C 粉按照 Zr：B_4C＝3：1 的摩尔比称量，具体熔覆工艺参数如表 3-7 所示。根据熔覆电流的不同，分为三组试样 A（100A）、B（110A）、C（120A），等离子熔覆电压为 40V、氩气流量为 20L/min、扫描速度为 240mm/min、喷嘴距离工件的距离为 10mm。

表 3-7　等离子熔覆工艺参数

试样	测试参数	
	电流/A	扫描速度/(mm/min)
A	100	
B	110	240
C	120	

二、物相、微观组织及摩擦磨损性能

1. Zr+B₄C 添加量变量等离子束熔覆涂层

（1）熔覆层物相分析　图 3-25 为三种不同 $Zr+B_4C$ 添加量等离子熔覆层的 X 射线衍射图，从图中可以看出，涂层主要物相为 ZrB_2、α-Fe、ZrC，还含有一定量的 Fe_2B、Fe_3C。随着 $Zr+B_4C$ 添加量的增加，物相种类并没有变化，但 ZrB_2 和 ZrC 的衍射峰强度显著增强。

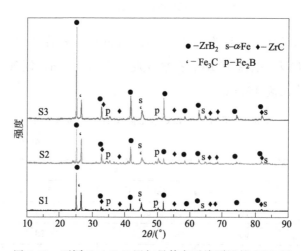

图 3-25　不同 $Zr+B_4C$ 添加量等离子熔覆层的 XRD 图

（2）熔覆层的微观组织　图 3-26 为三种不同 $Zr+B_4C$ 添加量等离子熔覆层的总体形貌图。从图中可以看出，涂层与 Q235 钢基体之间存在过渡层，涂层与基体结合紧密，没有明显裂纹，组织生长由过渡层向 Q235 钢基体呈现定向凝固的生长特征，涂层与基体呈良好的冶金结合。

图 3-27 为三种不同 $Zr+B_4C$ 添加量等离子熔覆层横截面中部的 SEM 图像。可以看出，涂层主要由针棒状组织、白色颗粒状组织以及灰色基体组成，试样 S1 涂层中的针棒状组织尺寸仅为 $2\sim4\mu m$，弥散分布于灰色基体中；随

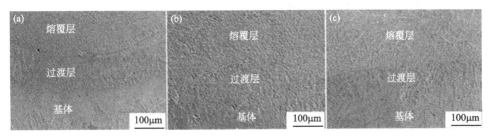

图 3-26　不同 Zr＋B₄C 添加量等离子熔覆层显微组织

(a) S1；(b) S2；(c) S3

着原始粉末中 Zr＋B₄C 添加量的增加，涂层中的针棒状组织逐渐粗大化，试样 S3 涂层中的针棒状组织尺寸较大，约为 25～35μm。除弥散分布外，针棒状组织还会发生部分团聚现象，而形成类花瓣状组织。除针棒状组织外，涂层中还存在较多的白色颗粒状组织，对涂层组织进一步放大可以看出，白色颗粒有的弥散分布于灰色基体中，有的附着于针棒状组织上 [如图 3-28(a) 和图 3-28(c) 所示]。

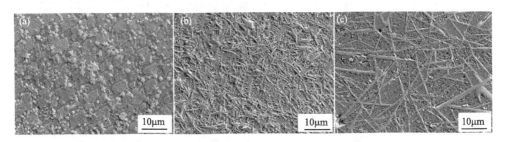

图 3-27　不同 Zr＋B₄C 添加量等离子熔覆层截面中部 SEM 图

(a) S1；(b) S2；(c) S3

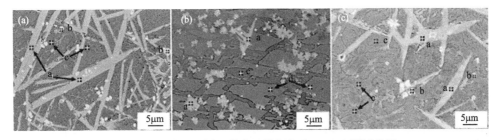

图 3-28　S3 涂层不同区域的显微组织和 EPMA 测试位置

采用电子探针（EPMA）进行多次打点成分测试分析（图 3-28），测试结果如表 3-8 所示。针棒状组织和类花瓣状组织主要含有 Zr 元素和 B 元素，白色颗粒状组织主要含有 Zr 元素和 C 元素。

表 3-8　图 3-28 中各位置的 EPMA 分析结果

单位：%（原子百分数）

元素	a	b	c	d	e
Fe	0.20～1.85	3.46～3.62	97.05～98.59	61.36～65.60	71.13～73.29
Zr	28.23～38.97	39.52～54.60	—	—	—
B	57.22～64.59	4.06～6.29	0.35～1.72	32.27～36.79	3.44～5.95
C	0.51～2.13	41.94～56.86	0.23～0.90	1.85～2.13	22.92～23.27

图 3-29 和图 3-30 分别为 S3 涂层不同区域的能谱面扫图和能谱线扫图，进一步验证了针棒状组织、花瓣状组织富 Zr 元素和 B 元素，白色颗粒状组织富 Zr 元素和 C 元素，灰色基体相主要含有 Fe 元素，还含有少量的 B 元素和 C 元素。结合 XRD 衍射分析的结果可以确定，针棒状、花瓣状组织为 ZrB_2，白色颗粒状组织为 ZrC，灰色基体主要为 α-Fe，还有少量的 Fe_2B、Fe_3C。

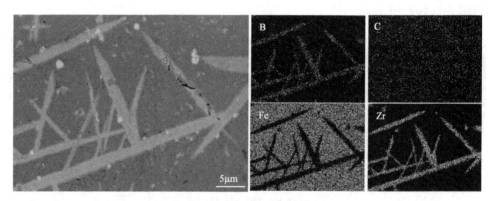

图 3-29　S3 涂层的能谱面扫图

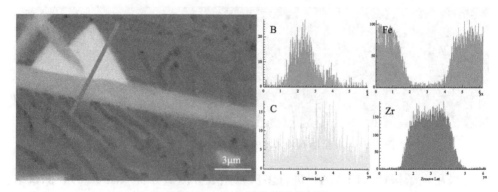

图 3-30　S3 涂层的能谱线扫图

（3）熔覆层显微硬度　图 3-31 为三种不同 Zr＋B$_4$C 添加量等离子熔覆层沿层深方向的显微硬度分布曲线，由图 3-31 可见，显微硬度曲线可分为三个部分：熔覆层、过渡层和基体。由于涂层中含有大量高硬度的 ZrB$_2$ 和 ZrC，所以熔覆层具有很高的显微硬度，从熔覆层表层向内，显微硬度逐渐降低，这是因为由表层到基体，陶瓷相 ZrB$_2$ 和 ZrC 的含量逐渐减少。过渡层向内，显微硬度显著降低，可能是等离子加热的高能量使 Q235 钢基体表层熔化，基体的 Fe 元素进入涂层，对涂层有一定的稀释作用造成的。随着 Zr＋B$_4$C 添加量的增加，原位反应合成陶瓷相 ZrB$_2$ 和 ZrC 的尺寸增大，含量增加，所以试样 S1、S2、S3 的显微硬度逐渐增加，相比 Q235 基体分别提高了 5.6 倍、6.8 倍和 7.3 倍。

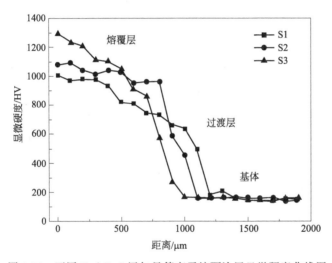

图 3-31　不同 Cr＋B$_4$C 添加量等离子熔覆涂层显微硬度曲线图

（4）熔覆层摩擦磨损性能　图 3-32 为基体和不同 Cr＋B$_4$C 添加量熔覆涂层在 100N 载荷下摩擦系数与滑移时间的曲线图，从图中可以看出，在磨损进入稳定期后，熔覆涂层的摩擦系数要明显低于 Q235 基体的摩擦系数；Q235 基体的摩擦系数随时间显著升高，且摩擦系数波动最大，约在 0.6～0.81 之间；而三组不同 Zr＋B$_4$C 添加量等离子熔覆涂层的摩擦系数相对稳定，波动较小。不同 Zr＋B$_4$C 添加量等离子熔覆涂层试样中，试样 S1 涂层的摩擦系数随时间略有升高，但波动较小，约在 0.55～0.59 之间；试样 S2 涂层的摩擦系数最低、最稳定，基本维持在 0.57 左右；而试样 S3 涂层的摩擦系数较高，波动相对较大，约在 0.61～0.7 之间。

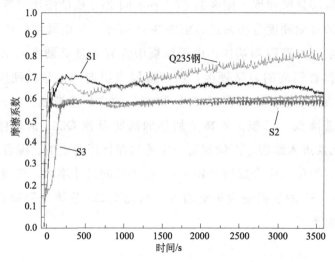

图 3-32　基体和不同 $Cr+B_4C$ 添加量熔覆涂层的摩擦系数随滑移时间的变化曲线

图 3-33 为三种不同 $Zr+B_4C$ 添加量等离子束熔覆涂层及 Q235 基体磨损体积的对比图，从图中可以看出，Q235 钢基体的磨损体积最大，为 $144.53 \times 10^6 \mu m^3$；而等离子束熔覆涂层的磨损体积相对要小很多，其中以试样 S2 涂层的磨损体积最小，耐磨性最佳。试样 S1、S2、S3 涂层的磨损体积分别为 $40.20 \times 10^6 \mu m^3$、$26.53 \times 10^6 \mu m^3$、$64.27 \times 10^6 \mu m^3$，耐磨性分别为 Q235 基体的 3.60 倍、5.45 倍、2.25 倍。

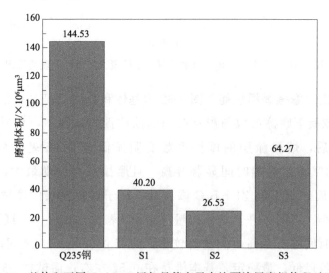

图 3-33　基体和不同 $Cr+B_4C$ 添加量等离子束熔覆涂层磨损体积对比图

图 3-34 为三种不同 Zr＋B$_4$C 添加量等离子束熔覆涂层及 Q235 钢基体磨损表面微观形貌图，图 3-35 为三种不同 Zr＋B$_4$C 添加量等离子束熔覆涂层及 Q235 钢基体磨屑微观形貌图。从图中可以看出，Q235 基体表面存在大面积的剥落，剥落凹坑尺寸较大，磨损表面存在明显的微裂纹；磨屑主要以大块片状磨屑为主，呈现典型的黏着磨损特征。相比而言，等离子束熔覆涂层磨损表面比较平整，试样表面剥落较少，剥落凹坑尺寸和磨屑尺寸较小。其中 S2 涂层磨损表面相对最光滑，磨屑为细小的颗粒状，呈现典型的磨粒磨损特征；S3 涂层磨损表面存在小面积剥落现象，磨屑为片状和颗粒状的混合态；而 S1 涂层磨损介于 S2 涂层和 S3 涂层之间，磨屑为细小片状和颗粒状的混合态。

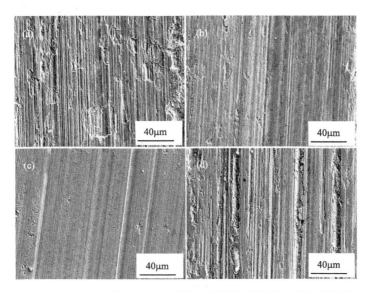

图 3-34　基体和不同 Cr＋B$_4$C 添加量熔覆涂层磨损表面微观形貌

(a) Q235；(b) S1；(c) S2；(d) S3

（5）熔覆层断口形貌　图 3-36 为熔覆涂层断口的 FESEM 图像，涂层断裂方式以穿晶断裂为主，ZrB$_2$ 与周围基体结合良好，无断裂及界面开裂，针棒状的 ZrB$_2$ 的存在使裂纹扩展方向不断改变；并且 ZrB$_2$ 和 ZrC 强度高、硬度大，也能起到阻碍裂纹扩展的作用；同时，ZrB$_2$ 分布位向比较杂乱，这对阻碍裂纹的扩展也能起到积极的作用，有利于提高 Fe-ZrB$_2$-ZrC 涂层的抗冲击断裂性能。

在等离子束熔覆过程中，预置粉末吸收等离子弧的热量而迅速形成熔池，B$_4$C 由于密度小而上浮到熔池的顶部，在高能等离子束的加热作用下，会分

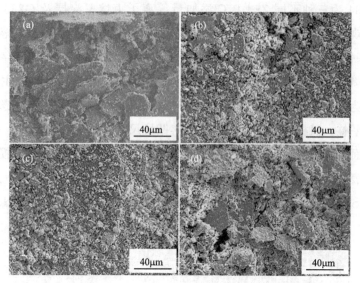

图 3-35　基体和不同 Cr＋B₄C 添加量熔覆涂层磨屑微观形貌

(a) Q235；(b) S1；(c) S2；(d) S3

图 3-36　熔覆涂层的断口形貌

(a) S1；(b) S2；(c) S3

解为 B 和 C，由于 Zr 是强碳化物和强硼化物形成元素，因此，Zr 优先于 Fe 与 B 和 C 发生反应形成 ZrB_2 和 ZrC 晶核。随着反应的进行，ZrB_2 晶核不断形成、增多，于是在熔覆涂层的顶部就形成了 ZrB_2 的聚集区 ［如图 3-37(a) 所示］，在反应初期由于等离子束流的加热而产生的高温，有利于 ZrB_2 的生长，所以 ZrB_2 尺寸较大。等离子束熔覆过程是一个急速升温冷却的过程，ZrB_2 形核以后在这种极端非平衡条件下，极易沿着 ［001］ 晶向失稳生长成针棒状 ［如图 3-37(a) 和图 3-37(b) 所示］。

随着 Zr 与 B 反应的进行，B 原子含量不断降低，并且随着 ZrB_2 的生成，会向固-液界面前沿不断排出 C 原子，于是 Zr 与 C 反应而生成的 ZrC 弥散分布在涂层中。随着 ZrB_2 和 ZrC 的不断形核生成，Zr、B 和 C 不断消耗，当 Zr、B 和 C 的浓度降低到反应发生的临界条件时，新生成的 ZrB_2 和 ZrC 就不能以稳定的晶核存在，只能借助已生成的 ZrB_2 而形核，于是就会生成类花瓣状的 ZrB_2 形态，以及 ZrC 依附于 ZrB_2 形核而长成的 ZrB_2-ZrC 复合体形态。由于两种陶瓷相同时存在时会彼此抑制对方的生长，于是涂层中部的陶瓷相尺寸相对于涂层顶部要小一些［如图 3-37(b) 所示］。而在涂层底部，随着 ZrB_2 和 ZrC 的生成会向涂层底部排出大量 Fe 原子，加之等离子束能量高而引起 Q235 钢基体表层熔化而对涂层的稀释作用，使涂层底部 Fe 原子密度升高，因此，在涂层底部，ZrB_2 和 ZrC 形核后根本来不及长大，所以涂层底部 ZrB_2 和 ZrC 的尺寸是最小的［如图 3-37(c) 所示］。随着原始粉末中 $Zr+B_4C$ 含量的增加，Zr、B 和 C 含量越多，浓度也就越大，ZrB_2 和 ZrC 的形核及长大的驱动力就越大。因此，随着原始粉末中 $Zr+B_4C$ 含量的增加，涂层中的 ZrB_2 和 ZrC 含量越多，尺寸也越大。

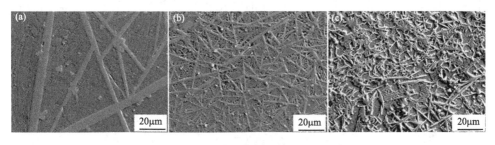

图 3-37 S2 涂层不同区域的 SEM 图

(a) 顶部；(b) 中间；(c) 底部

涂层的摩擦系数整体要比 Q235 基体低且稳定，这是由于涂层中存在大量与基体结合牢固的 ZrB_2、ZrC 强化相，涂层的黏着磨损抗力远高于 Q235 基体的黏着磨损抗力，随着反复磨损的进行，强化相粒子形成坚硬的凸起，减小了对磨材料与涂层基体的接触面积，在很大程度上增加了涂层的抗磨损能力。随着进一步磨损，在法向载荷和水平摩擦力的作用下，强化相凸起承受很大的局部接触应力，从而产生破坏和脱落。作用在陶瓷相上的垂直分力使得其压入表面，水平分力使得其在摩擦面产生相对位移，随着磨损的进行，陶瓷相对涂层不断犁削，最终因为磨粒磨损而形成犁沟。随着 $Zr+B_4C$ 含量增加，形成的 ZrB_2、ZrC 强化相的数量及尺寸大大增加，犁沟也就逐渐加深变宽，因此，涂层的磨损主要以磨粒磨损为主，而 Q235 钢基体磨损表面存在大量黏着坑，磨损以黏着磨损为主。

3 组不同配比的涂层试样的磨损机理如图 3-38 所示。其中 S2 涂层的耐磨性最佳，涂层中强化相的尺寸和含量对耐磨性影响较大，随着摩擦磨损的持续进行，涂层表面承受持续的循环挤压和剪切应力，使得涂层中极易萌生微裂纹，微裂纹不断萌生和扩展，当微裂纹扩展遇到 ZrB_2、ZrC 粒子时，会引起裂纹的闭合和偏转［如图 3-39(a) 所示］，并发生"桥接效应"［如图 3-39(b) 所示］，对裂纹的扩展起到有效的阻碍作用，从而降低疲纹扩展速率；而 S1 试样的强化相粒子尺寸过小，强化相粒子会发生滑移和脱落现象，微裂纹扩展时粒子与裂纹面接触不能引起裂纹的尖端闭合停止［如图 3-38(a) 所示］，因此耐磨性下降；S3 试样涂层中的强化相粒子尺寸过大，强化相粒子生成长大过程中极易萌生裂纹等缺陷［如图 3-38(c) 所示］，使得强化相粒子与涂层基体的结合强度下降，由于强化相与涂层基体的抗变形能力不同，涂层表面承受较大磨损应力时，尺寸过大的强化相粒子因其自身存在缺陷而发生断裂破碎，使得耐磨性下降，破碎的强化相粒子部分存在于摩擦副间造成三体磨损，增加了对涂层的切削程度，进一步加剧磨损。

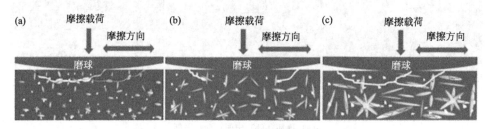

图 3-38　等离子束熔覆涂层磨损机理示意图

(a) S1；(b) S2；(c) S3

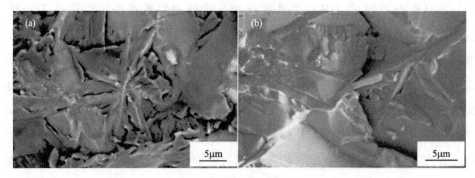

图 3-39　S2 涂层断口微观结构

(a) 闭合和偏转；(b) 桥连

小　结

① 以 Fe、Zr、B_4C 粉为原始粉末，在 Q235 钢表面原位合成了以 ZrB_2、ZrC 为强化相的铁基复合涂层，涂层与 Q235 钢基体之间结合致密，没有裂纹、夹杂等缺陷，呈现良好的冶金结合。

② 熔覆涂层组织由 ZrB_2、α-Fe、ZrC、Fe_2B 和 Fe_3C 组成。涂层中原位合成的 ZrB_2 呈现针棒状、花瓣状，ZrC 呈现颗粒状，随原始粉末中 $Zr+B_4C$ 含量的增加，ZrB_2 和 ZrC 含量增加，尺寸变大。

③ 熔覆涂层的显微硬度和耐磨性较 Q235 基体有了显著的提高，显微硬度最高可达基体的 7.3 倍，涂层与基体之间存在一定厚度的过渡层，使得涂层与基体之间的硬度呈梯度分布；耐磨性最高可达基体的 5.45 倍，涂层的磨损方式以磨粒磨损为主，断裂方式以穿晶断裂为主，ZrB_2 和 ZrC 的高强度、高硬度能有效地阻碍裂纹扩展，有利于提高涂层的抗冲击断裂性能。

2. 熔覆电流变量等离子束熔覆涂层

（1）涂层物相分析　图 3-40 为不同等离子束熔覆电流下熔覆涂层的 X 射线衍射（XRD）图谱，显示涂层主要物相为 ZrB_2、α-Fe、ZrC，还含有一定量的 Fe_2B、Fe_3C。物相当中不存在未反应的 B_4C 和 Zr，证明 B_4C 和 Zr 完全反应，当熔覆电流为 110A、120A 时，出现少量 ZrO_2。

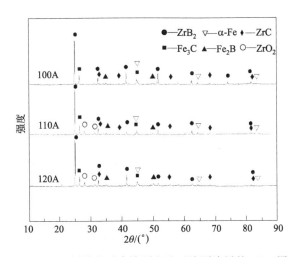

图 3-40　不同等离子束熔覆电流下熔覆涂层的 XRD 图

（2）熔覆涂层微观组织　图 3-41 为不同等离子束熔覆电流时熔覆涂层的

显微组织图，由图可以看出涂层的成型性较好，涂层组织致密均匀，随熔覆电流的增大，涂层的缺陷逐渐增多。结合前文的能谱分析结果，由图 3-41（a）、（b）中可以看出，当熔覆电流为 100A 时陶瓷相尺寸细小，随等离子束熔覆电流的增大，涂层中的陶瓷相尺寸有逐渐粗大化的趋势［如图 3-41（e）和（f）］，并且陶瓷相本身的缺陷（如裂纹、破碎）逐渐增多；随等离子束熔覆电流的增大，陶瓷相的形态变化不大，其中 ZrB_2 主要以白色的针棒状或花瓣状形态存在，而 ZrC 则以白色颗粒状存在。

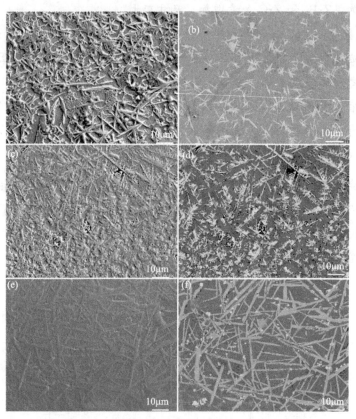

图 3-41　不同等离子束熔覆电流时熔覆涂层显微组织

（a）、（b）100A；（c）、（d）110A；（e）、（f）120A

（3）熔覆涂层显微硬度　图 3-42 为基体 Q235 和不同熔覆电流熔覆涂层的显微硬度柱状图。从图中可以看出，当熔覆电流为 100A 时，涂层的显微硬度最高，平均显微硬度可达 $1017.7HV_{0.1}$；当熔覆电流为 110A、120A 时，涂层的显微硬度分别可达 $847.7HV_{0.1}$ 和 $654.3HV_{0.1}$。涂层的显微硬度远大于 Q235 钢基体的显微硬度（$135.3HV_{0.1}$），这是因为涂层中含有大量高硬度

的 ZrB_2 和 ZrC，所以涂层具有很高的显微硬度。随熔覆电流的增大，涂层的显微硬度反而降低，这是因为当熔覆电流为 100A 时，陶瓷相是最细小的，细化晶粒可以提高材料的强硬度；而当熔覆电流增大时，陶瓷相尺寸逐渐粗大化，陶瓷相与 Fe 基体本身的润湿性和膨胀系数的差别较大，导致涂层的内应力变大，陶瓷相本身在长大过程中，会逐渐产生断裂和破碎等缺陷，涂层的成型性变差、缺陷增多，同时随着熔覆电流的增大，熔覆功率变大，熔覆热输入量增加，导致 Q235 基体对涂层的稀释率逐渐增大，故显微硬度随熔覆电流的增大而减小。

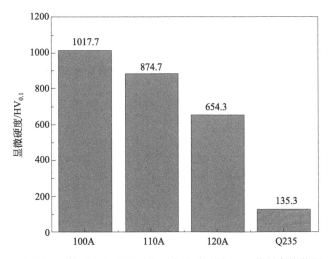

图 3-42　基体 Q235 和不同熔覆电流熔覆涂层显微硬度柱状图

（4）熔覆涂层摩擦磨损性能　图 3-43 为 Q235 基体和不同熔覆电流熔覆涂层在室温干摩擦条件下的摩擦系数随滑移时间的变化曲线图。从图中可以看出三组涂层试样的摩擦系数要低于 Q235 基体，说明涂层的黏着磨损抗力远高于 Q235 基体；同时可以看出，随着熔覆电流的增大，熔覆涂层的摩擦系数逐渐增大。

图 3-44 为 Q235 基体和不同熔覆电流熔覆涂层在 100N、1h 条件下的磨损体积柱状图。从图中可以看出，Q235 基体的磨损体积最大，为 $144.53 \times 10^6 \mu m^3$；而等离子束熔覆 $Fe-ZrB_2-ZrC$ 涂层的磨损体积相对要小很多，其中以 100A 熔覆电流的涂层的耐磨性最佳，100A、110A、120A 熔覆电流下涂层的磨损体积分别为 $26.53 \times 10^6 \mu m^3$、$39.78 \times 10^6 \mu m^3$、$52.89 \times 10^6 \mu m^3$，耐磨性分别为 Q235 基体的 5.45 倍、3.63 倍、2.73 倍。由柱状图可以看出，涂层的磨损体积远远小于 Q235 基体，说明涂层有很好的耐磨性；随着熔覆电

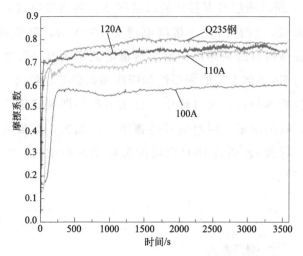

图 3-43　Q235 钢基体和不同熔覆电流熔覆涂层的摩擦系数随滑移时间的变化曲线

流的增大，涂层的磨损体积逐渐增大，当熔覆电流为 100A 时，磨损体积最小，涂层的耐磨性能相对最好。

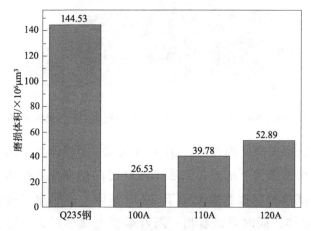

图 3-44　Q235 基体和不同熔覆电流熔覆涂层的磨损体积柱状图

　　图 3-45 为不同熔覆电流熔覆涂层磨损表面微观形貌图，图 3-46 为磨屑微观形貌图。从图中可以看出，经室温线性往复干滑动磨损后，熔覆电流为100A 时，涂层磨损表面比较平整，属于三者中最光滑的，但存在少量犁沟和犁削现象，磨屑尺寸较小，磨屑为细小的颗粒状，呈现典型的磨粒磨损特征；熔覆电流为 110A 时，涂层磨损表面逐渐变得比较粗糙，犁削现象逐渐加剧，犁沟增多、加深，涂层表面开始出现小面积的剥落现象，磨损凹坑的尺寸较小，出现片状磨屑，磨屑主要由颗粒状磨屑和少量片状磨屑组成，涂层开始

发生剥层磨损；当熔覆电流为 120A 时，涂层磨损表面出现大面积剥落现象，磨损凹坑的尺寸较大，犁沟宽度和深度增大，磨屑主要由片状磨屑和少量颗粒状磨屑组成，涂层的磨损方式为磨粒磨损和剥层磨损的混合磨损。

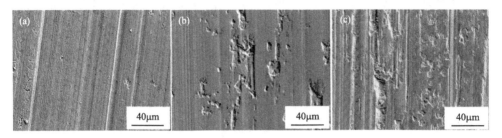

图 3-45　不同熔覆电流熔覆涂层的磨损表面微观形貌

(a) 100A；(b) 110A；(c) 120A

图 3-46　不同熔覆电流熔覆涂层的磨屑微观形貌

(a) 100A；(b) 110A；(c) 120A

以 Fe、Zr 和 B_4C 粉末为原料，采用等离子束熔覆技术在 Q235 钢基体表面制备以 ZrB_2 和 ZrC 为增强相的铁基复合涂层，通过改变等离子束熔覆时的熔覆电流分别为 100A、110A、120A，得到的涂层主要物相为 ZrB_2、α-Fe、ZrC，还含有一定量的 Fe_2B、Fe_3C，当熔覆电流为 110A 和 120A 时，且还存在少量 ZrO_2，且随着熔覆电流的增大，ZrO_2 的含量有所增加。关于 ZrO_2 的生成，分析认为，随着熔覆电流的增大，熔覆热输入增加，当热输入足够大时，在等离子束熔覆过程中，惰性等离子束气流中卷入空气，反应生成的 ZrB_2 和 ZrC 强化相粒子经高温等离子体加热后，与空气中的氧气接触而发生了如下的微量氧化反应而生成 ZrO_2：

$$2ZrB_2(l) + 5O_2(g) \longrightarrow 2ZrO_2(l) + 2B_2O_3(l) \tag{3-4}$$

$$ZrC(l) + 2O_2(g) \longrightarrow ZrO_2(l) + CO_2(g) \tag{3-5}$$

$$B_2O_3(l) \longrightarrow B_2O_3(g) \tag{3-6}$$

随熔覆电流的增大，熔覆热输入随之增加，生成的 ZrO_2 的含量也随之增加。涂层中原位合成的 ZrB_2 呈现针棒状、花瓣状，ZrC 呈现颗粒状。随熔覆电流的增大，ZrB_2 和 ZrC 增强相的尺寸有逐渐粗大化的趋势，这是因为随熔覆电流的增大，热输入增加，等离子束热源的能量密度增大，涂层中的 ZrB_2 和 ZrC 强化相粒子形核后长大的驱动力也有所增加；并且随着能量密度增大，熔池降温速度减慢，过冷度减小，会导致晶粒的异常长大，因此随着熔覆电流的增大，ZrB_2 和 ZrC 增强相的尺寸逐渐粗大化。

涂层的耐磨性远远高于 Q235 钢基体，是因为复合涂层当中存在的具有较高硬度的 ZrB_2 和 ZrC 多尺度强化相颗粒，能够起到支撑表面微凸体的作用，减小了对磨材料与涂层基体的接触面积，在一定程度上增加了涂层的抗磨损能力。当 Fe-ZrB_2-ZrC 涂层受压产生塑性变形和剪切应力的作用时，具有一定塑韧性能的 Fe 基体能够束缚具有较高硬度的增强相颗粒，所以相较于没有 ZrB_2-ZrC 增强相颗粒增强的 Q235 钢基体而言，涂层的耐磨性能显著提升。涂层在进行持续线性往复摩擦磨损试验过程中，磨损表面承受对磨材料的反复挤压和剪切应力，在循环应力的作用下涂层中的强化相粒子周围会产生局部应变和应力集中，而陶瓷相与涂层基体本身的润湿性和膨胀系数的差别较大，强化相与涂层基体的抗变形能力的不同，导致涂层的内应力变大，随熔覆电流增大，ZrB_2-ZrC 陶瓷相本身在长大过程中，逐渐产生断裂和破碎等缺陷，涂层的成型性变差，缺陷增多，这些应力集中区和组织缺陷区很可能会成为大量的疲劳裂纹源；同时随着熔覆电流的增大，熔覆功率变大，熔覆热输入量增加，导致 Q235 钢基体对涂层的稀释率逐渐增大（如图 3-47 所示），强化相粒子与涂层基体的结合强度下降，涂层的整体硬度下降，涂层表面承受较大磨损应力时，尺寸过大的强化相粒子因其自身存在缺陷而发生断裂破碎，微裂纹萌生时极易在涂层表层和亚表层扩展，导致剥层磨损程度加

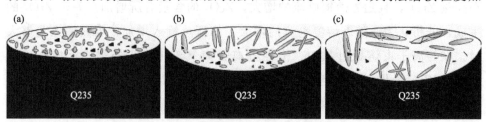

图 3-47　熔覆涂层熔池冶金反应模型

(a) 100A；(b) 110A；(c) 120A

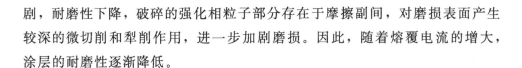

剧，耐磨性下降，破碎的强化相粒子部分存在于摩擦副间，对磨损表面产生较深的微切削和犁削作用，进一步加剧磨损。因此，随着熔覆电流的增大，涂层的耐磨性逐渐降低。

小　结

① 以 Fe、Zr、B_4C 粉为原始粉末，在 Q235 钢表面原位合成了以 ZrB_2、ZrC 为强化相的铁基复合涂层，涂层主要物相为 ZrB_2、α-Fe、ZrC，还含有一定量的 Fe_2B、Fe_3C，当熔覆电流为 110A、120A 时，还存在少量 ZrO_2，且随着熔覆电流的增大，ZrO_2 的含量有所增加。

② 涂层中原位合成的 ZrB_2 呈现针棒状、花瓣状，ZrC 呈现颗粒状；随熔覆电流的增大，ZrB_2 和 ZrC 增强相的尺寸有逐渐粗大化的趋势，并且增强相本身的缺陷（如裂纹、破碎）逐渐增多，涂层的成型性变差。

③ 涂层的显微硬度较 Q235 钢基体有了显著的提高，当熔覆电流为 100A 时，涂层的显微硬度最高，平均显微硬度可达 $1017.7HV_{0.1}$，随熔覆电流的增大，涂层的显微硬度逐渐降低。增强相本身缺陷增多导致增强相与基体的结合强度变差，以及 Q235 钢对涂层的稀释率变大是涂层显微硬度降低的主要原因。

④ 涂层的耐磨性是 Q235 钢基体耐磨性的 3～5 倍，表明复合涂层可以对 Q235 钢基体起到很好的保护作用。当熔覆电流为 100A 时，耐磨性最佳，随熔覆电流的增大，涂层的耐磨性逐渐变差，磨损方式逐渐由磨粒磨损转变为磨粒磨损和剥层磨损的混合磨损。

第四节　Fe-ZrB_2-ZrC-SiC 涂层

一、实验材料及熔覆工艺

原始粉末为：Fe 粉（≥98％，23～59μm），粉末为类球状；Zr 粉（≥97％，9～39μm），粉末为不规则颗粒状；B_4C 粉（≥99％，24～75μm），粉末为不规则多边形；SiC 粉（≥97％，48～75μm），粉末为不规则多边形。

将 Fe 粉、Zr 粉和 B_4C 粉按照 Fe：$(Zr+B_4C)=6:4$ 的质量比称量，其中 Zr 粉和 B_4C 粉按照 Zr：$B_4C=3:1$ 的摩尔比称量，总体熔覆材料的成分配比如表 3-9 所示，根据原始粉末中 SiC 的添加量，分别为 2％、4％、6％，标注为 A、B 和 C 三组试样。等离子束熔覆电压 40V、电流 100A、扫描速度

240mm/min、氩气流量 20L/min、喷嘴距离工件的距离 10mm。

表 3-9　不同 SiC 添加量熔覆层原始粉末成分

试样	原材料(质量分数)/%				
	Fe	3Zr+B₄C	Zr	B₄C	SiC
A	58	40	33.28	6.72	2
B	56	40	33.28	6.72	4
C	54	40	33.28	6.72	6

二、物相及微观组织

1. 物相分析

图 3-48 为不同 SiC 添加量熔覆涂层的 X 射线衍射图谱，从图中可以看出涂层主要物相为 ZrB_2、α-Fe、ZrC，还含有一定量的 ZrO_2、Fe_2B、Fe_3C、Fe_3Si 和微量的 SiO_2，物相当中不存在未反应的 B_4C 和 Zr，证明 B_4C 和 Zr 反应比较彻底；随原始粉末中 SiC 添加量的增加，物相的衍射峰种类没有明显的变化，但 ZrB_2 的衍射峰强度相对降低，而 ZrO_2 的衍射峰强度相对增强。

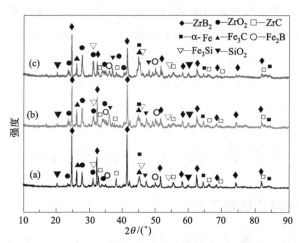

图 3-48　不同 SiC 添加量熔覆涂层的 XRD 图
(a) 2% SiC；(b) 4% SiC；(c) 6% SiC

2. 微观组织

图 3-49 为原始粉末中添加 2% SiC 的熔覆层在不同放大倍数下的总体形貌和界面形貌。从图中可以看出，涂层和 Q235 钢基体之间存在过渡层，组织生长由过渡层向基体呈现明显的定向凝固生长特征，涂层与基体之间结合

致密，无明显裂纹；涂层与 Q235 钢基体元素相互溶解扩散，说明涂层与 Q235 钢基体呈冶金结合。

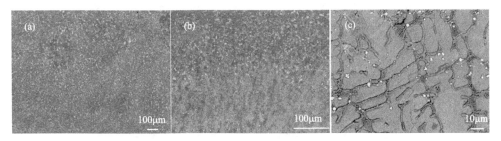

图 3-49　2% SiC 熔覆层的截面显微组织

图 3-50 为不同 SiC 添加量熔覆涂层的显微组织图，由图可以看出，随原始粉末中 SiC 添加量的增加，涂层的成型性逐渐变差，气孔、裂纹等缺陷逐渐增加；依据前文中所提到的研究方法，可以得知涂层当中主要存在两种增强相，其中 ZrB_2 主要以白色的针棒状或花瓣状形态存在，而 ZrC 则以白色颗粒状存在，与未添加 SiC 的涂层试样相比，添加 SiC 的涂层中的 ZrC 含量有所增加；除 ZrB_2 和 ZrC 之外，在添加 SiC 的涂层试样中还发现了团聚状的白色组织，且随着原始粉末中 SiC 添加量的增加，团聚状的白色组织逐渐增加，对白色团聚状组织进行能谱分析发现（如图 3-51 所示），主要含有 Zr 和 O 两种元素，并且 Zr 与 O 的原子百分比接近于 1：2，结合 XRD 衍射分析的结果，可以确定白色团聚状组织为 ZrO_2。

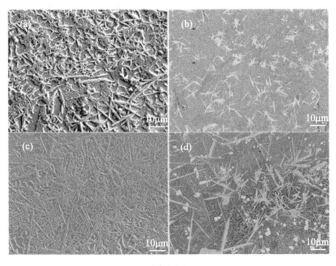

图 3-50

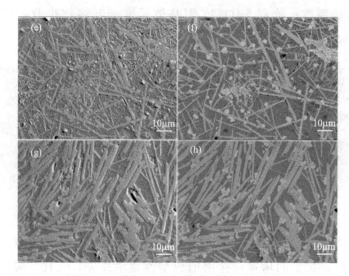

图 3-50　不同 SiC 添加量熔覆涂层显微组织

（a）、（b）无添加；（c）、（d）2％ SiC；（e）、（f）4％ SiC；（g）、（h）6％ SiC

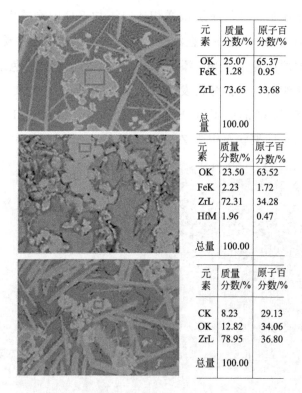

元素	质量分数/%	原子百分数/%
OK	25.07	65.37
FeK	1.28	0.95
ZrL	73.65	33.68
总量	100.00	

元素	质量分数/%	原子百分数/%
OK	23.50	63.52
FeK	2.23	1.72
ZrL	72.31	34.28
HfM	1.96	0.47
总量	100.00	

元素	质量分数/%	原子百分数/%
CK	8.23	29.13
OK	12.82	34.06
ZrL	78.95	36.80
总量	100.00	

图 3-51　涂层 EDS 分析

B_4C 和 SiC 分别在 2700K 和 3000K 以上高温下才会发生分解。等离子束熔覆的实际反应过程中，相对低熔点的 Zr 粉（熔点 2125K）和 Fe 粉（熔点 1811K）首先熔化，未熔化的 B_4C 和 SiC 就处于液相的包围中，随着温度的升高，反应有条件进行，具体的反应过程可以通过图 3-52 进行演示。

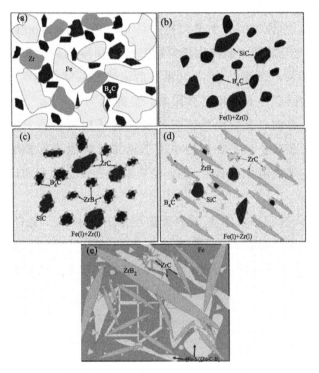

图 3-52　熔覆层中陶瓷相生长机制

等离子束熔覆熔池中心处实际温度在 3000℃ 左右，高熔点的 ZrC 和 ZrB_2 结晶凝固过程与其冶金过程是同时进行的。在等离子束熔覆的早期阶段（此阶段为从 Zr 粉熔化到 B_4C 熔化），如图 3-52（a）和图 3-52（b）所示，原始粉末中的 B_4C 因为熔点高并且密度比较低进而会长时间以固态形式浮于熔池表层，此时液态 Zr 围绕固态的 B_4C 和 SiC 表面进行界面反应。由于 C 的扩散系数要比 B 的扩散系数大且反应的吉布斯自由能差距很小，所以 ZrC 会依附于 B_4C 和 SiC 的表面首先形核，可以称为初生 ZrC 相。但是随着反应的进行，B_4C 表面扩散出来的 C 原子被消耗，此时 B 元素的浓度持续升高进而使得 Zr 与 B 的反应更具有优势，所以此时 ZrB_2 会依附于 B_4C 表面进行形核。理论上讲，通过固-液界面反应生成的 ZrB_2 的量将会非常有限，但是一方面，由于 B_4C 以固态形式浮于熔池表层，熔池表层 B_4C 的含量很高，所以原位合成的

ZrB_2 的数量也会比较多；另一方面，能够借助 B_4C 粉末表面进行形核，ZrB_2 形核阻力会比较小；再就是熔池表层受空气的冷却效果大，温度梯度较大，ZrB_2 形核驱动力较大。因此，这一阶段 ZrB_2 的形核比较容易，所得晶核属于熔池结晶凝固过程中 ZrB_2 的初级晶核。由于熔池表层 B 的浓度很高，初级晶核可快速长大为针状 ZrB_2 相。

ZrC 与 ZrB_2 均为典型的小平面相，具有较高的 Jackson 因子，凝固过程中固-液界面为光滑结构，晶体生长遵循二维平面堆砌的生长规律。初生相为 ZrB_2（属六方晶系 C32 型结构），其形核后很快被基体相包围，使得生长空间受到基体限制的同时生长速度亦受限制，显露面为 {1010} 和 {0001}，其晶体面上 [0001] 晶向具有较快的生长速度，而 [1010] 晶向生长缓慢，因此趋向于生长为长条状；但是在熔池中由于越靠近熔池顶部或熔池底部过冷度越大，所以在非平衡凝固过程中 ZrB_2 的两端在极大过冷度的诱使下成长为针状结构。

在 ZrB_2 长大过程中将向固-液界面前沿排出 C 和 Fe，ZrC 核就在 ZrB_2 晶体生长台阶上长大，即在 〈1010〉 面上的凸出部分 [1010] 晶向上生长，而 [0001] 晶向生长速度缓慢，因而生长为凸耳状，其形成机理如图 3-53 所示。

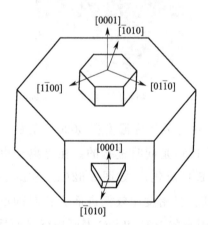

图 3-53　针状 ZrB_2 晶体和凸耳状 ZrC 晶体形成示意图

等离子束熔覆的中期阶段（固态 B_4C 和 SiC 熔化），如图 3-52(c) 所示。在此阶段中，B_4C 处于熔融或半熔融状态，并且具有团聚的倾向，这会对 ZrB_2 的合成和分散产生不利影响。同时，SiC 在此阶段也开始分解为 Si 与 C。但这时自由态形式的 B 和 C 的数量变得极为丰富，所以反应得到了很大的发展，大量生成 ZrB_2 和 ZrC。随着熔池中反应时间的延长，ZrB_2 和 ZrC 晶核不断形成增多，熔池中的 Zr、B 以及 C 含量不断降低，当反应的原子浓度降至发生反应所需临界浓度以下时，新反应生成的 ZrB_2 和 ZrC 就不能再以稳定晶核的形式存在，而只能在早期阶段已生成的初生晶核上按照 ZrC 和 ZrB_2 晶体的优先生长方向堆积长大，并形成与初生块状 ZrC 和针状 ZrB_2 相间的分布形貌。于是在图看到出现了有的很多块状的 ZrC 依附在针状 ZrB_2 表面生成，而有些细小的针状 ZrB_2 却依附在块状 ZrC 表面生成的现象。另外，由于熔池温度超过了 ZrB_2 的熔点（3245K），所以早期阶段中已生成的 ZrB_2 初级晶核也会有熔化的趋势，ZrC 的熔点比较高（3530K），不会出现熔化。

等离子束熔覆的后期阶段（熔覆热源远离，熔池的表层和底部快速冷却），如图 3-52(d) 所示。由于等离子束熔覆是个非平衡过程，加热和冷却速度很快，等离子弧扫过后熔池迅速冷却至液相温度以下，有些 ZrC 和 ZrB_2 形核后来不及长大，就被已经降至液相温度以下凝固的基体包围，形成了固态包覆层，在包覆层中的 C、B 以及 Zr 原子只能通过原子扩散和渗透方式堆积到 ZrC 和 ZrB_2 晶核上形成尺寸较小的晶核，因此形成了聚集态的块状和针状物。另外，由于硼很轻且极容易上浮到熔覆层表面，因此在熔覆层顶部 ZrC-ZrB_2 的数量更多；在熔覆层中，C 元素相对于 B 元素而言分布的更为弥散，因此 ZrC 在熔覆层中分布的更为弥散。此外，由于等离子束保护气对熔池的搅拌作用，针状 ZrB_2 的位向分布变得比较杂乱。温度降低到 2000K 以下时，在此阶段反应的 ΔG 较小，所以会有 Fe_2B 生成。Fe_3Si 的熔点较低（1393K），所以熔池中的 Fe_3Si 会最后凝固。而在凝固过程中剩余的 C 会固溶到 Fe 中，形成 Fe_3C 析出。

三、涂层显微硬度及摩擦磨损性能

1. 显微硬度

图 3-54 为不同 SiC 添加量熔覆涂层的显微硬度柱状对比图。从图中可以看出，未添加 SiC 的涂层的显微硬度最高，平均显微硬度可达 $1017.7HV_{0.1}$，随原始粉末中 SiC 添加量的增多，涂层的平均硬度逐渐降低。当原始粉末中添加 2% SiC 时，涂层的显微硬度为 $895.4HV_{0.1}$；原始粉末中添加 4% SiC 时，涂层的显微硬度为 $824.6HV_{0.1}$；原始粉末中添加 6% SiC 时，涂层的显微硬度为 $715.1HV_{0.1}$。涂层的显微硬度较 Q235 钢基体要高很多，这是因为涂层中含有大量高硬度的 ZrB_2 和 ZrC，所以涂层具有很高的显微硬度。随原始粉末中 SiC 添加量的增多，涂层的显微硬度反而降低，这是因为随原始粉

末中 SiC 添加量的增多，涂层中的裂纹、气孔等缺陷逐渐增多，导致涂层的致密性变差、成型性变差；并且随原始粉末中 SiC 添加量的增多，涂层中生成的 ZrO_2 逐渐增多，导致涂层中的 ZrB_2 含量减少，ZrO_2 的硬度比 ZrB_2 低很多，生成的 ZrO_2 大多为团聚状存在，导致涂层的硬度不均匀，所以随原始粉末中 SiC 添加量的增多，涂层的硬度反而降低。

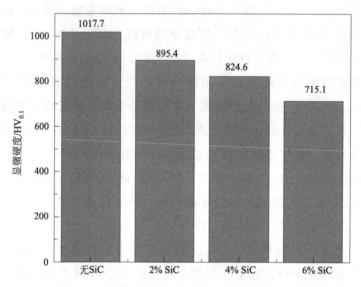

图 3-54　不同 SiC 添加量熔覆涂层显微硬度柱状图

2. 摩擦磨损性能

图 3-55 为不同 SiC 添加量熔覆涂层在室温干摩擦条件下的摩擦系数随滑移时间的变化曲线图。从图中可以看出摩擦系数分为两个阶段：磨合期和稳定期，磨合期的摩擦系数显著升高，这是由于开始时相互接触的表面微凸体发生摩擦，其单位面积上的压强还很大，从而使磨损表面的微凸体发生剧烈破坏，表现为磨合期材料的磨损率很高；在进入稳定期后，随着原始粉末中 SiC 添加量的增加，涂层的摩擦系数是逐渐升高的，其中以不添加 SiC 的涂层的摩擦系数最小，最为稳定，基本维持在 0.57 左右，而原始粉末中添加 SiC 的 $Fe-ZrB_2-ZrC$ 涂层的摩擦系数随滑移时间延长是逐渐增加的，并且随原始粉末中 SiC 添加量的增加，摩擦系数的波动越来越大。

图 3-56 为不同 SiC 添加量熔覆涂层在 100N、1h 条件下的磨损体积柱状图。从图中可以看出，未添加 SiC 的 $Fe-ZrB_2-ZrC$ 涂层的磨损体积最小，为 $26.53\times10^6\ \mu m^3$，随原始粉末中 SiC 添加量的增加，$Fe-ZrB_2-ZrC$ 涂层的磨损

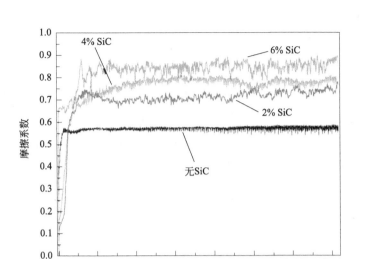

图 3-55　不同 SiC 添加量熔覆涂层摩擦系数随滑移时间的变化曲线

体积逐渐增加，分别为 $33.42 \times 10^6 \mu m^3$（2％ SiC），$41.20 \times 10^6 \mu m^3$（4％ SiC）、$46.72 \times 10^6 \mu m^3$（6％ SiC）。说明随原始粉末中 SiC 添加量的增加，涂层的耐磨性是逐渐降低的。

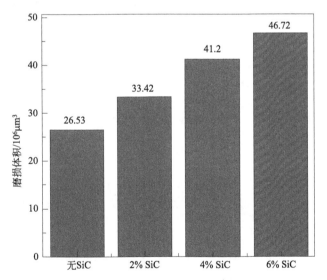

图 3-56　不同 SiC 添加量熔覆涂层磨损体积柱状图

　　图 3-57 为不同 SiC 添加量熔覆涂层的磨损表面微观形貌图，图 3-58 为磨屑微观形貌图。从图中可以看出，经室温干滑动磨损后，原始粉末中未添加 SiC 的 Fe-ZrB$_2$-ZrC 涂层的磨损表面比较平整，相对最光滑，磨损表面存在的

犁沟较少且深度较浅［如图 3-57(a) 所示］，涂层表面只存在少量的剥落现象，磨屑尺寸较小，以细小的颗粒状为主［如图 3-58(a) 所示］，呈现典型的磨粒磨损特征；随原始粉末中 SiC 添加量的增加，涂层的磨损表面逐渐变得粗糙，切削现象加剧，犁沟变多、加深，磨损表面的微裂纹逐渐增多，涂层表面剥落现象逐渐加剧，磨损凹坑尺寸逐渐变大，磨屑出现越来越多的片状；当原始粉末中添加 6% SiC 时，涂层磨损表面出现大面积剥落现象，磨损凹坑的尺寸最大，犁沟宽度和深度最大［如图 3-57(d) 所示］，磨屑由大部分片状和少量颗粒状组成［如图 3-58(d) 所示］，涂层的磨损方式为磨粒磨损和剥层磨损的混合磨损。

以 Fe、Zr、B_4C 和 SiC 粉末为原始粉末，采用等离子束熔覆的方法，在 Q235 钢表面原位合成了以 ZrB_2、ZrC 为强化相的铁基复合涂层，随原始粉末中 SiC 添加量的增加，涂层的耐磨性逐渐变差，涂层的磨损方式逐渐由磨粒磨损转变为磨粒磨损和剥层磨损的混合磨损。在磨损进入稳定期后，随着原始粉末中 SiC 添加量的增加，涂层的摩擦系数是逐渐升高的，并且原始粉末中添加 SiC 的涂层的摩擦系数随滑移时间延长是逐渐升高的。摩擦系数逐渐升高的原因是：随摩擦磨损的进行，摩擦副之间出现材料的剥落，从而导致磨损表面形成犁沟和凹坑，磨损表面相对运动的阻力也相应增加。

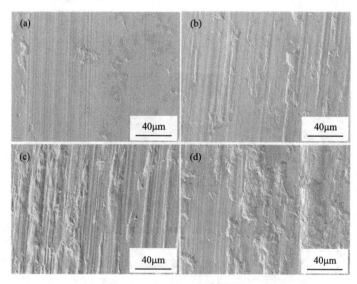

图 3-57　不同 SiC 添加量熔覆涂层磨损表面微观形貌

(a) 无 SiC；(b) 2% SiC；(c) 4% SiC；(d) 6% SiC

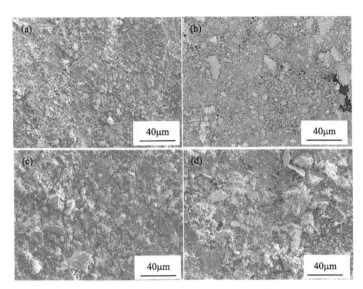

图 3-58 不同 SiC 添加量熔覆涂层磨屑微观形貌

(a) 无 SiC；(b) 2％ SiC；(c) 4％ SiC；(d) 6％ SiC

由于 ZrB_2 和 ZrC 的硬度高，在涂层中作为强化相，高硬度的强化相在反复磨损过程中很容易突起［如图 3-59(a) 和图 3-59(b)］，对于基体材料突起的高硬度的强化相会起到一定的抗磨作用。随原始粉末中 SiC 含量的增加，涂层的成型性逐渐变差，气孔、裂纹等缺陷逐渐增多，白色团聚状的 ZrO_2 含量逐渐增加，使得强化相粒子与涂层基体的结合强度下降，涂层的整体硬度下降。由于强化相粒子与基体材料的抗变形能力不同，微裂纹极易在强化相粒子与基体界面处萌生［如图 3-59(c)］，进而与其他裂纹连接扩展。涂层在磨损过程中受到持续的循环挤压和剪切应力，最终导致部分突起的强化相粒子发生脱落和破碎，脱落、破碎的强化相残留在摩擦副间会造成材料的三体磨损［如图 3-59(d)］，对磨损表面产生较深的微切削和犁削作用，进一步加剧磨损，对磨损产生很大的影响。

图 3-60 为 6％ SiC 添加量涂层的磨损表面微观形貌，涂层中的 ZrB_2 和 ZrC 具有较高的硬度，其脆性较大，循环载荷的持续施加使得微裂纹一旦萌生就快速扩展，微裂纹与二次裂纹的不断扩展连通，使得在磨损表面和亚表面形成尺寸较大的大裂纹［如图 3-60(a)］，微裂纹连通扩展并向磨损表面延伸［如图 3-60(c)］，最终以较大的片状形式脱落，在磨损表面形成尺寸较大的磨损凹坑［如图 3-60(b)］。图 3-61 为相应的磨损机理示意图，片状磨屑的

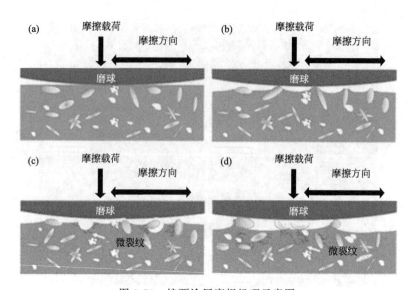

图 3-59　熔覆涂层磨损机理示意图

(a)、(b) 强化相微凸体形成；(c)、(d) 强化相剥落及微切削

大量脱落是由剥层磨损造成的，此时涂层的耐磨性急剧下降，磨损方式由磨粒磨损转变为剥层磨损和磨粒磨损的混合磨损。因此，随原始粉末中 SiC 添加量的增加，涂层的耐磨性逐渐变差。

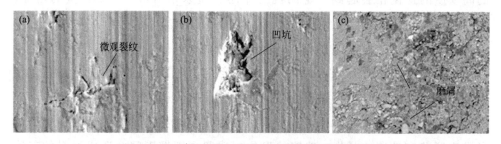

图 3-60　6％ SiC 添加量涂层的磨损表面微观形貌

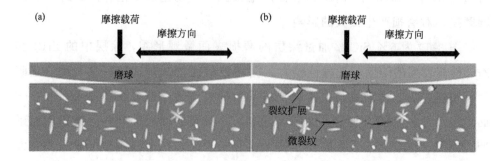

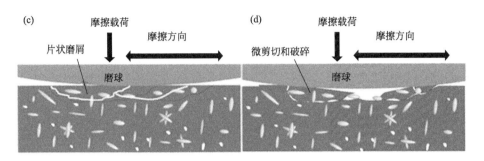

图 3-61　涂层磨损机理示意图

（a）、（b）裂纹形核与扩展；（c）片状形成；（d）片状脱落和压裂

小　　结

① 以 Fe、Zr、B_4C 和 SiC 粉末为原始粉末，在 Q235 钢表面原位合成了以 ZrB_2、ZrC 为强化相的铁基复合涂层，涂层主要物相为 ZrB_2、α-Fe、ZrC，还含有一定量的 ZrO_2、Fe_2B、Fe_3C、Fe_3Si 和微量的 SiO_2；随原始粉末中 SiC 添加量的增加，物相的衍射峰种类没有明显的变化，但 ZrB_2 的衍射峰强度相对降低，而 ZrO_2 的衍射峰强度相对增强。

② 涂层中原位合成的 ZrB_2 呈现针棒状、花瓣状，ZrC 呈现颗粒状，ZrO_2 呈现白色团聚状，随原始粉末中 SiC 添加量的增加，涂层的成型性逐渐变差，气孔、裂纹等缺陷逐渐增多，白色团聚状的 ZrO_2 含量逐渐增加。

③ 随原始粉末中 SiC 添加量的增加，涂层的显微硬度逐渐降低。涂层本身缺陷增多，高硬度的 ZrB_2 增强相含量的减少，以及 ZrO_2 含量的增加是导致涂层硬度降低的主要原因。

④ 随原始粉末中 SiC 添加量的增加，涂层的耐磨性逐渐变差，涂层的磨损方式逐渐由磨粒磨损转变为磨粒磨损和剥层磨损的混合磨损。

第四章　等离子束熔覆 Ni 基合金涂层

金属 Ni 具有良好的塑韧性和耐腐蚀性，与钢铁热膨胀系数相近，是良好的复合涂层基体材料；TiB_2、TiC 陶瓷具有高硬度、高强度和良好化学稳定性的优点，加入复合涂层中可大幅提高涂层耐磨性。本章采用等离子束熔覆技术制备 TiB_2＋TiC 复合强化 Ni 基耐磨涂层，分析涂层物相构成及组织演化规律，研究陶瓷含量、熔覆速度和磨损条件对涂层耐磨性的影响；在此基础上制备以 Ti_2CS 为减摩组元的 Ni-Ti_2CS-TiB_2-TiC 自润滑涂层，对其显微组织、物相和摩擦磨损特性进行研究。

第一节　Ni-TiB_2-TiC 复合涂层

一、实验材料及熔覆工艺

基板材料选用 Q235 钢，化学成分见第三章（表 3-1）。钢板加工为 $100mm \times 40mm \times 10mm$ 试样，前期处理同第三章。涂层原料粉末选用雾化 Ti 粉、B_4C 粉、雾化 Ni 粉、MoS_2 粉、破碎 Ti 粉、电解 Ni 粉。表 4-1 和图 4-1 分别给出了所使用原始粉末制备工艺、粒度、纯度和形貌。

表 4-1　等离子束熔覆所用粉末制备工艺、粒度和纯度

粉末	制备工艺	粒度/μm	纯度（质量分数）/%	来源
Ti	雾化	48~75	≥99.7%	南宫市中洲合金材料有限公司
B_4C	—	28~65	≥94%	牡丹江前进碳化硼有限公司

粉末	制备工艺	粒度/μm	纯度(质量分数)/%	来源
Ni	雾化	35～60	≥99%	南宫市中洲合金材料有限公司
MoS$_2$	—	2～12	≥99.5%	北京兴荣源科技有限公司
Ti	机械破碎	10～13	≥98%	北京兴荣源科技有限公司
Ni	电解	3～4	≥98%	北京兴荣源科技有限公司

图 4-1　实验所采用粉末原始形貌

（a）雾化 Ti；（b）B$_4$C；（c）雾化 Ni；（d）MoS$_2$；（e）破碎 Ti；（f）电解 Ni

根据实验经验，本实验热源直径约为 4mm，熔覆单道宽度为 $w=4\text{mm}$，扫描移动距离为 $\lambda=2.6\text{mm}$，根据公式（4-1）计算得，涂层搭接率 η 为 35%。

$$\eta=\frac{w-\lambda}{w}\times100\%\qquad(4\text{-}1)$$

TiB$_2$ 和 TiC 作为具有优异综合性能的陶瓷增强相，在制备耐磨颗粒增强金属基复合材料涂层中得到了很好的应用，同时引入 TiB$_2$ 和 TiC 两种颗粒，使它们单独或者复合形核长大，可以促进强化相弥散均匀分布，使涂层具有更加优异的耐磨性能。通过在原始粉末中加入不同 Ti＋B_4C 量，分析强化相含量对等离子束熔覆 Ni-TiB$_2$-TiC 复合涂层显微组织和耐磨性的影响；建立不同扫描速度下的有限元温度场模型，通过对照实验，研究热输入对等离子束熔覆涂层组织结构、耐磨性的影响；最后分别采用 Al$_2$O$_3$ 球和不锈钢球为摩擦副，探讨涂层磨损过程和磨损机理。

二、陶瓷相含量变量制备 Ni-TiB$_2$-TiC 复合涂层

根据反应式 $3Ti＋B_4C \longrightarrow 2TiB_2＋TiC$，将 Ti 与 B_4C 按照反应摩尔比 3∶1 进行混合，再与 Ni 粉进行混合，使最终混合粉末中陶瓷相生成原料粉末（Ti＋B_4C）所占的质量比分别为 20％、30％、40％ 和 50％，标注为 S2、S3、S4 和 S5，具体原料粉末配比如表 4-2 所示。将混合粉末放入三维混料机进行 12h 充分混合，混料机转速为 40r/min。熔覆工艺参数为：熔覆电流 90A、熔覆速度 228mm/min、熔覆距离 14mm、送粉速度 60r/min、保护气流量 2.5L/min、小离子气流量 0.5L/min、送粉气流量 1.5L/min。

表 4-2　原料粉末的配比　　　　　单位：%（质量分数）

熔覆原料	S0	S2	S3	S4	S5
Ti	0	14.44	21.66	28.88	36.1
B_4C	0	5.56	8.34	11.12	13.9
Ni	100	80	70	60	50

图 4-2 为熔覆涂层表面宏观形貌，从图中可以看出四种不同配比粉末制备涂层表面平整且厚度较为均匀，表面均未发现未熔化的粉末粒子。S5 涂层与前 3 组涂层相比较，表面较为粗糙，具有氧化特征，是因为 Ti 是一种强氧化性元素，在 S5 涂层原料粉末中存在大量的 Ti（质量分数 36.1％），在等离子束熔覆后，冷却开始阶段缺少氩气保护，Ti 易与空气中的氧反应导致涂层表面氧化，对涂层表面质量影响很大。

1. 物相及微观组织

（1）物相分析　图 4-3 为不同配比熔覆涂层 X 射线衍射结果，经过等离子束熔覆后所得涂层的物相主要为 TiB$_2$、TiC 和 γ-Ni，另外还有一些 TiB$_{12}$ 的分布，其余一些微弱的衍射峰可能是因为等离子束熔覆过程中非平衡凝固带来的亚稳相。在衍射结果中没有观察到 Ti、B_4C 衍射峰，说明其已经完全参加了反应。通过较强的 TiB$_2$ 和 TiC 的衍射峰，可以判断在等离子弧的作用

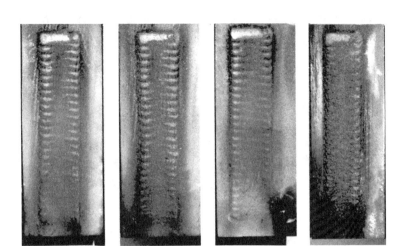

图 4-2　熔覆涂层表面形貌

下原料 Ti 和 B_4C 通过原位反应：$3Ti + B_4C \longrightarrow 2TiB_2 + TiC$，原位生成了
TiB_2 和 TiC 陶瓷相。随着 $Ti + B_4C$ 添加量的增加，物相种类并没有明显变
化，但 TiB_2 和 TiC 的衍射峰强度显著增强，说明随着 Ti 与 B_4C 加入量的增
多，涂层中原位反应生成的 TiB_2 和 TiC 的含量增加。

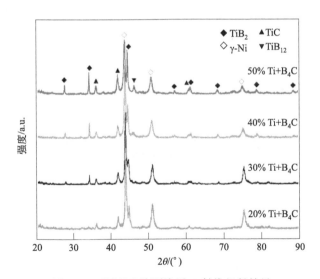

图 4-3　不同配比熔覆涂层 X 射线衍射结果

（2）微观组织　图 4-4 为不同配比等离子熔覆涂层表面显微组织，从图
中可以看出涂层表面组织分布较为均匀，各种颗粒弥散分布，在四种不同原
料配比得到的涂层组织中都有黑色长条状和灰色不规则块状化合物。随着原

料中 Ti 和 B$_4$C 含量的增加，陶瓷颗粒的尺寸有逐渐增加的趋势，其中当 Ti ＋B$_4$C 含量达到 50％时，长条状化合物呈现出较大的尺寸，长度达 30μm 以上，长径比也达到 3.5 以上，需要确定化合物种类，再对这一现象作出解释。

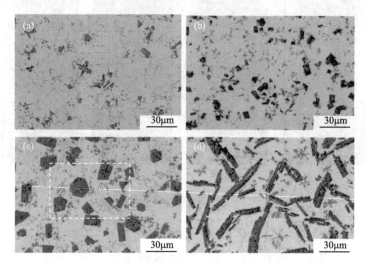

图 4-4　不同配比等离子熔覆涂层显微组织

（a）S2；（b）S3（c）S4；（d）S5

S4 样品涂层截面宏观形貌如图 4-5 所示，熔覆涂层厚度约为 1800μm，涂层中没有明显裂纹和气孔等缺陷，与基体结合区组织致密。图中虚线处组织较为细小，分析其原因为该区域位于单道涂层搭接区，在熔覆过程中该区域处于等离子束边缘，热输入量较小，且熔池冷却过程中首先冷却凝固，形核的强化相粒子来不及长大，因此该区域组织较为细小。

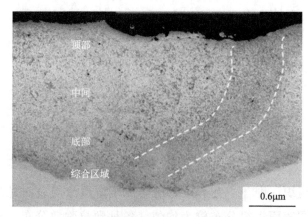

图 4-5　S4 样品涂层截面宏观形貌

图 4-6 为 S4 涂层与基材结合区能谱线分析结果，沿深度方向涂层中的 Fe 元素和 Ni 元素分别呈现出逐渐递减和递增的变化，在等离子熔覆过程中基体材料部分熔化，基材成分扩散到涂层材料中，一方面证明了结合方式为冶金结合，具有较强的结合强度；另一方面涂层因为成分的梯度变化，引起强度、塑性、硬度和线胀系数等梯度型的变化，这使得涂层不容易因为内应力积聚萌生裂纹。

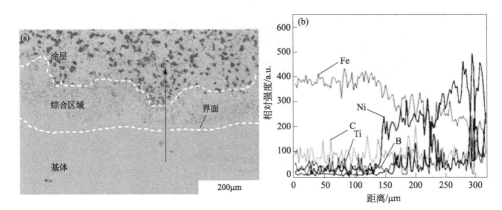

图 4-6　S4 涂层与基材结合区 EDS 线分析
（a）涂层结合区显微组织；（b）沿（a）图箭头方向 EDS 线分析

为了更好地观察涂层组织，确定其中化合物的成分和种类，对 S4［图 4-4(c)］虚线区域放大，并做能谱面扫描分析，结果如图 4-7 所示。由图知，有黑色六边形块陶瓷颗粒（图中 A，存在数量较少，尺寸为 $10\sim12\mu m$）、黑色矩形长条陶瓷颗粒（图中 B，长度为 $5\sim20\mu m$）、存在于黑色块状物相中的灰色多边形颗粒（图中 C，尺寸为 $1\sim3\mu m$）、独立存在于基体中的灰色多边形颗粒（图中 D，尺寸为 $2\sim4\mu m$）四种不同形貌。

通过 EDS 面扫分析结果可以看出黑色六边形块体 A 和黑色矩形长条 B 均只含有 B、Ti 两种元素，细小的不规则块状 C 和 D 主要含有 Ti、C 元素。结合 XRD 结果，可以判断：黑色六边形块和黑色矩形长条状物相为 TiB_2，尺寸较为细小的灰色不规则块状物相为 TiC，基体组织是 γ-Ni。而左上角区域的能谱结果可以看出，位于 γ-Ni 晶界处的条状不规则颗粒相含有大量的 B 元素，在进行熔覆实验过程中 Ti 容易与 O 发生反应而烧损，可以推测 Ti 的烧损使得 Ti 含量相对减少，因而生成了 TiB_{12} 的贫 Ti 相。

图 4-8 为 TiB_2 和 TiC 晶格结构示意图。TiB_2 晶格结构为 AlB_2 型六方晶

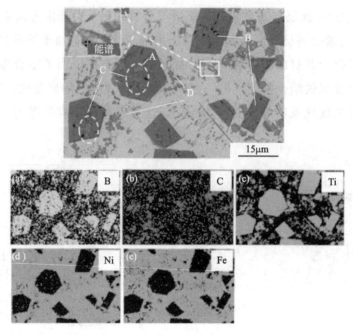

图 4-7　S4 涂层局部放大组织及能谱面扫分析

(a)～(e) 分别为 B、C、Ti、Ni、Fe

系 $P6/mmm$ 空间群，Ti 原子和 B 原子呈层状交替排布，各方向生长速度（growth rates，GR）如下：GR0001 ＜ GR1010 ＜ GR1011 ＜ GR1210 ＜ GR1211，{0001} 晶面为密排面，{1010} 为次稳定面，因为这种晶格结构的特点，TiB_2 易生长成为六边形盘形，与实验所得到的 TiB_2 形态一致。TiC 为 NaCl 型晶体结构，Ti 原子构成面心立方结构（FCC），而 C 原子占据其八面体间隙形成另外的 FCC 结构，{111} 晶面为 TiC 密排面，能量最低，所以 TiC 形成以 {111} 为暴露面的八面体结构；另外由于快速降温非平衡转变影响 [111] 和 [001] 晶向生长速度，所以部分 TiC 也生长成为截角八面体的形态，在组织图中 TiC 形貌是不同角度观察的结果。

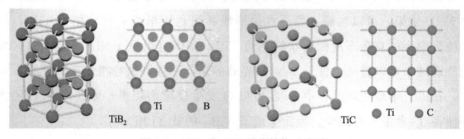

图 4-8　TiB_2 和 TiC 晶格结构示意图

TiB$_2$ 晶体中低指数晶面 {0001} 的生长方式为小平面生长，而 {1010} 和 {1011} 晶面生长方式为非小平面生长。当增强相周围存在较高浓度扩散场，小平面晶体晶面二维形核率、螺旋位错的形成速度都会显著增加，因此在 Ti＋B$_4$C 含量达到 50％时，TiB$_2$ 会沿小平面晶面 {0001} 生长成为长条状。

在涂层中存在深灰色大块状颗粒内部分布有浅灰色细小颗粒的形貌，对该区域进行了 EDS 线扫描，结果如图 4-9 所示，经过线扫描结果确认该形貌为 TiB$_2$ 依附 TiC 生长的结果。在熔池中 TiC 先形核，TiB$_2$ 依附 TiC 形核，根据形核功进行分析，TiB$_2$ 在 TiC 表面进行非均匀形核要比在液相中均匀形核更为有利，TiC 被 TiB$_2$ 包围而与液相分隔，反应受到限制，进而尺寸生长受到抑制。TiB$_2$ 依附 TiC 颗粒依靠固-液扩散小平面的移动生长，形成大尺寸颗粒结构，形成过程如图 4-10 所示。碳化物与硼化物具有共晶生长的特点，碳化物会先于硼化物生成，在 TiB$_2$ 和 TiC 之间有稳定的界面匹配关系。TiC 熔点（3250℃）较 TiB$_2$（3225℃）稍高，凝固过程中局部存在的首先形核的 TiC 可以作为 TiB$_2$ 非均匀形核过程的形核剂，所以形成了 TiB$_2$ 中存在 TiC 的结构。

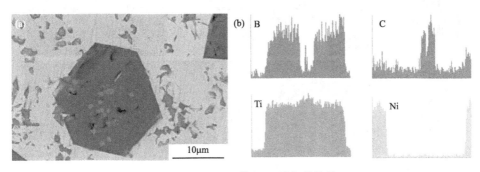

图 4-9　TiB$_2$-TiC 的 EDS 线扫描结果

(a) 显微组织；(b) 能谱线分析结果

图 4-11 为在涂层较大尺寸颗粒相处的 TEM 明场像及其衍射花样和能谱分析。由于该相尺寸较大，在制样过程中碎裂，因此在明场像的结果中只有一部分得以保留。通过图 4-11(b) 可以看出，颗粒相与基体结合紧密，没有明显缺陷分布，界面干净没有中间产物产生；通过图 4-11(a) 选区电子衍射（SEAD）结果和图 4-11(e) 能谱结果可以判断出该颗粒相为 TiB$_2$，基体为 γ-Ni。TiB$_2$ 空间群为 $P6/mmm$，属于六方晶体结构，Ti 原子构成三棱柱，中心处分布有 B 原子，TiB$_2$ 晶格结构中 Ti 与 B 原子间化学键具有很好的几何

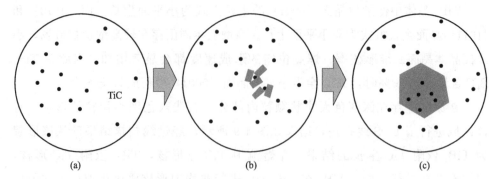

图 4-10　以 TiC 为核心 TiB$_2$ 非均匀形核生长示意图

（a）TiC 晶核形成；（b）TiB$_2$ 形核；（c）TiB$_2$ 晶核长大

对称性，TiB$_2$ 会长成等轴或者近等轴状。

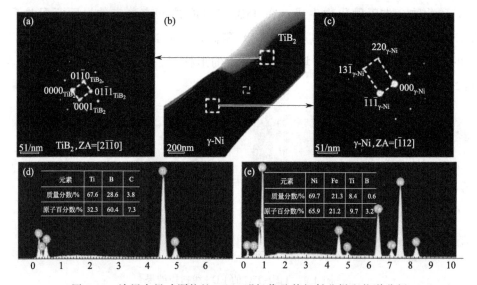

图 4-11　涂层大尺寸颗粒处 TEM 明场像及其衍射花样和能谱分析

（a）TiB$_2$ 衍射花样；（b）明场像；（c）γ-Ni 衍射花样；（d）TiB$_2$ 对应能谱；（e）γ-Ni 对应能谱

图 4-12 为图 4-11（b）中虚线框内高分辨透射电子显微镜（HRTEM）图和界面区域的 SEAD 标定结果，从 HRTEM 结果看出，颗粒相点阵排列为 HCP-TiB$_2$ 和 FCC-TiC 界面特征；通过 SEAD 标定结果可以看出，TiB$_2$ 与 γ-Ni 存在较为严格的位向关系：$\{0001\}_{TiB_2}//\{200\}_{\gamma\text{-}Ni}$、$[2\bar{1}\bar{1}0]_{TiB_2}//[011]_{\gamma\text{-}Ni}$，因此强化相 TiB$_2$ 与 γ-Ni 基体之间结合性较好。

对涂层中尺寸较小颗粒采用透射电镜（TEM）进行了研究。图 4-13 为涂层的 TEM 明场像结果及其对应的衍射花样和能谱分析，通过图 4-13（b）可

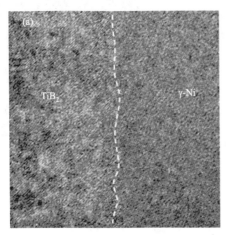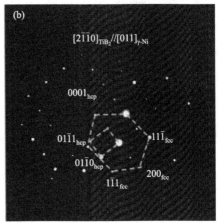

图 4-12　TiB$_2$ 与 γ-Ni 界面处 HRTEM 图及衍射花样

(a) TiB$_2$ 晶格条纹；(b) 衍射花样

以看出，颗粒相与基体结合紧密，界面干净、平直，没有裂纹、孔洞缺陷和中间产物产生；根据衍射花样［图 4-13(a) 和图 4-13(c)］和能谱的结果［图 4-13(d) 和图 4-13(e)］可以确定，其中颗粒相为在等离子束热源作用下原位生成的 TiC 相，而基体相为 γ-Ni。其他一些学者对原位生成的 TiC 强化 Ni 涂层进行了研究，发现原位生成的 TiC 一方面提高了涂层的强韧性，另一方面也有利于增强抵御塑性变形的能力以及裂纹扩展阻力，最终使得 TiC 强化涂层的耐磨性显著提升。

为了更好地分析原位生长 TiC 与 γ-Ni 基体的匹配关系，对图 4-13(b) 中间虚框标出区域进行了 HRTEM 分析，得到的 TiC 与 γ-Ni 界面位置的 HR-TEM 图和对应快速傅里叶变换（FFT）如图 4-14 所示，通过明显的晶格分布推测 TiC 与 γ-Ni 具有较好的位向关系。根据 FFT 结果可以看出，TiC 与 γ-Ni 之间存在着较为严格的位向关系：$\{\bar{1}1\bar{1}\}_{TiC}//\{13\bar{1}\}_{γ-Ni}$、$\{11\bar{1}\}_{TiC}//\{11\bar{1}\}_{γ-Ni}$，$[011]_{TiC}//<\bar{1}12>_{γ-Ni}$。

2. 显微硬度

图 4-15 为沿涂层截面深度方向 Ni 涂层和含有不同陶瓷含量涂层的硬度分布图，从图中可以看出涂层的硬度分布分为 3 个区域：高硬度区、硬度下降区和基体硬度区。Ni 涂层与 Q235 钢基材相比硬度提高不明显，复合涂层的硬度相比于 Q235 基材有显著增大，约为 $1200HV_{0.5}$。一方面陶瓷相的存在提高了涂层整体的硬度，另一方面高强度的强化相作为骨架可以抑制涂层的

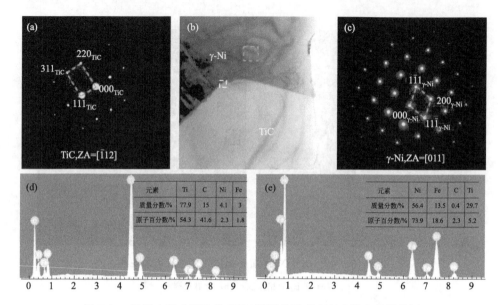

图 4-13　涂层小尺寸颗粒处 TEM 明场像及其衍射花样和能谱分析

(a) TiC 衍射花样；(b) 明场像；(c) γ-Ni 衍射花样；(d) TiC 对应能谱；(e) γ-Ni 对应能谱

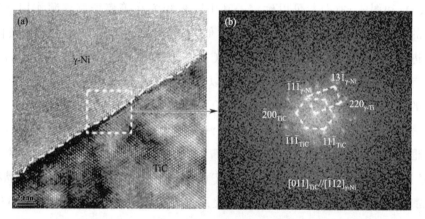

图 4-14　TiC 与 γ-Ni 界面处 HRTEM 图及衍射花样

(a) TiC 晶格条纹；(b) 衍射花样

塑性变形，在这些作用下涂层硬度明显提高。涂层的磨损过程非常复杂，材料的硬度、韧性、强度对材料的磨损性能往往都具有明显的影响。根据经典Archard 定律，材料的耐磨性与硬度存在正比例关系，因此推测高硬度涂层具有较好的耐磨性。在距涂层表面 $950 \sim 1500 \mu m$ 范围内存在明显的硬度过渡区域，根据涂层结合处 EDS 线分析结果（图 4-6）可知，等离子束熔覆的高能量使得基材一部分熔化与涂层材料混合，基体材料的扩散对于陶瓷强化相有稀释的作用，使得结合区材料的成分和陶瓷相分布呈梯度变化，因此涂层硬度呈现出梯度型的变化趋势。

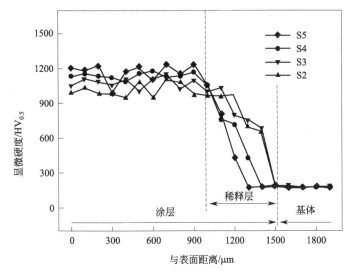

图 4-15   不同陶瓷含量涂层与 Ni 涂层沿涂层截面深度方向硬度分布

3. 熔池热力学及反应过程分析

（1）合金发生反应热力学分析   所用原料粉末为 Ti 粉、B_4C 粉、Ni 粉，基材为 Q235（主要元素 Fe，还含有 Si、C 等合金元素），在熔池中主要含有 6 种合金元素，涉及各元素之间的反应问题。确定反应能否发生的重要热力学参照标准是吉布斯自由能变化（$\Delta G^{\ominus}$），如果根据计算 $\Delta G^{\ominus}$ 小于零，认为反应能够自发进行；而如果 $\Delta G^{\ominus}$ 大于零，一般认为反应不能够自发进行。通过分析元素之间可能发生的反应作出 $\Delta G\text{-}T$ 图，用来分析化合物生成趋势。利用《实用无机热力学数据手册》查出相关热力学数据，对实验中可能存在的反应进行热力学计算和分析。

根据反应原料合金体系特点，通过熔池反应可能的生成物有：TiC、TiSi、$TiSi_2$、TiB、TiB_2、NiSi、Ni_3Ti、NiTi、NiB、Ni_4B_3、Fe_3C、Fe_2Ti、FeTi、Fe_2B、FeB、SiC 等化合物，利用热力学数据对化合物进行了计算，获得吉布斯自由能与温度的关系结果（$G\text{-}T$ 曲线），如图 4-16 所示。从图中看出在 600～1800K 温度之内，比 TiB_2 和 TiC 自由能低的化合物只有 Ni_4B_3。TiB_2 的自由能在 -268～-248kJ/mol 之间，而 TiC 的自由能在 -178～-160kJ/mol 之间，只要符合热力学条件，在该温度区间内，Ti 与 B、C 两种元素容易反应形成化合物，且生成化合物最有可能以 TiB$_2$、TiC 形式存在。

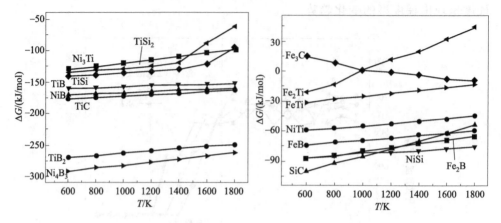

图 4-16　合金体系中可能产物吉布斯自由能随温度变化曲线

在本节中的涂层主要原料体系为 Ti-B$_4$C-Ni，在本体系中，熔池反应原料 Ti、B$_4$C 和 Ni 可能存在以下化学反应：

$$\frac{1}{2}\text{Ni}+\frac{1}{2}\text{Ti} \longrightarrow \frac{1}{2}\text{NiTi} \tag{4-2}$$

$$\frac{1}{3}\text{Ni}+\frac{2}{3}\text{Ti} \longrightarrow \frac{1}{3}\text{NiTi}_2 \tag{4-3}$$

$$\frac{3}{4}\text{Ni}+\frac{1}{4}\text{Ti} \longrightarrow \frac{1}{4}\text{Ni}_3\text{Ti} \tag{4-4}$$

$$\frac{3}{4}\text{Ti}+\frac{1}{4}\text{B}_4\text{C} \longrightarrow \frac{1}{4}\text{TiC}+\frac{1}{2}\text{TiB}_2 \tag{4-5}$$

$$\frac{5}{6}\text{Ti}+\frac{1}{6}\text{B}_4\text{C} \longrightarrow \frac{1}{6}\text{TiC}+\frac{2}{3}\text{TiB} \tag{4-6}$$

$$\frac{7}{8}\text{Ni}+\frac{1}{8}\text{B}_4\text{C} \longrightarrow \frac{1}{8}\text{Ni}_3\text{C}+\frac{1}{2}\text{NiB} \tag{4-7}$$

$$\frac{25}{28}\text{Ni}+\frac{3}{28}\text{B}_4\text{C} \longrightarrow \frac{3}{28}\text{Ni}_3\text{C}+\frac{1}{7}\text{Ni}_4\text{B}_3 \tag{4-8}$$

$$\frac{1}{2}\text{TiB}_2+\frac{1}{2}\text{Ti} \longrightarrow \text{TiB} \tag{4-9}$$

反应的吉布斯自由能变化（$\Delta G^{\ominus}$）是判断等离子束熔覆涂层原位反应能否自发自行的主要依据，当反应 $\Delta G^{\ominus}<0$，原位反应可以自发进行，并且 $\Delta G^{\ominus}$ 数值的大小决定了反应发生难易程度。发生反应的物质的量总和为 1mol，根据式（4-10）～式（4-12）和表 4-3 提供的热力学数据，计算了各反应

吉布斯自由能变化（$\Delta G^{\ominus}$）在不同温度下（T）的结果，从 $\Delta G\text{-}T$ 图（图 4-17）中可以看出在 400～2800K 的温度区内反应的吉布斯自由能均小于 0，说明该温度区间内反应在热力学上能够自发进行，$\Delta G^{\ominus}$ 数值越小，热力学驱动力越大，反应越容易自发进行。从图 4-17 中可以看出反应式（4-5）在该温度区间内任何温度下均具有最小的数值，说明生成物相 TiB_2 和 TiC 相较于 TiB、NiB、Ni_3C、Ni_3Ti、$NiTi$、$NiTi_2$、Ni_4B_3 等物相具有更高的热力学稳定性，在原位反应的进行中即使生成 Ni_3Ti、$NiTi$ 等物相，最终也会通过反应转化为更为稳定的 TiB_2 和 TiC 物相。需要特别指出的是通过对反应式（4-5）和式（4-6）的反应吉布斯自由能变对比可以看出，Ti 与 B_4C 反应生成 TiB_2 和 TiC 的驱动力要大于生成 TiB 和 TiC，说明 Ti 与 B_4C 反应生成 TiB_2 和 TiC 在原位反应中是最可行的。

$$\Delta G_T^{\ominus} = \Delta H_{298}^{\ominus} - T\Delta\phi_r \tag{4-10}$$

$$\Delta H_{298}^{\ominus} = \sum(n_i\Delta H_{i,f,298}^{\ominus})_{生成物} - \sum(n_i\Delta H_{i,f,298}^{\ominus})_{反应物} \tag{4-11}$$

$$\Delta\phi_r = \sum(n_i\phi_{i,T})_{生成物} - \sum(n_i\phi_{i,T})_{反应物} \tag{4-12}$$

式中　$\Delta G_T^{\ominus}$——标准吉布斯自由能变化；

$\Delta H_{298}^{\ominus}$——298K 时标准摩尔相对焓变；

$\Delta\phi_r$——吉布斯自由能函数。

表 4-3　相关热力学数据

物相	$\phi_{i,T}$							$\Delta H_{298}^{\ominus}/(J/mol)$
	温度/K							
	400	800	1200	1500	2000	2400	2800	
Ni	30.9	40.3	49.1	54.6	64.0	71.0	77.1	0
NiTi	55.0	71.9	87.8	98.0				−66526
$NiTi_2$	86.7	111.8	135.2					−83680
Ni_3Ti	108.4	142.4	174.4	194.9				−140164
Ti	31.6	40.2	48.4	54.3	62.5	69.3	75.0	0
B_4C	29.6	555.3	82.1	100.0	126.3	144.7	162.2	−71546
TiC	25.7	39.2	52.3	60.7	72.7	80.9	88.3	−184096
TiB_2	30.4	48.7	67.2	79.4	97.4	109.9	121.2	−323842
TiB	30.1	49.4	62.5	71.0	82.8	90.8		−160247
Ni_3C	110.5	145.7						37656
Ni_4B_3	120.0	170.2	219.3					−311708
NiB	31.6	45.4	59.0					−100416

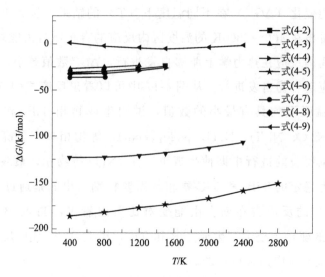

图 4-17　标准吉布斯自由能变化随着温度变化曲线

（2）TiB$_2$、TiC 颗粒长大及形核条件（涂层原位反应动力学条件）　在熔池反应中，形核反应包括两种：均匀形核和非均匀形核。根据经典形核理论，在物相形成所需的能量起伏、结构起伏和浓度起伏达到一定条件时，可以成为陶瓷相晶核；晶核半径尺寸达到临界晶核半径，陶瓷相可在冷却过程中一直长大。在过冷液中出现晶胚时，临界晶核尺寸及自由能变化可用式（4-13）表示：

$$\Delta G^* = \Delta G_V \frac{4}{3}\pi r^3 + \sigma 4\pi r^2 \qquad (4\text{-}13)$$

式中，ΔG^* 为新相与母相之间的吉布斯自由能之差；ΔG_V 为体积自由能变化；r 为临界晶核半径；σ 为比表面张力。临界晶核半径用式（4-14）表示：

$$r^* = \frac{2\sigma}{\Delta G_V} \qquad (4\text{-}14)$$

假设熔池内晶核为球形，临界形核所需形核功：

$$\Delta G^* = \frac{16\pi\sigma^3 (V_m)^2}{3(\Delta G_m)} \qquad (4\text{-}15)$$

式中，V_m 为陶瓷相摩尔体积。临界晶核要在稳定存在基础上长大需要满足条件：

$$\Delta G^* \leqslant 60KT \qquad (4\text{-}16)$$

式中，K 为平衡常数。

如果生成物相为纯物质，各组元还要满足 Herry 定律，有下列条件：

$$-\Delta G_{\mathrm{m}} = -\Delta G_{x} = RT\ln([\mathrm{X}][\mathrm{Y}]) \tag{4-17}$$

式中，ΔG_{m} 为物相生成自由能变化；ΔG_{x} 为物相标准生成自由能变化；[X] 和 [Y] 为物相组成元素含量质量分数。

将式(4-15)、式(4-16)、式(4-17)整合，可以得到稳定物相晶核形成条件为：

$$[\mathrm{X}][\mathrm{Y}] \geqslant \exp\left[\frac{\Delta G_{x}}{RT} + \left(\frac{16\pi\sigma^{3}V_{\mathrm{m}}^{2}}{180KT}\right)^{\frac{1}{2}}\frac{1}{RT}\right] \tag{4-18}$$

在熔池凝固时，当陶瓷相生成元素满足公式(4-18)条件时，陶瓷相可以在熔池中形核。

（3）原位自生 TiB$_2$-TiC 强化涂层动力学模型　图 4-18 为等离子束熔覆原位合成 TiB$_2$-TiC 强化涂层反应动力学模型，在等离子束的作用下，Ni、Ti 因熔点（Ni：1453℃，Ti：1660℃）较低首先熔化，另外基材 Q235 部分熔化，其成分进入涂层中形成 Ni-Ti-Fe 的熔体。当温度升高，将诱发反应 3Ti+B$_4$C $\longrightarrow$ TiC+2TiB$_2$ 的进行，B$_4$C 分解放出的 B 原子、C 原子达到形核条件式(4-18)的饱和状态时，会促使 TiB$_2$ 和 TiC 析出和长大，放出大量的能量。在反应放热和等离子束加热搅动耦合作用下，生成的较为细小的晶体有可能回熔和分解，形成 TiB$_2$、TiC 和 Ni-Ti-Fe-B-C 熔体共存的状态［如图 4-18(d) 所示］。最终等离子束移开后，在熔池冷却凝固的过程中，强化颗粒按照形核-长大方式生长，形成涂层组织结构［如图 4-18(e) 所示］。增强相的析出顺序由热力学条件决定，根据换算，TiB$_2$ 具有更低的吉布斯自由能变化和大量的 B 元素的存在故优先形核长大，吸收 B、Ti 元素；当 C、Ti 元素饱和度满足 TiC 形成条件后，TiC 也将析出，最后凝固相为 γ-Ni。另外增强相还可以利用异质形核的方式长大，根据吉布斯自由能变化计算和浓度关系，TiB$_2$ 会优先于 TiC 而形核长大，但是在局部区域 C 元素浓度较高，当达到公式(4-18)的饱和状态时，会优先产生 TiC 晶核，而其可以作为 TiB$_2$ 形核长大异质核心，降低 TiB$_2$ 形核过程形核功，促进形核。非均匀形核的形核功可以表示为：

$$\Delta G_{\mathrm{k}}' = \Delta G_{\mathrm{k}}\frac{2-3\cos\theta+\cos^{3}\theta}{4} \tag{4-19}$$

式中，ΔG_{k} 为均匀形核形核功；θ 为与异质核心的接触角。由此可以看出在晶核之间如果存在较小界面能质点，就可以充当非均匀形核的基底而促进形核，TiC 满足作为基底的要求。

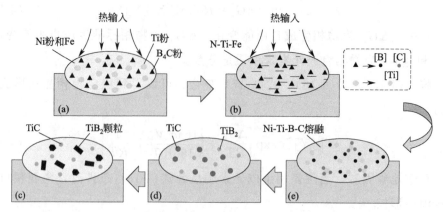

图 4-18　原位合成 TiB_2-TiC 强化涂层反应动力学模型

4. 摩擦磨损性能

（1）**摩擦系数**　图 4-19 为在 30N 载荷下纯 Ni 及不同陶瓷含量复合涂层摩擦系数统计，从图中可以摩擦系数结果分为两个阶段：磨合期和稳定期，磨合期的摩擦系数显著升高，这是由于开始时相互接触的表面微凸体发生摩擦，其承载面上压强很大，从而使磨损表面的微凸体发生剧烈破坏，表现为磨合期材料的磨损率很高；随着涂层中陶瓷含量的增加涂层的摩擦系数呈现出先变小然后逐渐变大的趋势，S0→S2→S3 涂层摩擦系数的降低主要因为陶瓷相的生成增加了涂层的硬度，抑制了黏着磨损作用；随着陶瓷含量的进一步提高，S3→S4→S5 涂层摩擦系数出现了上升的趋势，其他一些学者在陶瓷强化复合涂层磨损的研究中也发现类似的现象，在磨损过程中软的基体材料容易被磨损，从而促使在对磨面中形成凸起结构，高硬度、强化的强化相粒子在对磨过程中使磨球产生塑性应变，从而促使 TiB_2 和 TiC 在与对磨面的磨损过程中形成局部黏着。摩擦系数在 Ti-B_4C 含量为 30% 时最低，约为 0.56；纯 Ni 涂层的摩擦系数较大（达 0.65 以上），波动也比较大，这是因为 Ni 金属在磨球的作用下比较容易发生间歇性的黏着作用和塑性变形，磨球所受阻力上升。

（2）**磨损形貌及磨损率**　图 4-20 为涂层磨痕表面三维形貌，从图中可以 Ni 涂层磨痕表面非常粗糙，表面有很明显的塑性变形；陶瓷强化的涂层磨痕表面较为光滑，且深度变浅。由三维形貌的结果可以得出各涂层磨损的磨痕宽度 w 和深度 d，根据计算磨损率的公式可以计算得到添加不同 Ti 和 B_4C 含量等离子熔覆涂层磨损率。

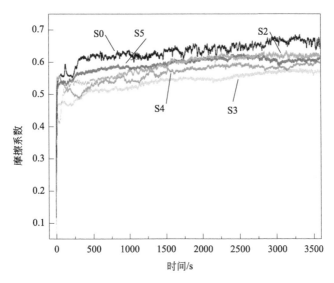

图 4-19　纯 Ni 及不同陶瓷含量复合涂层摩擦系数统计

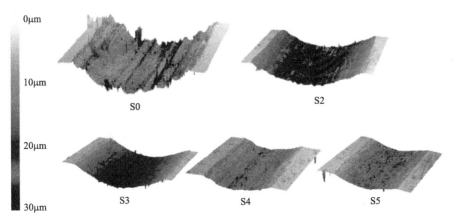

图 4-20　涂层磨痕表面三维形貌

图 4-21 为 30N 载荷 10mm/s 速度条件下不同陶瓷含量涂层磨损率计算的结果，与纯 Ni 涂层较大磨损率［约为 $40.06\times10^{-6}\mu m^3/(N\cdot m)$］相比，四种配比涂层耐磨性都有较好的提升，其中以试样 S4 涂层的磨损率最小，耐磨性最佳，磨损率为 $4.47\times10^{-6}\mu m^3/(N\cdot m)$ 左右，约为 Ni 涂层的 1/9。根据经典 Archard 公式，材料的耐磨性能与硬度成正比例关系，对比图 4-15 涂层硬度图可知，S0～S4 涂层硬度与磨损率的变化趋势遵循 Archard 公式，但 S5 涂层的磨损率要明显大于 S4 涂层，推测其磨损机理相较于 S0～S4 涂层发生了变化。

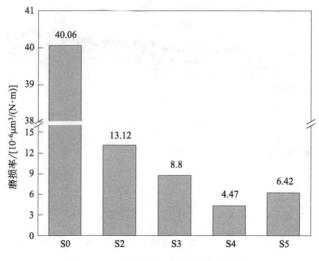

图 4-21　不同陶瓷含量涂层磨损率

（3）涂层磨损机理　图 4-22 为不同陶瓷含量涂层磨痕形貌图。从图中可以看出添加 Ti-B$_4$C 的涂层磨痕表面相较于纯 Ni 涂层较为平整，说明陶瓷相的生成有利于涂层磨损性能的提高。纯 Ni 涂层磨痕表面较为粗糙，可以看到有很明显的塑性变形和黏着的痕迹，另外也有较深的犁沟分布，说明其磨损机理为黏着、磨粒磨损和塑性变形的共同作用；S2 涂层相较于 Ni 涂层表面变得比较平整，没有明显的塑性变形，存在犁沟和黏着痕迹，其磨损机理主要为黏着和磨粒磨损；当 Ti-B$_4$C 含量达到 30%，磨痕表面形貌为较深的犁沟分布，其磨损机理主要为磨粒磨损。为了更好地观察陶瓷强化相在磨损过程中的作用，对 S4 和 S5 涂层磨痕表面进行了高倍数的观察，S4 涂层磨痕面形貌最为平滑，可以发现犁沟主要分布在陶瓷相周围，可以推测陶瓷相的存在抑制了磨球对于涂层的犁耕作用，磨损主要表现为磨球对较软基体的微切削作用；S5 涂层磨痕较为粗糙，出现了比较明显的剥层形貌，在磨痕表面分布有大块的剥离坑，粗糙度较大，这是造成摩擦上升的主要原因，对磨痕局部区域放大观察，如图 4-22（d）右上小图所示，长条状 TiB$_2$ 出现裂纹，自身发生断裂。

磨球划过 Ni 涂层表面时，在法向载荷的作用下，部分具有尖角的磨粒压入软的 Ni 材料表面，造成磨痕表面存在大量犁沟；在磨球表面也有一些较钝的凸出，Ni 涂层硬度很低，塑性较好，这些钝的凸出会将 Ni 材料的一部分推出，形成塑性变形的结构，被挤出的材料可能被压平或者被再次挤出，不

图 4-22　不同陶瓷含量涂层磨痕形貌图

(a) S0；(b) S2；(c) S3；(d) S4；(e) S5

断往复进行，最终产生加工硬化离开涂层表面，在图 4-22(a) 的磨痕图中也可以看到在磨痕表面还存在未脱离的被挤出的大块磨屑。由于涂层中存在 TiB_2 和 TiC 等硬质颗粒的强化作用，能够有效抵抗磨球中磨粒的推挤作用，所以在 Ni-TiB_2-TiC 复合涂层磨痕中没有发现明显的塑性变形。当陶瓷含量较低时，陶瓷强化相的尺寸较小，有时会与 Ni 基体一起被整体挤出而起不到很好的提高耐磨性的作用；当反应原料粉末中添加 40% $Ti+B_4C$ 时，陶瓷颗粒与基体结合良好，没有出现严重的拔出现象，陶瓷颗粒保护涂层免于受到磨球严重的磨粒磨损作用，因此具有最佳的耐磨性，磨损率最小（如图 4-21 所示）；而 $Ti+B_4C$ 含量增加到 50% 时，强化相尺寸较大，在磨损过程中较软 Ni 基体由于微切削作用而首先被磨损消耗，从而使陶瓷颗粒直接与磨球对磨，TiB_2 尺寸较大，呈长条状结构，在磨球的反复碾压下，法向载荷的持续作用容易使陶瓷颗粒中出现应力集中，陶瓷相本身和起应力传导作用的基体容易形成裂纹［如图 4-22(e) 所示］，因此 TiB_2 存在较大可能与基体发生脱黏，在对磨表面作为磨料造成三体磨损作用，进一步加重了磨损，使得 S5 涂层磨损率较 S4 涂层增大（如图 4-21 所示），磨痕粗糙度上升明显，剥层磨损形貌是由涂层中强化相的脱落造成的。

三、熔覆速度变量制备 Ni-TiB_2-TiC 复合涂层

分别在 380mm/min、304mm/min、228mm/min、152mm/min 熔覆速度下

（分别标注为 S380、S304、S228、S152，粉末原料和其他工艺参数与前文一致）制备了 Ni-TiB$_2$-TiC 复合涂层，建立不同熔覆速度下有限元热场模型，分析热量对于组织发育的影响特点，同时对不同熔覆速度下涂层耐磨性做了探讨。

1. 物相及微观组织

图 4-23 为四种不同熔覆速度下制备涂层的表面显微组织，从图中可以看出在不同熔覆速度下涂层微观组织结构相似，在浅白色基体中分布有黑色矩形、黑色六边形和浅灰色不规则颗粒相，根据前文研究可推知，这些颗粒为 TiB$_2$ 和 TiC 强化相。随着熔覆速度的降低，涂层中强化相分布、大小和形状变化趋势为：大块状颗粒相（尺寸大小约 4～7μm）、小颗粒相＋较均匀分布→大块状颗粒相（尺寸大小约 4～12μm）、小颗粒相＋均匀分布→矩形、长条状＋六边形大颗粒相（尺寸大小约为 5～20μm）、小颗粒相＋均匀分布→矩形、长条状＋六边形大颗粒相（尺寸大小约为 8～25μm）、小颗粒相＋较均匀分布，其中小尺寸颗粒相 TiC 尺寸随着熔覆速度的减小略有增大。对图 4-23（d）局部区域放大，结果如图 4-23(d) 右上角小图所示，发现在 TiB$_2$ 中存在白色物相，通过衬度排除 TiB$_2$ 以 TiC 为基底进行形核的情况，沿框图箭头方向做能谱线分析，结果如图 4-24 所示，可以确定为 γ-Ni 基体的分布，推测该结构是由 γ-Ni 填充大尺寸 TiB$_2$ 内部缺陷形成的。

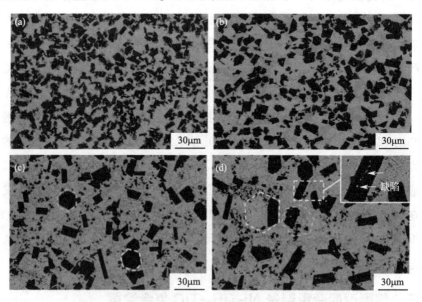

图 4-23　不同熔覆速度下制备涂层的表面显微组织

(a) S380；(b) S304；(c) S228；(d) S152

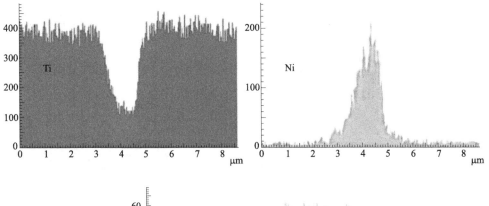

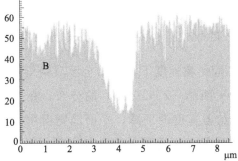

图 4-24　图 4-23(d) 箭头对应 EDS 线分析

在熔覆电流和熔覆距离等参数相同的情况下,一方面熔覆过程中热输入主要由熔覆速度决定,随着熔覆速度由 380mm/min 下降到 152mm/min,熔覆过程涂层和基材吸收热量逐渐增加,冷却速度变慢,基材熔化量增多,因此有更多基材成分扩散进入涂层组织中,稀释率上升,稀释率的上升会使强化相生成元素密度降低,同时熔体过冷度随着冷却速度的降低而减小,强化相的形核驱动力降低,因此形核率降低;另一方面等离子束在涂层停留时间增加,持续供热,生长驱动力增加,所以强化相生长速度快,比较容易长大。此外 TiB_2 的晶格结构为类 AlB_2 的六方晶系 $P6/mmm$ 的空间晶系,Ti 原子和 B 原子交替分布,TiB_2 为密排六方结构,各方向的生长速度(growth rates,GR)如下:GR0001＜GR1010＜GR1011＜GR1210＜GR1211,在等离子束熔覆非平衡条件下,TiB_2 晶核一旦形成,易沿着 c 轴方向失稳生长为条状。随着熔覆速度的下降,熔池在高温阶段时间增长,TiB_2 生长时间延长,根据李等的研究结论,随着 TiB_2 晶粒长大,$\{10\bar{1}1\}$ 外露面会逐渐缩小,最终形成晶体的棱边,$\{10\bar{1}0\}$ 和 $\{0001\}$ 外露面分别作为六角板形的侧面和底面被保留下来,晶体形成六边形片状结构,如图 4-25 所示。综上所述,随着

熔覆速度的降低引起涂层中强化相含量和尺寸等发生以下变化：

① 熔池冷凝速度变慢，形核驱动力下降，造成涂层中陶瓷相数量减少，而尺寸逐渐增大；

② 基材熔化增多，稀释率提高，进一步造成涂层中陶瓷相含量降低；

③ TiB_2 容易沿着密排晶面 {0001} 二维生长成为六边形片状形态。

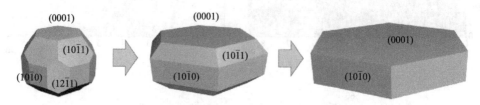

图 4-25　六角片状 TiB_2 生长模型示意图

图 4-26 为四种不同熔覆速度下涂层结合区显微组织，从图中可以看出在涂层结合区最下沿为平面晶（2～10μm）的分布，在平面晶以上为枝状晶或胞状晶的分布；随着熔覆速度的下降，平面晶宽度增大，平面晶以上组织由树枝晶转变为胞状树枝晶，再逐渐转变为胞状晶结构，在 380mm/min 熔覆速度下涂层结合区存在气孔等缺陷。

过冷状态对合金结晶的影响可以用液相侧的温度梯度和界面的生长速度比值来进行表示：

$$\frac{G}{R} < \frac{mC_0(1-K)}{Dk_0} \tag{4-20}$$

式中，G 为液相侧温度梯度；R 为界面生长速度；D 为扩散系数；k_0 为再分配系数；m 为液相线的斜率；C_0 为原始合金成分；K 为平衡常数。

通过公式(4-20)可以看出，促使成分过冷的有利因素是：温度梯度小、界面生长速度快、组元的扩散能力弱、液相线的斜率大、固液两相距离大。平面晶为母材一侧结合区晶粒外延生长的结果，熔池在快速冷凝时，G/R 比值无限大，起始位置长成为平面晶的结构，凝固界面向熔池一侧推进，温度梯度下降，凝固组织转变为枝晶或胞晶的状态。随着熔覆速度的下降，熔池中有较多的持续能量输入，因此在熔池中温度梯度会相对减小，所以对比不同熔覆速度下平面晶以上组织，发现其生长规律为：树枝晶→胞状树枝晶→胞状晶，结合区平面晶和类枝晶的形貌说明涂层与基体具有良好的冶金结合。在 380mm/min 熔覆速度下，涂层反应过程中形成的气体来不及排出而在结合区留存，因而存在气孔缺陷，会影响涂层与基材结合能力。介于能量输入对等离子束熔覆涂层的巨大影响，建立了有限元热场模型进行研究。

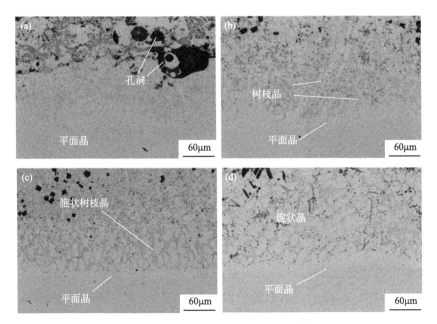

图 4-26 不同熔覆速度下的涂层结合区显微组织

(a) S380；(b) S304；(c) S228；(d) S152

2. 熔覆热力场模拟分析

（1）热源模型 等离子束熔覆热过程非常复杂，为了数值模拟的可操作性进行了如下的假设：①等离子束热流密度符合高斯分布的规律；②忽略等离子束熔覆过程中的热辐射现象，热交换过程只考虑热传导和热对流；③忽略熔池中材料的气化作用和流体的流动作用；④认为熔覆材料、基材都为各向同性材料；⑤忽略相变潜热和反应放热的影响。

在等离子束熔覆过程中，能量输入较为集中，并且随时间变化，在本研究中选择移动高斯热源模型。在局部坐标系 (x, y, z) 中，热源分布函数可表示为：

$$q(x,z)=q_{max}e^{\frac{-3(x^2+z^2)}{r_0^2}} \tag{4-21}$$

式中，$q_{max}=\dfrac{3Q}{\pi r_0^2}$ 为热源中心处热流所能达到的最高值，而 $Q=\eta UI$ 为等离子束热源的有效功率（U 为预设电压，I 为预设电流，η 为转化效率）；r_0 为热源半径值。

整体坐标系 (x, y, ζ) 与局部坐标系 (x, y, z) 存在以下换算关系：

$$z = \zeta + v(\tau - t) \tag{4-22}$$

式中，τ 表示整体坐标系下初始位置；v 为等离子束热源的移动速度。

根据以上关系，整体坐标系下热源分布函数可以表示为：

当满足条件 $z^2 + x^2 < r_0^2$，

$$q(x, \zeta, t) = q_{max} e^{\frac{-3(x^2 + [\zeta + v(\tau - t)]^2)}{r_0^2}} \tag{4-23}$$

否则：

$$q(x, \zeta, t) = 0 \tag{4-24}$$

（2）边界条件 对于熔覆过程的上表面，等离子束熔覆的速度为 v，扫描方向确定以后，任意时刻的位置可以表示为：

$$Z = Z_0 + vt \tag{4-25}$$

式中，Z_0 为起始位置；Z 为当前位置。

当 $t = t_1$ 时，热源中心所处的位置为 $Z_1 = Z_0 + vt_1$。在涂层表面以 Z_1 作为圆心，r_0 为半径范围内，将 Z_1 代入公式（4-23）得到公式（4-24）加载热流密度载荷，而在等离子束作用半径范围以外的基体与空气对流采用公式（4-27）进行计算。

$$-k \frac{\partial T}{\partial y} = \frac{3Q}{\pi r_0^2} e^{\frac{-3(x^2 + [Z_0 + v(\tau - t_1)]^2)}{r_0^2}} \qquad z^2 + x^2 < r_0^2 \tag{4-26}$$

$$-k \frac{\partial T}{\partial y} = h(T - T_0) \quad z^2 + x^2 \geqslant r_0^2 \tag{4-27}$$

式中，Q 是功率；T_0 是环境温度；h 为涂层与空气对流换热系数。

经过 δt 后，当到达 $t_2 = t_1 + \delta t$ 时，热源中心位置变为 Z_2。此时，t_1 时刻边界条件被删除，重新进行以上循环，实现连续加载。

本书采用的是对称模型，对称面施加对称的约束：

$$-k \frac{\partial T}{\partial n} = 0 \tag{4-28}$$

在其他面应用对流换热边界条件：

$$-k \frac{\partial T}{\partial n} = h(T - T_0) \tag{4-29}$$

（3）有限元模型建立 有限元模型建立过程如图 4-27 所示，根据单道熔覆结果中涂层的尺寸，通过三维建模软件 Solidworks 设计了涂层的三维模型

（为了计算的简化，设计为单道熔覆模型，尺寸取单道熔覆涂层平均值），通过有限元模拟软件网格划分工具对三维模型进行了网格划分，最终建立的有限元模型如图 4-27(b) 所示。考虑基材与熔覆层物理参数的差异，采用了分块建模的方式，在网格划分时，整个模型分为网格加密区、网格过渡区和网格稀疏区。

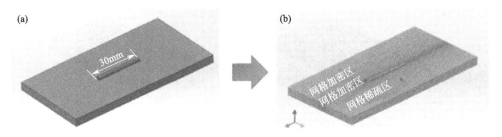

图 4-27　有限元模型建立过程

（a）涂层模型；（b）啮合模型

熔覆涂层原料粉末内部存在较多空隙，所以通过校准公式对粉末导热系数和密度进行调整，其公式如下：

$$\frac{\lambda_1}{\lambda_2} = \frac{1-\varphi}{1+\varphi} \qquad (4\text{-}30)$$

式中，φ 为粉末的孔隙率；λ_2 为通过公式折算的导热系数；λ_1 为原粉末导热系数。

（4）计算结果与分析　图 4-28 为在 90A 电流、45V 电压下，分别在 380mm/min、304mm/min、228mm/min、152mm/min 熔覆速度下，等离子热源处在距开始点 14mm 位置处的涂层温度场数值模拟云图。可以看出，等离子弧加热的瞬间，在涂层表层区域的温度快速提高，在等离子弧移开后，受到冷却作用，温度下降很快，在熔覆过程中热源中心位置的温度最高；在加工过程中，熔覆层的等温线类似椭圆状，在熔覆方向等温线分布密集，具有较大温度梯度，而在熔覆方向逆方向等温线较为稀疏，温度梯度较小；另外对不同熔覆速度下云图的对比可以看出，扫描速度对熔覆过程的热场影响很大，随着速度的减慢，高温区的位置不断扩展，说明等离子热源影响的范围逐渐变大，冷却时间变长。

为了更好地分析涂层组织的演化规律和过程，需要详尽了解熔池温度场的分布特点，在有限元模型中距离热源加载开始点 20mm 处取截面，在截面

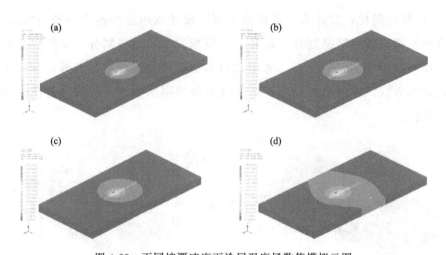

图 4-28　不同熔覆速度下涂层温度场数值模拟云图

(a) 380mm/min；(b) 304mm/min；(c) 228mm/min；(d) 152mm/min

上设置 9 个温度探针，探针节点的设置规则如图 4-29 所示。

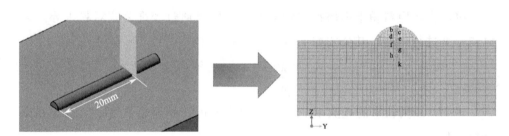

图 4-29　选取温度探针节点位置

　　采用 Sysweld 的后处理模块得到在不同熔覆速度下 9 个节点的温度-时间历程曲线，该曲线为熔覆过程的热循环曲线，结果如图 4-30 所示。从图中可以看出，在不同的熔覆速度下热循环曲线的变化趋势是一致的，降温过程相较于升温过程比较缓和。随着熔覆速度的下降，单位长度输入的等离子束热源能量逐渐变大，热循环曲线中最大温度逐渐提高，最高温度出现在 152mm/min 的熔覆速度下，达 2846℃以上；热循环曲线温度升高区的宽度逐渐变大，说明热源对涂层的作用时间有变长的趋势。这一方面可以说明随着熔覆速度的降低涂层冷却速度下降，熔体过冷度降低，形核驱动力下降，因此涂层中强化颗粒形核率降低；另一方面热量的持续供给使陶瓷颗粒生长驱动力增加，促进复合涂层中陶瓷相小平面晶的生长，因此陶瓷颗粒尺寸变大；同时缓慢的冷却速度也有利于涂层与基材冶金结合的形成。

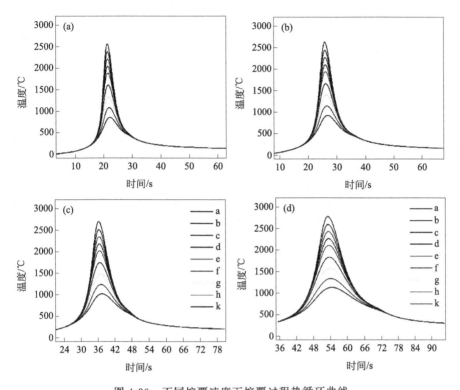

图 4-30　不同熔覆速度下熔覆过程热循环曲线

（a）380mm/min；（b）304mm/min；（c）228mm/min；（d）152mm/min

图 4-31 为不同熔覆速度下涂层截面宏观形貌，图 4-32 为在不同熔覆速度下热源移动到距熔覆开始点 14mm 处时取得的该处的熔池截面温度场分布云图，从该云图中可以得到涂层熔池的温度场分布特点，在四种不同的熔覆速度下熔池温度场形态基本一致，都呈现出了半圆弧状的分布规律，在熔池的顶部具有最高的温度，随着深度的加大，截面的温度有下降的趋势；随着熔覆速度的下降，涂层截面温度整体升高。从图 4-31 中可以看出随着熔覆速度的降低，涂层的厚度有增大的趋势，这是由随着熔覆速度的降低基材熔化增多导致的。S380 涂层与基材结合区存在较多未熔合区，随着熔覆速度的降低，涂层与基材结合区组织有密实化的趋势，在 S228 和 S152 涂层结合区组织较为密实。根据图 4-32 熔池温度场分布结果（图中标注虚线为 1410℃温度线），在 380mm/min 熔覆速度下，位于熔池中部区域的基材（Q235 熔点约为 1450℃）在熔覆过程中可以实现熔化，而熔池边缘部分区域（在搭接涂层中为涂层搭接区）由于温度较低而不能被有效熔化，同时由于熔池凝固速度

快，限制反应气体上浮，在这两方面的作用下，涂层结合区出现了较多的未熔合和气孔缺陷［如图 4-31(a) 所示］；随着熔覆速度的下降熔池边缘部分区域温度逐渐上升，当熔覆速度小于 228mm/min 时，通过图 4-32(c)、图 4-32(d) 温度场分布结果可以看出，熔池边缘部分温度已经达到基材熔化温度，因此在 S228 和 S152 涂层结合区没有出现未熔合和气孔等明显缺陷［如图 4-31(c)、图 4-31(d) 所示］。

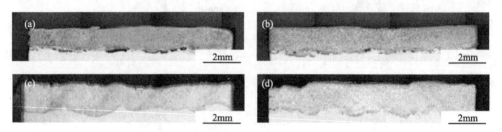

图 4-31　不同熔覆速度下涂层截面宏观形貌

(a) S380；(b) S304；(c) S228；(d) S152

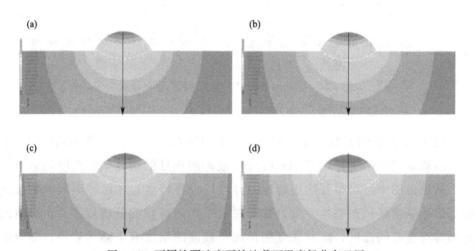

图 4-32　不同熔覆速度下熔池截面温度场分布云图

(a) 380mm/min；(b) 304mm/min；(c) 228mm/min；(d) 152mm/min

为了更好地了解熔池处截面温度场的分布规律，研究熔覆过程中温度场对基材熔化过程的影响，沿图 4-32 箭头方向分别设置线温度探针，取得温度场沿直线方向分布规律，其结果如图 4-33 所示。从图中可以看出，4 组温度分布图没有交点，基材 Q235 熔点约为 1450℃，在截面温度场分布曲线上取温度 1450℃的平行横线，与 4 组曲线相交得到 4 个交点，沿 4 个交点向 x 轴方向分别做箭头，与 x 轴相交得到 4 个交点，该交点的数值记为 x'，混合粉末熔化形成厚度记为 x_0，有如下公式：

$$h = x' - x_0 \qquad (4\text{-}31)$$

式中，h 为熔覆过程中在等离子束热源的作用下，基材所能熔化的最大深度。根据公式（4-31）的计算，得到不同熔覆速度下的基材最大熔化深度结果，如表 4-4 所示，从表中可以看出，随着熔覆速度的降低，基材最大熔化深度有增大的趋势，更多基体材料成分扩散到涂层中，涂层具有更大的稀释率。

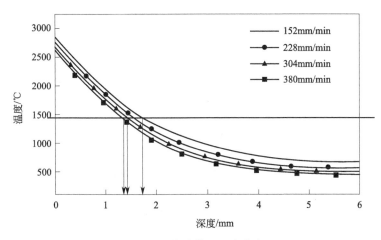

图 4-33　熔池截面温度分布

表 4-4　不同熔覆速度下基材最大熔化深度统计

熔覆速度/(mm/min)	380	304	228	152
h/mm	0.347	0.417	0.533	0.71

3. 涂层显微硬度和摩擦磨损性能

（1）涂层显微硬度　图 4-34 为不同熔覆速度下沿涂层截面深度方向的显微硬度分布图，可以看出显微硬度分布分为 3 个区域：涂层高硬度区、过渡区、基材区。涂层显微硬度（$940 \sim 1250 HV_{0.5}$）明显高于基材（约 $180 HV_{0.5}$），随着熔覆速度的降低，涂层的显微硬度有下降的趋势，分析可能有 3 方面的原因：①熔覆速度高时，涂层冷却凝固速度快，涂层组织晶粒更为细小，细晶强化明显；②熔覆速度提高，有更多固溶元素存在于基体 γ-Ni 中，产生固溶强化的效果；③熔覆速度降低，对于基材的热输入增加，基材熔化增加，强化陶瓷含量密度减少。通过显微硬度分布图还可以看出显微硬度的分布存在波动，尤其是对于 S380 和 S152 涂层，对于 S380 涂层可能是熔覆速度快，涂层中存在气孔等缺陷导致的；而对于 S152 涂层，其陶瓷尺寸较大，且含量低，显微硬度打压点分布不均（部分落在基体上），造成了显微硬度的不均匀分布。

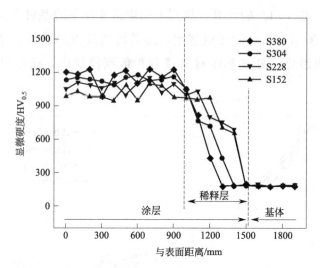

图 4-34　不同熔覆速度下沿涂层横截面深度方向的显微硬度

（2）摩擦磨损性能　图 4-35 为不同熔覆速度下涂层磨损率的统计结果。从图中可以看出 S228 涂层磨损率最小，磨损率约为 $4.54 \times 10^{-6} \mu m^3/(N \cdot m)$；S380 涂层的磨损率最大，约为 $8.43 \times 10^{-6} \mu m^3/(N \cdot m)$。随着熔覆速度的下降，涂层的磨损率逐渐减小，在熔覆速度为 228mm/min 时磨损率达到最小，耐磨性能较好，随后磨损率呈现出上升的趋势。

图 4-36 为不同熔覆速度下涂层磨痕形貌图，从磨痕表面的形貌可以看出，S380 涂层磨痕表面较为粗糙，在磨痕上出现了较多的剥离坑，表现为比较明显的剥层磨损，对剥离坑区域放大观察，得到的结果如图 4-35（a）右上角小图所示，剥离坑内部断口平齐而光亮，表现出脆性断裂的典型形貌；随着熔覆速度的下降，S304 涂层磨痕表面剥离坑减少，与 S380 磨损形式基本一致；当熔覆速度达到 228mm/min 时，磨痕表面较为光滑，涂层的磨损形式主要表现为对强化相周围软基体的划擦作用，磨痕表面陶瓷相与基体结合牢固，没有出现大面积拔出的情况；S152 磨痕表面存在较多剥离分层，与 S380 磨痕相比剥离坑深度较浅，表现为表面撕裂型分布，对剥离坑局部进行放大观察，结果如图 4-36（d）左上角小图所示，可以看到有微

小裂纹源。

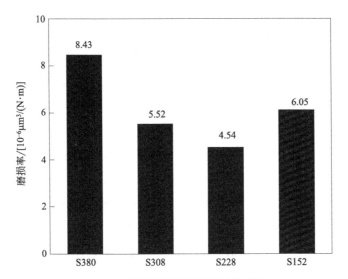

图 4-35　不同熔覆速度下涂层磨损率

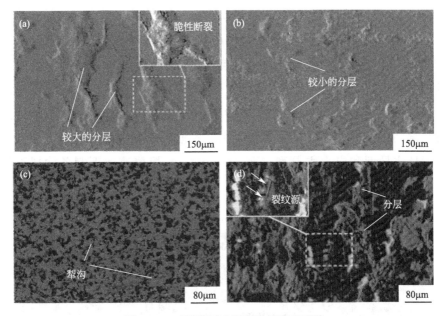

图 4-36　不同熔覆速度下涂层磨痕形貌

（a）S380；（b）S304；（c）S228；（d）S152

在 S380 涂层和 S152 涂层磨痕表面都存比较严重的剥层磨损形貌，根据图 4-35 涂层磨损率的统计结果可以看出，当磨损表现为剥层磨损形式时，涂

层的磨损率上升明显，因此可以推断剥层磨损是涂层磨损率上升的主因。图
4-37 为不同熔覆速度下涂层磨损机理示意图，通过有限元分析的结果图 4-30
可以看出，熔覆速度为 380mm/min 时，涂层的冷却速度较快，涂层中存在
较大残余应力，涂层 γ-Ni 固溶元素含量较多、脆性较大，在磨球的碾压作用
下，容易在对磨面次表层产生裂纹源，随后向表层扩展，而 S380 涂层陶瓷相
尺寸较小，微裂纹扩展时强化相不能起到很好的阻隔作用［如图 4-37（a）所
示］，因此涂层表面出现了严重的剥层磨损，耐磨性较差，剥离坑内部表现为
脆性断口的形貌［如图 4-35（a）右上角小图所示］；随着熔覆速度的减小，涂
层中强化相粒子尺寸增大，当熔覆速度为 228mm/min 时，强化相粒子对裂
纹扩展的阻断性较好，因此涂层表现出了最佳的耐磨性能，强化相粒子与 Ni
基体具有很好的结合能力，且自身没有出现拔出，磨损表现为磨球对涂层较
软基体的犁耕作用［如图 4-37（b）所示］，因此微切削成为主要的磨损形式；
S152 涂层强化相粒子含量较少，尺寸较大，在磨损过程中强化相颗粒所承受
载荷较大，因此容易在磨球的作用下萌生微裂纹［如图 4-36（d）左上角小图
所示］，当裂纹在扩展中遇到 TiB$_2$ 和 TiC 强化粒子时，部分裂纹的扩展受到
阻隔，从而起到强化作用，因陶瓷相的尺寸较大，在陶瓷颗粒中缺陷较多
［如图 4-37（c）所示］，磨损失效机理与 S5 涂层类似，TiB$_2$ 陶瓷相容易出现
破碎的情况，因此耐磨性下降，破碎的强化相粒子存在于摩擦副之间造成三
体磨损，加剧了磨损。综上所述，在 380mm/min 和 152mm/min 熔覆速度下
制备涂层的磨损形式都以剥层磨损为主，根据机理分析推断两种剥层磨损分
别为脆性主导型和应力主导型；而 228mm/min 熔覆速度下制备涂层磨损形
式主要为微切削型磨粒磨损形式。

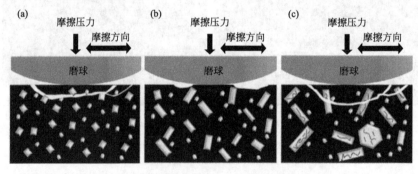

图 4-37 不同熔覆速度下涂层磨损机理示意图
(a) S380；(b) S228；(c) S152

小　结

① 等离子束熔覆参数对涂层的表面质量和稀释率具有很大的影响，通过对不同熔覆电流、熔覆速度、熔覆距离对表面质量及稀释率影响的实验研究，确定了合理的工艺参数方案为：电流 90A、熔覆速度 228mm/min、熔覆距离 14mm。

② 以 Ti、B_4C、Ni 粉为原始粉末，以 Q235 为基体材料，合成了不同 TiB_2、TiC 强化相含量的 Ni 基复合涂层，涂层与 Q235 钢基材之间结合致密，没有裂纹、气孔和夹杂等缺陷，呈现良好的冶金结合。复合涂层物相主要由 TiB_2、TiC 和 γ-Ni 组成，TiB_2 呈黑色六边形和矩形长条状，TiC 呈灰色不规则块状。TiB_2 与 γ-Ni 存在 $\{0001\}_{TiB_2}//\{200\}_{\gamma\text{-Ni}}$、$[2\bar{1}\bar{1}0]_{TiB_2}//[011]_{\gamma\text{-Ni}}$ 位向关系，TiC 与 γ-Ni 之间存在 $\{\bar{1}1\bar{1}\}_{TiC}//\{13\bar{1}\}_{\gamma\text{-Ni}}$、$\{11\bar{1}\}_{TiC}//\{\bar{1}1\bar{1}\}_{\gamma\text{-Ni}}$、$[011]_{TiC}//[\bar{1}12]_{\gamma\text{-Ni}}$ 位向关系，陶瓷相与基体结合良好，没有界面产物。通过热力学分析看出熔池反应中 TiB_2 和 TiC 吉布斯自由能变化较小，具有较高的生成趋势。复合涂层的显微硬度和耐磨性较 Ni 涂层有了显著的提高，存在明显的硬度过渡区，耐磨性最高可达 Ni 涂层的 9 倍，复合涂层的磨损方式以磨粒磨损为主，Ti＋B_4C 达到 50％时，由于增强相的脱落而出现剥层磨损。

③ 分析了不同熔覆速度下涂层表面及结合区组织特点，随着熔覆速度的降低，涂层中强化相尺寸逐渐变大，含量减少，在熔覆速度为 380m/min 时，涂层结合区存在气孔等缺陷。建立不同熔覆速度下温度场有限元模型，通过热循环曲线看出，随着熔覆速度的降低，热输入量增大，冷却速度变慢，形核驱动力下降，因此随着熔覆速度降低涂层中陶瓷相数量减少，尺寸变大；通过熔池温度场分布云图可以看出，随着熔覆速度的降低基材熔化深度变大，稀释率变高，因此强化相含量降低，当熔覆速度小于 228mm/min 时，搭接区基材能够有效熔化，涂层与基材有较好冶金结合，模拟结果与实验结果一致。熔覆速度为 228mm/min 时，涂层的磨损机理主要为微切削磨损；当熔覆速度为 380mm/min 和 152mm/min 时，涂层分别发生主要由较大脆性和应力集中而导致的剥层磨损。

第二节　Ni-Ti_2CS-TiB_2-TiC 自润滑涂层

以 Ti、B_4C 和 Ni 为基础粉末，添加质量分数 5％、10％、15％的 MoS_2，

将固体润滑技术与等离子束熔覆技术结合，通过原位合成的方法在 Q235 钢基材表面制备 Ni-Ti$_2$CS-TiB$_2$-TiC 自润滑复合材料涂层，并对其组织及摩擦学性能进行详细研究。Ti 与 B$_4$C 按照摩尔比 4：1 进行配置，Ni 与陶瓷相生成原料（Ti、B$_4$C）的质量比为 6：4，将 MoS$_2$ 粉末按照总质量的 5%、10% 和 15% 进行配比，将 MoS$_2$ 粉末添加量为 0、5%、10% 和 15% 的四组样品分别标记为 MS0、MS5、MS10 和 MS15，具体配比如表 4-5 所示。

由于 MoS$_2$ 粉末呈层片状，为了保证粉末的均匀性，采用湿混＋干混的方式进行混料，首先将混合粉末与酒精进行混合，研磨 MoS$_2$ 粉末团块，随后烘干，一起放入三维混料机进行 10h 混合备用。MoS$_2$ 粉末密度较轻，与另外 3 种原料粉末密度差别较大，如采用同步送粉方式进行实验，会造成落粉不均匀，因此在本实验中采用预涂的方式进行等离子束熔覆实验。首选将混合粉末与水玻璃（硅酸钠的水溶液）按适量比例进行配比，制成糊状，涂覆于打磨去油的 Q235 钢基材表面，其涂覆厚度约为 1.5mm；工艺参数为：电流 90A、熔覆速度 228mm/min、喷头与基材表面的距离 14mm、小离子气流量 0.5L/min、保护气流量 2.5L/min、涂层搭接率 35%。

表 4-5　各样品配比　　　　　　　单位：%（质量分数）

试样	Ti：B$_4$C摩尔比	Ti＋B$_4$C	Ni	MoS$_2$
MS0		40	60	0
MS5	4：1	38	57	5
MS10		36	54	10
MS15		34	51	15

摩擦磨损性能用 Rtec MFT-5000 多功能摩擦磨损试验机进行测试，磨损载荷为 30N，摩擦副采用 Al$_2$O$_3$ 陶瓷球，直径为 9.525mm，分别采用 10mm/s 和 50mm/s 两种不同的磨损速度。

一、物相及微观组织

1. 物相分析

图 4-38 为熔覆自润滑涂层表面 XRD 图谱，从图中可以看出反应原料 Ti、B$_4$C、MoS$_2$ 和 Ni 全部参加反应。未添加 MoS$_2$ 时，MS0 涂层主要物相为 TiB$_2$、TiC、γ-Ni；加入 MoS$_2$ 后，XRD 结果中出现了 Ti$_2$CS 和 TiS 衍射峰，MS5～MS15 主要物相为 TiB$_2$、TiC、Ti$_2$CS、TiS、γ-Ni，随着 MoS$_2$ 添加量

的增多，Ti_2CS、TiS 有增多的趋势。在等离子束熔覆过程中，预涂在 Q235 基材表面的混合粉末在高温等离子弧的作用下与 Q235 基材表面薄层同时熔化，形成一个同时含有 Ni、Fe、Ti、B、C、S、Mo 元素的高温熔池，当等离子弧移走之后，该熔池以很快的速度冷却，各物相在熔池反应中形核长大。Ti_2CS、TiS 都是常用的固体润滑剂。

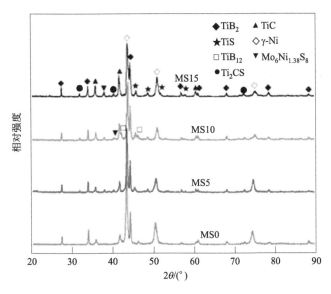

图 4-38　熔覆自润滑复合涂层表面 XRD 分析结果

2. 涂层显微组织

图 4-39 为不同 MoS_2 含量的等离子束熔覆复合涂层表面典型组织形貌。从图中可以看出涂层组织均匀，没有明显的裂纹和气孔缺陷，没有添加 MoS_2 的涂层组织与本章第一节同步送粉 Ni-TiB_2-TiC 复合涂层形貌基本一致，结合 XRD 结果可以推断，其中深灰色矩形长条状晶粒为 TiB_2，分布在 TiB_2 之间尺寸减小的不规则块状颗粒组织为 TiC。在 MS5 涂层组织中除矩形 TiB_2 和小块状 TiC 晶粒外，还发现有长条针状物相的分布，尺寸长度大约为 $50\mu m$，较为细小；这种物质随着 MoS_2 加入量的增多数量增加、尺寸变大，在 MS15 涂层组织中可以看到这种长条针状物相的尺寸较大，长度最大约为 $150\mu m$，其中有些穿插在 TiB_2 中分布，会对 TiB_2 结构连续性产生影响。为了更好地分析组织构成、确定其中物相成分，对 MS10 涂层局部区域进行放大观察。

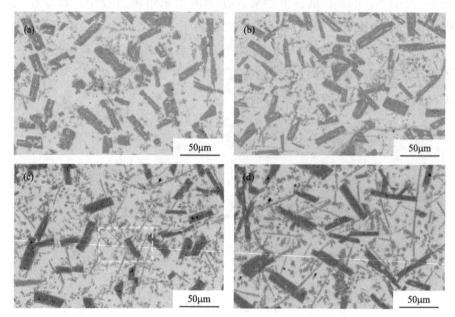

图 4-39　不同 MoS_2 含量等离束熔覆复合涂层表面典型组织形貌

(a) MS0；(b) MS5；(c) MS10；(d) MS15

图 4-40 为对图 4-39(c) 虚线标注区域进行放大观察得到的组织形貌图及对应的 EDS 面扫结果。从图中可以非常清晰地看出在等离子束熔覆涂层中存在特征明显的 3 种物相：深灰色矩形块状晶粒、小尺寸浅灰色不规则块状晶粒、浅灰色长条针状物质。通过图 4-40(b) 能谱面扫结果可以看出，B 元素主要集中在深灰色矩形块状晶粒中，C 元素主要集中在小尺寸浅灰色不规则块状晶粒中，而 Ti 元素的分布非常广泛，在深灰色矩形块状晶粒、浅灰色不规则块状晶粒和浅灰色长条针状物质中都有非常明显的分布，浅灰色长条针状物质中 S 元素的分布非常明显，S 元素在深灰色矩形块状晶粒、小尺寸浅灰色块状晶粒中也有少量分布，而浅灰白色基体组织中主要分布为 Ni，需要指出的是 Mo 元素分布与 S 元素高度一致，是由能量峰相近导致的。结合 XRD 的结果、第二节对组织的分析和一些其他文献的报道，初步判断，深灰色矩形块状晶粒为 TiB_2，小尺寸浅灰色块状晶粒是 TiC，白亮色黏结相为 γ-Ni，S 元素部分固溶到了 TiB_2、TiC 晶粒中，而在浅灰色长条状针状物相中比较集中的有 Mo、S 和 Ti 元素。为了进一步确定几种物相的成分，对各物相进行了 EDS 的点分析。

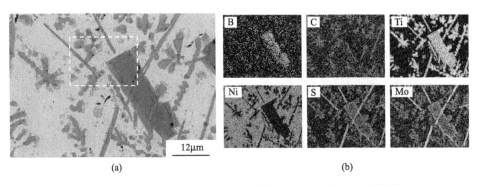

图 4-40　MS10 涂层局部区域放大组织形貌（a）和对应 EDS 面扫图（b）

图 4-41 为对图 4-40(a) 组织形貌图虚线标注区域进行放大观察，并进行 EDS 点成分分析的结果。分别对其中深灰色矩形块状晶粒、小尺寸浅灰色不规则块状晶粒和浅灰色长条针状物相进行了 EDS 点成分分析，从结果可以看出深灰色矩形晶粒中主要有 Ti、B、S 元素，B 与 Ti 的摩尔比约为 2∶1，基本符合 TiB_2 的成分配比；浅灰色不规则块状组织中存在 Ti、C、S、Ni、Fe 元素，Ti、C 的摩尔比约为 1∶1，基本符合 TiC 的成分配比；长条针状组织中存在 Ti、S、C、Ni、Fe、Si 元素，可以排除 Mo 元素与 S 元素能量峰相近带来的干扰，通过图 4-42 EDS 线分析结果可以看出，在长条针状物相中存在明显的 C 元素的分布，综合以上分析，可以推断长条针状物相是 Ti_2CS。需

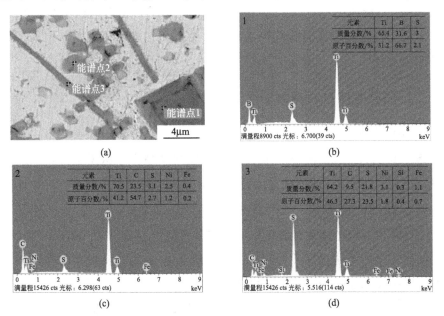

图 4-41　图 4-40(a) 虚线框放大形貌（a）及对应位置 EDS 点成分分析（b）、（c）、（d）

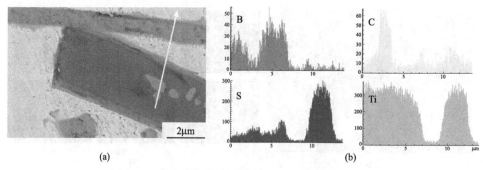

图 4-42　对应位置放大形貌（a）和 EDS 线分析（b）

要说明的是在涂层组织中没有发现明显含 Mo 元素物相，而原料中含有大量的 Mo 元素，通过 XRD 的结果分析可以看出，随着原料中 MoS_2 的增加，γ-Ni 的衍射峰发生了有规律的偏移，因而推断大量的 Mo 原子通过固溶进入 γ-Ni 晶格中，引起了晶格畸变，而通过 EDS 面扫和点分析并没有发现 XRD 结果中的 TiB_{12} 和 $Mo_6Ni_{1.35}S_8$ 的明显分布，分析其原因可能是含量太少。

Ti_2CS 中 S 原子部分被 C 原子取代，具有典型层状六方结构特点，属于 $P63/mmc$ 空间群，其中 C 原子占据 $(0,0,0)$ 和 $(0,0,1/2)$ 位置，S 原子占据 $(1/3,2/3,3/4)$ 和 $(2/3,1/3,1/4)$ 位置，Ti 原子占据 $(1/3,2/3,z)$、$(2/3,1/3,z+1/2)$、$(2/3,1/3,-z)$ 和 $(1/3,2/3,-z+1/2)$ 位置（z 数值为 0.0998）。层内 S 原子、Ti 原子和 C 原子、Ti 原子之间以共价键形式结合，而层与层之间以微弱的范德瓦耳斯力结合，在外力作用下，层与层之间容易产生滑移。

二、显微硬度及摩擦磨损性能

1. 显微硬度

图 4-43 为不同 MoS_2 含量复合涂层显微硬度结果，从图中可以看出随着 MoS_2 添加量的增多，涂层的显微硬度有下降的趋势。分析原因：一方面是由于 Ti_2CS 自身硬度较差，在承受载荷时容易发生破坏；另一方面大尺寸 Ti_2CS 对涂层组织连续性有破坏作用，部分 Ti_2CS 横穿 TiB_2 晶粒，对强化颗粒的结构完整性造成破坏［如图 4-39(d) 所示］，在两方面的共同作用下，涂层的显微硬度随着 MoS_2 添加量的增加出现了下降的趋势。

通过以上涂层 XRD 分析结果、组织形貌以及 ESD 分析，结合一些其他文献的研究推测：本实验中以 Ti、B_4C、MoS_2、Ni 混合粉末为原料，采用等

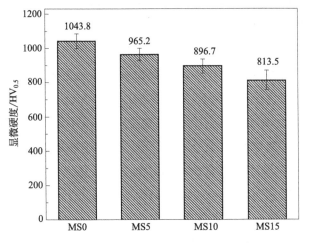

图 4-43　不同 MoS_2 含量涂层显微硬度

离子束熔覆工艺在 Q235 表面制备了以 TiB_2、TiC 为增强相，Ti_2CS 为减摩相，γ-Ni 为增韧基体的复合材料涂层。

2. 摩擦磨损性能

（1）低速（10mm/s）磨损性能

① 摩擦系数。图 4-44 为不同 MoS_2 含量等离子束熔覆涂层在磨损载荷 30N、磨损速度 10mm/s 情况下，以 Al_2O_3 陶瓷球为摩擦副时的摩擦系数（COF）随时间变化曲线。从图中可以看出，MS0 涂层摩擦系数较大，约为 0.59，且在磨损过程中摩擦系数呈现上升的趋势，波动也较为明显，可以用

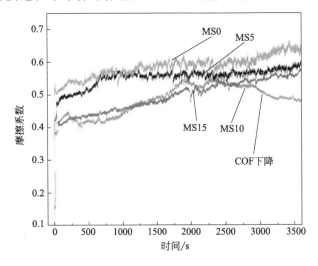

图 4-44　不同 MoS_2 含量涂层在 10mm/s 磨损速度下摩擦系数随时间变化曲线

"黏滑"机制来解释这一现象，在磨损的初期阶段较软的基体首先被磨损，形成陶瓷相的微凸起结构，涂层磨痕表面粗糙度上升，对磨球滑动的阻碍作用增加，所以摩擦系数较大，且出现增大的趋势；与同步送粉等离子束熔覆涂层相比摩擦系数略微有所上升，这是因为采用预涂方式制备涂层，稀释率下降，涂层中陶瓷相含量和尺寸都有所增加。添加 MoS_2 后涂层摩擦系数降低，MS5 涂层摩擦系数约为 0.55，MS10 涂层表现出了最低的摩擦系数，约为 0.46，在磨损的后期摩擦系数有所下降，具有最好的减摩效果；继续提高 MoS_2 含量，MS15 涂层摩擦系数较 MS10 上升，因为过多的 MoS_2 加入量使涂层组织中生成尺寸较大、对组织连续性有破坏作用的 Ti_2CS，可能造成磨痕表面粗糙度上升等影响减摩效果。

② 磨痕形貌及磨损率。图 4-45 为涂层在 10mm/s 速度下磨痕三维形貌图，从图中可以看出四组涂层磨痕都较为平滑，随着 MoS_2 添加量的增多，涂层的深度 d 和宽度 w 呈现先减少后增加的趋势。由三维形貌的磨痕宽度和深度，根据磨损率的公式可以计算得到添加不同 MoS_2 的涂层在 10mm/s 磨损速度下的磨损率。

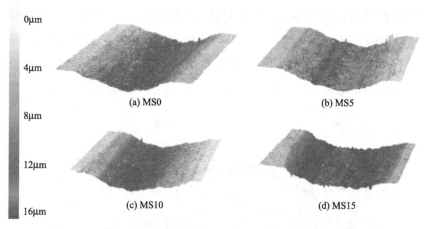

图 4-45　不同 MoS_2 含量涂层在 10mm/s 速度下磨痕三维形貌图

图 4-46 为添加不同 MoS_2 含量涂层在 10mm/s 磨损速度下磨损率。从图中可以看出，随着 MoS_2 添加量的增加涂层的磨损率先下降后增加，在添加量为 10% 时磨损率达到最低，约为 $2.25\times10^{-6}\mu m^3/(N\cdot m)$，约为未添加 MoS_2 涂层磨损率［约为 $4.63\times10^{-6}\mu m^3/(N\cdot m)$］的二分之一，通过摩擦系数和磨损率的结果可以看出适量 MoS_2 添加提升了涂层耐磨减摩的效果，当

MoS$_2$ 添加量为 15％，涂层的磨损率开始上升，达 $2.59 \times 10^{-6} \mu m^3/(N \cdot m)$。

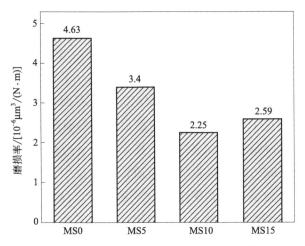

图 4-46　不同 MoS$_2$ 含量涂层在 10mm/s 磨损速度下磨损率

③ 磨损机理分析。图 4-47 为不同 MoS$_2$ 含量涂层在 10mm/s 磨损速度下的磨痕形貌，四种涂层磨痕表面均保持了较完整且平滑的形貌。MS0 涂层磨痕表面陶瓷相没有明显颗粒拔出的痕迹，陶瓷相与基体之间也没有出现裂纹

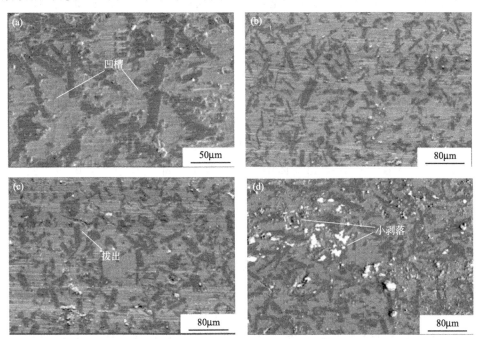

图 4-47　不同 MoS$_2$ 含量涂层在 10mm/s 磨损速度下磨痕形貌

(a) MS0；(b) MS5；(c) MS10；(d) MS15

等的破坏源，在陶瓷相周围有比较明显的犁沟分布，形成微凸起结构，在磨损过程中对涂层有一定的保护作用；MS5 涂层磨痕表面较为平滑，与 MS0 涂层磨痕基本一致，可以看到陶瓷颗粒周围有明显的犁沟分布；当 MoS_2 含量达到 10％时，在 MS10 磨痕表面出现了拔出痕迹，对比图 4-39(c) 组织形貌图可以判断为 Ti_2CS 的拔出痕迹，磨痕整体保持了较好的结构完整性，表面较为平滑；继续增加 MoS_2 含量，在 MS15 磨痕表面出现了微小的剥落坑和皱起的结构，粗糙度上升明显，在四组磨痕中磨损最严重。

图 4-48 为不同 MoS_2 添加量情况下在低速下（10mm/s）涂层磨损机理示意图。在未添加 MoS_2 涂层磨损的开始阶段，涂层中陶瓷颗粒相周围较软的基体材料由于硬度较低，在高硬度 Al_2O_3 磨球的二体磨粒磨损作用下而发生磨损破坏；而陶瓷颗粒硬度较大，在涂层中形成了微凸起的结构［如图 4-48(b) 所示］，涂层的磨损转变为磨球与陶瓷颗粒的对磨，这种微凸体的结构避免了软的基体与摩擦副直接接触，使得涂层免于遭受更严重的磨损破坏，但是增大了表面的粗糙度，所以涂层的摩擦系数较大（如图 4-44 所示，达 5.9以上），磨损机理主要为磨粒磨损。MS5 涂层中 Ti_2CS 减摩组元含量较低，减摩作用不明显，其磨痕表面状态与 MS0 涂层基本一致，在表面有浅犁沟的分布，摩擦系数略有下降，磨损机理也是微切削形式的磨粒磨损。

增加 MoS_2 含量到 10％，在磨痕的表面出现了明显颗粒拔出的痕迹，通过长条针状的拔出痕迹与图 4-40 涂层组织中各物相的形貌特点对比，可以确定该拔出颗粒为 Ti_2CS。其磨损过程为：随着磨损的进行，磨球对于软基体的磨损使得各颗粒组织暴露于磨球的对磨面中，TiB_2 和 TiC 具有较大的硬度，在载荷的循环作用下不容易发生破坏，与基体结合牢固，能够保持自身结构，并且有效传递载荷到基体中，在颗粒相内部没有很严重的应力集中；而 Ti_2CS 在与磨球的直接接触力作用下，因自身发生破坏而从基体材料中脱出。对比图 4-44 摩擦系数图可以看出，MS10 涂层具有最低的摩擦系数，分析可能是拔出破坏的 Ti_2CS 与磨粒磨损产生的基体成分混合形成磨屑，陶瓷颗粒与磨球接触部位应力较大，在此处发生磨屑在两对磨面的黏着，在陶瓷颗粒上形成减摩层的结构［如图 4-48(c) 所示］，降低了摩擦系数，磨损机理主要为二体磨粒磨损和黏着磨损。当 MoS_2 含量达到 15％时，在磨痕的表面出现了剥离坑和皱起结构，分析可能是 MS15 涂层中有较多的 Ti_2CS 物相的存在，造成了涂层整体强度较低，大量 Ti_2CS 与基体组织脱黏，形成剥落坑，在磨球循环载荷的作用下，这些剥落坑成为整体剥层的破坏源［如图 4-48(d) 所示]，从图 4-44 摩擦系数的结果中也可以看出涂层的摩擦系数有所上升，推测是因为这些皱起和剥落坑的结构引起了粗糙度的上升，形成的大量磨屑也有阻碍磨球滑动的作用，磨损机理主要为黏着磨损和轻微的剥层磨损。

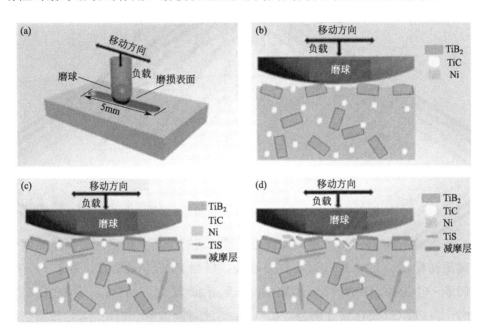

图 4-48　不同 MoS_2 含量涂层在 10mm/s 磨损速度下的磨损机理示意图

(a) 磨损过程；(b) MS0 和 MS5；(c) MS10；(d) MS15

由图 4-47(c)、图 4-47(d) 自润滑涂层的磨痕形貌中可以看出，在涂层磨痕表面 TiB_2 和 TiC 强化相粒子保持了较好的结构完整性，根据第一节 HRTEM 分析已知 TiB_2、TiC 与 γ-Ni 之间存在确定的位向关系：$\{0001\}_{TiB_2}$ // $\{200\}_{\gamma\text{-Ni}}$、$\{\bar{1}1\bar{1}\}_{TiC}$//$\{13\bar{1}\}_{\gamma\text{-Ni}}$、$\{11\bar{1}\}_{TiC}$//$\{\bar{1}1\bar{1}\}_{\gamma\text{-Ni}}$，因此 TiB_2、TiC 与 γ-Ni 基体结合能力较强，在磨损过程中不容易被拔出。而磨痕表面的 Ti_2CS 拔出痕迹非常明显，上文分析中 Ti_2CS 拔出、黏附机制造成了涂层摩擦系数的下降，因此本部分引入了 edge-to-edge 匹配模型对 Ti_2CS 与 γ-Ni 基体之间的匹配关系进行了计算。该模型可以运用包括晶格参数、晶体结构、原子位置等信息对两相之间的位向关系作出预测和计算，在模型中根据两相界面匹配的特点，需要具有最低的界面能。匹配模型示意如图 4-49 所示，根据匹配规则，在两相之间的密排方向或者近密排方向的错配度要求小于 10%，而对于密排面或者近密排面（两相之间的匹配方向应包含其中）的空间错配度要求小于 6%，另外还要求匹配面要相互平行或者沿着匹配方向有较小的转角，最终两匹配面无论是相互平行还是具有较小的夹角，都会形成确定的位向关系。

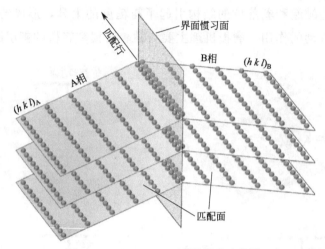

图 4-49　edge-to-edge 匹配模型示意图

首先对 γ-Ni 和 Ti_2CS 密排面或近密排面进行分析，确定两者密排晶面空间间距错配度，γ-Ni 具有面心立方结构，根据 PDF 卡片信息，属于 Fm-$3m$ 空间群（JCPDS 47-1417），其密排或近密排面为 $\{111\}_{\gamma\text{-Ni}}$、$\{200\}_{\gamma\text{-Ni}}$ 和 $\{220\}_{\gamma\text{-Ni}}$；$Ti_2CS$ 密排面分别为 $\{100\}_{Ti_2CS}$、$\{103\}_{Ti_2CS}$ 和 $\{110\}_{Ti_2CS}$，根据空间晶面间距 d，密排面或近密排面共有 9 种匹配情况，对其错配度分别进行了计算，结果如表 4-6 所示。

表 4-6　γ-Ni 和 Ti_2CS 密排面或近密排面空间间距错配度　　　单位：%

$\{111\}_{\gamma\text{-Ni}}$ $\{100\}_{Ti_2CS}$	$\{111\}_{\gamma\text{-Ni}}$ $\{103\}_{Ti_2CS}$	$\{111\}_{\gamma\text{-Ni}}$ $\{110\}_{Ti_2CS}$	$\{200\}_{\gamma\text{-Ni}}$ $\{100\}_{Ti_2CS}$	$\{200\}_{\gamma\text{-Ni}}$ $\{103\}_{Ti_2CS}$	$\{200\}_{\gamma\text{-Ni}}$ $\{110\}_{Ti_2CS}$
33.7	7.2	30	54.4	23.9	12.5
$\{220\}_{\gamma\text{-Ni}}$ $\{100\}_{Ti_2CS}$	$\{220\}_{\gamma\text{-Ni}}$ $\{103\}_{Ti_2CS}$	$\{220\}_{\gamma\text{-Ni}}$ $\{110\}_{Ti_2CS}$			
118.9	75.6	20.6			

其次分析 γ-Ni 和 Ti_2CS 密排方向上原子间距的错配度，根据 edge-to-edge 模型的基本原理，直线型的原子排列必须与直线型的原子排列相对性，而 Z 型原子排列要与 Z 型原子排列相对应，在 γ-Ni 中密排方向全部为直线型，所以只需考虑对应的 Ti_2CS 直线型密排或近密排方向。γ-Ni 和 Ti_2CS 可能的密排面原子排布如图 4-50 和图 4-51 所示，根据原子面排布关系分别找出了 γ-Ni 可能的密排晶向为 $<100>_{\gamma\text{-Ni}}$、$<110>_{\gamma\text{-Ni}}$、$<111>_{\gamma\text{-Ni}}$，而 Ti_2CS 可能的密排晶向为 $<010>_{Ti_2CS}$，γ-Ni 和 Ti_2CS 存在 3 中可能的匹配关系，对

γ-Ni 和 Ti$_2$CS 可能密排方向上的原子间距错配度进行了计算，结果如表 4-7
所示，存在 $<100>_{\gamma\text{-Ni}}/<010>_{\text{Ti}_2\text{CS}}$ 匹配关系，其原子间距错配度小于 10%，
有可能成为位向关系晶轴。而根据如下密排或近密排晶面与密排或近密排晶
向的从属关系：$<110>_{\gamma\text{-Ni}}/<010>_{\text{Ti}_2\text{CS}}$，$<111>_{\gamma\text{-Ni}}/<010>_{\text{Ti}_2\text{CS}}$。

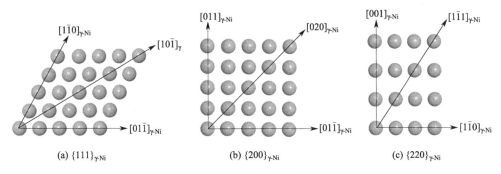

图 4-50 γ-Ni 三组可能密排面原子排布

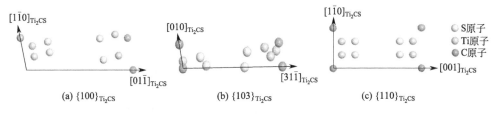

图 4-51 Ti$_2$CS 可能密排面原子排布

计算结果可以看出在两相之间无法构成合适的配型，因此推断在 γ-Ni 与
Ti$_2$CS 之间没有确定的位向关系，在摩擦磨损过程中两相之间容易发生脱离，
Ti$_2$CS 脱离基体后可在摩擦副之间发挥摩擦磨损减摩剂的作用。

表 4-7 γ-Ni 和 Ti$_2$CS 可能密排方向原子间距错配度　　　　　　单位：%

$<100>_{\gamma\text{-Ni}}$ $<010>_{\text{Ti}_2\text{CS}}$	$<110>_{\gamma\text{-Ni}}$ $<010>_{\text{Ti}_2\text{CS}}$	$<111>_{\gamma\text{-Ni}}$ $<010>_{\text{Ti}_2\text{CS}}$
9.2	28	91.3

（2）高速（50mm/s）磨损性能

① 摩擦系数。图 4-52 为不同 MoS$_2$ 含量涂层在磨损载荷 30N、磨损速度
50mm/s 情况下，以 Al$_2$O$_3$ 陶瓷球为摩擦副时的摩擦系数随时间变化曲线。
从图中可以看出，未添加 MoS$_2$ 涂层摩擦系数较大，约为 0.64，相较于在
10mm/min 的磨损速度下摩擦系数（约 0.59）明显提高，推测主要是因为在

较高磨损速度下涂层受到高频率循环载荷作用，容易发生疲劳破坏，使陶瓷颗粒缺少支撑体发生脱落现象，形成三体磨损，同时磨痕表面粗糙度上升，最终造成摩擦系数的增大，具体摩擦系数上升机理需结合磨痕进行解释。随着 MoS_2 添加量的增加涂层摩擦系数表现出了逐渐变小的趋势，涂层的摩擦系数稳定性也逐渐增加，在 MoS_2 含量为 15% 时涂层表现出了最低的摩擦系数，低于 0.45，在磨损的后半阶段其摩擦系数存在略微下降的趋势。

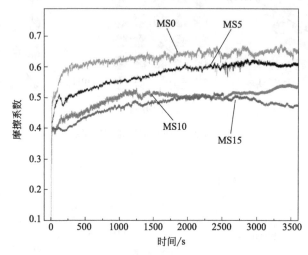

图 4-52   不同 MoS_2 含量涂层在 50mm/s 磨损速度下涂层摩擦系数随时间变化曲线

② 磨痕三维形貌及磨损率。图 4-53 为不同 MoS_2 含量涂层在 50mm/s 磨损速度下磨痕三维形貌结果，从图中可以看出 MS0 涂层磨痕深度和宽度较大，表面粗糙，磨痕表面存在较多凸起，推测可能为堆积磨屑；MS5 涂层表面相较于 MS0 表面变得平滑，在磨痕表面仍有凸起分布；随着 MoS_2 添加量的增加，MS10 和 MS15 磨痕比较光滑，磨痕宽度和深度明显下降。由三维形貌的结果可以得出涂层磨损的磨痕宽度 w 和深度 d，根据磨损率计算公式可以得到不同 MoS_2 含量涂层在高速磨损下的磨损率。

图 4-54 为不同含量 MoS_2 涂层在高速（50mm/s）磨损下磨损率结果图。从图中可以看出，添加 MoS_2 后涂层的磨损率有了明显的下降，随着 MoS_2 添加量的增加涂层的磨损率呈一直下降的趋势，在添加量为 15% 时磨损率达到最低，约为 $8.05 \times 10^{-7} mm^3/(N \cdot m)$，为未添加 MoS_2 涂层磨损率 $[24.35 \times 10^{-7} mm^3/(N \cdot m)]$ 的三分之一，说明 Ti_2CS 的生成对涂层的耐磨性能具有较好的提升作用。

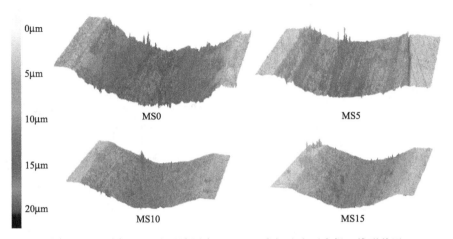

图 4-53　不同 MoS_2 含量涂层在 50mm/s 磨损速度下磨损三维形貌图

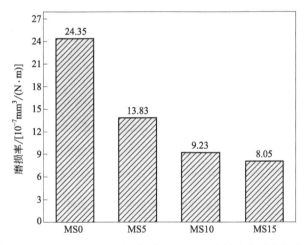

图 4-54　不同 MoS_2 含量涂层在 50mm/s 磨损速度下磨损率

③ 磨损过程及磨损机理分析。为了更深入研究复合涂层的磨损过程和磨损机理，对比了不同 MoS_2 含量的 Ni-Ti_2CS TiB_2-TiC 涂层在 50mm/s 磨损速度下的磨痕形貌，结果如图 4-55 所示，表 4-8 为磨痕上对应能谱点分析结果。从图中可以看出，MS0 涂层表面较为粗糙，表面有比较明显的块状剥落以及犁沟，在剥落坑的边沿分布有一些块状的 TiB_2 陶瓷颗粒，同时在磨痕表面存在明显的氧化区域。3 种不同 MoS_2 添加量涂层的磨痕表面相对于未添加 MoS_2 磨痕表面光滑程度都有所提升，没有明显的犁沟分布，MS5 涂层表面分布有一些细小颗粒状磨屑；随着 MoS_2 含量的增加，在磨痕表面出现了一些由转移材料被磨球高速碾压而形成的凸起结构，这些结构在一定程度上可能会增加磨痕表面的粗

139

糙度；在 MS15 涂层磨痕的表面出现了比较连续的转移材料层的形貌，由于磨球的反复挤压作用磨痕上转移材料层表面形成了沿着磨球运动方向的塑性变形区，从能谱的分析结果可以看出在磨痕上存在硫化物的分布。

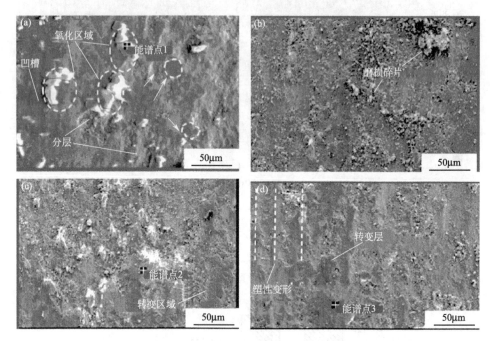

图 4-55　不同 MoS_2 含量涂层在 50mm/s 磨损速度下磨痕形貌

(a) MS0；(b) MS5；(c) MS10；(d) MS15

表 4-8　磨痕对应能谱点分析结果

能谱点	O	Al	B	C	Ti	Ni	S	Mo
点 1(质量分数)/%	46.73	8.67	1.67	0.96	11.34	30.63	—	—
点 1(原子百分数)/%	69	7.56	3.66	1.89	5.6	12.29	—	—
点 2(质量分数)/%	11.3	4.32	2.56	1.34	26.35	43.55	3.23	7.35
点 2(原子百分数)/%	26.54	6.01	8.02	4.21	20.68	27.87	3.79	2.88
点 3(质量分数)/%	9.91	3.56	2.13	2.41	24.35	42.3	5.47	9.87
点 3(原子百分数)/%	23.36	4.97	7.44	7.57	19.17	27.17	6.44	3.88

　　图 4-56 为不同 MoS_2 添加量情况下涂层磨损机理示意图。在高速往复运动 Al_2O_3 磨球作用下，在磨损的开始阶段磨球对涂层的作用主要表现为对陶瓷相周围软的基体的微切削作用，陶瓷相硬度较高，不容易受到以微切削形式出现的二体磨粒磨损的作用。经过一段时间的磨损在涂层磨损表面形成了微凸体的结构［如图 4-56(a) 所示］，一方面这种微凸体结构因为对软的基体起到了保护作用而有利于减少磨损的发生，另一方面陶瓷颗粒会承受更严重

的循环载荷的作用，根据前面研究陶瓷颗粒与涂层基体具有良好的结合力，陶瓷颗粒会把载荷有效传递到基体上，在陶瓷相周围基体上发生应力集中，最终在高速往复的循环载荷作用下部分基体材料发生疲劳破坏，使得陶瓷颗粒会因为缺少基体有效支撑而发生脱落，形成微坑 [图 4-55(a)]。在高速磨损下，涂层表面容易氧化，加重了涂层表面脆性，以表面微坑为起始源产生了表面的剥离，形成了大块的剥离层，在图 4-55(a) 的磨痕形貌中可以看到，在剥层的边沿有许多陶瓷相的分布，剥层扩展到陶瓷相时，会在此处被短暂阻隔，但此处的陶瓷颗粒会在高速循环载荷的作用下产生更大的应力，最终也会从基体中拔出 [图 4-56(b)]，形成大面积的剥层，未添加 MoS$_2$ 的涂层在高速往复载荷作用下主要的磨损机理为微切削和剥层磨损。

通过磨痕面的观察可以看出，3 种不同 MoS$_2$ 含量的涂层磨痕表面都较为平整光滑，MS5 的涂层表面有一些磨屑的分布，10% 和 15% MoS$_2$ 含量涂层表面出现了转移材料压实层的结构。此外由于涂层中 Ti$_2$CS 相硬度较低，且根据前面计算结果知 Ti$_2$CS 与基体没有确定位向关系，在磨损过程中容易从基体中脱落，对涂层组织结构完整性产生破坏，因此在高速循环载荷作用下在磨痕表面容易快速出现大量磨屑 [如图 4-56(c) 所示]。在高速循环载荷的作用下，磨痕热和温度较高，快速大量产生的磨屑很容易在往复磨球的作用下被压实形成大块的转移材料压实层，磨球对于磨痕表面的挤压作用使压实层上出现塑性变形 [如图 4-55(d)]，在压实层结构中有大量的 Ti$_2$CS 相分布在表面，而在磨球的对磨面上也因为黏着作用而黏附有 Ti$_2$CS 相，从而使得涂层与磨球之间的高应力接触转变为润滑膜之间的磨损，对涂层起到了比较好的保护作用。对应摩擦系数（图 4-52）的结果可以看出，润滑膜层有效较低了摩擦系数，涂层磨损率也有了明显的降低，压实层减摩机制随着 Ti$_2$CS 含量的增多而加强，涂层磨损机理主要为黏着磨损和塑性变形。Liu 等研究了以 WS$_2$ 和 CrS 为减摩组元的自润滑涂层摩擦学性能，发现在较高的温度下涂层表面磨屑在磨球挤压作用下在磨痕表面形成自润滑膜层，表面存在塑性变形，涂层与摩擦副接触面被转移层隔开，因此极大提高了涂层的耐磨和减摩效果。

能量消耗能够解释磨损率的变化规律，从本质上讲，材料磨损过程就是能量转化的过程，外界通过摩擦副对涂层施加能量，一部分转化为摩擦生热以及弹性能，另外一部分用来对材料表面做功，使涂层材料发生裂纹萌生、扩展产生剥层，以及塑性变形等磨损效果。

磨损过程能量消耗可用公式(4-32)进行计算：

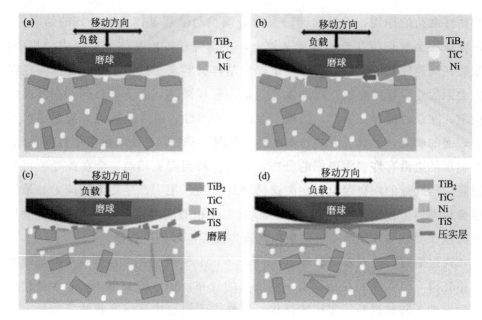

图 4-56　不同 MoS_2 添加量涂层磨损机理示意图　(a) MS0 的初期；(b) MS0 的稳定阶段；
(c) 自润滑涂层的初期；(d) 自润滑涂层的稳定阶段

$$E = \int_{磨损开始}^{磨损结束} F_t \, \mathrm{d}x \tag{4-32}$$

式中，E 为磨损过程中累计能量消耗；$\mathrm{d}x$ 为磨损距离；F_t 为磨损过程中摩擦力。

摩擦力 F_t 可用公式(4-33) 进行计算：

$$F_t = \mu N \tag{4-33}$$

式中，N 为法向磨损载荷；μ 为实验摩擦系数。

根据图 4-52 50mm/s 下摩擦系数的结果，得到涂层摩擦力随距离变化曲线图，如图 4-57 所示。在摩擦磨损过程中，根据积分定律，曲线下所覆盖面积即是累计的能量消耗。按照 10m 的间隔将曲线划分为 18 个区间，根据牛顿-科茨（Newton-Contes）公式建立 F_t 和 x 的函数关系，以方形面积近似代替每 10m 范围内的面积，总的能量消耗就可以定义为 18 个间隔面积总和：

$$E_{\text{Total}} = \sum_{i=1}^{n} E_i \quad n = 18 \tag{4-34}$$

每隔 10m 的距离计算出一个平均摩擦力 F_i，所以每 10m 内能量消耗可以表示为：

$$E_i = 10F_i \tag{4-35}$$

通过公式(4-34) 和公式(4-35)，每个间隔能量消耗结果如表 4-9 所示。可以看出在 50mm/s 磨损速度下涂层累计能量消耗的大小依次为：

$$E_{MS0}(3401.3J) > E_{MS5}(3100J) > E_{MS10}(2682J) > E_{MS15}(2556.2J)$$

根据图 4-54 计算涂层在 50mm/s 磨损速度下的磨损体积分别为：

$$V_{MS0}(13.1 \times 10^6 \mu m^3) > V_{MS5}(7.5 \times 10^6 \mu m^3) > V_{MS10}(5 \times 10^6 \mu m^3) > V_{MS15}(4.3 \times 10^6 \mu m^3)$$

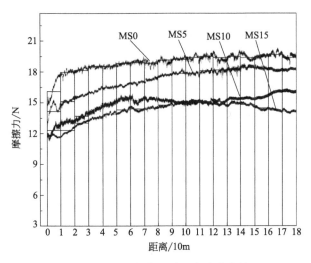

图 4-57　涂层摩擦力随距离变化曲线

表 4-9　50mm/s 磨损速度下磨损能量消耗计算统计

每个间隔能量消耗	涂层			
	MS0	MS5	MS10	MS15
E_1/J	160.5	142.4	121.8	119.2
E_2/J	179.2	157.5	132.3	122.7
E_3/J	181.5	157.5	136.5	131.3
E_4/J	183.8	162	143.2	135.2
E_5/J	186	165.2	150.2	139.5
E_6/J	188.2	166.5	153.7	142.5
E_7/J	189.7	168.8	152.4	144.7
E_8/J	189.3	172.5	152.6	145.5
E_9/J	191.3	177	152.2	147.7
E_{10}/J	192.7	179.1	150.6	150.4
E_{11}/J	194.3	178.9	150.8	150.6
E_{12}/J	195.2	180.6	149.6	150.2
E_{13}/J	194.4	181.3	150.9	150.6
E_{14}/J	194.4	181.6	154.2	149.8
E_{15}/J	194.3	183.7	154.2	147.9
E_{16}/J	195.2	182.7	156.9	144.2
E_{17}/J	196.5	181.2	159.7	143.1
E_{18}/J	194.8	181.5	160.2	141.1
E_{Total}/J	3401.3	3100	2682	2556.2

根据以上原理可以计算在 10mm/s 磨损速度下涂层累计能量消耗，由于篇幅关系，详细过程不再赘述，在 10mm/s 磨损速度下涂层累计能量消耗分别为：

$$E_{MS0}(628.7J) > E_{MS5}(590.9J) > E_{MS15}(534.9J) > E_{MS10}(521J)$$

根据图 4-46 计算了涂层在 10mm/s 磨损速度下磨损体积分别为：

$$V_{MS0}(5 \times 10^6 \mu m^3) > V_{MS5}(3.6 \times 10^6 \mu m^3) > V_{MS15}(2.8 \times 10^6 \mu m^3) > V_{MS10}(2.4 \times 10^6 \mu m^3)$$

在两种磨损速度下磨损过程累计能量消耗与磨损体积分别保持了较好的正比例关系，自润滑涂层的减摩作用，促使摩擦磨损过程中磨球对涂层做功降低，因此磨球对涂层的破坏作用下降。对于磨损体积与能量消耗的对应关系，可以定义如下公式：

$$\xi = \frac{E'}{V'} \tag{4-36}$$

式中，E' 为磨损过程累计能量消耗；V' 为磨损体积。

分别对 10mm/s 和 50mm/s 磨损速度下的单位磨损体积的能量消耗进行了计算，结果如表 4-10 所示。从结果看出在 10mm/s 磨损速度下，随着 MoS_2 加入量的增加，单位磨损体积消耗能量有增加的趋势；而 $\xi_{MS10\ 10}$ 和 $\xi_{MS15\ 10}$ 结果数值差别不大，这是因为在磨损过程中 Ti_2CS 从基体中拔出过程、黏附于陶瓷相表面过程都对能量有较大消耗，故能量消耗作用于涂层体积磨损部分相应减少，对涂层磨损破坏产生积极影响。

在 50mm/s 磨损速度下，随着 MoS_2 加入量的增加，单位磨损体积消耗能量增加。通过前文研究知，在 50mm/s 磨损速度下，自润滑涂层发生表面破坏产生大量磨屑，磨屑在磨球的碾压作用下产生减摩压实层的结构，降低了摩擦系数，而磨屑的产生和压实层的形成过程都消耗了大量能量，因此能量消耗作用于涂层磨损破坏部分相应减少，涂层磨损体积下降。

表 4-10 10mm/s 和 50mm/s 磨损速度下的涂层单位磨损体积消耗能量计算结果

$\xi_{MS0\ 10}$ /(10^{-4} J/μm^3)	$\xi_{MS5\ 10}$ /(10^{-4} J/μm^3)	$\xi_{MS10\ 10}$ /(10^{-4} J/μm^3)	$\xi_{MS15\ 10}$ /(10^{-4} J/μm^3)	$\xi_{MS0\ 50}$ /(10^{-4} J/μm^3)	$\xi_{MS5\ 50}$ /(10^{-4} J/μm^3)	$\xi_{MS10\ 50}$ /(10^{-4} J/μm^3)	$\xi_{MS15\ 50}$ /(10^{-4} J/μm^3)
1.26	1.64	2.17	1.91	2.6	4.13	5.36	5.94

需要特别指出的是通过能量消耗预测磨损体积的方法对于相同磨损机理磨损具有较好的对应性，而对于不同磨损机理（尤其磨损过程涉及黏着磨损

和有转移层的形成时）的磨损，由于磨损过程的复杂性很难用这种方法进行准确的预测。

小　结

① 以雾化 Ti、B_4C、雾化 Ni 和 MoS_2 粉末作为预置熔覆原料，在选定工艺参数下，制备了 $Ni-Ti_2CS-TiB_2-TiC$ 自润滑复合涂层，其主要物相为 TiB_2、TiC、Ti_2CS 和 $\gamma-Ni$，其中 TiB_2、TiC 为耐磨组元，Ti_2CS 为减摩组元，$\gamma-Ni$ 为基体；随着 MoS_2 加入量增多，Ti_2CS 生成量增加，尺寸变大，当 MoS_2 含量为 15% 时，大尺寸的 Ti_2CS 相对涂层组织的连续性产生破坏。

② 磨损速度为 10mm/s 时，不同 MoS_2 加入量涂层磨痕都没有发生很大的破坏，自润滑涂层的减摩机理主要为拔出的 Ti_2CS 相黏附于凸起陶瓷强化相表面，形成减摩层结构，磨损机理由未加入 MoS_2 涂层的磨粒磨损转变为自润滑涂层的磨粒磨损＋黏着磨损形式；磨损速度为 50mm/s 时，自润滑涂层的主要减摩机理为大量快速产生磨屑被压实形成润滑压实层，压实层中含有 Ti_2CS 减摩组元，形成减摩效应，MoS_2 的加入使得涂层的磨损机理由磨粒＋剥层磨损转变为黏着磨损＋塑性变形。

③ 采用 edge-to-edge 模型对 Ti_2CS 与 $\gamma-Ni$ 之间可能的位向关系进行了预测，根据计算结果，在两相之间没有合适的位向关系配型，因此推断在 $\gamma-Ni$ 与 Ti_2CS 之间没有确定的位向关系。在摩擦磨损过程中受载荷作用两相之间容易发生脱离，Ti_2CS 脱离基体后可在摩擦副之间发挥摩擦磨损减摩剂的作用，为 10mm/s 磨损速度下自润滑涂层 Ti_2CS 物相"拔出-黏附"作用提供了理论依据。

④ 通过对 10mm/s 和 50mm/s 磨损速度下能量消耗计算发现，在两种磨损速度下磨损过程累计能量消耗与磨损体积分别保持了较好的正比例关系；通过涂层单位磨损体积消耗能量计算结果看出，在 10mm/s 和 50mm/s 磨损速度下能量消耗分别部分作用于"拔出-黏附"机制和压实层的形成过程，作用于涂层破坏的能量消耗相应减少，有利于磨损破坏的减轻。

第五章　等离子束熔覆高熵合金涂层

高熵合金（high-entropy alloys，简称 HEAs）作为一种新型的合金，也被称为多组元高浓度合金、多主元合金、成分复杂合金、高浓度复杂合金、高浓度固溶体合金、多基元合金等。由于高熵效应、迟滞扩散效应及晶格扭曲效应等综合影响，高熵合金倾向于形成简单固溶体相，如面心立方（FCC）、体心立方（BCC）及密排六方（HCP）固溶体而不是金属间化合物。高熵合金具有很多吸引人的特性，如高的硬度和强度、高的疲劳抗力、高断裂韧性、高温氧化抗力、高腐蚀抗力以及独特的电磁性能。目前绝大多数高熵合金采用真空电弧熔炼制备，致使制备的高熵合金尺寸非常有限，且成本较高，限制了其工业应用。将高熵合金在低成本基体表面制备成涂层材料，不仅可以充分发挥高熵合金的优良特性，而且可大幅降低高熵合金的使用成本。

本章以 CoCrFeMnNi（即按原子摩尔比 Co：Cr：Fe：Mn：Ni＝1：1：1：1：1 进行配制）五元高熵合金为基础，首先在 CoCrFeMnNi 中添加不同比例的 Ti 元素制备 CoCrFeMnNiTi$_x$（$x=0,0.4,0.8,1.2$）高熵合金涂层，研究 Ti 元素的含量对涂层物相、微观组织及性能的影响。之后以元素替换的方式，将 CoCrFeMnNi 体系中的 Mn 替换为 Cu、Co 替换为 Ni 获取 CuCrFeNi$_2$ 合金体系，在此体系的基础上添加系列不同 Ti 元素，制备 CuCrFeNi$_2$Ti$_x$（$x=0,0.4,0.8,1.2$）体系高熵合金涂层，研究元素替换及 Ti 元素的含量对涂层物相、微观组织及性能的影响。在 CoCrFeMnNi 体系的基础上，将 Mn 替换为 Cu、将 Fe 替换为 Al，并降低 Cu 和 Al 比例至 0.5，制备 CoCrAl$_{0.5}$NiCu$_{0.5}$ 体系的高熵合金涂层，研究元素替换对涂层物相、微观组织和性能的影响；$CoCrAl_{0.5}NiCu_{0.5}$ 体系涂层采用等离子熔覆和放电等离子烧结两种工艺制备，研究两种工艺下涂层的微观组织和性能，并进行对比。再在 $CoCrAl_{0.5}NiCu_{0.5}$ 体系的基础上，以廉价的 Fe 替换高成本的 Co，将 Al 的比例提升至 1.0，并添加系列比例的 Ti 元素，利用等离子熔覆制备了 $Cu_{0.5}CrAlFeNiTi_x$（$x = 0$，$0.4, 0.8, 1.2$）体系的高熵合金涂层，研究元素替换及 Ti 含量对涂层物相、微观组织及性能的影响。

第一节　$CoCrFeMnNiTi_x$ 系高熵合金涂层

CoCrFeMnNi 高熵合金具有优良的低温性能，但是室温强度不高；鉴于其优良的耐磨、耐蚀性能，如果将其制备成涂层材料，则更加适合于工业应用，并且可以大幅降低高熵合金的应用成本。本节利用等离子束熔覆技术，在 CoCrFeMnNi 体系中添加系列不同比例的 Ti 元素，制备 $CoCrFeMnNiTi_x$（$x = 0, 0.4, 0.8, 1.2$）系高熵合金涂层，研究 Ti 元素对 CoCrFeMnNi 高熵合金涂层微观组织结构与性能的影响，阐明 Ti 元素对高熵合金涂层微观组织结构和性能的影响规律和作用机制。

一、实验材料及熔覆工艺

1. 实验材料

基体材料选用 Q235 钢，化学成分及前处理见第三章。

原料粉末包括雾化 Fe 粉、雾化 Ni 粉、雾化 Co 粉、雾化 Ti 粉、雾化 Cu 粉、雾化 Al 粉、机械破碎 Cr 粉、机械破碎 Mn 粉。表 5-1 列出了粉末的粒度、纯度及各种元素的特征信息，表 5-2 列出了各元素之间的混合焓，所用原始粉末形貌如图 5-1 所示。

表 5-1　粉末的粒度、纯度及各元素的特征参数信息

粉末	粒度/μm	纯度(质量分数)/%	摩尔质量/(g/mol)	原子半径/nm	熔点/℃	晶体结构	电负性
Ni	约 50	≥99.8	58.69	0.125	1452	FCC	1.91
Al	约 75	≥99.9	26.98	0.143	660	FCC	1.61
Co	约 100	≥99.5	58.93	0.125	1495	HCP/FCC	1.88

粉末	粒度/μm	纯度(质量分数)/%	摩尔质量/(g/mol)	原子半径/nm	熔点/℃	晶体结构	电负性
Fe	约50	≥99.5	55.85	0.124	1535	BCC/FCC	1.83
Cr	约75	≥99.5	52.00	0.128	1890	BCC	1.66
Ti	约50	≥99.7	47.87	0.145	1660	HCP/BCC	1.54
Cu	约75	≥99.5	63.55	0.128	1083	FCC	1.90
Mn	约20	≥99.7	54.94	0.124	1518	BCC/FCC	1.55

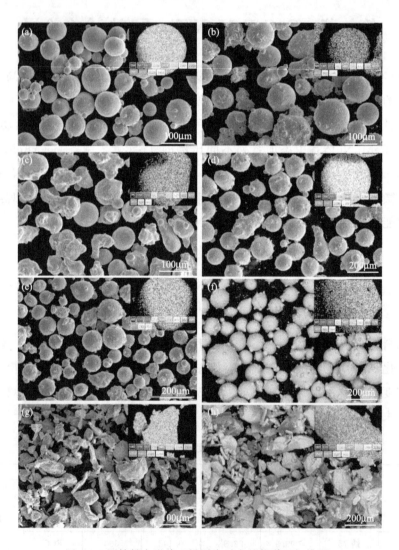

图 5-1　原始粉末形貌（插图为对应的能谱面扫描图）

（a）Ti 粉；（b）Ni 粉；（c）Fe 粉；（d）Co 粉；（e）Cu 粉；（f）Al 粉；（g）Cr 粉；（h）Mn 粉

表 5-2　各元素之间的混合焓　　　　　单位：kJ/mol

元素	Al	Co	Cr	Fe	Ni	Ti	Mn	Cu
	Al	−19	−10	−11	−22	−30	−19	−1
		Co	−4	−1	0	−28	−5	6
			Cr	−1	−7	−7	2	12
				Fe	−2	−17	0	13
					Ni	−35	−8	4
						Ti	−8	−9
							Mn	4

按照摩尔比 $CoCrFeMnNiTi_x$（$x=0,0.4,0.8,1.2$）配制混合粉末，计算所需每种粉末的用量，设计每种样品总质量为 30g，计算所得各原料用量如表 5-3 所示。按照量进行称量，然后将混合粉末置于三维混料机，混合 24h。

表 5-3　等离子熔覆 $CoCrFeMnNiTi_x$ 系高熵合金涂层的原始粉末用量

高熵合金涂层	Co/g	Cr/g	Fe/g	Mn/g	Ni/g	Ti/g	总量/g
$CoCrFeMnNi(Ti_0)$	6.31	5.56	5.97	5.88	6.28	0	30
$CoCrFeMnNiTi_{0.4}(Ti_{0.4})$	5.90	5.21	5.59	5.50	5.88	1.92	30
$CoCrFeMnNiTi_{0.8}(Ti_{0.8})$	5.55	4.89	5.26	5.17	5.53	3.60	30
$CoCrFeMnNiTi_{1.2}(Ti_{1.2})$	5.23	4.62	4.96	4.88	5.21	5.10	30

2. 熔覆工艺

采用同步送粉等离子束熔覆设备制备 $CoCrFeMnNiTi_x$ 系高熵合金涂层，熔覆工艺参数见表 5-4。将熔覆后的每种涂层试样加工成尺寸为 10mm×10mm×5mm 的样品，制备成涂层表面样品和横截面样品，分别制备成金相试样、摩擦磨损试样及电化学试样。本节内容中将 x 取值为 0、0.4、0.8、1.2 的样品分别命名为 Ti_0、$Ti_{0.4}$、$Ti_{0.8}$ 及 $Ti_{1.2}$。

表 5-4　等离子束熔覆工艺参数

熔覆工艺参数						
工作电流/A	工作电压/V	扫描速度/(mm/s)	送粉速率/(g/min)	送粉气流量(Ar)/(L/min)	工作气流量(Ar)/(L/min)	保护气流量(Ar)/(mL/min)
110	33	5	20	2.5	5	50

二、物相及微观组织

1. 物相分析

图 5-2 是 $CoCrFeMnNiTi_x$（$x=0,0.4,0.8,1.2$）系高熵合金涂层的 XRD 图

谱，图 5-2(b) 对应于图 5-2(a) 中 $2\theta=42°\sim44°$ 之间的局部放大图。从图 5-2(a) 中可看出，当涂层体系中不含 Ti 元素时（即 Ti_0），合金涂层的 XRD 图谱中只有一组 FCC 衍射峰，这意味着形成了 FCC 单相固溶体，这与文献中对块体 CoCrFeMnNi 高熵合金的报道一致。当向涂层体系中逐渐添加 Ti 元素后，涂层的 XRD 图谱中出现了其他物相的衍射峰。当 $x=0.4$ 时，合金涂层的主相仍然为 FCC 固溶体相，此外，XRD 图谱中还出现了少许的 (Ti,Mn)-rich 相的衍射峰，经与 PDF 卡片比对发现，该 (Ti,Mn)-rich 相具有 BCC 结构，空间群为 I-$43m$(217)，晶格常数为 0.89nm。当 Ti 含量增加至 0.8（即 $Ti_{0.8}$）时，涂层的 (Ti,Mn)-rich 相的衍射峰数量和强度均提升，意味着 (Ti,Mn)-rich 相含量随 Ti 含量增加而提升；除了 FCC 和 (Ti,Mn)-rich 相衍射峰，在 $Ti_{0.8}$ 衍射图谱中还出现了 Laves 相的衍射峰，但峰的数量较少，强度也较低，说明在 $Ti_{0.8}$ 涂层中出现了少许的 Laves 相。当 Ti 含量增加至 1.2（即 $Ti_{1.2}$）时，FCC 和 (Ti,Mn)-rich 相的衍射峰强度大幅降低，而出现了数量更多且强度较高的 Laves 相衍射峰，说明涂层中生成了大量的 Laves 相。Laves 相可被视为 Ti 原子的密排六方（HCP）结构，其中一半四面体位置被 Ti 原子占据，另一半被其他金属原子（如 Fe、Co、Cr、Mn、Ni 等）的四面体占据。室温条件下，Laves 相结晶成 $MgZn_2$ 型的晶体结构（$C14$，$P63/mmc$，$Z=4$），在此体系中，Fe、Co、Cr、Mn、Ni 原子可占据 $MgZn_2$ 中 Zn 的位置，即 $2a(0,0,0)$ 和 $6h(x,y,1/4)$ 的 Wyckoff 位置，而 Ti 原子占据 $MgZn_2$ 中 Mg 的位置，即在 $4f(1/3,2/3,z)$；结合外推法和最小二乘法计算涂层中 Laves 相的晶格常数大约为 $a=b=0.479nm$，$c=0.782nm$。

从图 5-2(b) 中 $2\theta=42°\sim44°$ 之间的局部放大图可看出，晶面指数为 (110) 的 FCC 固溶体的衍射峰的角度随 Ti 含量的增加而逐渐左移；布拉格衍射角减小，表明 FCC 固溶体的晶格常数随 Ti 的增加而逐渐增大，这可归因于 Ti 原子在 FCC 固溶体中的固溶行为。如表 5-1 所示，在 CoCrFeMn-NiTi$_x$ 体系中，Ti 原子具有最大的原子半径，Ti 原子固溶进入 CoCrFeMnNi 形成 FCC 固溶体后，会造成固溶体的晶格畸变，尤其是等离子熔覆快速加热及快速冷却的特点，使 Ti 元素固溶程度进一步增加，得到 FCC 的过饱和固溶体，从而使 FCC 固溶体的 XRD 衍射峰左移，晶格常数变大。随着 Ti 添加量的增多，在极限范围内，Ti 在 FCC 固溶体中的含量相应增加，因此 FCC 固溶体的晶格由 $Ti_0\sim Ti_{1.2}$ 逐渐增大。

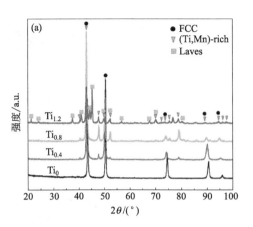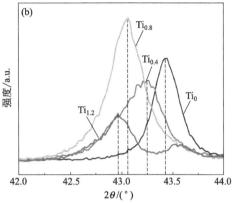

图 5-2　CoCrFeMnNiTi$_x$ 系高熵合金涂层 XRD 图谱 （a）和
XRD 图谱 X 轴方向局部放大图 （b）

2. 微观组织

图 5-3 是等离子熔覆 CoCrFeMnNiTi$_x$ （$x=0,0.4,0.8,1.2$）系高熵合金
涂层的横截面 SEM 宏观形貌。涂层厚度为 $1.5\sim2$mm，在熔覆涂层与基体之
间存在一明显的结合线 （bonding line），结合线呈弯曲的波浪状，说明涂层
与基体之间形成了良好的冶金结合。当 $x=0$、0.4、0.8 时，涂层致密，熔覆
层及结合区均无明显的孔洞、裂纹等缺陷；当 Ti 含量增加到 1.2 时，即
Ti$_{1.2}$，在熔覆层可明显观察到贯穿熔覆层的粗大裂纹，但结合区完好，没有
裂纹、孔洞缺陷。等离子快速加热、快速冷却会导致熔覆后涂层保持较大的
残余应力，如果熔覆层具有较大的脆性，在残余应力作用下会发生开裂而产
生裂纹。在上述 XRD 物相分析中表明，在 Ti$_{1.2}$ 体系涂层中存在大量的 Laves
相，Laves 相属于硬度高但脆性大的金属间化合物，会增加涂层的脆性，在
残余应力作用下会使涂层发生开裂，这可能为 Ti$_{1.2}$ 体系涂层产生裂纹的原因
之一。出现开裂的另一个重要原因可能是随着 Ti 含量增加，涂层中增加的物
相种类和数量，使得熔覆涂层与基体的热膨胀系数差异进一步增大；热膨胀
系数失配程度越大，在等离子熔覆过程中，熔覆涂层和基体加热冷却不同步
程度越明显，在涂层中产生的热残余应力越大，大的热残余应力会加剧涂层
的开裂倾向。

图 5-4(a)、（b）、（c）和（d）分别是 Ti$_0$、Ti$_{0.4}$、Ti$_{0.8}$ 和 Ti$_{1.2}$ 高熵合金
涂层横截面放大的扫描电镜背散射 （SEM-BSE）图像，图 5-4(a$_1$)、（b$_1$）、
（c$_1$）和（d$_1$）是对应的 Ti$_0$、Ti$_{0.4}$、Ti$_{0.8}$ 和 Ti$_{1.2}$ 高熵合金涂层沿涂层深度方

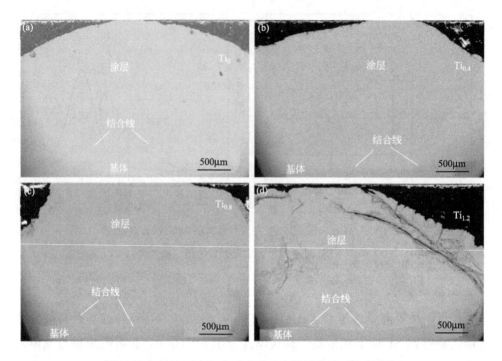

图 5-3 CoCrFeMnNiTi$_x$ 系高熵合金涂层横截面宏观形貌

(a) Ti$_0$；(b) Ti$_{0.4}$；(c) Ti$_{0.8}$；(d) Ti$_{1.2}$

向由涂层至基体的线扫描分析结果。从 SEM-BSE 图像中可更加清晰地观察到涂层与基体之间的结合线；从沿熔覆涂层至基体的线扫描元素分布来看，熔覆涂层中的 Co、Cr、Mn、Ni、Ti 元素含量由熔覆涂层至基体呈降低趋势，而 Fe 元素的变化趋势与它们相反，这是因为在熔覆过程中，在等离子高能束流的作用下，基体钢板表面发生部分熔化，和熔化的熔覆原料粉末共同形成

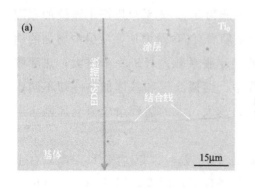
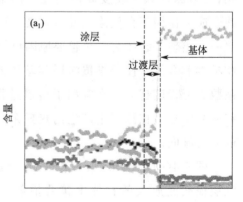

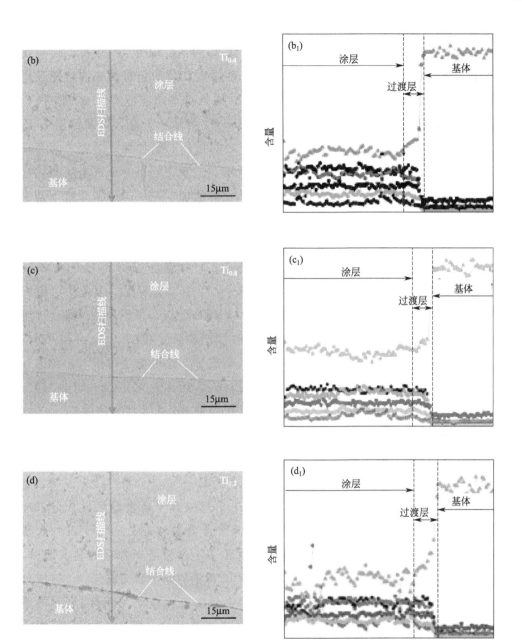

图 5-4　CoCrFeMnNiTi$_x$ 系高熵合金涂层横截面
SEM 背散射（BSE）图片及 EDS 线扫描分析

（a）、（a$_1$）Ti$_0$；（b）、（b$_1$）Ti$_{0.4}$；（c）、（c$_1$）Ti$_{0.8}$；（d）、（d$_1$）Ti$_{1.2}$

熔池，此时基体钢板的部分 Fe 元素会扩散到熔覆涂层，而熔覆涂层的部分 Co、Cr、Mn、Ni、Ti 元素也会扩散到基体表面，使得各元素的相对含量产生缓慢变化的趋势，从而使熔覆涂层和基体之间产生一元素扩散的过渡层（transition layer），如图 5-4(a_1)、(b_1)、(c_1) 和 (d_1) 所示。熔覆涂层与基体结合线的存在、过渡层的存在以及各元素缓慢变化的趋势均表明熔覆涂层与基体之间形成了良好的冶金结合。此外，通过观察比较各体系线扫描中 Fe 元素相对含量可以看出，随着熔覆原料粉末 Ti 含量的升高，熔覆涂层中 Fe 含量有上升的趋势，这可归因于 Fe 与 Ti 之间强烈的亲和性，二者之间存在较负的混合焓（$-17kJ/mol$），如表 5-2 所示，二者之间极易形成金属间化合物，如 $FeTi$、Fe_2Ti 等。因此，随着 Ti 的比例增加，在相同熔覆参数下，涂层的稀释率有所增大。

图 5-5 是 $CoCrFeMnNiTi_x$（$x=0,0.4,0.8,1.2$）系高熵合金涂层表面 SEM-BSE 微观组织照片。图 5-5(a) 和图 5-5(a_1) 分别是 Ti_0，即 CoCrFeMnNi 涂层的低倍和高倍 SEM-BSE 微观组织图。从图中可以看出，合金涂层组织均匀、单一，表现为单一的固溶体结构，与 XRD 分析结果相一致。对其进行 EDS 成分分析，结果表明（如表 5-5 所示）涂层表面元素 Co、Cr、Fe、Ni 与合金名义成分非常接近，而 Mn 略低于名义成分，这可能是由于 Mn 在这五种元素中具有最低的熔点（Fe：约 1535℃；Cr：约 1855℃；Co：约 1495℃；Ni：约 1455℃；Mn：约 1245℃），在凝固过程使 Mn 发生了轻微偏析。

图 5-5(b) 和图 5-5(b_1) 分别是 $Ti_{0.4}$，即 $CoCrFeMnNiTi_{0.4}$ 涂层的低倍和高倍 SEM-BSE 显微组织图。从图中可看出合金存在两相，灰色相为基体晶粒相，而白色相富集于晶间。对这两相进行 EDS 成分分析，结果表明（如表 5-5 所示）灰色基体相中的 Co、Cr、Fe 含量略高于合金的名义成分，Ni 的含量与名义成分非常接近，Mn 的含量低于合金的名义成分，而 Ti 的含量则远低于名义成分；晶间白色相中 Co、Cr、Fe 含量低于合金的名义成分，Ni 的含量与名义成分非常接近，而 Mn 与 Ti 含量均高于名义成分。上述成分分析表明，Ni 在灰色基体相和晶间白色相中分布相对均匀，不存在明显的偏析；Co、Cr、Fe 三种元素倾向于分布在灰色基体相中，而 Mn 与 Ti 则偏析于晶间白色相中。结合 XRD 分析（图 5-2）可推测，灰色基体相为 FCC 固溶体，对应于 XRD 图中的 FCC 衍射峰；晶间白色相为 Mn-Ti-rich 相，对应于 XRD 图中的 Mn-Ti-rich 相衍射峰。

图 5-5(c)、(c_1) 和 (c_2) 分别是 $Ti_{0.8}$，即 $CoCrFeMnNiTi_{0.8}$ 的低倍、高倍和更高倍下的 SEM-BSE 微观组织图。从图中可看出除了灰色的基体相外，合金的晶间产生了网状的共晶组织，在晶间位置，灰色的和亮色的条状相相

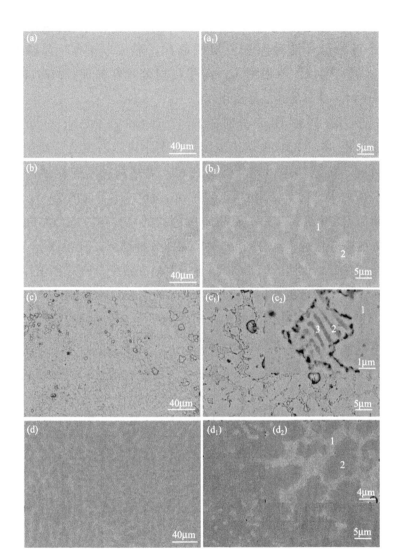

图 5-5　CoCrFeMnNiTi$_x$ 系高熵合金涂层表面 SEM-BSE 图

(a)、(a$_1$) Ti$_0$；(b)、(b$_1$) Ti$_{0.4}$；(c)、(c$_1$)、(c$_2$) Ti$_{0.8}$；(d)、(d$_1$)、(d$_2$) Ti$_{1.2}$

间分布。分别对灰色基体相、晶间灰色条状相和亮色条状相进行 EDS 成分分析（如表 5-5 所示），结果表明灰色基体相的成分水平与 Ti$_{0.4}$ 灰色基体相比较接近，表现出富 Co-Cr-Fe 而贫 Ti，Ni 与名义成分接近的特征，因此推测基体相为 FCC 固溶体相，对应于图 5-2 中 XRD 的 FCC 衍射峰；而晶间亮色条状相富 Mn-Ti、贫 Co-Cr-Fe，与 Mn-Ti-rich 相的成分特点相一致，推测其为 Mn-Ti-rich 相，对应于 XRD 图中的 Mn-Ti-rich 相衍射峰；晶间灰色条状相富集 Fe（原子百分数 30.64%）和 Ti（原子百分数 15.25%），并且二者的原子比列接近 2∶1，这恰恰与 Fe_2Ti 型的 Laves 相的比例相一致，其中 Fe 原子、Ti 原子可被另外几种原子置换或取代，形成以 Fe_2Ti 为基本框架的 Laves 相，对应于 XRD 图中的 Laves 相衍射峰。在晶间，Mn-Ti-rich 相与 Laves 相形成相间分布的共晶形貌组织。

图 5-5(d)、(d_1) 和 (d_2) 分别是 $Ti_{1.2}$，即 $CoCrFeMnNiTi_{1.2}$ 的低倍、高倍和更高倍下的 SEM-BSE 微观组织图。从图中可以看出合金组织呈现出两种不同的衬度，灰色基体相和晶间白色相。对这两种不同衬度的物相进行 EDS 成分分析（表 5-5），结果表明，与 $Ti_{0.4}$ 和 $Ti_{0.8}$ 不同的是，$Ti_{1.2}$ 合金的灰色基体相为富 Fe-Mn-Ti 相，而晶间白色相的成分与 $Ti_{0.4}$ 和 $Ti_{0.8}$ 的 FCC 基体固溶体的成分接近；结合图 5-2 中 XRD 分析结果，其中 $Ti_{1.2}$ 中 FCC 衍射峰强度大幅降低，说明此时 FCC 相含量大幅度减少，FCC 固溶体已不再是合金的主相；从成分分析判断，富 Fe 和 Ti 的 Laves 相和 Mn-Ti-rich 相共同构成了 $Ti_{1.2}$ 合金的灰色基体晶粒相，而成为了合金的主相，这与 XRD 图谱中各物相衍射峰的相对强度变化相一致。

表 5-5 $CoCrFeMnNiTi_x$ ($x=0,0.4,0.8,1.2$) 系高熵合金涂层不同区域的元素含量

单位:%（原子百分数）

x	图 5-5 区域	Co	Cr	Fe	Mn	Ni	Ti
0	名义上	20.0	20.0	20.0	20.0	20.0	—
	无特征区	20.13	20.58	21.26	19.5	20.13	—
0.4	名义上	18.52	18.52	18.52	18.52	18.52	7.40
	1	18.63	21.15	21.26	16.91	18.53	3.52
	2	16.47	16.55	16.14	21.44	18.37	11.03
0.8	名义上	17.24	17.24	17.24	17.24	17.24	13.80
	1	19.73	20.64	20.77	14.98	18.82	5.06
	2	15.59	5.95	30.64	15.46	17.11	15.25
	3	14.04	15.44	16.67	20.42	18.56	14.87
1.2	名义上	16.13	16.13	16.13	16.13	16.13	19.35
	1	17.05	20.71	21.17	14.14	21.37	5.56
	2	14.02	5.54	20.10	21.43	14.26	24.65

为进一步观察不同物相之间所含成分相对含量的变化趋势，以 $Ti_{0.8}$ 合金涂层为例，对其进行了 EDS 线扫描分析，如图 5-6 所示。EDS 扫描线穿过灰色基体、晶间相又回到灰色基体，扫描线如图 5-6（a）中箭头所示。

图 5-6(b)~(g) 依次表示 Ti、Fe、Mn、Co、Ni 和 Cr 元素的 EDS 扫描线轮廓，从图中可以明显看出，晶间相富 Fe-Ti、贫 Co-Cr，Mn 和 Ni 元素在基体和晶间的分布没有太明显的差别，这与上述 EDS 定量或半定量成分分析结果相一致（如表 5-5 所示）。

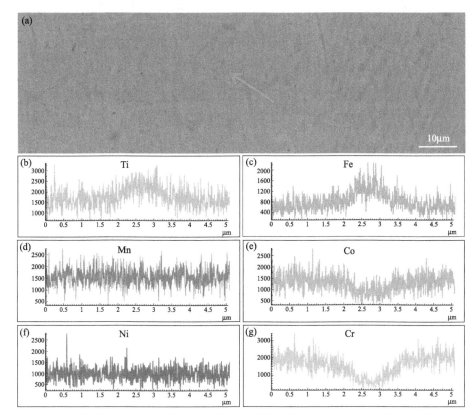

图 5-6   Ti$_{0.8}$ 高熵合金涂层 SEM-BSE 图片及 EDS 线扫描分析

（a）SEM-BSE；（b）~（g）各元素 EDS 线扫描

SEM-EDS 面扫描分析被用来进一步识别各样品元素分布，如图 5-7~图 5-10 所示。图 5-7 为 Ti$_0$ 合金涂层表面的 SEM-BSE 图片及对应的 EDS 面扫描结果，从图 5-7(b)~(f) 各元素分布图可看出，Cr、Mn、Co、Ni 和 Fe 五种元素分布均匀，没有明显的成分偏析，进一步验证了该合金涂层形成了单相 FCC 固溶体相。图 5-8 为 Ti$_{0.4}$ 合金涂层表面的 SEM-BSE 图片及对应的 EDS 面扫描结果，从图 5-8(b)~(g) 各元素分布图可看出，晶间明显的富集 Ti 元素，而 Mn 在晶间略有富集，Cr、Fe 和 Co 倾向于分布在基体晶粒中，Ni 没有明显的偏聚，这和表 5-5 中 EDS 定量或半定量的成分分析结果相一

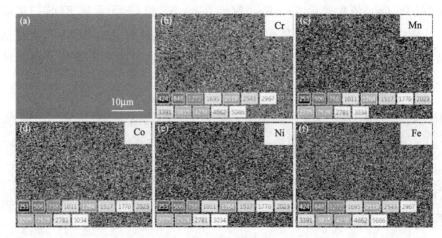

图 5-7 Ti$_0$ 高熵合金涂层表面 SEM-BSE 图及对应的 EDS 面扫描图

(a) SEM-BSE；(b)～(f) 各元素 EDS 面扫描

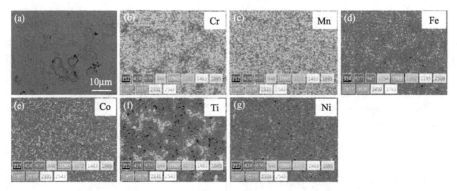

图 5-8 Ti$_{0.4}$ 高熵合金涂层表面 SEM-BSE 图及对应的 EDS 面扫描图

(a) SEM-BSE；(b)～(g) 各元素 EDS 面扫描

致，同时也进一步证明了晶间为 Mn-Ti-rich 相，而基体为 FCC 固溶体相。图 5-9 为 Ti$_{0.8}$ 合金涂层表面的 SEM-BSE 图片及对应的 EDS 面扫描结果，从图 5-9(b)～(g) 各元素分布图可看出，晶间明显富集 Ti 和 Fe 元素，Mn 在晶间也略有富集，而 Co 和 Cr 在基体中的含量明显高于在晶间的含量，Ni 则相对均匀地分布在基体晶粒和晶间中，没有明显的偏析，这和表 5-5 中 EDS 成分分析结果相一致。图 5-10 为 Ti$_{1.2}$ 合金涂层表面的 SEM-BSE 图片及对应的 EDS 面扫描结果，从图 5-10(b)～(g) 各元素分布图可看出，Ti 元素富集于基体中，Fe 和 Mn 在基体中含量略高于在晶间的含量，Co、Cr 和 Ni 倾向于在晶间分布。由此可见富 Ti-Fe-Mn 相已成为该合金涂层的主相，而富

Co-Cr 的 FCC 相含量大幅降低成为晶间相，与表 5-5 中 EDS 成分分析结果相一致。

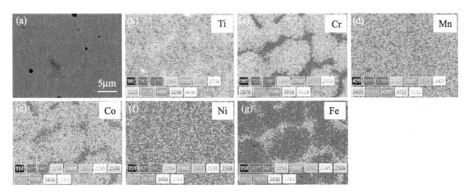

图 5-9　$Ti_{0.8}$ 高熵合金涂层表面 SEM-BSE 图及对应的 EDS 面扫描图

（a）SEM-BSE；（b）～（g）各元素 EDS 面扫描

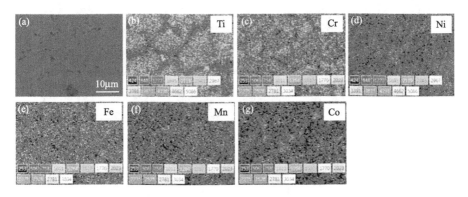

图 5-10　$Ti_{1.2}$ 高熵合金涂层表面 SEM-BSE 图及对应的 EDS 面扫描图

（a）SEM-BSE；（b）～（g）各元素 EDS 面扫描

　　为进一步识别 $CoCrFeMnNiTi_x$ 系高熵合金涂层的物相和晶体结构，对 $Ti_{0.4}$ 和 $Ti_{0.8}$ 高熵合金涂层进行了透射电镜（TEM）分析。图 5-11 为 $Ti_{0.4}$ 高熵合金涂层的透射电镜（TEM）表征结果。图 5-11（a）为 $Ti_{0.4}$ 熔覆层的明场像，可明显看出图像包含基体晶粒和晶间区域，对二者进行 TEM-EDS 成分分析，分别如图 5-11（b）和（c）所示，晶体晶粒的成分为（原子百分数）：Co 18.55％、Cr 21.42％、Fe 20.89％、Mn 16.16％、Ni 18.44％、Ti 4.54％，与 SEM-EDS 对 FCC 基体晶粒的分析结果十分接近；晶间区域的成分为：Co 16.85％、Cr 16.02％、Fe 15.89％、Mn 22.06％、Ni 18.04％、Ti 11.14％，其与 SEM-EDS 对 Ti-Mn-rich 相的分析结果相一致。分别对晶体晶

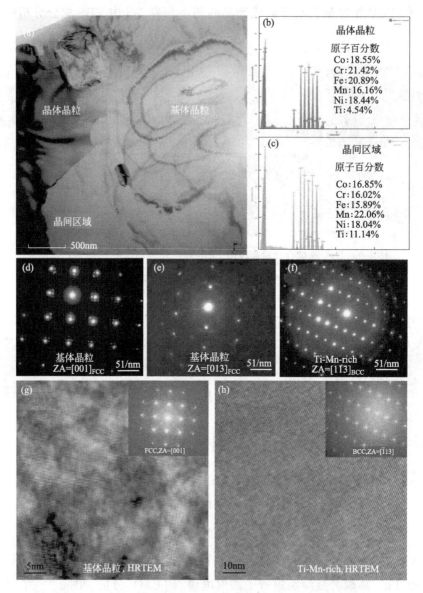

图 5-11　Ti$_{0.4}$高熵合金涂层的透射电镜（TEM）表征结果

（a）TEM 明场像；（b）和（c）分别为基体晶粒区和晶间区域 TEM-EDS 成分分析；（d）和（e）分别为
基体晶粒沿［001］和［013］轴选区电子衍射图谱；（f）晶间区域沿［$\bar{1}$13］轴选区电子衍射图谱；

（g）和（h）分别为基体晶粒和晶间区域的高分辨 TEM 图像

粒从两个不同的晶轴进行了选区电子衍射分析，如图 5-11(d) 和 (e) 所示，图 5-11(d) 可标定为 FCC 相沿［001］晶轴的电子衍射花样图谱，而图 5-11(e) 可标定为 FCC 相沿［013］晶轴的电子衍射花样图谱，这两个不同晶轴的电子衍射花样均证明了晶体晶粒为 FCC 固溶体，这与上述 XRD 和 SEM 的分析结果相一致。对晶间区域进行选区电子衍射分析如图 5-11(f) 所示，该图可标定为 BCC 相沿 [$\bar{1}13$] 晶轴的电子衍射花样类型，结合 XRD 分析，证明晶间区域为具有 BCC 结构的 Ti-Mn-rich 相。对 FCC 基体晶粒和晶间 Ti-Mn-rich 相进行高分辨透射电镜（HRTEM）分析，结果分别如图 5-11(g) 和 (h) 所示，同时对它们进行傅里叶变换分析，结果示于各自的插图中，可清晰地观察到基体晶粒沿 [001] 晶轴的电子衍射花样和晶间区域沿 [$\bar{1}13$] 晶轴的电子衍射花样，这进一步证明了两者分别具有 FCC 和 BCC 晶体结构。

图 5-12 为 $Ti_{0.8}$ 高熵合金涂层的透射电镜（TEM）表征结果。图 5-12(a) 为 $Ti_{0.8}$ 熔覆层的明场像，除基体晶粒外，在晶间区域可明显看出不同衬度的物相相间分布，这和 SEM 的观察结果相一致 [见图 5-5(c)、(c_1) 和 (c_2)]。结合 TEM-EDS 分析，晶间区域相间分布的物相中两侧富集 Ti 和 Mn，中间富集 Fe 和 Ti。结合 XRD 和 SEM 分析，推测富集 Ti 和 Mn 的物相为 Ti-Mn-rich 相，而富集 Fe 和 Ti 的物相为 Fe_2Ti 型的 Laves 相。为进一步验证物相的晶体结构，对它们分别进行了选区电子衍射分析。图 5-12(b) 为基体晶粒的选区电子衍射分析结果，其可标定为 FCC 相沿 [011] 晶轴的电子衍射花样图谱，验证了基体晶粒为 FCC 固溶体，对应于图 5-2 XRD 中 FCC 的衍射峰。对富集 Ti 和 Mn 的物相进行选区电子衍射分析，如图 5-12(c) 所示，其可标定为 BCC 相沿 [$\bar{1}13$] 晶轴的衍射花样图谱，这与对 $Ti_{0.4}$ 中 Ti-Mn-rich 相进行的选区电子衍射分析结果一致。分别对富 Fe 和 Ti 相从两个不同的晶轴进行了选区电子衍射分析，如图 5-12(d) 和 (e) 所示，图 5-12(d) 可标定为 HCP 相沿 [0001] 晶轴的电子衍射花样图谱，而图 5-12(e) 可标定为 HCP 相沿 [$2\bar{1}\bar{1}0$] 晶轴的电子衍射花样图谱，这两个不同晶轴的电子衍射花样均证明了 Fe-Ti-rich 相为具有 HCP 结构的 Laves 相，同时也验证了 XRD 和 SEM 的分析结果。对 FCC 基体晶粒相、Ti-Mn-rich BCC 相及 Laves 相进行 HRTEM 分析，结果分别如图 5-12(f)、(g) 和 (h) 所示，同时对 HRTEM 图片进行傅里叶变换分析，结果示于各自的插图中，可清晰地观察到基体晶粒沿 [011] 晶轴的电子衍射花样，Ti-Mn-rich BCC 相沿 [011] 晶轴的电子衍射花样以及 Laves 相沿 [$2\bar{1}\bar{1}0$] 晶轴的电子衍射花样，这进一步证明了它们分别具有 FCC、BCC 和 HCP 的晶体结构。

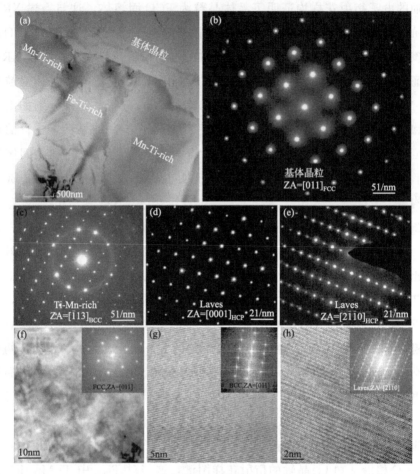

图 5-12 Ti$_{0.8}$ 高熵合金涂层的 TEM 表征结果

（a）TEM 明场像；（b）基体晶粒沿 [011] 轴选区电子衍射图谱；（c）Ti-Mn-rich 相沿 [$\bar{1}$13] 轴选区

电子衍射图谱；（d）和（e）分别为 Fe-Ti-rich 相沿 [0001] 轴和 [2$\bar{1}\bar{1}$0] 轴选区电子衍射图谱；

（f）FCC 基体晶粒相的高分辨 TEM 图像；（g）Ti-Mn-rich BCCE 相的高分辨 TEM 图像；

（h）Fe-Ti-rich Laves 相的高分辨 TEM 图像

三、硬度及性能

1. 显微硬度分析

图 5-13 是 CoCrFeMnNiTi$_x$（$x = 0, 0.4, 0.8, 1.2$）系高熵合金涂层横截面沿深度方向的显微硬度分布，从图中可看出显微硬度在熔覆层、过渡层及基体表现出不同的大小和变化趋势；四个体系熔覆层的显微硬度均高于基底 Q235。经计算，Ti$_0$、Ti$_{0.4}$、Ti$_{0.8}$ 和 Ti$_{1.2}$ 的熔覆层的平均显微硬度值分别约

为 $278HV_{0.1}$、$300HV_{0.1}$、$443HV_{0.1}$ 及 $863HV_{0.1}$；基体的平均显微硬度约为 $165HV_{0.1}$，由此可得出 Ti_0、$Ti_{0.4}$、$Ti_{0.8}$ 和 $Ti_{1.2}$ 熔覆层的平均显微硬度分别为 Q235 基体的 1.68 倍、1.82 倍、2.68 倍和 5.23 倍。本研究中得到的 Ti_0，即 CoCrFeMnNi 熔覆层的显微硬度达到约 $278HV_{0.1}$，远高于文献中报道的电弧熔炼制备的铸态块体 CoCrFeMnNi 高熵合金的显微硬度（约 130HV），这可能归因于非平衡等离子熔覆过程快速冷却效应促使熔覆层具有更细的晶粒导致的细晶强化，以及快速冷却抑制元素偏析导致的更加充分的固溶强化作用。

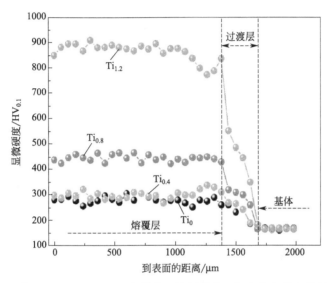

图 5-13　沿 CoCrFeMnNiTi$_x$ 系高熵合金涂层横截面深度方向的显微硬度分布

对比四个体系熔覆层的显微硬度值发现，随着 Ti 含量的升高，熔覆层的平均显微硬度呈逐渐升高的趋势。可通过以下几个方面进行解释：首先，通过对比体系中各元素的原子半径，如表 5-1 所示，（$r_{Co}=0.125nm$，$r_{Ni}=0.125nm$，$r_{Fe}=0.124nm$，$r_{Cr}=0.128nm$，$r_{Mn}=0.124nm$，$r_{Ti}=0.145nm$），发现 Ti 具有最大的原子半径，当 Ti 固溶进入 CoCrFeMnNi 基 FCC 固溶体后，会引起强烈的晶格畸变而阻碍位错运动，从而导致固溶强化作用，从上述 SEM-EDS 及 TEM-EDS 分析中发现，随 Ti 含量升高，在极限范围内，Ti 在 FCC 固溶体中的含量也升高，因此引起的固溶强化效果越显著；其次，随着 Ti 含量的升高，涂层中逐渐生成了具有 BCC 结构的 Ti-Mn-rich 相和具有 HCP 结构的 Laves 相，BCC 结构的物相本身要比 FCC 结构的物相具有更高的硬度和强度（这可以从 FCC 和 BCC 本身的晶体结构因素进行解释：BCC

结构最密排面为 ⟨110⟩ 面，而 FCC 结构的最密排面为 ⟨111⟩ 面，相较于 FCC 的 ⟨111⟩ 面，BCC 的 ⟨110⟩ 面原子密度小，且排列更加不规则，因此 BCC 的 ⟨110⟩ 面具有更小的晶面间距，当位错滑移时，具有更大的晶格摩擦力，因此通常情况下，BCC 结构的固溶体比 FCC 结构的固溶体具有更高的硬度和强度），此外，Laves 相是一种具有高硬度的金属间化合物，因此，当涂层中生成 Ti-Mn-rich 相和 Laves 相后，涂层的硬度相应增加。相较于 Ti_0，$Ti_{0.4}$ 的 FCC 基体中固溶了一定的量 Ti，并且涂层本身转变成了 FCC+BCC 混合结构，因此 $Ti_{0.4}$ 比 Ti_0 具有更高的硬度；当 Ti 比例进一步升高到 0.8 时，一方面，FCC 固溶体中固溶的 Ti 含量有所升高，另一方面，结合 XRD 和 SEM 的观察分析结果，涂层中 BCC 相的含量升高，并且涂层中开始出现 Laves 相，因此硬度会进一步升高；当 Ti 含量增加到 1.2 时，涂层中的主相由 FCC 相转变为 BCC+Laves 混合组织，而硬度较低的 FCC 相成为体积分数较少的晶间相，这使得 $Ti_{1.2}$ 涂层的硬度大幅度升高，达到基体的 5.23 倍。

此外，进一步观察熔覆层至基体的硬度变化趋势发现，沿涂层横截面深度方向，即使在涂层和基体之间的界面区域，显微硬度也不会发生陡降的变化，这说明在熔覆层和基体之间存在一过渡区；过渡区的存在会产生缓冲作用，有利于涂层与基体的结合，且使涂层利于承受冲击载荷。

2. 摩擦磨损性能

使用 Rtec MFT-5000 多功能摩擦磨损试验机对机械抛光后的涂层表面样品进行摩擦磨损测试，选用的模式为球盘式干滑动往复式摩擦；直径为 9.5mm 的 Al_2O_3 陶瓷球（硬度 ≥16GPa）作为对磨材料，摩擦磨损的试验参数如表 5-6 所示。

表 5-6　摩擦磨损的试验参数

参数	值
Al_2O_3 球显微硬度 /GPa	16
Al_2O_3 球直径 /mm	9.5
样品迟钝 /mm	$14 \times 12 \times 8$
摩擦磨损载荷 /N	30
滑动速率 /(mm/s)	10
滑动时间 /min	30

图 5-14 是 $CoCrFeMnNiTi_x$（$x = 0, 0.4, 0.8, 1.2$）系高熵合金涂层的摩擦系数随时间变化曲线。每个体系样品的摩擦系数变化均分为两个阶段：跑

合阶段和稳定摩擦阶段。在跑合阶段摩擦系数突然由零升高到最大值，然后又逐渐降低，直至最后进入稳定摩擦阶段。在摩擦副与涂层表面刚开始接触时，两者表面的微凸体优先接触并发生摩擦，此时由于微凸体接触面积小，因此在承载面上的压强非常大，从而使两表面的微凸体发生剧烈的破坏，摩擦系数表现出不稳定且在此阶段材料的磨损率较高。

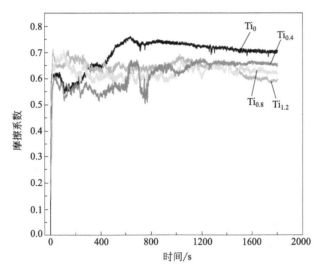

图 5-14　CoCrFeMnNiTi$_x$ 系高熵合金涂层摩擦系数随时间变化曲线

对比四个不同 Ti 含量涂层样品稳定阶段的摩擦系数发现，随着 Ti 含量的升高稳定阶段的摩擦系数呈降低趋势，经计算，Ti$_0$、Ti$_{0.4}$、Ti$_{0.8}$ 和 Ti$_{1.2}$ 在稳定阶段的平均摩擦系数值分别为 0.7032、0.6533、0.6278 及 0.5938；这说明随着涂层硬度的升高，摩擦系数呈逐渐降低的趋势，主要归因于硬度的升高抑制了黏着磨损作用。这和其他体系的高熵合金表现出相同的特点。

计算 CoCrFeMnNiTi$_x$（$x=0,0.4,0.8,1.2$）系高熵合金涂层及 Q235 基体的磨损体积，如图 5-15 所示。从图中可明显看出，各涂层的磨损体积明显低于 Q235 基体；基于磨损体积进行计算可得 Ti$_0$、Ti$_{0.4}$、Ti$_{0.8}$ 和 Ti$_{1.2}$ 的磨损抗力分别是 Q235 基体的 1.21 倍、2.22 倍、11.94 倍和 7.64 倍。由此可见涂层的磨损抗力相较于 Q235 基体有了大幅度的提升，尤其是 Ti$_{0.8}$ 涂层，其磨损抗力接近达到了基体的 12 倍。单独对比各涂层的磨损体积发现，Ti 的比例从 0 升至 0.8 时，此时涂层的磨损抗力逐渐提升，和硬度的变化相一致，说明此时高的硬度对应着高的磨损抗力；但当 Ti 的比例从 0.8 升至 1.2 时，此时的磨损抗力却略有下降，和硬度的变化不一致，说明高硬度不一定具有高的磨损抗力，具体原因在后续进行讨论。

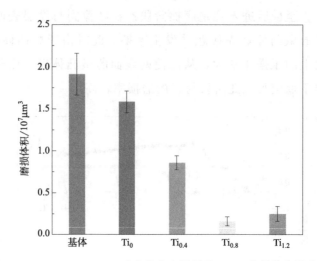

图 5-15　CoCrFeMnNiTi$_x$ 系高熵合金涂层及 Q235 基体的磨损体积

图 5-16 是 CoCrFeMnNiTi$_x$（$x = 0, 0.4, 0.8, 1.2$）系高熵合金涂层磨痕宏观形貌及对应的磨痕横截面轮廓图。经测量计算，Ti$_0$、Ti$_{0.4}$、Ti$_{0.8}$ 和 Ti$_{1.2}$ 的平均磨痕宽度分别为 1335.5μm、1048.6μm、858.3μm 及 983.2μm；Ti$_0$、Ti$_{0.4}$、Ti$_{0.8}$ 和 Ti$_{1.2}$ 的最大磨痕深度分别为 56.5μm、49.8μm、9.9μm 及 24.3μm。由此可见磨痕的平均宽度和最大深度呈现相同的变化趋势，均为先降后增，即当 Ti 的比例由 0 增加至 0.8 时，磨痕的平均宽度和最大深度均随 Ti 的增加而降低，说明此时涂层的耐磨性提升；当 Ti 的比例由 0.8 增加至 1.2 时，磨痕的平均宽度和最大深度又开始增加，说明此时涂层的耐磨性下降，这和上述磨损体积损失的变化趋势相一致。可见磨损体积损失、磨痕宽度及磨损深度均是衡量涂层耐磨性的标志，三者之间可进行相互推导和换算。

此外，从磨痕横截面轮廓可观察到，Ti$_0$ 和 Ti$_{0.4}$ 的横截面轮廓线存在很多尖锐的突起和凹陷，尤其是 Ti$_0$ 更为明显；而 Ti$_{0.8}$ 的横截面轮廓线则相对平整，无明显的突起和凹陷；Ti$_{1.2}$ 的横截面轮廓线则几乎布满了又宽又深的凹陷。磨痕的三维形貌也反映出类似的现象，如图 5-17 所示。从图中可清晰地观察到，Ti$_0$ 和 Ti$_{0.4}$ 的磨痕表面较为粗糙，且磨痕宽度和深度较大；Ti$_{0.8}$ 的磨痕表面则较为平坦，深度较浅；在 Ti$_{1.2}$ 的磨痕表面则可观察到许多凹坑。上述不同的横截面轮廓特征和 3D 形貌势必和不同的磨损机理相关联，后面结合高倍磨痕形貌观察对磨损机理做进一步分析。

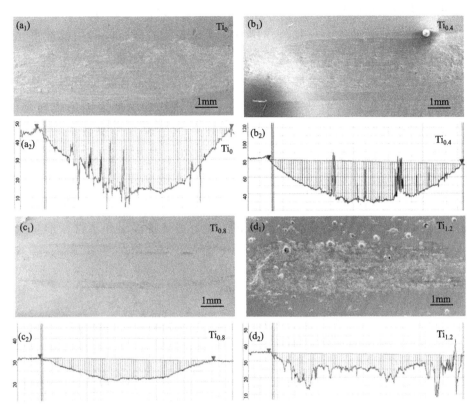

图 5-16　CoCrFeMnNiTi$_x$ 系高熵合金涂层磨痕宏观形貌及磨痕横截面轮廓

(a$_1$)、(a$_2$) Ti$_0$；(b$_1$)、(b$_2$) Ti$_{0.4}$；(c$_1$)、(c$_2$) Ti$_{0.8}$；(d$_1$)、(d$_2$) Ti$_{1.2}$

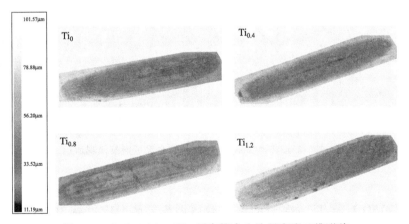

图 5-17　CoCrFeMnNiTi$_x$ 系高熵合金涂层磨痕三维形貌

图 5-18 是 CoCrFeMnNiTi$_x$（$x = 0, 0.4, 0.8, 1.2$）系高熵合金涂层磨痕微观形貌。从 Ti$_0$［图 5-18(a)］和 Ti$_{0.4}$［图 5-18(b)］磨痕表面均可观察到

明显的转移层和塑性变形，这是明显的黏着磨损的特征。由于 Ti_0 和 $Ti_{0.4}$ 的硬度低，在相对滑动和一定载荷作用下，磨球表面的微凸体产生的局部压力很容易超过材料的屈服强度而造成塑性变形，进而在接触点发生剪切，使涂层材料表面发生破裂；随着摩擦往复不断进行，摩擦表面温度升高，接触点产生黏着，随后的继续滑动中，黏着点被剪断转移到材料表面形成转移层，脱落下来的形成磨屑，从而形成"接触-塑性变形-黏着-剪断黏着点-材料转移-再黏着"的循环往复过程，造成材料的不断损失。很明显，如果材料的硬度和屈服强度越低，在相同的磨损条件下，则材料的磨损失重越大，因此 Ti_0 涂层的磨损体积损失要高于 $Ti_{0.4}$。在图 5-16(a_2) 和（b_2）中观察到 Ti_0 和 $Ti_{0.4}$ 的磨痕横截面轮廓存在许多凸起和凹陷，正是转移层和塑性变形呈现出来的特征。

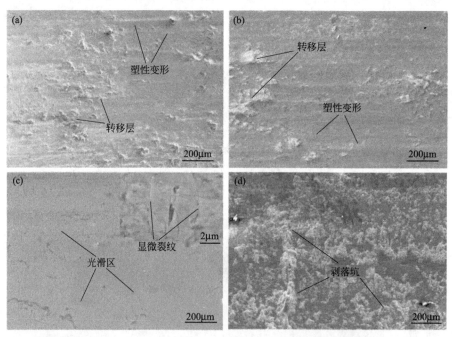

图 5-18　CoCrFeMnNiTi$_x$ 系高熵合金涂层磨痕微观形貌

(a) Ti_0；(b) $Ti_{0.4}$；(c) $Ti_{0.8}$；(d) $Ti_{1.2}$

图 5-18(c) 是 $Ti_{0.8}$ 涂层的磨痕微观形貌。从图中可看出相较于 Ti_0 和 $Ti_{0.4}$，$Ti_{0.8}$ 磨痕表面非常光滑，没有明显的转移层、塑性变形和剥落坑。这说明随着涂层硬度的升高，能有效抵抗磨球微凸体的压入，从而减轻塑性变形作用，抑制黏着磨损的发生。但是，进一步放大磨痕表面，如图 5-18(c)

右上角插图所示，可观察到微裂纹的存在，这是轻微疲劳磨损的特征。由于 $Ti_{0.8}$ 涂层材料的晶间区域分布的是硬度高但相对较脆的 BCC＋Laves 相，而基体为强度低但塑韧性好的 FCC 相，因此在摩擦往复不断进行的过程中会在涂层材料表面造成应力集中，当应力集中累积到一定的程度后，在脆性较大的 BCC＋Laves 相中会造成微裂纹，随后的继续滑动中，微裂纹发生扩展，但是当裂纹扩展遇到塑韧性良好的 FCC 基体后便会受到阻碍，扩展停止。因此裂纹很难发生聚合使材料断裂而形成脆性的剥落坑。因此，$Ti_{0.8}$ 涂层的磨痕表面呈现出光滑的特征。需要说明的是，相较于 Ti_0 和 $Ti_{0.4}$ 涂层，$Ti_{0.8}$ 涂层中 FCC 基体相中固溶了更多的 Ti 元素，起到的固溶强化效果更明显，因此 $Ti_{0.8}$ 的 FCC 基体的强度和韧性相较于 Ti_0 和 $Ti_{0.4}$ 更好，再加上晶间强度更高的 BCC＋Laves 相配合，使得 $Ti_{0.8}$ 涂层表现出更加优良的磨损抗力。由此可见强韧配合的组织特征有利于提升涂层的耐磨性。

图 5-18(d) 是 $Ti_{1.2}$ 涂层的磨痕微观形貌。从图中可看出磨痕表面布满了剥落坑，这是脆性疲劳磨损的特征。由上述 XRD、SEM 及 TEM 分析可知，$Ti_{1.2}$ 涂层中的 BCC＋Laves 相已成为主相，并且从涂层横截面宏观形貌图 [图 5-16(d_1)] 中能清晰地观察到裂纹的存在，说明涂层具有很大的脆性。摩擦往复循环应力作用使脆性的基体相产生很大的应力集中，而造成裂纹的萌生；由于脆性相是涂层的主相，裂纹会在大面积的脆性相中发生自由扩展，随着摩擦往复不断进行，裂纹累计扩展到一定程度后而发生聚合，使材料发生剥落，产生剥落坑。此外涂层中原有的裂纹会促进剥落坑的形成，其原因有以下几个方面：首先，在外加磨损载荷的作用下，原有裂纹的末端会成为应力集中源，而增加涂层的应力集中程度，促进裂纹的产生；其次，原有裂纹的存在会增加涂层中裂纹的数量，从而增加了裂纹扩展过程中闭合概率，增加剥落坑形成的数量，从而进一步加剧涂层的脆性疲劳磨损。图 5-16(d_2) 中，$Ti_{1.2}$ 的磨痕横截面轮廓的凹陷也证明了磨痕表面剥落坑的存在；相较之下，$Ti_{0.8}$ 的磨痕横截面轮廓 [图 5-16(c_2)] 则相对较为平整，这和磨痕微观形貌观察结果相一致。

综上，在 CoCrFeMnNi 体系中添加 Ti 含量比例低时，涂层硬度、屈服强度低，使材料在摩擦过程中极易发生塑性变形，造成严重黏着磨损；而如果 Ti 含量比例过高，会造成涂层严重的脆性，使其发生脆性疲劳磨损而形成的大量剥落坑。因此，添加合适比例的 Ti 元素，能够使涂层形成强韧配合的组织，从而提升涂层的磨损抗力。

3. 电化学性能

采用传统的三电极体系模式对涂层电化学性能进行测试，测试设备为 Gmary Reference 3000（USA）电化学工作站。人工模拟海水电解液成分为 3.5%（质量分数）NaCl 溶液；测试的涂层样品作为工作电极，饱和甘汞电极（SCE）作为参比电极，铂电极为对电极。电化学实验进行前，将待测样品在 3.5%（质量分数）NaCl 溶液中浸泡 30min，使样品表面初步达到平衡态。采用恒电位法测试电化学阻抗谱，相对于开路电位进行测试，测试的频率范围为 $10^{-2} \sim 10^{5}$ Hz，正弦波信号扰动振幅为 10mV；动电位极化曲线测试是在相对于开路电位 $-0.5 \sim +1.0$ V 范围进行测试，扫描速度为 1mV/s，采样间隔为 1s。

图 5-19 是 CoCrFeMnNiTi$_x$（$x=0,0.4,0.8,1.2$）系高熵合金涂层的动电位极化曲线，根据极化曲线获取的相关电化学参数如表 5-7 所示。从动电位极化曲线可明显看出 Ti$_{0.4}$、Ti$_{0.8}$ 和 Ti$_{1.2}$ 涂层发生了相对较为明显的自钝化行为，尤其是 Ti$_{0.8}$ 和 Ti$_{1.2}$ 存在较宽的钝化区；而 Ti$_0$ 涂层的极化曲线未发现明显的拐点，推测其只发生了微弱的钝化。通常用腐蚀电流密度（i_{corr}）来表征材料的腐蚀速率，腐蚀电流密度（i_{corr}）越小，腐蚀速率越低；而用腐蚀电位（E_{corr}）表示材料耐腐蚀的倾向性，腐蚀电位（E_{corr}）越高，腐蚀倾向越小。从表 5-7 可看出随着 Ti 含量的升高，涂层的腐蚀电流密度（i_{corr}）增大，腐蚀电位（E_{corr}）降低，表明 Ti 的添加，对涂层的耐蚀性产生不利影响。但

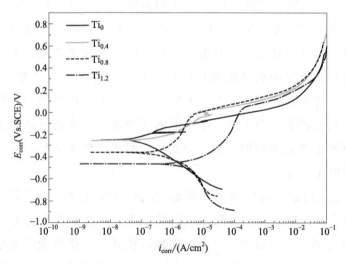

图 5-19　CoCrFeMnNiTi$_x$ 系高熵合金涂层的动电位极化曲线

是需要指出的是，随着 Ti 含量的升高，涂层的点蚀电位（E_{pit}）却不断升高，钝化区间（ΔE）不断变宽，这表明 Ti 的添加有利于提升涂层的点蚀抗力，并且 Ti 含量越高，耐点蚀抗力越强，具体原因稍后做进一步讨论。

表 5-7 列出了 $CoCrFeMnNiTi_x$（$x = 0, 0.4, 0.8, 1.2$）系高熵合金涂层、Q235 基体以及文献中报道一些 304 不锈钢、高熵合金的动电位极化参数，以对比本研究中涂层与其他一些合金的耐蚀性。从表中可以看出，$CoCrFeMnNiTi_x$（$x = 0, 0.4, 0.8, 1.2$）系高熵合金涂层的腐蚀电位明显高于 Q235 基体，腐蚀电流密度比 Q235 基体低了 1~2 个数量级。需要指出的是，Ti_0 和 $Ti_{0.4}$ 涂层比文献中报道的 304 不锈钢和大多数高熵合金的腐蚀电流密度低了一个数量级，$Ti_{0.8}$ 和 $Ti_{1.2}$ 和 304 不锈钢和大多数高熵合金的腐蚀电流密度具有相同的数量级，这说明本研究制备的 $CoCrFeMnNiTi_x$（$x = 0, 0.4, 0.8, 1.2$）系高熵合金涂层具有优良的耐蚀性。与熔炼制备的块体合金相比，本研究中的非平衡等离子束熔覆过程中的快速加热和冷却的特点，对合金起到快速淬火效应，从而能有效抑制元素偏析，提高组织均匀性，从而减少化学势分布不均匀性。

表 5-7 $CoCrFeMnNiTi_x$ 系高熵合金涂层、Q235 基体及文献报道的一些合金的动电位极化参数对比

样品	E_{corr} (Vs. SCE) /mV_{SCE}	i_{corr} /$(\mu A/cm^2)$	E_{pit} (Vs. SCE) /mV	$E_{pit}-E_{corr}$ /mV
Ti_0	-250.4	3.268×10^{-2}	-185.3	65.1
$Ti_{0.4}$	-255.3	5.559×10^{-2}	-62.5	192.8
$Ti_{0.8}$	-367.8	1.116×10^{-1}	-41.8	326.0
$Ti_{1.2}$	-472.6	8.899×10^{-1}	25.3	497.9
Q235 钢	-741.3	8.74	—	—
$Al_{0.3}CoCrFeNi$	-195	8.35×10^{-2}	460	655
$Al_{0.5}CoCrFeNi$	-225	2.52×10^{-1}	385	610
$Al_{0.7}CoCrFeNi$	-275	4.29×10^{-1}	52	327
$AlCoCrFeNi$	-270	56.1×10^{-2}	—	—
$Al_{0.8}CoCrFeNiTi_{0.2}$	-690	79.6×10^{-1}	—	—
$Al_{0.5}CoCrFeNiTi_{0.5}$	-320	53.2×10^{-2}	—	—
$AlCoCrFeNi$(800℃老化)	-264.1	1.17×10^{-1}	5.1	269.2
$AlCoCrFeNi$(1000℃老化)	-259.6	1.29×10^{-1}	-7.2	252.4
$AlCoCrFeNi$(1200℃老化)	-240.9	0.89×10^{-1}	35.5	276.4
$Al_{0.3}CoCrFeNi$	-189	6.32×10^{-2}	522	711
$Al_{0.5}CoCrFeNi$	-261	1.87×10^{-1}	316	577

续表

样品	E_{corr}(Vs. SCE) /mV_{SCE}	i_{corr} /($\mu A/cm^2$)	E_{pit}(Vs. SCE) /mV	E_{pit}-E_{corr} /mV
$Al_{0.7}CoCrFeNi$	-292	3.92×10^{-1}	118	410
AlTiVCr	-472	0.33×10^{-1}	1274	1745
304 SS	-272	1.35×10^{-1}	132	404
$FeCoCrAlNiTi_{0.5}$	-200	2.0×10^{-1}	—	—
$FeCoCrAlNiTi_{1.0}$	-230	7.3×10^{-2}	—	—
$FeCoCrAlNiTi_{1.5}$	-175	3.2×10^{-1}	—	—
$FeCoCrAlNiTi_{2.0}$	-190	4.7×10^{-1}	—	—
CrMnFeCoNi	-99.5	1.05×10^{-1}	218	317.5
304SS	-107	1.06×10^{-1}	612	719
AlCoCuFeNi	-58	79.3×10^{-1}	—	—
AlCoCuFeNiCr	-75	50.9×10^{-1}	—	—
AlCoCuFeNiTi	-253	447.6×10^{-1}	—	—
AlCoCuFeNiCrTi	-250	395.9×10^{-1}	—	—
AlCoCrFeTi	-217.2	14.75×10^{-1}	—	—
AlCoCrFeNi	-427.8	25.04×10^{-1}	—	—
$AlCoCrFeNiTi_{0.2}$	-411.6	28.21×10^{-1}	210.6	622.2
$AlCoCrFeNiTi_{0.4}$	-438.9	33.51×10^{-1}	265.3	704.2
$AlCoCrFeNiTi_{0.6}$	-453.5	21.87×10^{-1}	311.5	765
$AlCoCrFeNiTi_{0.8}$	-404	26.22×10^{-1}	239.3	643.3
$AlCoCrFeNiTi_{1.0}$	-467.4	21.64×10^{-1}	230.8	698.2

为了获取更多 $CoCrFeMnNiTi_x$ ($x=0,0.4,0.8,1.2$) 系高熵合金涂层在 NaCl 溶液中的腐蚀行为信息，对其进行了电化学阻抗谱（EIS）测试。图 5-20 是涂层的 Nyquist 图，从图中可看出四种涂层样品的 Nyquist 曲线都是半圆弧形状，即单一的容抗弧，这表明 $CoCrFeMnNiTi_x$ ($x=0,0.4,0.8,1.2$) 系高熵合金涂层的腐蚀特征主要是以电荷转移为控制步骤的电容性行为，电极反应阻力主要来自非均匀界面的电荷转移步骤。容抗弧能够体现金属腐蚀过程中的溶解行为，容抗弧半径大表明电荷转移阻力大。因此，从 Nyquist 图可以看出，随着 Ti 含量的增加，容抗弧的半径在不断减小，说明电荷转移电阻（R_{ct}）不断减小，表明涂层的耐蚀性由 $Ti_0\sim Ti_{1.2}$ 依次降低，这与动电位极化曲线测试结果相一致。

图 5-21 是 $CoCrFeMnNiTi_x$ ($x=0,0.4,0.8,1.2$) 系高熵合金涂层的

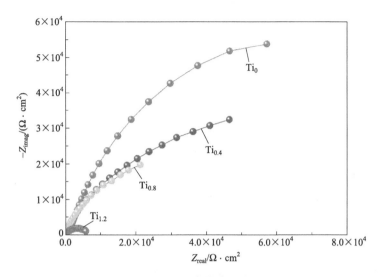

图 5-20　CoCrFeMnNiTi$_x$ 系高熵合金涂层的 Nyquist 图

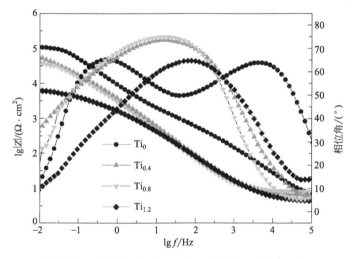

图 5-21　CoCrFeMnNiTi$_x$ 系高熵合金涂层的 Bode 图

Bode 图，即 $\lg|Z|$-$\lg f$ 和相位角-$\lg f$ 的关系图。高频区 $\lg|Z|$ 反映的是溶液电阻，四个样品的高频区 $\lg|Z|$ 趋于一致；在低频区时，$\lg|Z|$ 反映的是合金涂层的钝化膜电阻。四个样品的高频区 $\lg|Z|$ 值随 Ti 含量的增加呈逐渐降低趋势，这和上述 Nyquist 图中电荷转移电阻（R_{ct}）变化趋势相一致。相位角在中频区达最大值时，对应的频率范围大小表示腐蚀过程中钝化膜的稳定性，频率范围越宽，代表腐蚀过程钝化膜的稳定性越好。从四个样品的相位角随频率的变化趋势可看出，中频区相位角保持在平台区的频率范围宽度随着

Ti 含量的增加有逐渐降低的趋势，说明随着涂层中 Ti 含量的增加，Ti_0、$Ti_{0.4}$、$Ti_{0.8}$ 和 $Ti_{1.2}$ 在室温下、质量分数 3.5% 的 NaCl 溶液中形成的钝化膜稳定性逐渐降低。

根据 $CoCrFeMnNiTi_x$ 系高熵合金涂层腐蚀过程特征，采用两个 R-C 回路的电路模型拟合建立体系涂层的等效电路，如图 5-22 所示。图中常相位角元件（CPE）通常用来模拟电极和电解质之间由界面的不均匀性引起的非理想电容的行为；CPE_1 代表钝化膜层的电容；CPE_2 代表双电层电

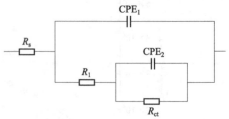

图 5-22 $CoCrFeMnNiTi_x$ 系
高熵合金涂层在 3.5%（质量分数）
NaCl 溶液中的等效电路模型

容；R_1 代表钝化膜电阻；R_{ct} 代表电荷转移电阻；R_s 代表溶液电阻。利用 Gamry Echem 软件分析拟合获得的各参数值如表 5-8 所示。从表 5-8 可看出，钝化膜电阻值（R_1）和电荷转移电阻值（R_{ct}）均按 Ti_0、$Ti_{0.4}$、$Ti_{0.8}$、$Ti_{1.2}$ 顺序依次降低，表明随着 Ti 含量的增加，钝化膜的保护能力逐渐降低，离子通过双电荷层的传输数量增加，耐蚀性降低。

表 5-8 $CoCrFeMnNiTi_x$ 系高熵合金涂层在 3.5%（质量分数）NaCl 溶液中电化学模拟参数

高熵合金涂层	$R/(\Omega \cdot cm^2)$			$CPE_1/(\Omega^{-1} \cdot s^n \cdot cm^{-2})$	n_1	$CPE_2/(\Omega^{-1} \cdot s^n \cdot cm^{-2})$	n_2
	R_s	R_1	R_{ct}				
Ti_0	6.24	6.77×10^5	1.31×10^6	8.42×10^{-6}	0.77	1.57×10^{-6}	0.81
$Ti_{0.4}$	6.54	2.97×10^4	6.71×10^5	5.84×10^{-6}	0.79	2.48×10^{-6}	0.84
$Ti_{0.8}$	6.16	1.41×10^4	3.75×10^5	6.76×10^{-6}	0.42	3.21×10^{-6}	0.86
$Ti_{1.2}$	6.22	3.91×10^3	5.01×10^4	6.05×10^{-6}	0.74	3.52×10^{-6}	0.67

综合上述动电位极化测试及电化学阻抗谱（EIS）测试结果及分析发现，对于 $CoCrFeMnNiTi_x$（$x=0,0.4,0.8,1.2$）系高熵合金涂层，随着 Ti 含量的增加，涂层的腐蚀电流（i_{corr}）密度逐渐增大，腐蚀电位（E_{corr}）逐渐降低，钝化膜电阻（R_1）逐渐降低，电荷转移电阻（R_{ct}）逐渐降低，这些参数的变化趋势均表明，随 Ti 含量升高，涂层的耐蚀性下降。分析原因可能有以下几个方面：首先，随着 Ti 含量的增加，涂层的物相由 Ti_0 的单相 FCC 固溶体逐渐转变为 $Ti_{0.4}$ 的 FCC＋BCC 的双相组织，再转变为 $Ti_{0.8}$ 和 $Ti_{1.2}$ 的 FCC ＋BCC＋Laves 的三相组织，FCC 相是富 Cr 相，BCC 和 Laves 相均是贫 Cr

相，贫 Cr 相和富 Cr 相由于电位差的存在构成了大量的微观腐蚀电池，贫 Cr 的 BCC 和 Laves 相作为阳极，富 Cr 的 FCC 相作为阴极，使 BCC 和 Laves 相优先受到侵蚀。Ti_0 为单相 FCC 固溶体，组织均匀，且没有明显的成分偏析，因此其不存在因物相差别造成的微观腐蚀电池，因而具有较好的耐蚀性；$Ti_{0.4}$ 和 $Ti_{0.8}$ 的主相都为 FCC 相，晶间分别为 BCC 相和 BCC＋Laves 相，因此晶间相作为阳极优先发生腐蚀，相较 $Ti_{0.4}$，$Ti_{0.8}$ 的 BCC 相含量更多，且多了 Laves 相，因此推测形成的微观腐蚀电池的数量更多，腐蚀过程中的腐蚀电流密度会更大，与动电位极化测试结果一致；而对于 $Ti_{1.2}$，其主相转变为了贫 Cr 的 BCC＋Laves 相，富 Cr 的 FCC 成为晶间相，其含量大幅减少，因此在腐蚀过程中，大面积的主相作为阳极被腐蚀，从而会产生更大的腐蚀电流密度。其次，随着 Ti 含量的增加，合金涂层中 Cr 的相对含量不断减少，影响 Cr_2O_3 钝化膜的致密性和厚度，削弱了对涂层的保护性能。然后，随着原子半径较大的 Ti 含量的增加，各相的晶格畸变增大，界面应力增大，从而更容易造成应力腐蚀。最后，涂层的宏观形貌和微观组织表明，随着 Ti 含量增加涂层中生成的脆性 BCC 和 Laves 相含量增加，涂层出现微裂纹，甚至宏观裂纹，尤其在 $Ti_{1.2}$ 涂层中，能清楚地观察到裂纹的存在，而 NaCl 溶液中 Cl^- 很容易穿过涂层的裂纹，而对涂层内部进行侵蚀，从而进一步降低涂层的耐蚀性。

但是，需要说明的是，从动电位极化测试结果中观察到，随着 Ti 含量的增加，涂层的钝化区间不断增大，预示着涂层的点蚀抗力不断提升。这是由于当 Ti 含量增加时，腐蚀过程形成的钝化膜中未氧化的 Ti 原子含量增加，钝化膜中存在未氧化的 Ti 原子会促进合金的钝化以及抑制点缺陷通过钝化膜进行传输。

小　结

采用等离子熔覆制备了系列不同 Ti 含量的 $CoCrFeMnNiTi_x$（$x = 0, 0.4$, $0.8, 1.2$）系高熵合金涂层，研究了 Ti 元素对涂层物相、组织结构及性能的影响，并阐明了 Ti 元素对高熵合金涂层组织结构、性能的影响规律和作用机制。

① $CoCrFeMnNiTi_x$（$x = 0, 0.4, 0.8, 1.2$）系高熵合金涂层的厚度为 1.5～2mm，涂层与基体之间形成了良好的冶金结合。当 Ti 的比例为 0、0.4 和 0.8 时，涂层致密无缺陷；当 Ti 的比例为 1.2 时，涂层出现了裂纹，归因于

涂层的脆性增加。

②随着 Ti 含量的增加，涂层的物相由 Ti_0 的单一 FCC 相转变为 $Ti_{0.4}$ 的 FCC＋BCC 双相组织，再转变为 $Ti_{0.8}$ 和 $Ti_{1.2}$ 的 FCC＋BCC＋Laves 相的三相组织。Ti_0 为单相 FCC 固溶体，组织均匀、无明显元素偏析；$Ti_{0.4}$ 的 FCC 固溶体为主相，晶间为 BCC 相；$Ti_{0.8}$ 的 FCC 固溶体为主相，晶间为 BCC 相和 Laves 相呈相间分布；$Ti_{1.2}$ 的主相转变为 BCC＋Laves 相，晶间为 FCC 相。

③随 Ti 含量增加，涂层的硬度逐渐增加，Ti_0、$Ti_{0.4}$、$Ti_{0.8}$ 和 $Ti_{1.2}$ 熔覆层的平均显微硬度分别为 Q235 基体的 1.68 倍、1.82 倍、2.68 倍和 5.23 倍；熔覆层与基体之间存在一硬度缓降的过渡区，有利于涂层与基体的结合。

④涂层的磨损抗力均优于 Q235 基体，涂层的磨损抗力随着 Ti 含量的增加呈先升后降的趋势，当 Ti 的比例为 0.8 时，涂层具有最优的磨损抗力，为基体的 11.94 倍；涂层的磨损机理由低 Ti 含量时 Ti_0 和 $Ti_{0.4}$ 的黏着磨损，逐渐转变为中 Ti 含量时 $Ti_{0.8}$ 的轻微疲劳磨损，再转变为高 Ti 含量时 $Ti_{1.2}$ 的严重脆性疲劳磨损。合适 Ti 含量的添加，利于涂层形成强韧配合的结构组织，使其具备优良的磨损抗力，Ti 含量过低，涂层硬度低，易塑性变形；Ti 含量过高会导致涂层脆性大，均对涂层磨损抗力的提升不利。

⑤涂层的耐蚀抗力均优于 Q235 基体，腐蚀电流密度比 Q235 基体低 1～2 个数量级；随 Ti 含量的升高涂层的耐蚀性逐渐下降，但点蚀抗力呈上升趋势；与文献中报道的熔炼方法制备的块体高熵合金相比，Ti_0、$Ti_{0.4}$ 涂层比文献中报道的 304 不锈钢和大多数高熵合金的腐蚀电流密度低了一个数量级，$Ti_{0.8}$、$Ti_{1.2}$ 和 304 不锈钢及大多数高熵合金的腐蚀电流密度具有相同的数量级，这说明本研究制备的 $CoCrFeMnNiTi_x$（$x=0,0.4,0.8,1.2$）系高熵合金涂层具有优良的耐蚀性，归因于非平衡等离子束快速加热和冷却的特点，起到快速淬火效应，从而有效抑制元素偏析，提高组织均匀性，进而减少化学势分布不均匀性引起的电偶腐蚀。

第二节　$CuCrFeNi_2Ti_x$ 系高熵合金涂层

在研究 $CoCrFeMnNiTi_x$（$x=0,0.4,0.8,1.2$）系高熵合金涂层时，发现随着 Ti 元素的添加，Ti、Mn 元素易偏聚到一起形成富 Ti、Mn 的 BCC 相，当 Ti 含量较低时，该相分布于晶间；当 Ti 比例增加至 1.2 时，富 Ti、Mn 的 BCC 相和 Laves 混合相成为涂层的主相。本身 BCC 结构的相比 FCC 结构相具有更大的脆性，再加上脆性的 Laves 相，使涂层的脆性大大增加，虽然涂层的硬度有提高，但较大的脆性导致涂层出现宏观裂纹，对涂层的耐磨性和耐蚀性造成不利影响。

因此，本节将以具有 FCC 晶体结构的 Cu 元素替换 CoCrFeMnNi 合金中的 Mn 元素，试图缓解高 Ti 含量时涂层脆性大的问题。此外，为降低高熵合金涂层的应用成本，将 CoCrFeMnNi 合金中的 Co 元素替换为 Ni 元素，同时添加一系列与 CoCrFeMnNiTi$_x$ 体系相同比例的 Ti 元素，采用等离子束熔覆制备 CuCrFeNi$_2$Ti$_x$（$x=0,0.4,0.8,1.2$）系高熵合金涂层，研究元素替换及 Ti 含量变化对涂层结构与性能的影响。

一、 实验材料及熔覆工艺

涂层原材料粉末与第一节相同，按照摩尔比 CuCrFeNi$_2$Ti$_x$（$x=0,0.4$，$0.8,1.2$）配制混合粉末，计算所需每种粉末的用量，设计每种样品总质量为 30 g，计算所得各原料用量如表 5-9 所示。混粉方式及熔覆工艺参数均参见第一节。

表 5-9 等离子束熔覆 CuCrFeNi$_2$Ti$_x$ 系高熵合金涂层的原始粉末用量

高熵合金涂层	Cu/g	Cr/g	Fe/g	Ni/g	Ti/g	总质量/g
CuCrFeNi$_2$	6.602	5.402	5.802	12.194	0	30
CuCrFeNi$_2$Ti$_{0.4}$	6.191	5.066	5.440	11.426	1.866	30
CuCrFeNi$_2$Ti$_{0.8}$	5.831	4.771	5.124	10.760	3.514	30
CuCrFeNi$_2$Ti$_{1.2}$	5.459	4.467	4.789	10.075	4.934	30

二、 物相及微观组织

1. 物相分析

图 5-23 是 CuCrFeNi$_2$Ti$_x$（$x=0,0.4,0.8,1.2$）系高熵合金涂层的 XRD 图谱，图 5-23(b) 对应于图 5-23(a) 中 $2\theta=48°\sim52°$ 之间的局部放大图。从图 5-23(a) 中可看出，当涂层体系中不含 Ti 元素以及 Ti 的比例为 0.4 时，涂层的 XRD 图谱中均只有一组 FCC 衍射峰，表明少量 Ti 的添加不会对涂层的物相及其晶体结构造成影响。当涂层体系中 Ti 的比例增加至 0.8 时，涂层的 XRD 图谱中除了主 FCC 衍射峰外，还出现了其他的衍射峰。经标定，CuCrFeNi$_2$Ti$_{0.8}$ 涂层中还包含一组 BCC 相的衍射峰和一组 η 相的衍射峰。与

PDF 卡片对比发现，BCC 相的空间群为 $Im\text{-}3m$（229），采用外推法和最小二乘法计算得到的晶格常数为 0.288nm；η 相具有六方晶系 $D0_{24}$ 晶体结构，空间群为 $P63/mmc$（194），计算得到的晶格常数为 $a = b = 0.51$nm，$c = 0.83$nm，$\alpha = \beta = 90°$，$\gamma = 120°$。当 Ti 的比例增至 1.2 时，相较于 CuCrFeNi$_2$Ti$_{0.8}$ 涂层，CuCrFeNi$_2$Ti$_{1.2}$ 涂层中除了 FCC 相、BCC 相和 η 相的衍射峰外，还出现了 Laves 相的衍射峰，其衍射峰的位置和数量几乎与 CoCrFeMn-NiTi$_x$ 体系的 Laves 相相同，说明两种体系的 Laves 相具有相同的晶体结构。与 CoCrFeMnNiTi$_x$ 体系的 XRD 相比，CuCrFeNi$_2$Ti$_x$ 体系中多了 η 相的衍射峰；CoCrFeMnNiTi$_{0.8}$ 涂层中出现了 Laves 相衍射峰，而 CuCrFeNi$_2$Ti$_{0.8}$ 体系没有出现，只有当 Ti 的比例增至 1.2 时才出现 Laves 相衍射峰；两种体系虽各自都有一组 BCC 的衍射峰，但是这种 BCC 衍射峰的位置和数量以及计算的晶格常数都不同，因此推测两者不是相同或相似的物相；从衍射峰强度来看 CoCrFeMnNiTi$_x$ 体系中当 Ti 含量增至 1.2 时，FCC 不再是主相，而 CuCrFeNi$_2$Ti$_{1.2}$ 涂层的主相仍然为 FCC 相。

从图 5-23(b) 中 $2\theta = 48°\sim 52°$ 之间的局部放大图可看出，晶面指数为（200）的 FCC 固溶体的衍射峰的角度随 Ti 含量的增加而逐渐左移；布拉格衍射角减小，表明 FCC 固溶体的晶格常数随 Ti 含量的增加而逐渐增大，其原因与 CoCrFeMnNiTi$_x$ 体系中 FCC 固溶体的晶格常数增大的原因相同。

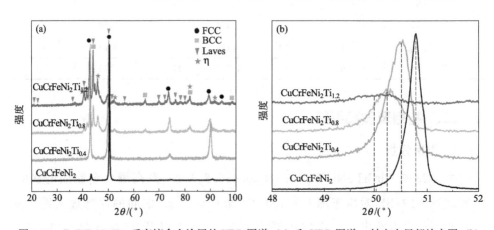

图 5-23　CuCrFeNi$_2$Ti$_x$ 系高熵合金涂层的 XRD 图谱（a）和 XRD 图谱 x 轴方向局部放大图（b）

2. 微观组织

图 5-24 是等离子束熔覆制备的 CuCrFeNi$_2$Ti$_x$ 系高熵合金涂层的横截面 SEM 宏观形貌。与 CoCrFeMnNiTi$_x$ 体系类似，涂层厚度为 1.5～2mm，在

涂层与基体之间形成了弯曲波浪状的冶金结合线（bonding line）。进一步观察发现，四种不同 Ti 含量的高熵合金涂层均呈现出结构组织致密的特征，熔覆层及结合区均无明显的孔洞、裂纹等缺陷，即便是最高 Ti 含量的 $CuCrFeNi_2Ti_{1.2}$ 高熵合金涂层，其宏观形貌与低 Ti 含量的涂层非常相似，没有发现裂纹，这与 $CoCrFeMnNiTi_x$ 体系不同，其高 Ti 含量的 $CoCrFeMnNiTi_{1.2}$ 涂层出现了明显的横贯熔覆层的宏观裂纹，这说明通过个别元素的替换，$CuCrFeNi_2Ti_x$ 系高熵合金涂层的脆性问题得到了改善。上述 XRD 的分析结果表明，在 $CuCrFeNi_2Ti_x$ 体系中，当 Ti 含量达到 1.2 时，涂层的主相仍然为 FCC 相，这和 $CoCrFeMnNiTi_{1.2}$ 涂层不同，其主相转变为脆性较大的 BCC＋Laves 相，推断主相未发生转变是 $CuCrFeNi_2Ti_{1.2}$ 涂层未出现裂纹且塑性较好的原因。

图 5-24　$CuCrFeNi_2Ti_x$ 系高熵合金涂层的横截面 SEM 宏观形貌

（a）$CuCrFeNi_2$；（b）$CuCrFeNi_2Ti_{0.4}$；（c）$CuCrFeNi_2Ti_{0.8}$；（d）$CuCrFeNi_2Ti_{1.2}$

图 5-25 为 $CuCrFeNi_2Ti_x$ 系高熵合金涂层横截面放大的 SEM-BSE 图像以及各自对应的沿涂层深度方向由涂层至基体的 EDS 线扫描分析结果。从放大横截面的 SEM-BSE 图像［图 5-25(a)、(b)、(c) 和(d)］中可更加清晰地观察到涂层与基体之间的结合线；EDS 线扫描结果如图 5-25(a_1)、(b_1)、(c_1) 和 (d_1) 所示，与 $CoCrFeMnNiTi_x$ 体系类似，均呈现 Fe 元素含量由涂层至基体逐渐上升，而其他元素与 Fe 元素变化趋势相反，并且各种元素的含量的

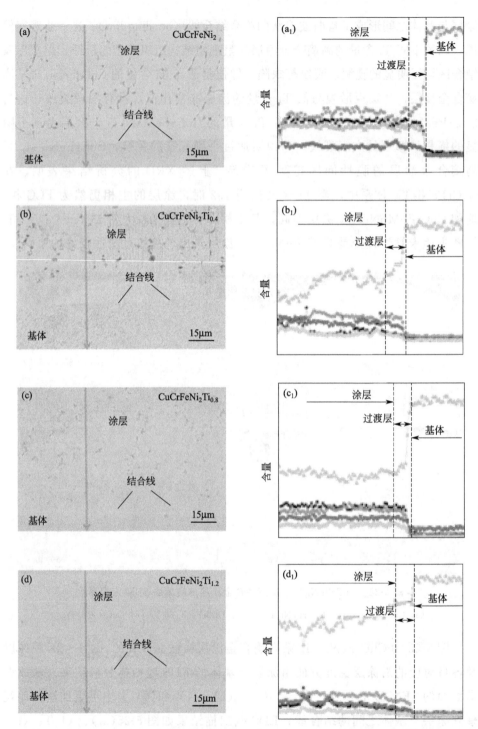

图 5-25　CuCrFeNi$_2$Ti$_x$ 系高熵合金涂层的横截面 SEM-BSE 图片及 EDS 线扫描分析

(a)、(a$_1$) Ti$_0$；(b)、(b$_1$) Ti$_{0.4}$；(c)、(c$_1$) Ti$_{0.8}$；(d)、(d$_1$) Ti$_{1.2}$

变化在涂层/基体界面处并非陡降，而是存在一缓慢变化的过渡层，说明在等离子熔覆过程中，涂层和基体的元素发生了相互扩散，这进一步验证了涂层与基体之间形成了冶金结合。此外，进一步观察比较各体系线扫描中 Fe 元素相对含量可以看出，随着熔覆原料粉末 Ti 含量的升高，涂层中 Fe 含量有上升的趋势，这与 CoCrFeMnNiTi$_x$ 体系的分析结果相似，其原因在第一节对应位置做了相应分析。

图 5-26 是 CuCrFeNi$_2$Ti$_x$（$x = 0, 0.4, 0.8, 1.2$）系高熵合金涂层表面 SEM-BSE 微观组织照片。图 5-26（a）和（a$_1$）分别是 CuCrFeNi$_2$ 涂层的低倍和高倍 SEM-BSE 组织照片，从图中可看出组织中存在两相：灰色的基体晶粒相和白色的晶间相。分别对两相进行 EDS 成分分析表明（如表 5-10 所示），灰色基体相中的 Cr、Fe 和 Ni 的比例略高于合金配比的名义成分，而 Cu 的比例则低于名义成分；晶间白色相中 Cr、Fe 和 Ni 的比例都远低于合金的名义成分，而 Cu 的含量则远高于名义成分，因此晶间为富 Cu 相。结合 XRD 分析可推测，基体晶粒为富 Cr-Fe-Ni 的 FCC 固溶体，晶间为富 Cu 的固溶体，由于在 XRD 中只呈现出一套 FCC 衍射峰，因此推测富 Cr-Fe-Ni 的基体固溶

表 5-10　CuCrFeNi$_2$Ti$_x$ 系高熵合金涂层不同区域的元素含量　　单位％：（原子百分数）

x	图 5-26 区域	Cu	Cr	Fe	Ni	Ti
0	名义上	20	20	20	40	—
	1	13.26	22.62	22.79	41.33	—
	2	71.58	4.30	6.16	17.96	—
0.4	名义上	18.52	18.52	18.52	37.04	7.41
	1	12.81	23.57	22.26	38.04	3.32
	2	55.76	4.12	5.79	12.10	22.23
0.8	名义上	17.24	17.24	17.24	34.48	13.79
	1	11.94	21.95	22.40	35.55	8.17
	2	21.91	9.16	14.62	37.96	16.36
	3	1.01	68.59	21.40	6.85	2.15
1.2	名义上	16.13	16.13	16.13	32.26	19.36
	1	8.28	12.57	30.38	22.25	25.52
	2	12.25	20.13	21.82	33.35	12.45
	3	24.90	6.18	11.82	35.16	21.94
	4	0.90	66.57	23.17	5.88	3.48

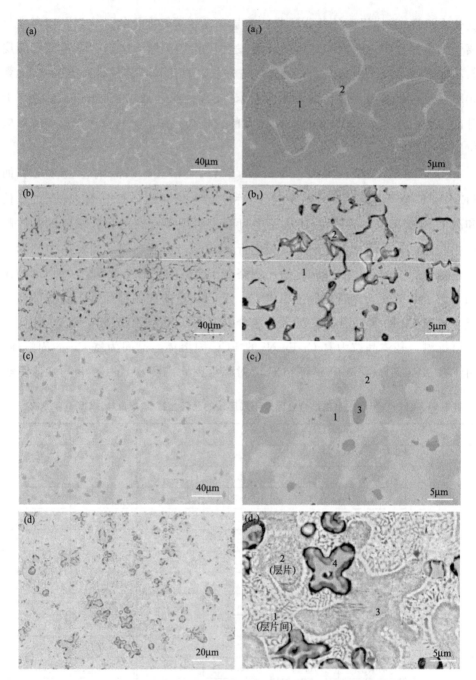

图 5-26 CuCrFeNi$_2$Ti$_x$ 系高熵合金涂层表面 SEM-BSE 微观组织图

(a) Ti$_0$；(b) Ti$_{0.4}$；(c) Ti$_{0.8}$；(d) Ti$_{1.2}$

体和富 Cu 的晶间固溶体具有相同的 FCC 结构，并且晶格常数非常接近，两相的 FCC 衍射峰叠加到一起无法区分。这和许多含 Cu 的高熵合金类似，由于 Cu 和其他几种元素的混合焓较正（见表 5-2），因此，在凝固过程中被推挤到晶间区域，形成富 Cu 相。

图 5-26(b) 和 (b$_1$) 分别是 CuCrFeNi$_2$Ti$_{0.4}$ 涂层的低倍和高倍 SEM-BSE 组织照片。从图中可看出，该体系涂层组织也包含基体相和晶间相两相。分别对这两相进行 EDS 成分分析表明，基体相中的 Cr、Fe 和 Ni 的比例高于合金配比的名义成分，而晶间则富集 Cu 和 Ti 元素。由于 CuCrFeNi$_2$Ti$_{0.4}$ 涂层 XRD 也只有一套 FCC 的衍射峰，因此，推测少量 Ti 添加没有改变合金涂层的物相和晶体结构，基体与 CuCrFeNi$_2$ 涂层类似，基体仍然为富 Cr-Fe-Ni 的 FCC 固溶体，而晶间为富 Cu-Ti 的 FCC 固溶体，两相的晶体结构相同、晶格常数相近，因此在 XRD 中两套 FCC 衍射峰发生叠加。从表 5-2 中可知，在 Cu-Cr、Cu-Fe、Cu-Ni、Cu-Ti 四种组合中，Cu-Ti 组合是唯一一对具有负混合焓的组合，因此，在凝固过程中，当 Cu 被推挤到晶间时，大量的 Ti 可以固溶到 Cu 中，形成富 Cu-Ti 的晶间 FCC 固溶体。

图 5-26(c) 和 (c$_1$) 分别是 CuCrFeNi$_2$Ti$_{0.8}$ 涂层的低倍和高倍 SEM-BSE 组织照片。从图中可看出，该体系涂层组织包含三种不同衬度的物相：浅灰色相［如图 5-26(c$_1$) 中位置 1 所示］、白色相（如位置 2 所示）和深灰色球形相（如位置 3 所示）。对这三种物相分别进行 EDS 成分分析表明：浅灰色相中 Cr、Fe 和 Ni 的比例略高于名义成分，而 Cu 和 Ti 元素则低于名义成分，该相与 CuCrFeNi$_2$Ti$_{0.4}$ 涂层中 FCC 基体相的成分比例特征非常相似，因此推测该浅灰色相为 FCC 基体相，但随着 Ti 添加量的升高，FCC 基体中固溶的 Ti 的比例有所增加，即由 CuCrFeNi$_2$Ti$_{0.4}$ 涂层的 3.32% 增加至 CuCrFeNi$_2$Ti$_{0.8}$ 涂层的 8.17%；白色相中 Ni、Cu 和 Ti 的比例高于合金的名义成分，而 Fe 和 Cr 的比例低于合金的名义成分；深灰色球形相中 Cr 含量远高于名义成分，Fe 也略高于名义成分，其他几种元素则低于名义成分，因此该相为富 Cr-Fe 相。结合 XRD 分析结果，CuCrFeNi$_2$Ti$_{0.8}$ 涂层中除 FCC 基体相外，还包含 BCC 相和 η 相。在含 Ni 和 Ti 的合金体系中，如果 Ni 和 Ti 含量满足一定的比例范围后，其可以形成 Ni$_3$Ti 型的 η 相，从上述 EDS 成分测试比例来看，白色相富集 Ni 和 Ti，而深灰色球形相只含有少量的 Ni 和 Ti，因此可以推测白色相应该为 η 相，对应 XRD 结果中的 η 相的衍射峰；而深灰色球形相含 68.59% 的 Cr 元素，由于 Cr 为 BCC 晶体结构，其和 Fe 元素可以无限固溶形成富集 Cr-Fe 的 BCC 固溶体，因此结合 XRD 推测，深灰色球形相为 BCC 相，对应于 XRD 结果中的 BCC 相衍射峰，后面会通过 TEM

分析进一步验证它们的晶体结构类型。

图 5-26(d) 和（d_1）分别是 $CuCrFeNi_2Ti_{1.2}$ 涂层的低倍和高倍 SEM-BSE 组织照片。从图中可看出该体系涂层组织包含层片状共晶组织 [如图 5-26（d_1）所示，层片间相标注为 1，层片相标注为 2]、不规则块状相（标注为 3）以及灰色花瓣状相（标注为 4）。对各种物相进行 EDS 成分分析表明：共晶层片相中 Cr、Fe 和 Ni 的比例略高于名义成分，Cu 和 Ti 低于合金的名义成分，其与 $CuCrFeNi_2Ti_{0.4}$ 和 $CuCrFeNi_2Ti_{0.8}$ 涂层的 FCC 基体相的成分比例特征非常相似，因此推测该相为 FCC 相，对应于 XRD 的 FCC 相衍射峰；层片间相中 Fe 和 Ti 的含量高于合金的名义成分，而其他三种元素的比例则低于合金名义成分，该相与上一节 $CoCrFeMnNiTi_x$ 体系中 Laves 相的成分比例特征非常相似；不规则块状相中 Ni、Cu 和 Ti 的比例高于合金的名义成分，而 Fe 和 Cr 的比例低于合金的名义成分，各元素的成分比例与 $CuCrFeNi_2Ti_{0.8}$ 涂层的 η 相成分比例非常相近，因此推测该不规则块状相为 η 相；灰色花瓣状相成分比例与 $CuCrFeNi_2Ti_{0.8}$ 涂层的富 Cr-Fe 的 BCC 相成分比例非常相近，因此推测其为 BCC 相，对应于 XRD 结果中 BCC 相的衍射峰。进一步观察 BCC 相的形貌发现，其由 $CuCrFeNi_2Ti_{0.8}$ 涂层中的球形转变为了 $CuCrFeNi_2Ti_{1.2}$ 涂层中的花瓣形，其原因可能是 $CuCrFeNi_2Ti_{1.2}$ 涂层中共晶反应的发生，使富 Cr-Fe 的 BCC 相成分过冷增加，ΔT 增大，导致 BCC 相球形生长的表面不稳定性加剧，BCC 相的生长形貌由球形向花瓣形转变。

EDS 线扫描分析被用来进一步观察不同物相之间所含成分相对含量的变化趋势，以 $CuCrFeNi_2Ti_{0.8}$ 合金涂层为例，其 SEM-BSE 图及 EDS 线扫分析结果如图 5-27 所示。EDS 扫描线依次穿过 FCC 基体、η 相、BCC 相、η 相及 FCC 基体，扫描线如图 5-27(a) 中箭头所示；5-27(b) 为所有元素的 EDS 扫描线轮廓，图 5-27(c)～(g) 依次表示 Fe、Cr、Ti、Cu、Ni 元素的 EDS 扫描线轮廓。从图中可以明显看出 η 相中的 Ti、Cu、Ni 元素含量较高；而 BCC 相中含有高含量的 Cr 元素，Fe 的含量比其他几种元素的含量高；FCC 基体则相对均匀地富集各种元素。上述各物相 EDS 线扫分析结果与表 5-10 中的 EDS 定量或半定量成分分析结果相一致。

用 SEM-EDS 面扫分析来进一步识别各涂层中元素分布，如图 5-28～图 5-31 所示。$CuCrFeNi_2$ 涂层表面的 SEM-BSE 图片及对应的 EDS 面扫描结果如图 5-28 所示。图 5-28(b) 为 Cu、Ni、Fe 和 Cr 信号叠加的 EDS 元素分布图；图 5-28(c)～(f) 分别为 Cu、Cr、Fe 和 Ni 的 EDS 元素分布图。

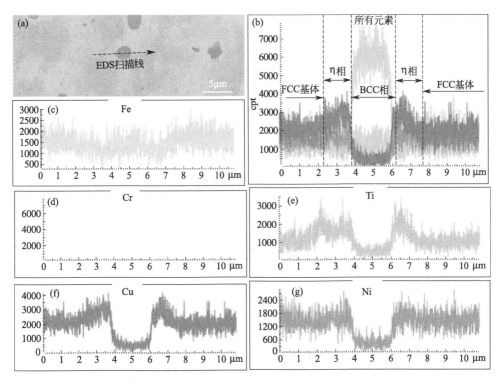

图 5-27　CuCrFeNi$_2$Ti$_{0.8}$ 高熵合金涂层 SEM-BSE 图及 EDS 线扫描分析

（a）SEM-BSE 图；（b）～（g）各元素 EDS 线扫描

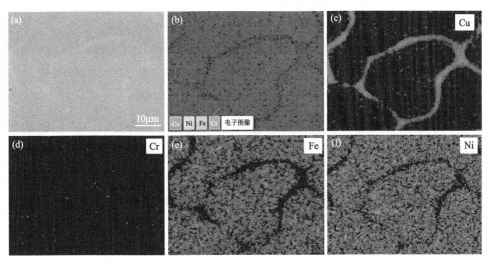

图 5-28　CuCrFeNi$_2$ 高熵合金涂层表面 SEM-BSE 图及对应的 EDS 面扫描图

（a）SEM-BSE 图；（b）Cu、Ni、Fe 和 Cr 信号叠加 EDS 面扫；（c）～（f）Cu、Cr、Fe、Ni EDS 面扫描

从各元素分布图可明显看出，晶间明显富集 Cu 元素贫其他元素，Cr、Fe 和 Ni 三种元素倾向于分布在基体晶粒中，这进一步验证了 CuCrFeNi$_2$ 涂层基体晶粒为富 Cr-Fe-Ni 的 FCC 固溶体，晶间为富 Cu 相，和表 5-10 中 EDS 定量或半定量的成分分析结果相一致。

图 5-29 为 CuCrFeNi$_2$Ti$_{0.4}$ 合金涂层表面的 SEM-BSE 图片及对应的 EDS 面扫描结果。从图 5-29(b)～(f) 各元素分布图可看出，Cu 和 Ti 元素在晶间富集，Cr、Fe 和 Ni 倾向于分布在基体晶粒中，这和表 5-10 中对 CuCrFeNi$_2$Ti$_{0.4}$ 涂层的 EDS 定量或半定量的成分分析结果相一致。

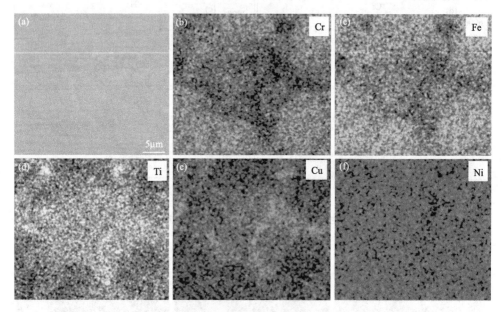

图 5-29   CuCrFeNi$_2$Ti$_{0.4}$ 高熵合金涂层表面 SEM-BSE 图及对应的 EDS 面扫描图

(a) SEM-BSE 图；(b)～(f) 各元素 EDS 面扫描

图 5-30 为 CuCrFeNi$_2$Ti$_{0.8}$ 涂层表面的 SEM-BSE 图片及对应的 EDS 面扫描结果。从图 5-30(b)～(f) 各元素分布图可看出，深灰色球形相明显富集 Cr 元素，浅灰色基体中富集一定量的 Fe-Cr-Ni 元素，白色相中明显富集 Ni-Cu-Ti 元素，这进一步验证了表 5-10 中 EDS 定量或半定量的成分分析结果和图 5-27 中线扫分析结果。

图 5-31 为 CuCrFeNi$_2$Ti$_{1.2}$ 涂层表面的 SEM-BSE 图片及对应的 EDS 面扫描结果。从图 5-31(b)～(f) 各元素分布图可看出，灰色花瓣相明显富集 Cr 元素，并含有一定量的 Fe 元素，贫其他元素；Ti 元素主要富集在层片共

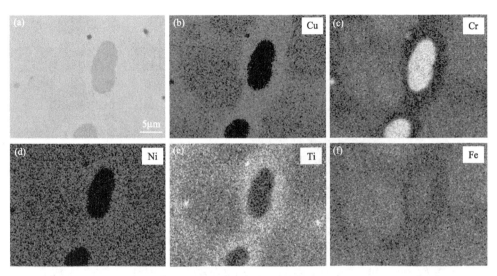

图 5-30　CuCrFeNi$_2$Ti$_{0.8}$ 高熵合金涂层表面 SEM-BSE 图及对应的 EDS 面扫描图

（a）SEM-BSE 图；（b）～（f）各元素 EDS 面扫描

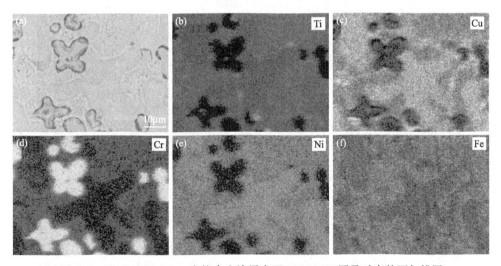

图 5-31　CuCrFeNi$_2$Ti$_{1.2}$ 高熵合金涂层表面 SEM-BSE 图及对应的面扫描图

晶相和在不规则块状相中，不规则块状相还富集 Cu 和 Ni，Fe 则主要富集在灰色花瓣相和层片共晶相中，以上各物相中元素分布情况和表 5-10 中对 CuCrFeNi$_2$Ti$_{1.2}$ 涂层的 EDS 定量或半定量的成分分析结果相一致。

　　为进一步识别 CuCrFeNi$_2$Ti$_x$ 系高熵合金涂层的物相和晶体结构，对 CuCrFeNi$_2$Ti$_{0.8}$ 和 CuCrFeNi$_2$Ti$_{1.2}$ 高熵合金涂层进行了透射电镜（TEM）分析。图 5-32 为 CuCrFeNi$_2$Ti$_{0.8}$ 高熵合金涂层的 TEM 表征结果。图 5-32（a）

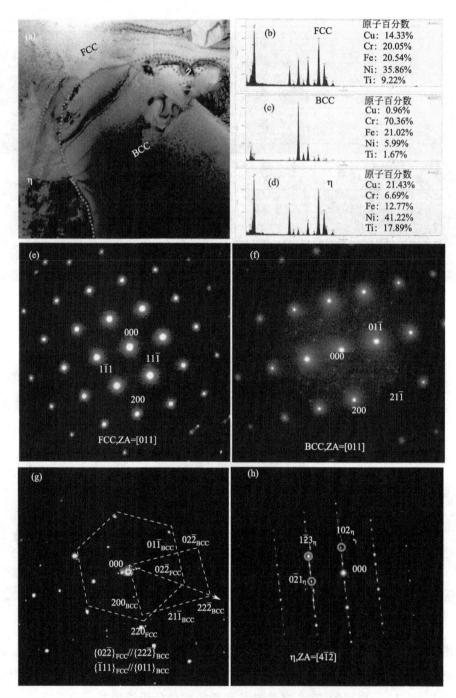

图 5-32　CuCrFeNi$_2$Ti$_{0.8}$ 涂层 TEM 表征结果

（a）TEM 明场像；（b）～（d）分别为 FCC 基体相、BCC 相和 η 相的 TEM-EDS 成分分析；

（e）基体晶粒沿［011］轴选区电子衍射图谱；（f）BCC 相沿［011］轴选区电子衍射图谱；

（g）在基体与 BCC 相界面处获取的选区电子衍射图谱；（h）η 相沿［4$\overline{1}$2］轴选区电子衍射图谱

为 CuCrFeNi$_2$Ti$_{0.8}$ 熔覆层的明场像，结合 TEM-EDS 分析 [如图 5-32(b)～(d) 所示] 结果表明，CuCrFeNi$_2$Ti$_{0.8}$ 熔覆层中包含富 Cr-Fe-Ni 相、富 Cr-Fe 相和富 Ni-Cu-Ti 相，三种物相的 TEM-EDS 分析结果分别与表 5-10 中 EDS 分析结果非常接近，因此推测它们分别为 FCC 基体相、BCC 相和 η 相。为进一步分析验证各物相的晶体结构，分别进行选区电子衍射分析。

图 5-32(e) 为在富 Cr-Fe-Ni 相的基体区获取的选区电子衍射结果，其可标定为 FCC 相沿 [011] 晶轴的电子衍射花样图谱，这进一步确认了富 Cr-Fe-Ni 基体相具有 FCC 的晶体结构，与 XRD 和 SEM 的分析结果相一致。对富 Cr-Fe 相进行的选区电子衍射结果如图 5-32(f) 所示，该图可标定为 BCC 相沿 [011] 晶轴的衍射花样类型，结合 XRD 和 SEM 分析，可确定其为富 Cr-Fe 的 BCC 相。图 5-32(g) 是在富 Cr-Fe-Ni 相和富 Cr-Fe 相的界面处获取的选区电子衍射结果，经分析，其包含两套衍射斑点，分别可标定为 FCC 相沿 [$\bar{1}$11] 轴的选区电子衍射图谱以及 BCC 相沿 [011] 轴的选区电子衍射图谱。观察发现两者之间存在一组 K-S 型的位向关系，该位向关系可表达为：$\{02\bar{2}\}_{FCC}$ ∥ $\{22\bar{2}\}_{BCC}$、$[\bar{1}11]_{FCC}$ ∥ $[011]_{BCC}$。位向关系的存在说明两相之间存在稳定且结合良好的界面，有助于提升材料的性能。图 5-32(h) 为富 Ni-Cu-Ti 相的选区电子衍射结果，其可标定为 η-Ni$_3$Ti 型相沿 [$4\bar{1}2$] 轴的选区电子衍射图谱，这进一步确认了富 Ni-Cu-Ti 相是具有 $D0_{24}$ 结构的 η 相，与 XRD 和 SEM 的分析结果相一致。根据 TEM-EDS 和 SEM-EDS 成分分析结果，以及各元素之间的百分比，该 η 相的化学式可写为 (Ni,Cu,Fe)$_3$(Ti,Cr)，其中部分 Ni 原子可被 Cu 和 Fe 原子取代，而部分 Ti 原子可被 Cr 原子取代。

图 5-33 为 CuCrFeNi$_2$Ti$_{1.2}$ 高熵合金涂层的 TEM 表征结果。图 5-33(a) 为 CuCrFeNi$_2$Ti$_{1.2}$ 熔覆层的明场像，结合 TEM-EDS 分析 [如图 5-33(b)～(e) 所示] 结果表明，CuCrFeNi$_2$Ti$_{1.2}$ 熔覆层中包含富 Cr-Fe-Ni 相、富 Cr-Fe 相、富 Ni-Cu-Ti 相以及富 Fe-Ti 相，其中富 Cr-Fe-Ni 相和富 Fe-Ti 相呈现出相间分布的形貌。四种物相的 TEM-EDS 分析结果均与表 5-10 中 EDS 分析结果非常接近，再结合 XRD 结果，推测它们分别为 FCC 相、BCC 相、η 相和 Laves 相。

对富 Ni-Cu-Ti 相的区域进行放大拍摄获取的 TEM 明场像如图 5-33(f) 所示，发现该相呈现出层片状的形貌，这符合 η-Ni$_3$Ti 金属间化合物的形貌特征。为进一步分析验证各物相的晶体结构，对它们分别进行了选区电子衍射分析。图 5-33(g) 和(h) 为在富 Fe-Ti 的区域获取的选区电子衍射结果，其分别可标定为 HCP 结构沿［2$\bar{1}\bar{1}$0］轴和［01$\bar{1}$0］轴的选区电子衍射图谱，结合成分比例可确定富 Fe-Ti 相为 Laves 相，进一步验证了 XRD 和 SEM 的分析结果。图 5-33(i) 为在富 Ni-Cu-Ti 的区域获取的选区电子衍射结果，其可标定为六方晶系 DO_{24} 型晶体结构沿［$\bar{2}$5$\bar{3}$4］轴的选区电子衍射图谱，这进一步验证了富 Ni-Cu-Ti 相为 Ni_3Ti 型的 η 相。采用图 5-33(i) 中的衍射斑

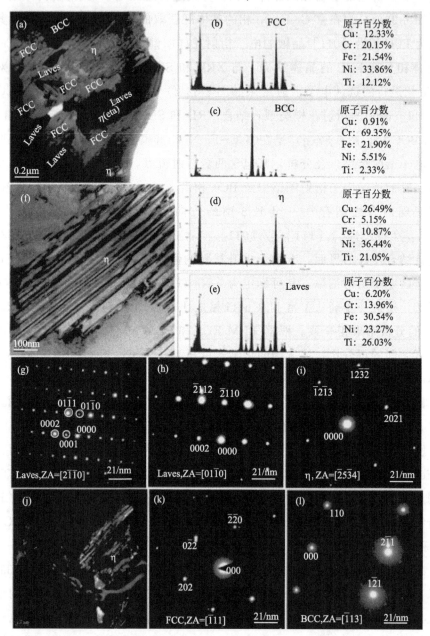

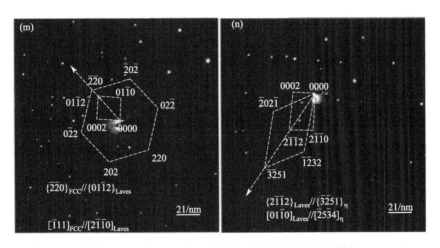

图 5-33　CuCrFeNi$_2$Ti$_{1.2}$ 高熵合金涂层 TEM 表征结果

(a) TEM 明场像；(b)～(e) 分别为 FCC 基体区、BCC 相、η 相和 Laves 相的 TEM-EDS 成分分析；

(f) η 相的 TEM 明场像；(g) Laves 相沿 [$2\bar{1}\bar{1}0$] 轴选区电子衍射图谱；(h) Laves 相沿 [$01\bar{1}0$]

轴选区电子衍射图谱；(i) η 相沿 [$\bar{2}5\bar{3}4$] 轴选区电子衍射图谱；(j) TEM 暗场像；

(k) 基体晶粒沿 [$\bar{1}11$] 轴选区电子衍射图谱；(l) BCC 相沿 [$\bar{1}13$] 轴

选区电子衍射图谱；(m) 在 FCC 基体与 Laves 相界面处获取的选区电子衍射图谱；

(n) 在 Laves 相与 η 相界面处获取的选区电子衍射图谱

点获取和 5-33(a) 对应的 TEM 暗场像 [如图 5-33(j) 所示]，发现富 Ni-Cu-Ti 相的部位呈现出明亮的衬度，这进一步证明富 Ni-Cu-Ti 的区域是具有六方晶系 DO_{24} 晶体结构的 η 相。图 5-33(k) 为在富 Cr-Fe-Ni 区域获取的选区电子衍射结果，其可标定为 FCC 相沿 [$\bar{1}11$] 晶轴的电子衍射花样图谱，进一步确认富 Cr-Fe-Ni 区域具有 FCC 晶体结构，与上述 CuCrFeNi$_2$Ti$_{0.8}$ 涂层的分析结果一致。图 5-33(l) 为在富 Cr-Fe 区域获取的选区电子衍射结果，其可标定为 BCC 相沿 [$\bar{1}13$] 轴的选区电子衍射图谱，表明富 Cr-Fe 区域具有 BCC 结构，与 XRD 和 SEM 分析结果一致。图 5-33(m) 是在富 Cr-Fe-Ni 相和富 Fe-Ti 相的界面处获取的选区电子衍射结果，经分析，其包含两套衍射斑点，分别可标定为 FCC 相沿 [$\bar{1}11$] 轴的选区电子衍射图谱以及 Laves 相沿 [$2\bar{1}\bar{1}0$] 轴的选区电子衍射图谱，并发现两相之间存在一组特定的位向关系，该位向关系可表达为：$\{\bar{2}\bar{2}0\}_{FCC}//\{01\bar{1}2\}_{Laves}$、$[\bar{1}11]_{FCC}//[2\bar{1}\bar{1}0]_{Laves}$。图 5-33(n) 是在富 Fe-Ti 相和富 Ni-Cu-Ti 相的界面处获取的选区电子衍射结果，经分析，其也包含两套衍射斑点，分别可标定为 Laves 相沿 [$01\bar{1}0$] 轴的选区电子衍射图谱以及 η 相沿 [$\bar{2}5\bar{3}4$] 轴的选区电子衍射图谱，两相之间存在

一组特定的位向关系，可表达为：$\{2\bar{1}\bar{1}2\}_{Laves} /\!/ \{\bar{3}251\}_{\eta}$、$[01\bar{1}0]_{Laves} /\!/ [\bar{2}5\bar{3}4]_{\eta}$。

三、硬度及性能

1. 显微硬度

图 5-34 是 $CuCrFeNi_2Ti_x$（$x = 0, 0.4, 0.8, 1.2$）系高熵合金涂层横截面沿深度方向的显微硬度分布。从图中可看出四个体系熔覆层的显微硬度均高于基体 Q235 钢的硬度，计算可得 $CuCrFeNi_2$、$CuCrFeNi_2Ti_{0.4}$、$CuCrFeNi_2Ti_{0.8}$ 和 $CuCrFeNi_2Ti_{1.2}$ 熔覆层的平均显微硬度值分别约为 $205.2HV_{0.1}$、$242.3HV_{0.1}$、$293.2HV_{0.1}$ 及 $444.7HV_{0.1}$，基体的平均显微硬度约为 $165HV_{0.1}$。由此可得 $CuCrFeNi_2$、$CuCrFeNi_2Ti_{0.4}$、$CuCrFeNi_2Ti_{0.8}$ 和 $CuCrFeNi_2Ti_{1.2}$ 熔覆层的平均显微硬度分别为 Q235 钢基体的 1.24 倍、1.47 倍、1.78 倍和 2.70 倍。本研究中得到 $CuCrFeNi_2$ 熔覆层的显微硬度约为 $205.2HV_{0.1}$，小于上一节 CoCrFeMnNi 熔覆层的显微硬度（约 $278HV_{0.1}$），其原因可能是 $CuCrFeNi_2$ 中 Cu 元素发生了较严重的晶间偏析而导致多种元素固溶强化的效果降低；此外，是以 Cu 元素替换 Mn 元素，Ni 元素替换 Co 元素得到的 $CuCrFeNi_2$ 体系，而纯 Cu 的硬度低于纯 Mn，同时纯 Ni 的硬度低于纯 Co，这可能是 $CuCrFeNi_2$ 体系比 CoCrFeMnNi 体系显微硬度低的另一个原因。但是 $CuCrFeNi_2$ 熔覆层的硬度仍然高于文献中报道的电弧熔炼制备的铸态块体 CoCrFeMnNi 高熵合金的硬度（约 130HV），其原因可能是非平衡等离子束熔覆过程快速冷却效应促使熔覆层具有更细的晶粒而导致的细晶强化作用。

对比四个体系熔覆层的硬度值发现，随着 Ti 含量的升高，熔覆层的平均显微

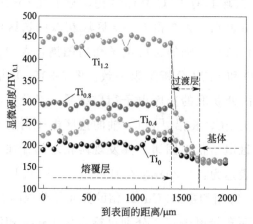

图 5-34　沿 $CuCrFeNi_2Ti_x$ 系高熵合金涂层横截面深度方向的显微硬度分布

硬度呈逐渐升高的趋势。其原因有以下几个方面：首先由于 Ti 在 $CuCrFeNi_2Ti_x$ 体系中具有最大的原子半径，因此随着 Ti 含量的增加固溶强化效果更加显著；其次，随着 Ti 含量的升高，涂层中逐渐生成了具有 BCC 结构的富 Cr-Fe 相、具有 HCP 结构的 η 相和 Laves 相，BCC 结构的物相本身要比 FCC 结构的物相具有更高的硬度和强度，而 η 相和 Laves 相均是硬度较高的金属间化合物，η 相的硬度约为 600HV，Laves 相的硬度约为 637HV，因此，当涂层中生成 η 相和 Laves 相后涂层的硬度相应增加。相较于 $CuCrFeNi_2$，$CuCrFeNi_2Ti_{0.4}$ 的 FCC 基体和晶间富 Cu 相中都固溶了一定的量 Ti，因此 $CuCrFeNi_2Ti_{0.4}$ 比 $CuCrFeNi_2$ 具有更高的硬度，主要归因于固溶强化作用；当 Ti 比例升高到 0.8 时，一方面，FCC 固溶体中固溶的 Ti 含量有所升高，另一方面，$CuCrFeNi_2Ti_{0.8}$ 涂层中生成了 BCC 相和 η 相，因此在两方面作用下硬度进一步升高；当 Ti 比例进一步升高到 1.2 时，FCC 固溶体中固溶的 Ti 含量进一步升高，涂层中除了 BCC 相和 η 相，还生成了共晶 Laves 相，这使得 $CuCrFeNi_2Ti_{1.2}$ 涂层的硬度大幅度升高，达到基底的 2.70 倍。

此外，进一步观察熔覆层至基体的硬度变化趋势发现，与 $CoCrFeNiMnTi_x$ 体系相似，在熔覆层和基体之间也存在一过渡区；过渡区的存在会产生缓冲作用，有利于熔覆涂层与基体的结合，且使涂层利于承受冲击载荷。

2. 摩擦磨损性能

图 5-35 是 $CuCrFeNi_2Ti_x$（$x=0,0.4,0.8,1.2$）系高熵合金涂层的摩擦系数随时间变化结果。从图中可看出，与 $CoCrFeMnNiTi_x$ 体系相似，$CuCrFeNi_2Ti_x$ 体系每个样品的摩擦系数变化均分为摩擦系数突然由零升高到最大值的跑合

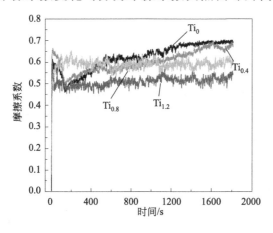

图 5-35　$CuCrFeNi_2Ti_x$ 系高熵合金涂层的摩擦系数随时间变化曲线

阶段和摩擦系数值相对稳定的稳定摩擦阶段。在对磨表面刚开始接触时，两者表面的微凸体优先接触并发生摩擦，此时由于微凸体接触面积小，因此在承载面上的压强非常大，从而使两表面的微凸体发生剧烈的破坏，摩擦系数表现出不稳定且在此阶段材料的磨损率较高。

对比各样品稳定阶段的摩擦系数发现，随着 Ti 含量的升高稳定阶段的摩擦系数呈降低趋势，计算可得 $CuCrFeNi_2$、$CuCrFeNi_2Ti_{0.4}$、$CuCrFeNi_2Ti_{0.8}$ 和 $CuCrFeNi_2Ti_{1.2}$ 在稳定阶段的平均摩擦系数值分别为 0.6829、0.6503、0.5728 及 0.5283，表明随着涂层硬度的升高，摩擦系数呈逐渐降低的趋势，主要归因于硬度的升高能有效抵抗涂层的塑性变形从而抑制了黏着磨损作用，与 $CoCrFeMnNiTi_x$ 体系具有相同的变化趋势。

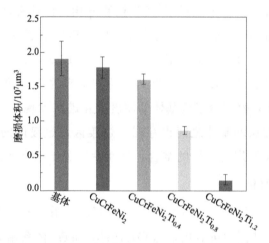

图 5-36　$CuCrFeNi_2Ti_x$ 系高熵合金涂层及 Q235 钢基体的磨损体积

图 5-36 为计算所得的 $CuCrFeNi_2Ti_x$（$x=0,0.4,0.8,1.2$）系高熵合金涂层及 Q235 基体的磨损体积。从图中可看出各涂层的磨损体积均低于 Q235 基体，基于磨损体积进行计算可得 $CuCrFeNi_2$、$CuCrFeNi_2Ti_{0.4}$、$CuCrFeNi_2Ti_{0.8}$ 和 $CuCrFeNi_2Ti_{1.2}$ 的磨损抗力分别是 Q235 基体的 1.07 倍、1.19 倍、2.25 倍和 12.73 倍。由此可见涂层的磨损抗力相较于 Q235 基底有了大幅度的提升，尤其是 $CuCrFeNi_2Ti_{1.2}$ 涂层，其磨损抗力达到了基底的 12 倍之多。单独对比各涂层的磨损体积发现，Ti 的比例从 0 升至 1.2 时，涂层的磨损抗力逐渐提升，和硬度的变化相一致，说明此时高的硬度对应着高的磨损抗力。

在上一节 $CoCrFeMnNiTi_x$ 体系中，涂层的磨损抗力随着 Ti 含量的增加呈现先增后降的趋势；而本章的 $CuCrFeNi_2Ti_x$ 随着 Ti 含量的增加，直至 Ti

的比例达到 1.2，涂层的磨损抗力一直提升。对于 $CoCrFeMnNiTi_x$ 体系当 Ti 的比例升至 1.2 时，涂层的主相为脆性较大的 BCC 相和 Laves 相，导致涂层产生严重的脆性，以致出现了贯穿熔覆层的宏观裂纹，这对涂层的磨损抗力非常不利；而对于本章的 $CuCrFeNi_2Ti_{1.2}$ 的涂层，物相及组织表征表明涂层的主相仍然为 FCC 相，更确切的说是 FCC 和 Laves 的共晶相，使涂层保持了良好的塑性，Laves 相以共晶的形式析出，和 FCC 相相间分布，既能有效避免 Laves 相的脆性裂纹扩展，且能有效发挥 Laves 相的强化作用，因此在 $CuCrFeNi_2Ti_x$ 中，当 Ti 达到最大比例 1.2 时，没有发现涂层的宏观裂纹，有利于提升涂层的耐磨性。

图 5-37 是 $CuCrFeNi_2Ti_x$（$x = 0, 0.4, 0.8, 1.2$）系高熵合金涂层磨痕宏

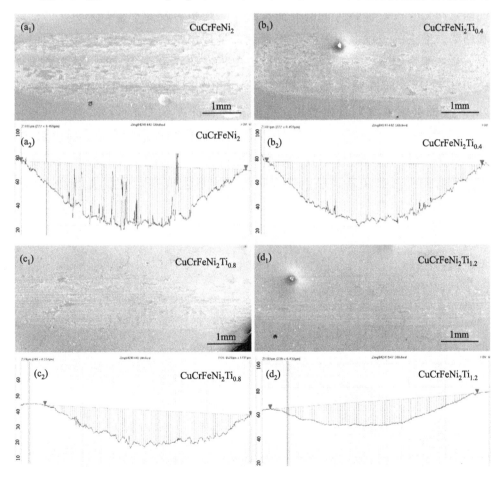

图 5-37　$CuCrFeNi_2Ti_x$ 系高熵合金涂层磨痕形貌及磨痕横截面轮廓

（a_1）、（a_2）Ti_0；（b_1）、（b_2）$Ti_{0.4}$；（c_1）、（c_2）$Ti_{0.8}$；（d_1）、（d_2）$Ti_{1.2}$

观形貌及对应的磨痕横截面轮廓图。经测量计算，$CuCrFeNi_2$、$CuCrFe-Ni_2Ti_{0.4}$、$CuCrFeNi_2Ti_{0.8}$ 和 $CuCrFeNi_2Ti_{1.2}$ 的平均磨痕宽度分别为 $1405.3\mu m$、$1346.7\mu m$、$1041.3\mu m$ 及 $856.8\mu m$，对应的最大磨痕深度分别为 $59.6\mu m$、$57.5\mu m$、$31.4\mu m$ 及 $9.8\mu m$。由此可见磨痕的平均宽度和最大深度呈现相同的变化趋势，即随着 Ti 含量的升高均呈现降低的趋势，说明涂层的耐磨性逐渐提升，和上述磨损体积损失的结果相一致。

此外，从图 5-37(a_2)、(b_2)、(c_2) 和（d_2）的磨痕横截面轮廓可观察到，$CuCrFeNi_2$ 磨痕横截面轮廓线存在很多尖锐的凸起和凹陷，$CuCrFeNi_2Ti_{0.4}$ 磨痕横截面轮廓也有很多凸起和凹陷，但是高度或深度较 $CuCrFeNi_2$ 要低或浅的多，$CuCrFeNi_2Ti_{0.8}$ 磨痕横截面轮廓也存在少量的更低或更浅的凸起或凹陷，而 $CuCrFeNi_2Ti_{1.2}$ 的磨痕横截面轮廓则相对较为平整，无明显的凸起和凹陷。磨痕的三维形貌如图 5-38 所示，呈现出与磨痕横截面轮廓相似的现象，从三维形貌图中可明显观察到 $CuCrFeNi_2$ 和 $CuCrFeNi_2Ti_{0.4}$ 的磨痕表面较为粗糙，并且磨痕的宽度和深度都较大；$CuCrFeNi_2Ti_{0.8}$ 和 $CuCrFe-Ni_2Ti_{1.2}$ 的磨痕表面则较为平坦，磨痕宽度和深度较 $CuCrFeNi_2$ 和 $CuCrFe-Ni_2Ti_{0.4}$ 都变小，尤其是 $CuCrFeNi_2Ti_{1.2}$，其磨痕表面最为光滑，深度最浅，说明其具有最好的耐磨性，与上述磨损体积的结果一致。不同的磨痕形貌和不同的磨损机理相关联，后面结合高倍磨痕形貌观察对磨损机理做进一步分析。

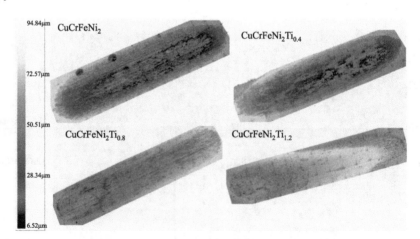

图 5-38　$CuCrFeNi_2Ti_x$ 系高熵合金涂层磨痕三维形貌

图 5-39 是 $CuCrFeNi_2Ti_x$（$x=0,0.4,0.8,1.2$）系高熵合金涂层磨痕微观形貌。图 5-39（a）和（b）分别是 $CuCrFeNi_2$ 和 $CuCrFeNi_2Ti_{0.4}$ 的磨痕微

观形貌，] 从图中可明显观察到大量的转移层和剥落坑，尤其是 $CuCrFeNi_2$ 涂层，这是严重黏着磨损的特征。由于 $CuCrFeNi_2$ 和 $CuCrFeNi_2Ti_{0.4}$ 具有较低的硬度，当施加一定的载荷后，磨球表面的微凸体产生的局部压力很容易超过材料的屈服强度而造成材料的塑性变形，进而在接触点发生剪切，使接触点处的材料发生剥落，在涂层表面留下剥落坑；随着摩擦往复不断进行，摩擦表面温度升高，剥落下来的材料发生软化，在接触点处产生黏着，随后的继续滑动中，黏着点被剪断转移到材料表面形成转移层，脱落下来材料的则形成磨屑，从而形成"接触-塑性变形-剪切-剥落-黏着-剪断黏着点-材料转移-再剪切-再剥落-再黏着-再剪断黏着点-再材料转移"的周期性黏着剥层磨损循环往复过程，从而造成材料的不断损失。显然，材料的硬度和屈服强度越低，在相同的磨损条件下，材料产生的黏着剥层现象越严重，造成的磨损失重量越大，所以 $CuCrFeNi_2$ 涂层的磨损体积损失要高于 $CuCrFeNi_2Ti_{0.4}$ 涂层。在图 5-37(a_2) 和 （b_2） 中 $CuCrFeNi_2$ 和 $CuCrFeNi_2Ti_{0.4}$ 的磨痕横截面轮廓中观察到的凸起和凹陷形貌是转移层、塑性变形及剥落坑呈现出来的特征。

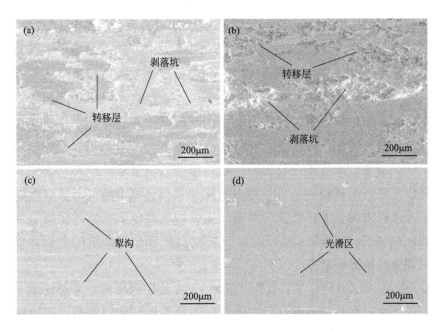

图 5-39　$CuCrFeNi_2Ti_x$ 系高熵合金涂层磨痕微观形貌

（a）Ti_0；（b）$Ti_{0.4}$；（c）$Ti_{0.8}$；（d）$Ti_{1.2}$

图 5-39（c）是 $CuCrFeNi_2Ti_{0.8}$ 涂层的磨痕微观形貌，与 $CuCrFeNi_2$ 和 $CuCrFeNi_2Ti_{0.4}$ 相比，$CuCrFeNi_2Ti_{0.8}$ 的磨损表面变得相对光滑和平整，几乎没有转移层的存在，但能观察到相对明显的塑性变形和犁沟，这是磨粒磨损特征。上述微观组织分析表明，$CuCrFeNi_2Ti_{0.8}$ 涂层中除了 FCC 基体外，还生成了硬度相较 FCC 基体更高的 BCC 相和 η 相，同时 FCC 基体中固溶了更多的 Ti 元素，因此这两方面使得 $CuCrFeNi_2Ti_{0.8}$ 涂层的硬度相较于 $CuCrFeNi_2$ 和 $CuCrFeNi_2Ti_{0.4}$ 增加。涂层硬度的升高能有效抵抗磨球表面大量微凸体的压入，而只有少量的更加尖锐的微凸体（其会产生更大的压强）才能压入涂层表面，压入的微凸体在摩擦过程中会在涂层表面进行微观切削，产生犁沟。由于材料的屈服强度升高，抗软化能力提升，切削过程很难将材料大块的剥落下来而产生黏着，因此能有效抑制黏着磨损的发生。因此，在 $CuCrFeNi_2Ti_{0.8}$ 涂层的磨损表面未观察到明显的黏着磨损的特征，而大量犁沟的存在表明其磨损机理主要为磨粒磨损。

图 5-39（d）是 $CuCrFeNi_2Ti_{1.2}$ 涂层的磨痕微观形貌。从图中可看出磨损表面变得更加平整和光滑，出现了大面积的光滑区域，没有明显的转移层、塑性变形和剥落坑，但仔细观察能发现少量的细且窄的犁沟，说明涂层只是发生了较轻微的磨粒磨损。物相和微观组织分析表明，$CuCrFeNi_2Ti_{1.2}$ 涂层的主相转变为 FCC 相和 Laves 相的共晶组织，此外，涂层中还生成了弥散分布的 BCC 相和 η 相。FCC 相中固溶的 Ti 含量进一步升高，使得该相具备了更好的强韧性；Laves 相以共晶的形式析出，与 FCC 相呈相间分布，因此能有效避免 Laves 相单独呈大片状析出存在时造成的脆性，且能有效发挥高硬度的 Laves 相的强化作用；硬度较高的 BCC 相和 η 相分别以弥散的形态分布于组织中，能通过载荷传递强化的机理对涂层实现有效的强化。上述几方面的综合作用使得 $CuCrFeNi_2Ti_{1.2}$ 涂层硬度和屈服强度升高，磨球表面微凸体很难压入涂层表面，而只有极少量更加尖锐的微凸体压入而对涂层表面造成轻微的微观切削。因此，$CuCrFeNi_2Ti_{1.2}$ 涂层呈现出较光滑的磨损表面，其磨损机理为轻微磨粒磨损。

综上，在 $CuCrFeNi_2Ti_x$ 体系中添加 Ti 含量比例低时，涂层硬度、屈服强度低，使材料在往复摩擦过程中产生周期性的黏着剥层磨损，造成涂层磨损严重；随着 Ti 含量的升高，涂层的硬度和屈服强度升高，能有效抵抗磨球微凸体的压入而避免严重的塑性变形，因此，涂层的磨损机理逐渐转变为磨粒磨损，尤其是 $CuCrFeNi_2Ti_{1.2}$ 涂层，其形成了优良的强韧配合的组织特征，使其具有最好的磨损抗力，只发生了轻微的磨粒磨损。

3. 电化学性能

图 5-40 是 CuCrFeNi$_2$Ti$_x$（$x=0,0.4,0.8,1.2$）系高熵合金涂层的动电位极化曲线，根据极化曲线获取的腐蚀电位（E_{corr}）和自腐蚀电流密度（i_{corr}，又称腐蚀电流密度）如表 5-11 所示。几种涂层样品的动电位极化曲线未发现明显的拐点，因此推测它们没有发生明显的钝化，表面几乎一直处在活性溶解状态。

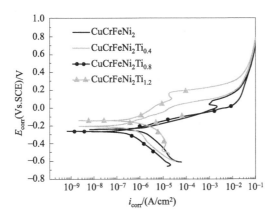

图 5-40　CuCrFeNi$_2$Ti$_x$ 系高熵合金涂层的动电位极化曲线

从表 5-11 中可看出四种不同 Ti 含量的涂层样品均表现出比 Q235 基体高的腐蚀电位和低的腐蚀电流密度，腐蚀电流密度均比 Q235 基体低了一个数量级，表明 CuCrFeNi$_2$Ti$_x$ 体系涂层比 Q235 基体具有更好的耐蚀性。单独对比几种不同 Ti 含量的高熵合金涂层的动电位极化参数发现，涂层的自腐蚀电流密度随 Ti 含量的升高呈先降后增的趋势，CuCrFeNi$_2$Ti$_{0.4}$ 自腐蚀电流密度最小，当进一步增加 Ti 含量，涂层自腐蚀电流密度开始增大，但是含 Ti 涂层的自腐蚀电流密度均小于不含 Ti 的 CuCrFeNi$_2$，自腐蚀电流密度由小到大的顺序为 CuCrFeNi$_2$Ti$_{0.4}$ < CuCrFeNi$_2$Ti$_{0.8}$ < CuCrFeNi$_2$Ti$_{1.2}$ < CuCrFeNi$_2$。说明适量 Ti 的添加有助于 CuCrFeNi$_2$Ti$_x$ 系高熵合金涂层耐蚀性的提升，这和 CoCrFeNiMnTi$_x$ 体系有所不同，其随着 Ti 含量的升高自腐蚀电流密度呈逐渐增加的趋势，具体原因分析，后续再做进一步的讨论。此外，在该 CuCrFeNi$_2$Ti$_x$ 体系中，不同 Ti 含量的各涂层样品的腐蚀电位随 Ti 含量的变化没有明显的变化规律，这可能和高 Ti 含量的涂层中形成了复杂的微观组织结构有关系。

表 5-11　CuCrFeNi₂Tiₓ 系高熵合金涂层和 Q235 基体的动电位极化参数

样品	E_{corr}(Vs. SCE)/mV	$i_{corr}/(\mu A/cm^2)$
CuCrFeNi₂	−241.4	7.592×10^{-1}
CuCrFeNi₂Ti₀.₄	−207.6	1.086×10^{-1}
CuCrFeNi₂Ti₀.₈	−264.5	1.471×10^{-1}
CuCrFeNi₂Ti₁.₂	−145.2	2.352×10^{-1}
Q235 基体	−741.3	8.74

为了获取更多 $CuCrFeNi_2Ti_x$（$x=0,0.4,0.8,1.2$）系高熵合金涂层的腐蚀行为信息，对其进行了电化学阻抗谱（EIS）测试。各涂层样品的 Nyquist 图如图 5-41 所示，与 $CoCrFeMnNiTi_x$ 体系相似，$CuCrFeNi_2Ti_x$ 体系样品的 Nyquist 曲线也都是半圆弧形状，即单一的容抗弧，表明 $CuCrFeNi_2Ti_x$ 体系的主要腐蚀特征也是以电荷转移为控制步骤的电容性行为，电极反应阻力主要来自非均匀界面的电荷转移步骤。大的容抗弧半径对应着大的电荷转移电阻，对比四种不同 Ti 含量样品的容抗弧，其半径由大到小的顺序为 $CuCrFeNi_2Ti_{0.4}$＞$CuCrFeNi_2Ti_{0.8}$＞$CuCrFeNi_2Ti_{1.2}$＞$CuCrFeNi_2$，因此从 Nyquist 曲线可以得出涂层耐蚀性为 $CuCrFeNi_2Ti_{0.4}$＞$CuCrFeNi_2Ti_{0.8}$＞$CuCrFeNi_2Ti_{1.2}$＞$CuCrFeNi_2$，这与动电位极化曲线测试中利用自腐蚀电流密度来表征的耐蚀性顺序相一致。

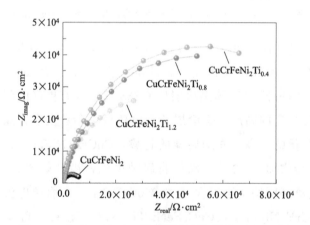

图 5-41　$CuCrFeNi_2Ti_x$ 系高熵合金涂层的 Nyquist 图

图 5-42 是 $CuCrFeNi_2Ti_x$（$x=0,0.4,0.8,1.2$）系高熵合金涂层的 Bode 图。高频区 $\lg|Z|$ 反映的是溶液电阻，因此四个样品的高频区 $\lg|Z|$ 值趋于一致；低频区 $\lg|Z|$ 反映的是合金涂层的钝化膜电阻，$CuCrFeNi_2Ti_{0.4}$、$CuCrFeNi_2Ti_{0.8}$ 及 $CuCrFeNi_2Ti_{1.2}$ 低频区的 $\lg|Z|$ 值几乎相同，均高于 $CuCrFeNi_2$ 低频区的 $\lg|Z|$ 值，说明 Ti 的加入提升了涂层的钝化膜电阻，和上述 Nyquist

图中电荷转移电阻（R_{ct}）具有相同的趋势。相位角在中频区达最大值时，对应的频率范围大小表示腐蚀过程中钝化膜的稳定性，频率范围越宽，代表腐蚀过程钝化膜的稳定性越好。从图中可看出四个样品在中频区相位角保持在平台区的频率范围宽度由大到小的顺序为 $CuCrFeNi_2Ti_{0.4}$ ＞ $CuCrFeNi_2Ti_{0.8}$ ＞ $CuCrFeNi_2Ti_{1.2}$ ＞ $CuCrFeNi_2$，这和 Nyquist 图中电荷转移电阻的大小顺序相一致，进一步证明了 $CuCrFeNi_2Ti_x$ 体系耐蚀性的顺序为 $CuCrFeNi_2Ti_{0.4}$ ＞ $CuCrFeNi_2Ti_{0.8}$ ＞ $CuCrFeNi_2Ti_{1.2}$ ＞ $CuCrFeNi_2$。

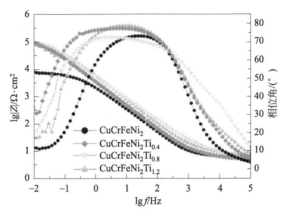

图 5-42　$CuCrFeNi_2Ti_x$ 系高熵合金涂层的 Bode 图

根据 $CuCrFeNi_2Ti_x$ 体系高熵合金涂层腐蚀过程特征，与 $CoCrFeMnNiTi_x$ 体系相同，采用两个 R-C 回路的电路模型拟合建立体系涂层的等效电路，如图 5-22 所示。利用 Gamry Echem 软件分析拟合获得的各参数值如表 5-12 所示。从表 5-12 可看出，钝化膜电阻（R_1）和电荷转移电阻（R_{ct}）均按 $CuCrFeNi_2Ti_{0.4}$、$CuCrFeNi_2Ti_{0.8}$、$CuCrFeNi_2Ti_{1.2}$、$CuCrFeNi_2$ 顺序依次降低，说明钝化膜的保护能力按此顺序逐渐降低，离子通过双电荷层的传输数量增加，耐蚀性降低，和上述动电位极化曲线、Nyquist 图和 Bode 图呈现的结果相一致。

表 5-12　$CuCrFeNi_2Ti_x$ 系高熵合金涂层在质量分数 3.5% NaCl 溶液中的电化学模拟参数

高熵合金涂层	$R/\Omega \cdot cm^2$			$CPE_1/(\Omega^{-1} \cdot s^n \cdot cm^{-2})$	n_1	$CPE_2/(\Omega^{-1} \cdot s^n \cdot cm^{-2})$	n_2
	R_s	R_1	R_{ct}				
$CuCrFeNi_2$	6.58	4.77×10^3	1.11×10^5	4.41×10^{-6}	0.87	3.57×10^{-6}	0.80
$CuCrFeNi_2Ti_{0.4}$	6.24	2.37×10^5	2.71×10^6	5.26×10^{-6}	0.89	1.49×10^{-6}	0.86
$CuCrFeNi_2Ti_{0.8}$	6.37	5.41×10^4	3.72×10^5	3.78×10^{-6}	0.62	2.21×10^{-6}	0.88
$CuCrFeNi_2Ti_{1.2}$	6.29	1.91×10^4	2.01×10^5	4.05×10^{-6}	0.79	3.42×10^{-6}	0.77

综合上述动电位极化测试及电化学阻抗谱（EIS）测试结果及分析发现，对于 $CuCrFeNi_2Ti_x$ 体系的高熵合金涂层，当添加少量的 Ti 元素时，涂层的耐蚀性会有很大的提升，当进一步增加 Ti 的含量时，涂层的耐蚀性又开始下降，但是含 Ti 涂层的耐蚀性始终高于不含 Ti 的 $CuCrFeNi_2$。上述微观组织及 EDS 成分分析表明，不含 Ti 的 $CuCrFeNi_2$ 涂层的 Cu 元素几乎都偏析到晶间区域，而其他几种元素在晶间的含量很少，这归因于 Cu 和其他几种元素较正的混合焓及 Cu 在几种元素中具有最低的熔点。因此晶间相为贫 Cr 相，基体晶粒为富 Cr 相，二者之间存在相当大的电位差而构成了大量的微观腐蚀电池，贫 Cr 富 Cu 的晶间相作为阳极，富 Cr 贫 Cu 的基体晶粒作为阴极，使晶间区域优先受到侵蚀。对于含有少量 Ti 元素的 $CuCrFeNi_2Ti_{0.4}$ 涂层，其耐蚀性得到了很大的提升，原因可解释如下：首先 Ti 的添加使得 Cu 元素的相对含量降低，进而 Cu 的偏析量减少；其次，微观组织和 EDS 成分分析表明，虽然 $CuCrFeNi_2Ti_{0.4}$ 涂层组织也包含基体晶粒相和晶间富 Cu 相，但是晶间富 Cu 相中固溶了大量的 Ti 元素，使得 Cu 在晶间的相对含量由 $CuCrFeNi_2$ 的 71.58％降至 $CuCrFeNi_2Ti_{0.4}$ 的 55.76％，而 Ti 的含量达到 22.23％，因此推测，大量的 Ti 固溶在晶间富 Cu 相中使得基体晶粒相和晶间相的电位差变小，并且 Ti 在腐蚀过程中可形成比 Cu 更稳定的钝化膜，对晶间相起到一定的保护作用，两方面的综合作用使得 $CuCrFeNi_2Ti_{0.4}$ 涂层的耐蚀性得以提升。当进一步增加 Ti 的含量比例至 0.8 时，涂层的物相转变为 FCC 相＋BCC 相＋η 相三相组织，EDS 成分分析表明，三相中的 Cr 含量按 BCC 相、FCC 相、η 相依次降低，因此，相对于 BCC 相和 FCC 相，η 相是贫 Cr 相，而相对于 BCC 相，FCC 相也是贫 Cr 相，因此在 $CuCrFeNi_2Ti_{0.8}$ 涂层中各种物相之间会形成多组复杂的微观腐蚀电池，贫 Cr 相作为阳极优先被腐蚀，因此，相对于 $CuCrFeNi_2Ti_{0.4}$ 涂层，$CuCrFeNi_2Ti_{0.8}$ 涂层的耐蚀性有所下降。当 Ti 的比例进一步增加至 1.2 时，涂层的物相转变为 FCC 相＋BCC 相＋η 相＋Laves 相四相组织，四相中的 Cr 含量按 BCC 相、FCC 相、Laves 相、η 相依次降低，因此与 $CuCrFeNi_2Ti_{0.8}$ 涂层相比，$CuCrFeNi_2Ti_{1.2}$ 涂层在腐蚀过程中会形成更多组复杂的微观腐蚀电池，因而使得 $CuCrFeNi_2Ti_{1.2}$ 涂层的耐蚀性进一步降低。但需要指出的是，含 Ti 涂层的耐蚀性均优于不含 Ti 的 $CuCrFeNi_2$ 涂层。虽然 Ti 含量增加使涂层的物相增多，但由于 Ti 的添加一方面使 Cu 的相对含量较少，另一方面弱化了 $CuCrFeNi_2$ 典型的晶粒/晶间结构造成的大阴极小阳极效应，并且 Ti 也会形成比 Cu 相对稳定的钝化膜，因此总体上使得含 Ti 涂层的耐蚀有所提升，尤其是添加少量的 Ti 对 CuCrFe-Ni$_2$Ti$_x$ 体系高熵合金涂层耐蚀性的提升更有利。

小　　结

以具有 FCC 晶体结构的 Cu 元素替换 CoCrFeMnNi 合金中的 Mn 元素，将成本更高的 Co 元素替换为 Ni 元素，同时添加一系列不同比例的 Ti 元素，采用等离子束熔覆制备了 CuCrFeNi$_2$Ti$_x$（$x=0$，0.4，0.8，1.2）系高熵合金涂层，研究了元素替换后，Ti 含量变化对涂层结构与性能的影响。

① 等离子熔覆制备的 CuCrFeNi$_2$Ti$_x$ 体系涂层厚度为 1.5～2mm，涂层与基体形成了良好的冶金结合，涂层致密无缺陷，即使是最高 Ti 含量的 Cu-CrFeNi$_2$Ti$_{1.2}$ 高熵合金涂层也未发现裂纹，表明通过个别元素的替换使得涂层的脆性改善、塑性提升。

② CuCrFeNi$_2$ 涂层组织包含两种 FCC 相，即基体晶粒相和晶间富 Cu 相，两者具有完全相同的晶体结构和几乎相同的晶格常数；添加少量的 Ti 获得的 CuCrFeNi$_2$Ti$_{0.4}$ 涂层，其物相种类和数量都没有改变和 CuCrFeNi$_2$ 涂层相同，但 CuCrFeNi$_2$Ti$_{0.4}$ 涂层晶间的富 Cu 相固溶了大量的 Ti 元素；增加 Ti 比例至 0.8 获得的 CuCrFeNi$_2$Ti$_{0.8}$ 涂层，其微观组织转变为了三相，即富 Ni-Fe-Cr 的 FCC 主相、富 Cr-Fe 的 BCC 相及富 Ni-Cu-Ti 的 η 相；进一步增加 Ti 比例至 1.2，涂层的微观组织转变成四相，即富 Ni-Fe-Cr 的 FCC 相、富 Cr-Fe 的 BCC 相、富 Ni-Cu-Ti 的 η 相及富 Fe-Ti 的 Laves 相，FCC 相和 Laves 相以共晶的形式生成，二者相间分布，成为了涂层的主相。

③ 涂层的显微硬度随 Ti 含量的增加逐渐增加，CuCrFeNi$_2$、CuCrFe-Ni$_2$Ti$_{0.4}$、CuCrFeNi$_2$Ti$_{0.8}$ 及 CuCrFeNi$_2$Ti$_{1.2}$ 熔覆层的平均硬度分别为 Q235 基体的 1.24 倍、1.47 倍、1.78 倍和 2.70 倍；熔覆层与基体之间存在硬度缓降的过渡区，有利于涂层与基体的结合。

④ CuCrFeNi$_2$Ti$_x$ 体系涂层的磨损抗力优于 Q235 基体，涂层的磨损抗力随着 Ti 含量的增加而提升，CuCrFeNi$_2$、CuCrFeNi$_2$Ti$_{0.4}$、CuCrFeNi$_2$Ti$_{0.8}$ 及 CuCrFeNi$_2$Ti$_{1.2}$ 涂层的磨损抗力分别为 Q235 基体的 1.07 倍、1.19 倍、2.25 倍和 12.73 倍。不含 Ti 的 CuCrFeNi$_2$ 涂层的磨损机理为黏着剥层磨损；少量 Ti 的添加没有改变涂层的磨损机理，CuCrFeNi$_2$Ti$_{0.4}$ 涂层的磨损机理仍然为黏着磨损；当 Ti 含量比例增加 0.8 时，CuCrFeNi$_2$Ti$_{0.8}$ 涂层的磨损机理转变为磨粒磨损；进一步提升 Ti 的比例至 1.2 时，CuCrFeNi$_2$Ti$_{1.2}$ 涂层中生

成了以 FCC 相＋Laves 相为主相，BCC 相和 η 相呈弥散分布的强韧配合的微观组织，使得 $CuCrFeNi_2Ti_{1.2}$ 涂层具有较高强度和硬度的同时，仍然保留了较好的塑性，因此该涂层具有最优的耐磨性，其磨损机理为轻微的磨粒磨损。

⑤ $CuCrFeNi_2Ti_x$ 体系涂层耐蚀抗力均优于 Q235 基体，不同 Ti 含量涂层的自腐蚀电流密度均比 Q235 基体低了一个数量级；随着 Ti 含量的增加，涂层的耐蚀性呈先增后降的趋势，涂层的耐蚀性顺序为 $CuCrFeNi_2Ti_{0.4}$＞$CuCrFeNi_2Ti_{0.8}$＞$CuCrFeNi_2Ti_{1.2}$＞$CuCrFeNi_2$，表明少量 Ti 的添加有助于提升涂层的耐蚀性，主要归因于 Ti 易固溶到晶间富 Cu 相中，降低了基体晶粒与晶间富 Cu 相的电位差，并且 Ti 会形成比 Cu 更稳定的钝化膜；当进一步提升 Ti 含量时，涂层会生成多种贫 Cr 和富 Cr 的组织，使得涂层在腐蚀过程中形成多组复杂的微观腐蚀电池，从而又降低了涂层的耐蚀性。

第三节　$CoCrAl_{0.5}NiCu_{0.5}$ 高熵合金涂层

本章第一节中通过等离子束熔覆制备了 $CoCrFeMnNiTi_x$ 体系高熵合金涂层，研究了 Ti 元素对涂层组织和性能的影响，结果发现随着 Ti 含量的增加，涂层的脆性逐渐增加，当 Ti 的添加比例达到一定值后，涂层中甚至出现了横贯熔覆层的宏观裂纹，对涂层的性能造成不利影响。为缓解 $CoCrFeMnNiTi_x$ 体系涂层的脆性问题，在第二节中通过将 $CoCrFeMnNiTi_x$ 体系中的个别元素进行替换，制备了 $CuCrFeNi_2Ti_x$ 体系的高熵合金涂层，结果表明涂层没有出现明显的裂纹，脆性问题得到了一定的改善，但是随着 Ti 含量的增加，涂层中仍然生成了大量的层片状脆性金属间化合物，如 η 相和 Laves 相，在某些极端的服役工况下，这些脆性相会因应力集中而成为裂纹源，使涂层失效；此外，在高熵合金体系中生成金属间化合物相这也与高熵合金的设计初衷不符。

在高熵效应和迟滞扩散效应的作用下，通过合理的成分设计和优化调控，使高熵合金生成弥散的纳米相，利用纳米相析出沉淀强化不仅可以大幅提升合金的强度，而且对塑性损伤小，这在高熵合金中是一种理想的强化方式。因此，本节在 CoCrFeMnNi 体系的基础上，将 Mn 替换为 Cu，将 Fe 替换为 Al，并降低 Cu 的比例至 0.5 以降低 Cu 的偏析程度，降低 Al 的添加比例至 0.5，使基体本身保持 FCC 结构，从而试图制备出弥散分布的纳米 $L1_2$ 相强化的 FCC 基 $CoCrAl_{0.5}NiCu_{0.5}$ 系高熵合金涂层。

一、实验材料及熔覆工艺

涂层原材料粉末与第一节相同，按照摩尔比 Co-Cr-0.5Al-Ni-0.5Cu 配制混合粉末。设计样品总质量为 30g，计算所需每种粉末的用量分别为：8.23g Co、7.26g Cr、1.88g Al、8.19g Ni、4.44g Cu。混粉方式及熔覆工艺参数均参见第一节。

二、物相及微观组织

1. 物相分析

图 5-43 是原始混合粉末和等离子束熔覆的 $CoCrAl_{0.5}NiCu_{0.5}$ 高熵合金涂层的 XRD 图谱。从混合粉末的 XRD 图谱中可清晰地观察到每种元素（Co、Cr、Cu、Ni、Al）的衍射峰；等离子束熔覆后，从 $CoCrAl_{0.5}NiCu_{0.5}$ 高熵合金涂层的 XRD 图谱中只观察到一套 FCC 固溶体的衍射峰。说明采用等离子束加热熔覆后，各种合金元素之间发生了相互固溶，形成了具有简单 FCC 结构的固溶体组织。进一步观察发现，FCC 的衍射峰在（111）晶面和（200）晶面处呈现出非常明显的择优取向，其归因于非平衡等离子束加热

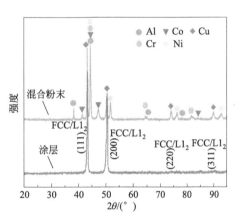

图 5-43　$CoCrAl_{0.5}NiCu_{0.5}$ 高熵合金涂层和原始混合粉末的 XRD 图谱

过程造成巨大的温度梯度，FCC 晶体结构的固溶体在温度梯度的影响下倾向于沿低指数的（111）和（200）晶面择优生长。

2. 微观组织

图 5-44 是等离子束熔覆制备的 $CoCrAl_{0.5}NiCu_{0.5}$ 高熵合金涂层的横截面形貌。图 5-44(a) 是涂层横截面宏观形貌，从图中可看出涂层的厚度为 1.2～1.5mm，熔覆层与基体之间形成了弯曲波浪状的白亮冶金结合线。涂层组织致密，熔覆层及结合区均无明显的孔洞、裂纹等缺陷；熔覆层整体呈现与热流方向平行的枝晶形貌特征，这大体可归因于涂层快的凝固速度，导致结晶之前的液体存在很大的过冷度，一旦开始结晶形核，便可以枝晶的方式快

速发展。为了进一步观察熔覆层不同部位的组织形貌，分别对熔覆层的底部、中部和顶部进行放大观察，分别如图 5-44(b)、(c) 和（d）所示。图 5-44(b) 为靠近涂层底部的 SEM-BSE 图片，从图中可看出，在基体与涂层之间存在一层白亮的平面晶带，这是涂层与基体元素相互扩散形成冶金结合的标志；从平面晶带向上到达涂层的底部，该部位形成了胞状晶组织；继续向上到达涂层的中部，此区域形成了较发达的枝晶组织，如图 5-44(c) 所示；涂层的顶部组织形貌如图 5-44(d) 所示，从图中可看出该部位形成的是等轴树枝晶。

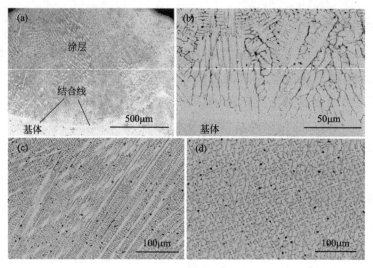

图 5-44　$CoCrAl_{0.5}NiCu_{0.5}$ 高熵合金涂层的横截面形貌

（a）宏观；（b）底部；（c）中部；（d）顶部

在等离子束的作用下，基体金属表面及外加金属粉末一并发生熔化产生熔池，熔池一方面受到惰性保护气体吹动搅拌，另一方面熔池表面存在张力梯度，从而导致熔池内的液体产生剧烈的流动，两方面综合作用能够加速合金元素的扩散。与激光熔覆相比，等离子束斑直径更大，等离子束熔覆形成的熔池要比激光熔覆形成的熔池更大一些，这会使等离子熔池的冷却速度比激光熔池相对更慢一些，这可以延长合金元素的扩散时间，有利于各种元素扩散均匀，且有利于排气浮渣、减少涂层缺陷。尤其对于具有多种元素的高熵合金系统，元素种类多，并且每种元素之间具有不同的原子半径，扩散比普通合金涂层要更困难，因此，适当低的熔池冷却速度有利于生成组织均匀的高熵合金涂层，从这一方面来讲，这也是等离子熔覆制备高熵合金涂层相较于激光熔覆制备的优势之一。

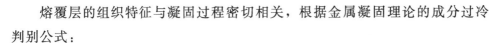

熔覆层的组织特征与凝固过程密切相关,根据金属凝固理论的成分过冷判别公式:

$$\frac{G}{R} \geq \frac{m_L C_0}{D_L} \times \frac{1-K_0}{K_0} \tag{5-1}$$

式中,G 为液相中的温度梯度;R 为凝固速度;D_L 为溶质在液相中的扩散系数;m_L 为液相线斜率;C_0 为合金的成分;K_0 为溶质的平均分配系数。大的凝固速度会导致大的成分过冷倾向,等离子束熔覆过程快速冷却使液态金属产生了很大的实际过冷度,使得晶核向成分过冷深处生长从而形成树枝状晶。熔覆组织形貌主要取决于液相中的温度梯度 G 和凝固速度 R 的变化。温度梯度 G 和凝速度 R 对凝固后晶体的组织形貌的影响如图5-45所示。G/R 是凝固组织生长形态选择的控制参量。在熔池与基体的界面处,受到基体导热的激冷作用,G 很大,而 R 很小趋近于 0,此时 G/R 具有很大的值;另外由于马兰戈尼效应(Maragoni effect)、边界对流效应,熔化后的一薄层基体熔体不能与涂层熔体产生有效的对流混合,仅在极短的时间内发生互扩散,未

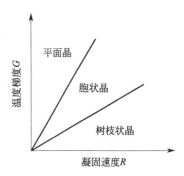

图 5-45　温度梯度与凝固速度
对晶体组织形貌的影响

熔的钢基体处于奥氏体状态,在很大的 G/R 条件下发生外延平面生长,该边界层很薄,约为 $8\mu m$ 的结合带,该结合带就是熔覆层与基体之间的平面晶组织,是它们二者形成冶金结合的标志。当固液界面穿越边界层后,随着 R 的增加和 G 的减小,G/R 逐渐减小,此时熔体组织逐渐形成胞状凸起,具有定向凝固组织特征,生长方向与热流方向平行;从胞状晶区继续向上,R 进一步增加且 G 进一步减小,G/R 进一步降低,此时会发生胞枝转变,形成树枝状或柱状晶,生长方向也与热流方向平行;继续向上到达熔池的顶部,在空气对流冷却的作用下,G 达到最小,R 达到最大,G/R 具有相当小的值,此时,在保护气体吹动搅拌和空气对流冷却的作用下,熔体的凝固不再具有明显的方向性,快速冷却的条件下形成了细小的等轴树枝晶组织。

图 5-46 为 $CoCrAl_{0.5}NiCu_{0.5}$ 系高熵合金涂层横截面的 SEM-BSE 图像以及沿涂层深度方向由基体至熔覆层的 EDS 线扫描分析结果。从 SEM-BSE 图像中 [图 5-46(a)] 可清晰地观察到在熔覆层和基体之间存在一 $20\sim30\mu m$ 宽度的平面晶区;图 5-46(b) 是沿(a)中箭头由基体至熔覆层所有元素的

SEM-EDS 线扫描轮廓；图 5-46（c）~（h）分别为 Co、Cr、Al、Ni、Cu 和
Fe 元素的 EDS 线扫描轮廓，Fe 元素含量由熔覆层至基体逐渐上升，而其他
元素与 Fe 元素变化趋势相反，在每一条 EDS 扫描线上可清晰地观察到在熔
覆层与基体之间，也就是在平面晶区，各种元素的变化呈现出缓慢降低的趋
势而并非陡降，这说明在此区域发生了各种元素的扩散，成为熔覆层和基体
之间的过渡区，进一步证实了熔覆层与基体形成了良好的冶金结合。

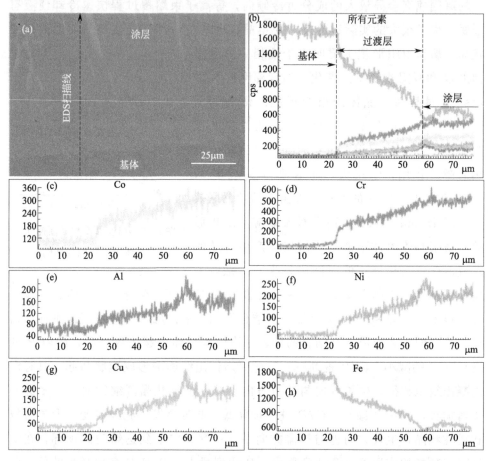

图 5-46　CoCrAl$_{0.5}$NiCu$_{0.5}$ 高熵合金涂层横截面 SEM-BSE 图及 EDS 线扫描分析

（a）SEM-BSE 图；（b）沿（a）箭头方向的所有元素的 EDS 线扫描；

（c）~（h）Co、Cr、Al、Ni、Cu 和 Fe 元素的 EDS 线扫描

图 5-47 是 CoCrAl$_{0.5}$NiCu$_{0.5}$ 高熵合金涂层表面微观组织分析。图 5-47（a）
是涂层表面的 SEM-BSE 图片，右上角插图为局部放大图，组织整体呈现枝
晶形貌，并且存在两种不同的衬度，即灰色的枝晶基体相和白色的枝晶间相。

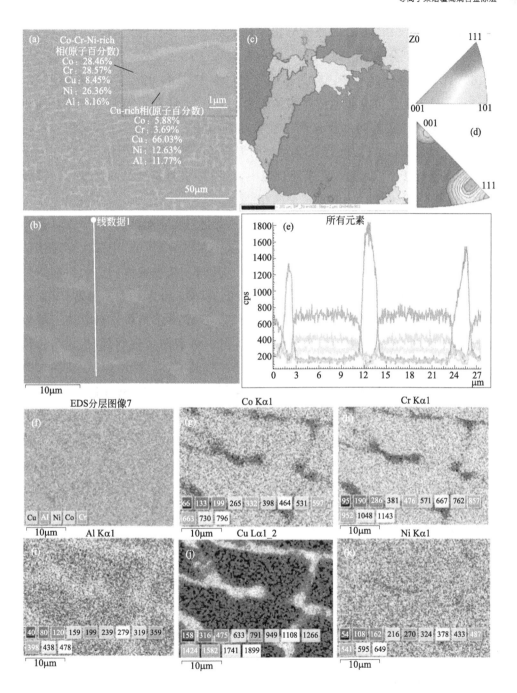

图 5-47　CoCrAl$_{0.5}$NiCu$_{0.5}$ 高熵合金涂层表面微观组织分析

（a）、（b）涂层表面 SEM-BSE 图；（c）、（d）垂直于涂层表面方向获取的 EBSD 反极图；

（e）沿（b）中白线的 SEM-EDS 线扫描轮廓；（f）在（b）中获取的元素信号叠加分布图；

（g）～（k）分别为在（b）中获取的 Co、Cr、Al、Cu 及 Ni 的 SEM-EDS 面扫描元素分布图对二者分别进行 SEM-EDS 成分分析，结果示于图 5-47（a）中，灰色枝晶基体相（原子百分数）：28.46% Co、28.57% Cr、8.45% Cu、26.36% Ni、8.16% Al，白色枝晶间相：5.88% Co、3.69% Cr、66.03% Cu、12.63% Ni、11.77% Al，由此可见灰色枝晶基体相为富 Co-Cr-Ni 相，而白色枝晶晶间相为富 Cu 相。Al 在晶间的含量高于在枝晶基体中，这是因为在 Co-Cr-Al-Ni-Cu 体系中，Cu 和 Al 之间存在唯一负的混合焓，而 Cu 与其他元素之间的混合焓均大于等于 0，因此，在凝固过程中，当 Cu 被推挤到晶间区域时，部分 Al 会被固溶到 Cu 中，一起形成晶间相。

为进一步观察各元素在枝晶和枝晶间的变化趋势，对其进行了 SEM-EDS 线扫描分析，结果如图 5-47（e）所示。扫描线在图 5-47（b）中依次穿过枝晶基体、晶间、枝晶基体、晶间、枝晶基体、晶间、枝晶基体，从线扫描结果轮廓图中可明显看出枝晶基体相富 Co-Cr-Ni，贫 Cu 和 Al，而晶间富 Cu 而贫其他元素；这种元素的分布趋势可被 SEM-EDS 面扫描元素分布图进一步验证，如图 5-47（f）~（k）所示。从元素分布图中可清晰地观察到，Cu 在晶间明显富集，而 Al 在晶间的信号强度略高于在枝晶基体，说明在 Al 在晶间的含量略高于在枝晶基体。SEM-EDS 面扫描得到的结果与上述 EDS 定量成分分析和 EDS 线扫描分析结果相一致。从上述 $CoCrAl_{0.5}NiCu_{0.5}$ 高熵合金涂层表面的微观组织分析可以看出，涂层组织由两种不同衬度的枝晶基体相和枝晶间相构成，但是 XRD 中却只呈现出一套 FCC 的衍射峰，这说明枝晶基体相和枝晶间相具有相同的 FCC 晶体结构，并具有几乎相同的晶格常数，两套 FCC 衍射峰完全叠加，无法区分，这和第二节中 $CuCrFeNi_2Ti_x$ 体系涂层的研究结果相类似。

此外，为了分析涂层表面的结晶取向，对涂层表面进行了电子背散射衍射（EBSD）分析，图 5-47（c）和（d）为在涂层表面一个大扫描区域（1002μm×1000μm，步长 2μm）垂直于涂层表面方向获取的 EBSD 反极图。从反极图中可清晰地看出涂层结晶在（001）和（111）方向具有明显的择优取向，这和上述 XRD 的结果完全一致。

为进一步识别 $CoCrAl_{0.5}NiCu_{0.5}$ 高熵合金涂层的物相和晶体结构，对其进行了 TEM 分析，图 5-48 是 $CoCrAl_{0.5}NiCu_{0.5}$ 高熵合金涂层枝晶基体区的 TEM 分析结果。图 5-48（a）是从涂层表面获取的明场像，结合 TEM-EDS 分析，其包含富 Co-Cr-Ni 的枝晶基体和富 Cu 的枝晶间区，在图中分别标注为 DR 和 ID；图 5-48（b）是从枝晶基体区获取的明场像；图 5-48（c）和（d）

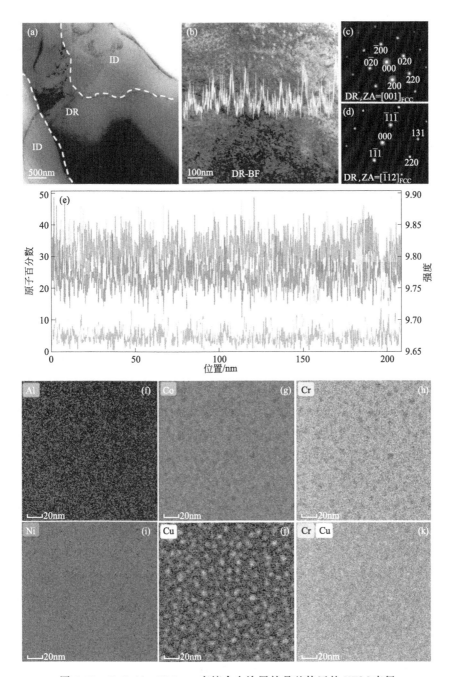

图 5-48　CoCrAl$_{0.5}$NiCu$_{0.5}$ 高熵合金涂层枝晶基体区的 TEM 表征

（a）包含枝晶和晶间区域的 TEM 明场像；（b）枝晶基体的 TEM 明场像；（c）和（d）分别为
枝晶基体沿［001］和［$\bar{1}$12］轴选区电子衍射图谱；（e）枝晶基体的 TEM-EDS 线扫描轮廓；
（f）～（j）分别为枝晶基体的 Al、Co、Cr、Ni 和 Cu 的 STEM-EDS 面扫描元素分布图；
（k）Cr 和 Cu 元素信号叠加的 STEM-EDS 面扫描元素分布图

>>

是枝晶基体区的选区电子衍射结果，可分别标定为 FCC 相沿［001］和
［$\bar{1}$12］轴的电子衍射花样图谱，这进一步证明枝晶基体区是具有 FCC 结构的
固溶体，进一步观察这两个晶轴的衍射斑点，除了 FCC 的主衍射斑点外，没
有发现超晶格衍射斑点及其他额外的斑点，这表明枝晶基体为无序 FCC 结
构，推测其内部没有发生有序化，没有生成有序的沉淀相；图 5-48(e) 是枝
晶基体区的线扫描分析结果，从涂层可看出 Cu 元素线扫描轮廓出现了较大幅
度的波动，而其他元素，尤其是 Co 和 Cr 则呈现出与 Cu 元素相反的波动趋
势，即当 Cu 元素峰强度高时，而其他元素的峰强度则低。为了更加清晰地观
察 Cu 的波动情况，单独将 Cu 的线扫描轮廓提取出来置于图 5-48(b) 中，从
中可以更加明显地观察到 Cu 的线扫描轮廓中存在着纳米尺度的波动，由此可
推测枝晶基体中存在着纳米尺度 Cu 元素的微观偏析。为了验证上述推测，采
用超级能谱（Super-X）对枝晶基体区进行了扫描透射电子显微镜能量分散 X
射线能谱（STEM-EDS）面扫描分析，结果如图 5-48(f)～(k) 所示。从
图 5-48(j) Cu 元素的面扫描分布图中可清楚地观察到 Cu 的球形颗粒沉淀，其
尺度在 5nm 左右；观察其他几种元素的面扫描分布图发现，在富 Cu 纳米沉
淀区，明显的贫 Co 和 Cr，而 Al 和 Ni 元素则在整个扫描区域分布比较均匀，
这表明富 Cu 纳米沉淀贫 Co 和 Cr，但其中溶解了一些 Al 和 Ni，这种现象可
同样从混合焓的角度进行解释。此外，需要说明的是，在 $CoCrAl_{0.5}NiCu_{0.5}$
高熵合金体系中，即便采用具有"快速淬火"效应的等离子束熔覆方法制备
合金涂层，涂层虽然经历了极大冷速（10^3℃/s 以上），但仍然没能抑制 Cu
元素的微观偏析，说明在含 Cu 体系的高熵合金中混合熵很难克服混合焓的影
响。这一现象和 Gwalani 等人的观察结果相类似，其研究了 $Al_{0.3}CuFeCrNi_2$
体系的高熵合金，虽然对高熵合金在高温固溶后进行了急速淬火，仍然观察
到了 Cu 元素的微观偏析，但是这些偏析的纳米尺度的 Cu 沉淀，可作为后续
退火过程中 $L1_2$ 有序相的异质形核点，并对 $L1_2$ 有序相的稳定起到重要作用，
有利于充分发挥 $L1_2$ 有序相对 FCC 基体的沉淀强化作用。

图 5-49 是 $CoCrAl_{0.5}NiCu_{0.5}$ 高熵合金涂层晶间富 Cu 区域的 TEM 分析结
果。图 5-49(a) 是晶间富 Cu 区域的明场像，图 5-49(b) 和 (c) 是晶间富
Cu 区域的选区电子衍射结果，可分别标定为 FCC 相沿［013］和［001］轴的电
子衍射花样图谱，这表明晶间富 Cu 区域的物相也具有 FCC 结构。进一步观察
这两个晶带轴的衍射斑点发现，除了主 FCC 的衍射斑点外，还存在相对微弱的
超晶格衍射斑点，这表明在晶间富 Cu 相中存在 $L1_2$ 有序相。为了观察 $L1_2$ 有序

相，采用图 5-49（b）和（c）中（100）面的超晶格斑点获取对应于图 5-49（a）的暗场像，结果如图 5-49（d）所示。观察发现，在暗场像中存在呈亮色对比度的纳米尺度沉淀相，而这些细小的沉淀相在明场像中无法观察到，因此推测这些由超晶格衍射斑点获取的呈亮色对比度的沉淀相为 $L1_2$ 纳米沉淀。

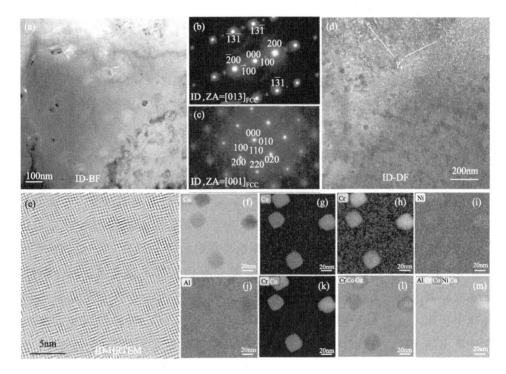

图 5-49　$CoCrAl_{0.5}NiCu_{0.5}$ 高熵合金涂层晶间富 Cu 区域的 TEM 表征结果

（a）晶间区域的 TEM 明场像；（b）晶间区域沿 [013] 轴选区电子衍射图谱；（c）晶间区域沿 [001] 轴选区电子衍射图谱；（d）晶间区域与（a）相对应的 TEM 暗场像；（e）晶间区域的高分辨 TEM 图像；（f）～（j）分别为晶间区域的 Cu、Co、Cr、Ni 和 Al 的 STEM-EDS 面扫描元素分布图；（k）Cr 和 Co 元素信号叠加的 STEM-EDS 面扫描元素分布图；（l）Cr、Co 和 Cu 元素信号叠加的 STEM-EDS 面扫描元素分布图；（m）Cu、Co、Cr、Ni 和 Al 元素信号叠加的 STEM-EDS 面扫描元素分布图

为了进一步确认这些沉淀相晶体结构，对晶间区域进行了高分辨透射电镜（HRTEM）分析，如图 5-49（e）所示。从 HRTEM 图中可明显看出具有有序晶格的沉淀相弥散地嵌入无序的基体中，沉淀相的尺度在 1nm 左右，这进一步证明了晶间富 Cu 基体中弥散分布着纳米尺度的 $L1_2$ 有序沉淀相；仔细观察发现穿过 $L1_2$ 相与 Cu 基体界面的原子平面是连续的，表明 $L1_2$ 相与 Cu 基体是完全共格的。此外，需要特别指出的是，在 HRTEM 图中，还能清晰

地观察到位错和晶格扭曲，这可以解释为：在多主元高熵合金体系中，具有不同原子半径的元素之间相互作用，会引起晶格畸变增加，尤其是 Al 元素的存在，其原子半径与其他元素之间相差较大，Al 元素的固溶会引起更加严重的晶格畸变，从而导致固溶体中位错密度增加；特别是对于具有"快速淬火"效应的等离子束熔覆过程，快速冷却进一步抑制元素扩散，有利于促进过饱和固溶体的形成，从而会进一步增加晶格畸变程度，使位错密度增加。

图 5-49(f)～(m) 为晶间区域的 STEM-EDS 面扫描分析，从中可明显看出晶间区域富集 Cu 元素，此外，还存在少许的富 Co-Cr-Ni 的立方形沉淀，尺寸在 25nm 左右；然而，在用 L1$_2$ 超晶格衍射形成的暗场像中，这些富 Co-Cr-Ni 的沉淀相没有呈现明亮的衬度，结合 STEM-EDS 成分分析，立方形沉淀的成分与枝晶基体的成分几乎完全相同，因此推测这些立方沉淀为无序 FCC 相。其形成原因可从元素之间混合焓的角度进行解释。在等离子束熔覆加热后的冷却过程中，在混合焓的影响下，Cu 被推挤到晶间区域，在高温熔融态或半固态时，Co 和 Cr 在 Cu 中能有一定的固溶度，而在 354.5 ℃ 以上 Cu 和 Ni 又可完全互溶，因此从高温开始冷却过程中，部分 Co、Cr 和 Ni 会固溶到 Cu 中一起被带到晶间区域，但是随着凝固过程中温度的进一步降低，元素之间混合焓所发挥的作用越来越明显，此时 Co、Cr 和 Ni 元素逐渐从 Cu 基体中析出，三者相互固溶，在低温时形成了富 Co-Cr-Ni 的沉淀相。富 Cu 相中析出纳米尺度的 L1$_2$ 相可归因于随着温度的降低，固溶在 Cu 中的 Ni 和 Al 要发生有序化以降低系统的吉布斯自由能，而 Ni 和 Al 之间存在很负的混合焓，二者很容易形成有序化合物；另外由于非平衡等离子束熔覆冷速快的特点，析出的 L1$_2$ 有序沉淀相来不及长大，而只形成了尺度为 1nm 的球形沉淀弥散地分布于 Cu 基体中。尺寸细小，弥散分布的纳米沉淀能够有效阻碍位错运动提升涂层的力学性能。

三、涂层塑性

图 5-50 是 CoCrAl$_{0.5}$NiCu$_{0.5}$ 高熵合金涂层纳米压痕测试结果，主要对熔覆层的枝晶基体区和晶间富 Cu 区进行了测试。图 5-50(a) 和 (b) 分别为采用深度控制模式获取的枝晶基体区和晶间富 Cu 区的载荷位移曲线，对载荷位移曲线进行 Oliver-Pharr 分析方法获取的纳米硬度结果如图 5-50(d) 所示，枝晶基体区和晶间富 Cu 区的纳米硬度值分别为 6.07GPa 和 7.01GPa，晶间富 Cu 区比枝晶基体的纳米硬度高了 15.5%，这可归因于晶间富 Cu 区纳米

L1$_2$ 有序相的沉淀强化及位错强化作用。上述 TEM 和 HRTEM 观察结果表明，晶间富 Cu 基体中弥散分布着尺度为 1nm 左右的 L1$_2$ 沉淀，并且 L1$_2$ 相与 Cu 基体几乎保持完全共格，因此 L1$_2$ 相能有效地阻碍位错运动，能够对 Cu 基体起到有效的沉淀强化作用；此外，在晶间富 Cu 区的 HRTEM 中观察到很多位错，在外加载荷作用下，位错之间会发生堆垛、缠结而使材料发生加工硬化，使材料的强度升高。枝晶基体区微观组织观察表明，虽然在枝晶基体中也弥散分布着富 Cu 沉淀相，但是这些富 Cu 沉淀相是无序相，其硬度和刚度远低于 L1$_2$ 有序相，当位错与富 Cu 沉淀相相互作用时，位错很容易切过，因此对枝晶基体的强化效果不如 L1$_2$ 有序相，因此枝晶基体平均的纳米硬度值比晶间富 Cu 区的低。

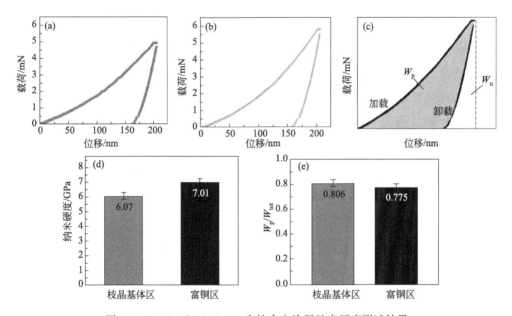

图 5-50　CoCrAl$_{0.5}$NiCu$_{0.5}$ 高熵合金涂层纳米压痕测试结果

（a）枝晶基体区的载荷位移曲线；（b）晶间富 Cu 区的载荷位移曲线；（c）在载荷位移曲线中表示压头做的可逆功（W_u）、不可逆功（W_p）、总功（W_{tot}）、最大压痕深度（h_m）、最终的压痕深度（h_f）；（d）枝晶基体区和晶间富 Cu 区的纳米硬度；（e）枝晶基体区和晶间富 Cu 区 W_p/W_{tot}

　　此外，可以通过分析纳米压痕测试过程中压头所做的功来评价不同区域的塑性。图 5-50(c) 中定义了各种功的参数。加载曲线与 X 轴包围的面积为压头所做的总功（W_{tot}），加载曲线与卸载曲线及 X 轴所包围的面积为不可逆功（W_p），卸载曲线与 X 轴所包围的面积为可逆功（W_u），三者之间的关系为 $W_{tot} = W_p + W_u$。总功（W_{tot}）是当压头到达最大深度（h_m）后引起的总的

弹性及塑性变形，可表达为：

$$W_{tot} = \int_0^{h_m} F \, dh \tag{5-2}$$

式中，F 代表施加载荷；h 代表位移；h_m 为最大压痕深度。

可逆功或弹性功（W_u），可表达为：

$$W_u = \int_{h_f}^{h_m} F \, dh \tag{5-3}$$

式中，h_f 为最终的压痕深度。因此，对于一个完整的加载和卸载过程，不可逆功或塑性功（W_p）与总功 W_{tot} 的比值可表达为：

$$\frac{W_p}{W_{tot}} = \frac{W_{tot} - W_u}{W_{tot}} = \frac{\int_0^{h_m} F \, dh - \int_{h_f}^{h_m} F \, dh}{\int_0^{h_m} F \, dh} \tag{5-4}$$

W_p/W_{tot} 比值常用于定性表征材料的延性，W_p/W_{tot} 比值越高，延性越好。结合图 5-50(a) 和（b）中枝晶基体和晶间富 Cu 区的载荷位移曲线，计算了这两个区域的 W_p/W_{tot} 比值，如图 5-50(e) 所示。枝晶基体和晶间富 Cu 区的 W_p/W_{tot} 值分别为 0.806 和 0.775，枝晶基体区的 W_p/W_{tot} 值比晶间富 Cu 区略大，表明枝晶基体区虽然纳米硬度相对晶间区富 Cu 区较低，但是它具有相对更好的塑性，其可归因于枝晶基体是由无序的 FCC 基体和无序的 FCC 富 Cu 沉淀构成，两种物相均为无序的 FCC 固溶体，变形过程中滑移系较多，因而具有良好的塑性。

小　结

本节在 CoCrFeMnNi 体系的基础上，将 Mn 替换为 Cu，将 Fe 替换为 Al，并将 Cu 和 Al 的添加比例均降至 0.5，采用等离子束熔覆制备了 CoCrAl$_{0.5}$NiCu$_{0.5}$ 高熵合金涂层，并对 CoCrAl$_{0.5}$NiCu$_{0.5}$ 高熵合金涂层的微观组织做了全面的表征，系统地研究和讨论了熔覆层中沉淀相特征及成核机理，研究了涂层的力学性能。

① 等离子束熔覆制备的 CoCrAl$_{0.5}$NiCu$_{0.5}$ 高熵合金涂层厚度大约为 1.2～1.5mm，熔覆层与基体之间形成了一层平面晶组织，为冶金结合的标志。涂层底部、中部和顶部在温度梯度和凝固速度的双重影响下分别形成了胞状晶、发达的树枝晶及等轴树枝晶；涂层致密无缺陷。

② CoCrAl$_{0.5}$NiCu$_{0.5}$ 熔覆层包含富 Co-Cr-Ni 枝晶的基体相和富 Cu 晶间

相，两者具有相同 FCC 的晶体结构和几乎相同的晶格常数；枝晶基体内部含有尺度在 5nm 左右的无序 FCC 结构的富 Cu 沉淀相，晶间富 Cu 基体内弥散分布着大量尺度为 1nm 左右的有序 $L1_2$ 沉淀相和少量尺度为 25nm 左右的富 Co-Cr-Ni 的无序 FCC 结构沉淀相。

③ 枝晶基体区和晶间富 Cu 区的纳米硬度值分别为 6.07GPa 和 7.01GPa，晶间富 Cu 区比枝晶基体区的纳米硬度高归因于晶间富 Cu 区纳米 $L1_2$ 有序相的沉淀强化及位错强化作用；枝晶基体区的塑性略优于晶间富 Cu 区。

第四节　$Cu_{0.5}CrAlFeNiTi_x$ 系高熵合金涂层

本节以第二节研究的 $CuCrFeNi_2Ti_x$ 体系和第三节研究的 $CoCrAl_{0.5}NiCu_{0.5}$ 体系为基础，保留涂层中 Cu 元素可以改善涂层的脆性，但为降低其偏析程度，其比例定为 0.5；将 Al 的比例提升至 1，优化涂层的物相组成及增加 Al 的固溶度，以进一步提升涂层的硬度和强度；从成本角度考虑，保留廉价的 Fe 元素，而去除成本昂贵的 Co 元素，从而得到 $Cu_{0.5}CrAlFeNi$ 体系；为与 $CoCrFeMnNiTi_x$ 和 $CuCrFeNi_2Ti_x$ 体系形成对比，同时在 $Cu_{0.5}CrAlFeNi$ 体系中添加与 $CoCrFeMnNiTi_x$ 和 $CuCrFeNi_2Ti_x$ 体系一系列相同比例的 Ti 元素，采用等离子束熔覆制备 $Cu_{0.5}CrAlFeNiTi_x$（$x=0,0.4,0.8,1.2$）系高熵合金涂层，研究元素替换优化及 Ti 含量对涂层结构与性能的影响。

一、实验材料及熔覆工艺

涂层原材料粉末与第一节相同，按照摩尔比 $Cu_{0.5}CrAlFeNiTi_x$（$x=0, 0.4,0.8,1.2$）配制混合粉末，计算所需每种粉末的用量，设计每种样品总质量为 30g，计算所得各原料用量如表 5-13 所示。混粉方式及熔覆工艺参数均参见第一节。

表 5-13　等离子束熔覆 $Cu0.5CrAlFeNiTi_x$ 系高熵合金涂层的原始粉末用量

HEA 涂层	Cu/g	Cr/g	Al/g	Fe/g	Ni/g	Ti/g	总质量/g
$Cu_{0.5}CrAlFeNi$	4.23	6.92	3.59	7.43	7.81	0	30
$Cu_{0.5}CrAlFeNiTi_{0.4}$	3.90	6.38	3.31	6.85	7.20	2.35	30
$Cu_{0.5}CrAlFeNiTi_{0.8}$	3.62	5.92	3.07	6.36	6.68	4.36	30
$Cu_{0.5}CrAlFeNiTi_{1.2}$	3.37	5.52	2.86	5.93	6.23	6.09	30

二、物相及微观组织

1. 物相分析

图 5-51 是 $Cu_{0.5}CrAlFeNiTi_x$（$x=0,0.4,0.8,1.2$）系高熵合金涂层的 XRD 图谱，图 5-51（b）对应于图 5-51（a）中 $2\theta=42°\sim46°$ 之间的局部放大图。从图 5-51（a）中可看出，当涂层体系中不含 Ti 元素，涂层的主相为 BCC/B2 混合相，此外，还出现了一套 FCC 衍射峰，在低角度 $2\theta=31.1°$ 处呈现出的超晶格衍射峰可归因于 B2 相的（100）晶面的衍射。添加 Ti 元素后，涂层中 B2 相的衍射峰消失，出现了 $L2_1$ 相（Huesler-like 相）的衍射峰，并且涂层的主相转变为了 $L2_1$ 相；随着 Ti 含量的增加 $L2_1$ 相衍射峰强度逐渐增加，BCC 和 FCC 衍射峰的强度逐渐降低，表明随 Ti 含量的增加，$L2_1$ 相的含量逐渐增加，BCC 和 FCC 相的含量逐渐降低。与 PDF 卡片对比发现，本研究的 $L2_1$ 相具有 Ni_2AlTi 型，其空间群为 $Fm\text{-}3m$（225），具有有序 BCC 结构，采用外推法和最小二乘法计算得到的晶格常数大约为 0.588nm，在低角度 $2\theta=26.2°$ 和 30.4° 处呈现出的超晶格衍射峰，可分别归因于 $L2_1$ 有序相的（111）和（200）晶面的衍射；$L2_1$ 相具有良好的铁磁性能，并且具有比有序 B2 相更加优良的蠕变抗力，被广泛应用于航空航天领域，如飞机发动机。从 XRD 图谱观察可知，$Cu_{0.5}CrAlFeNiTi_{0.4}$ 和 $Cu_{0.5}CrAlFeNiTi_{0.8}$ 涂层物相种类相同，只是衍射峰的强度不同；而当 Ti 比例含量升至 1.2 时，$Cu_{0.5}CrAlFeNiTi_{1.2}$ 涂层中除了 $L2_1$ 相、BCC 相和 FCC 相外，还出现了 Laves 相，该 Laves 相的衍射峰除个别

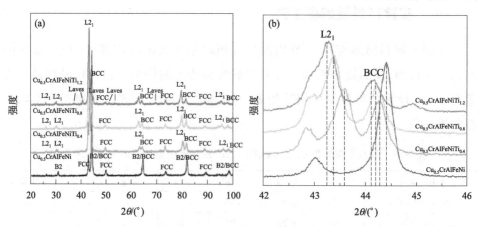

图 5-51　$Cu_{0.5}CrAlFeNiTi_x$ 系高熵合金涂层的 XRD 图谱（a）和
XRD 图谱 X 轴方向局部放大图（b）

角度处不明显以外，其他衍射峰的位置和数量与 CoCrFeMnNiTi$_x$ 和 CuCrFeNi$_2$Ti$_x$ 中的 Laves 相的衍射峰相同，因此推测三种体系的 Laves 相具有相同的晶体结构，为同一种物相，只是可能元素比例略有不同。

从图 5-51(b) 中 $2\theta = 42°\sim46°$ 之间的局部放大图可看出，晶面指数为 (220) 的 L2$_1$ 相和晶面指数为 (110) 的 BCC 相的衍射峰的角度随 Ti 含量的增加均逐渐左移；布拉格衍射角减小，表明 L2$_1$ 相和 BCC 相的晶格常数随 Ti 的增加而逐渐增大，其原因与 CoCrFeMnNiTi$_x$ 和 CuCrFeNi$_2$Ti$_x$ 体系中 FCC 固溶体的晶格常数增大的原因相同。

2. 微观组织

图 5-52 是等离子束熔覆制备的 Cu$_{0.5}$CrAlFeNiTi$_x$ 系高熵合金涂层的横截面 SEM 宏观形貌。涂层厚度大约为 $1.5\sim2$mm，在涂层与基体之间形成了弯曲波浪状的冶金结合线。当 Ti 的比例为 0、0.4 和 0.8 时，涂层致密，熔覆层及结合区均无明显的孔洞、裂纹等缺陷；当 Ti 的比例为 1.2 时，在熔覆层顶部区域可观察到少许的裂纹，如图 5-52(d) 中右上角局部放大图所示。根据在第一节中对 CoCrFeMnNiTi$_{1.2}$ 涂层分析，推测 Cu$_{0.5}$CrAlFeNiTi$_{1.2}$ 出现裂纹也是由此时涂层的脆性增加以及涂层与基体的热膨胀系数差异增大造成的。

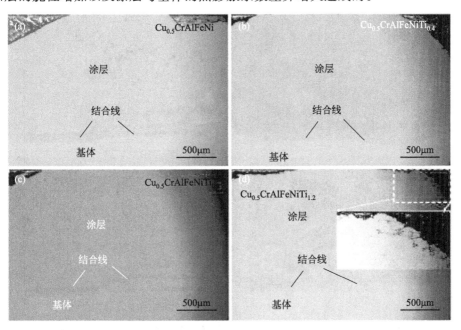

图 5-52 Cu$_{0.5}$CrAlFeNiTi$_x$ 系高熵合金涂层的横截面 SEM 宏观形貌

(a) Cu$_{0.5}$CrAlFeNi；(b) Cu$_{0.5}$CrAlFeNiTi$_{0.4}$；(c) Cu$_{0.5}$CrAlFeNiTi$_{0.8}$；(d) Cu$_{0.5}$CrAlFeNiTi$_{1.2}$

图 5-53 为 $Cu_{0.5}CrAlFeNiTi_x$ 系高熵合金涂层横截面的 SEM-BSE 图像，以及各自对应的沿涂层深度方向由涂层至基体的 EDS 线扫描分析结果。观察

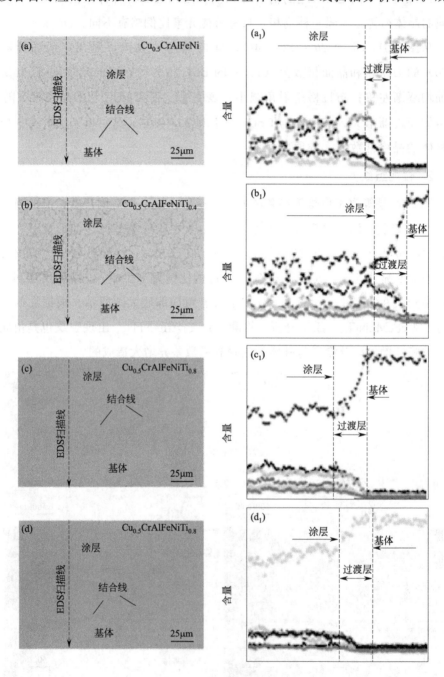

图 5-53 $Cu_{0.5}CrAlFeNiTi_x$ 系高熵合金涂层的横截面 SEM-BSE 图及 EDS 线扫描分析
(a) 和 (a_1) Ti_0; (b) 和 (b_1) $Ti_{0.4}$; (c) 和 (c_1) $Ti_{0.8}$; (d) 和 (d_1) $Ti_{1.2}$

横截面的 SEM-BSE 图像发现，当 Ti 含量为 0 和 0.4，涂层与基体的结合线比较明显；而当 Ti 含量为 0.8 和 1.2 时，涂层基体之间的结合线不易被观察到，这可能归因于随 Ti 含量升高，稀释率有所增大，具体原因在第二节中相应的位置已做了解释。观察沿涂层至基体的线扫描元素分布，与 CoCrFeMn-NiTi$_x$ 和 CuCrFeNi$_2$Ti$_x$ 体系类似，均呈现 Fe 元素含量由涂层至基体逐渐上升，而其他元素与 Fe 元素变化趋势相反，并且各种元素的含量变化在涂层/基体界面处并非陡降，而是存在一缓慢变化的过渡层，说明在等离子束熔覆过程中，涂层和基体的元素发生了相互扩散，这进一步验证了涂层与基体之间形成了冶金结合。此外，观察比较各体系线扫描中 Fe 元素相对含量可以看出，随着 Ti 含量的升高，熔覆层中 Fe 含量有上升的趋势，这进一步说明随 Ti 含量升高，涂层的稀释率有所增大。

（1）Cu$_{0.5}$CrAlFeNi　图 5-54 是 Cu$_{0.5}$CrAlFeNi 高熵合金涂层表面 SEM-BSE 微观组织照片。图 5-54（a）和（b）分别是未腐蚀的低倍和高倍 BSE 形貌。从未腐蚀的形貌来看，涂层存在两种不同衬度的组织，即灰色的晶粒相和白色的晶间相。分别对两相进行 EDS 成分分析（如表 5-14 所示）表明，灰

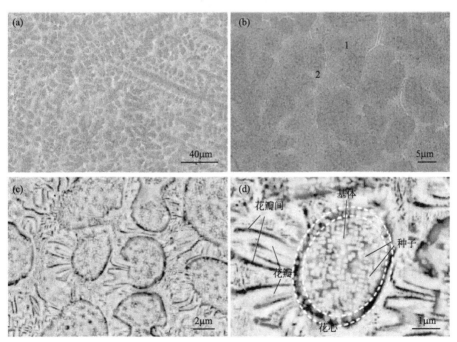

图 5-54　Cu$_{0.5}$CrAlFeNi 高熵合金涂层表面 SEM-BSE 微观组织图

（a）和（b）分别为未腐蚀的低倍和高倍 BSE 形貌；（c）和（d）为用王水腐蚀后的低倍和高倍 BSE 形貌

色晶粒相富 Fe-Cr，晶间白色相富 Cu，观察两相的含量发现基体晶粒相所占的面积远大于晶间富 Cu 相，因此富 Fe-Cr 相为主相，再结合 XRD 结果以及第二和第三节对晶间富 Cu 相的研究，初步推测基体晶粒相为 BCC/B2 相，晶间为富 Cu 的 FCC 相。对未腐蚀的组织进行 EDS 面扫分析，结果如图 5-55 所示，图 5-55(a) 是 SEM-BSE 微观组织照片，图 5-55(b)~(f) 分别为 Cu、Al、Cr、Fe 和 Ni 的 EDS 元素分布图。从各元素分布图可明显看出，晶间区域明显富集 Cu 元素，并且还固溶了一定的 Ni 和 Al，基体晶粒主要富集 Fe 和 Cr，和上述 EDS 定量成分分析结果相一致，但是关于晶内和晶间具体物相以及它们的晶粒结构，还需更加详细的表征加以判定。

表 5-14 $Cu_{0.5}CrAlFeNi$ 高熵合金涂层不同区域的元素含量

图 5-54 区域	元素(原子百分数)/%				
	Cu	Cr	Al	Fe	Ni
名义上	11.20	22.20	22.20	22.20	22.20
1	7.28	35.55	11.45	31.53	14.19
2	50.65	2.79	20.24	6.52	19.80
花瓣相	22.19	10.06	25.9	13.34	28.50
花瓣间	5.23	35.20	11.52	34.77	13.28
种子	8.92	10.81	33.74	12.61	33.92
基体	5.08	34.27	12.59	34.89	13.16

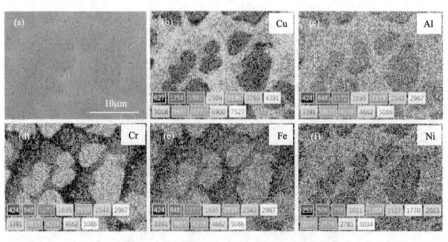

图 5-55 $Cu_{0.5}CrAlFeNi$ 高熵合金涂层表面 SEM-BSE 图及对应的 EDS 面扫描图

(a) SEM-BSE 图；(b)~(f) Cu、Al、Cr、Fe、Ni 的 EDS 面扫描

图 5-55(c) 和 (d) 是 $Cu_{0.5}CrAlFeNi$ 涂层用王水腐蚀后 BSE 形貌。观察

腐蚀后的形貌发现，涂层组织是由多个共晶晶粒或共晶团构成的，每个共晶团具有相似的微观结构，即片状共晶组织径向生长在球形或椭球形组织上，在球形或椭球形组织中出现大量细尺度的立方形沉淀颗粒；每个共晶团很像一个太阳花，层片共晶组织构成了太阳花的花瓣和花瓣间，球形或椭球形组织构成了太阳花的花心位置，而细尺度的立方形沉淀颗粒则构成了太阳花的种子；这种太阳花状结构基本上可以代表所有共晶晶粒的形态，各个共晶晶粒之间的主要区别在于花朵的大小和形状。图 5-56 是一个典型的太阳花状组织的 SEM-BSE 图及对应的面扫描图，给出了一个共晶团的各部位的元素分布情况，从图中可大致看出，花心和花瓣间部位富集 Fe-Cr，而花瓣富集 Cu-Al-Ni，但是对花心里面种子及基体所富集的元素无法辨认清楚。对花朵各个部位进行 SEM-EDS 成分分析，结果如表 5-14 所示。从表中可以看出，与合金的名义成分相比，花瓣相（Petal）富集 Cu-Al-Ni，花瓣间（Inter-petal）富集 Fe-Cr，花心中的种子（Seeds）富集 Ni-Al，花心中的基体（Matrix）富集 Fe-Cr，各部位晶体结构需采用 TEM 做进一步判断。

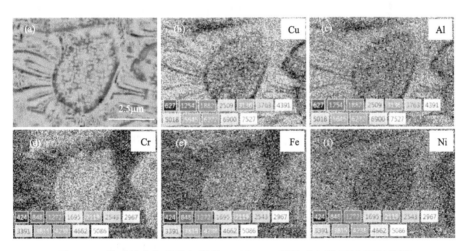

图 5-56　典型的太阳花状组织的 SEM-BSE 图及对应的 EDS 面扫描图

（a）SEM-BSE 图；（b）～（f）Cu、Al、Cr、Fe、Ni 的 EDS 面扫描

图 5-57 是一个典型的共晶晶粒太阳花状组织的 HAADF-STEM 微观形貌。图 5-57（a）是共晶晶粒的 HAADF-STEM 整体形貌，从图中可明显看出一个太阳花状的结构形貌，花心呈椭圆盘状，里面分布有细尺度的种子，细尺度的共晶组织构成了太阳花的花瓣和花瓣间。图 5-57（b）是对花心内部的局部放大图，可清晰地观察到立方形的种子在里面均匀分布，经统计，立方

形种子的平均边长大约为 140nm。图 5-57（c）是花瓣/花瓣间区域的 HAADF-STEM 形貌，从图中可看出，花瓣的宽度相对较大，而花瓣间的宽度相对较小；为进一步观察花瓣形貌，对其进行放大，如图 5-57（e）所示，在花瓣相内部可清晰地观察到亮白色的条状沉淀相，其与花瓣相的生长方向平行分布，而在花瓣间内部没有观察到沉淀的存在。对花心内部的种子进一步放大观察，如图 5-57（d）所示，发现在立方形的种子内部还分布着尺度更加细小的球形深灰色沉淀相，其具体的成分和结构将在后面做进一步分析。通过上述观察可总结出，$Cu_{0.5}CrAlFeNi$ 高熵合金涂层是由多个太阳花状的共晶团组织构成，花心内部存在多级纳米沉淀，而花瓣中也存在条状的纳米沉淀。

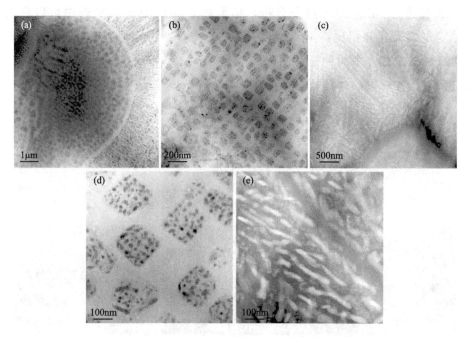

图 5-57　太阳花状组织的 HAADF-STEM 微观形貌

（a）整体形貌；（b）花心种子形貌；（c）花瓣和花瓣间形貌；

（d）高倍下花心种子形貌；（e）高倍下花瓣和花瓣间形貌

采用 STEM-EDS 面扫分析进一步确定花心中立方形种子及基体的元素分布，如图 5-58 所示。图 5-58（a）为花心区域的 HAADF-STEM 图像，图 5-58（b）～（f）分别对应于 Al、Cr、Cu、Ni 和 Fe 的元素分布图，图 5-58（g）为 Al、Cr、Cu、Ni 和 Fe 元素信号叠加的分布图，图 5-58（h）为 Al、Cu、Ni 元素信号叠加的分布图，而图 5-58（i）为 Cr 和 Fe 元素信号叠加的分布图。从以

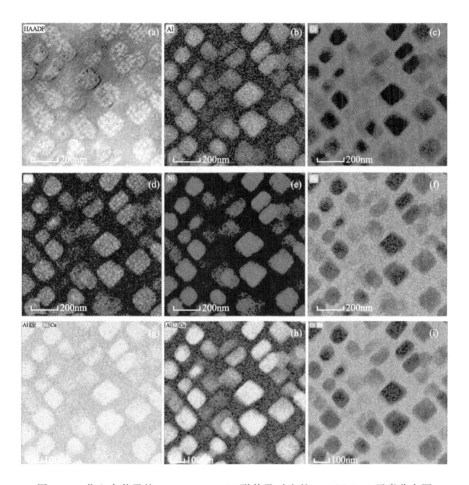

图 5-58　花心中种子的 HAADF-STEM 形貌及对应的 STEM-EDS 元素分布图
（a）HAADF-STEM 微观形貌；（b）～（f）分别为 Al、Cr、Cu、Ni 和 Fe 的元素分布图；
（g）Al、Cr、Cu、Ni 和 Fe 叠加的元素分布图；（h）Al、Cu 和 Ni 叠加的元素分布图；
（i）Cr 和 Fe 叠加的元素分布图

上元素分布图可以清晰地观察到，立方形种子富集 Al-Ni-Cu，而基体富集 Cr-Fe。对种子和基体做进一步的 STEM-EDS 成分分析，如图 5-59 所示。图 5-59（a）为花心区域的高角度环形暗场扫描透射电子显微镜（HAADF-STEM）图像，图 5-59（b）和（c）分别对应于种子和基体的 STEM-EDS 成分分析结果，种子的平均成分（原子百分数）为：32.65% Al、1.24% Cr、16.80% Cu、5.82% Fe 和 43.49% Ni，与涂层的名义成分相比，种子富集大量的 Al 和 Ni，而 Cu 元素的含量也略高于名义成分，而 Cr 和 Fe 的含量远低于名义成分，与 STEM-EDS 面扫分析结果相一致。进一步观察种

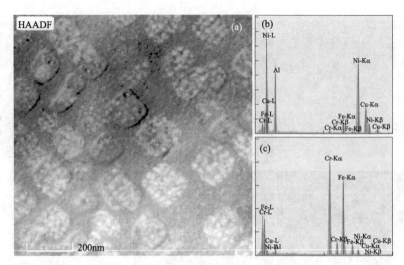

图 5-59　花心中种子的 HAADF-STEM 形貌 (a) 以及
种子和基体的 STEM-EDS 成分分析 (b)、(c)

子的成分分布，其可以写为 $(Ni,Fe,Cr)_{50}(Al,Cu)_{50}$，结合 XRD 分析，该涂层的主相为 BCC/B2 相，初步推断种子为富 Ni-Al 型的 B2 有序固溶体。种子周边的基体的成分（原子百分数）为：2.82% Al、50.21% Cr、1.71% Cu、42.13% Fe 和 3.13% Ni，由此可见，基体中富集大量的 Cr 和 Fe，二者占成分的 92.34%，其大致可以写为 $Cr_{50}(Al,Cu,Fe,Ni)_{50}$，结合 XRD，初步推断其为富 Fe-Cr 型的无序 BCC 固溶体，其具体的晶体结构后续通过选区电子衍射（SAED）做进一步的判断。

通过上述图 5-57(d) 中对高倍下花心种子形貌观察可知，在立方形种子内部弥散分布着尺度更加细小的沉淀相，因此，对一个典型的种子进行放大观察，其 HAADF-STEM 图像如图 5-60(a) 所示，从图中可观察到弥散分布在立方种子中的球形沉淀平均粒径大约为 14nm。图 5-60(b)～(i) 为对应的 STEM-EDS 面扫分析结果。图 5-60(b)～(f) 分别对应于 Al、Cr、Cu、Ni 和 Fe 的元素分布图，图 5-60(g) 为 Al、Cr、Cu、Ni 和 Fe 元素信号叠加的分布图，图 5-60(h) 为 Cu 和 Ni 元素信号叠加的分布图，而图 5-60(i) 为 Cr、Fe 和 Cu 元素信号叠加的分布图。从以上元素分布图可以清晰地观察到，立方沉淀整体富集 Ni 和 Al，贫 Fe-Cr，而球形沉淀明显地富集 Cu 元素。

对立方形种子内部的球形沉淀和基体做进一步的 STEM-EDS 成分分析，如图 5-61 所示。图 5-61(a) 为种子内部的 HAADF-STEM 图像，图 5-61(b) 和 (c) 分别对应于种子内部球形沉淀和基体的 STEM-EDS 成分分析结果，

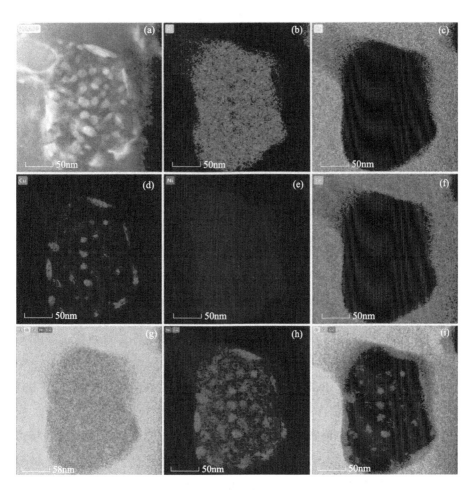

图 5-60　种子内部的 HAADF-STEM 形貌及对应的 STEM-EDS 元素分布图

(a) HAADF-STEM 微观形貌；(b)～(f) 分别为 Al、Cr、Cu、Ni 和 Fe 的元素分布图；

(g) Al、Cr、Cu、Ni 和 Fe 叠加的元素分布图；(h) Cu 和 Ni 叠加的元素分布图；

(i) Cu、Cr 和 Fe 叠加的元素分布图

球形沉淀的平均成分（原子百分数）为：22.43% Al、6.84% Cr、42.23% Cu、8.07% Fe 和 20.43% Ni，与涂层的名义成分相比，球形沉淀富集大量的 Cu 元素，对 Ni 和 Al 也有一定的固溶度；基体的平均成分（原子百分数）为：38.41% Al、0.94% Cr、13.06% Cu、5.89% Fe 和 41.71% Ni，与名义成分相比，基体富集大量的 Ni 和 Al 元素。通过上述对立方形种子的 STEM 观察分析可总结出，立方形种子并非单纯的固溶体组织，其整体为富 Ni-Al 相，而在其内部析出了尺度更加细小的富 Cu 的纳米球形沉淀相。

为进一步确定花心内部物相的晶体结构，对种子进行 TEM 分析，结果

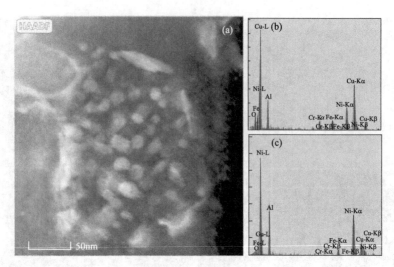

图 5-61　种子内部的 HAADF-STEM 形貌（a）以及内部球形沉淀和
基体的 STEM-EDS 成分分析（b）、（c）

如图 5-62 所示。图 5-62(a) 为花心区域的 TEM 明场像，对包含立方形种子和周边基体的区域进行选区电子衍射分析，结果如图 5-62(b) 所示，主衍射斑点可确定该区域具有 BCC 结构，此外，除主衍射斑点外，衍射图谱中还呈现出 {001} 晶面的超晶格衍射，表明存在有序 BCC（B2）结构。应用 {001} 晶面的超晶格衍射斑点获取的暗场像如图 5-62(c) 所示，从暗场像可清晰地观察到富 Ni-Al 立方形种子呈现出明亮的对比度，而富 Fe-Cr 的基体区则呈现昏暗的对比度，再结合 XRD 和上述 STEM-EDS 分析，从而确定了立方形种子为有序的 B2 相，对应于 XRD 中的 B2 相衍射峰，而基体区域则是富 Fe-Cr 的无序 BCC 相，对应于 XRD 中的 BCC 相的衍射峰，从衍射斑点可判断 BCC 和 B2 相具有几乎相同的晶格常数，并且二者保持 cube-on-cube 的完全共格关系。图 5-62(d) 是一个立方形种子的 HRTEM 图像，从图中可清晰地观察到立方形的种子嵌入基体中，种子内部分布着球形或椭球形的沉淀颗粒；随机挑选一个球形颗粒对其进行放大 HRTEM 观察，结果如图 5-62(e) 所示，发现球形颗粒呈现无序结构；对其进行快速傅里叶变换（FFT）得到的电子衍射图谱如图 5-62(f) 所示，经计算标定，该图谱可标定为 FCC 结构相沿 $[\bar{1}11]$ 晶轴的衍射斑点，并且没有呈现超晶格衍射，表明球形沉淀是具有无序 FCC 结构的富 Cu 相。

　　花瓣和花瓣间区域的 HAADF-STEM 形貌和对应的 STEM-EDS 面扫分

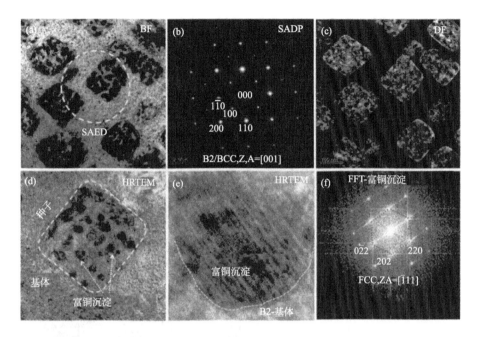

图 5-62　种子的 TEM 表征

(a) TEM 明场像；(b) 包含种子和基体区域的选区电子衍射图谱；(c) 运用 (b) 中 {001} 晶面
超晶格衍射获取的对应 (a) 图的暗场像；(d) 种子的 HRTEM 图像；(e) 种子内部富 Cu 沉淀
颗粒嵌入 B2 基体的 HRTEM 图像；(f) 对富 Cu 沉淀颗粒的 HRTEM 图像进行 FFT 获取的衍射斑点

析结果如图 5-63 所示。图 5-63(a) 为花瓣和花瓣间区域的 HAADF-STEM
图像，图 5-63(b)～(f) 分别对应于 Al、Cr、Cu、Ni 和 Fe 的元素分布图，
图 5-63(g) 为 Al、Cr、Cu、Ni 和 Fe 元素信号叠加的分布图，图 5-63(h) 为
Al、Cu、Ni 元素信号叠加的分布图，而图 5-63(i) 为 Cr 和 Fe 元素信号叠加
的分布图。从以上元素分布图可以清晰地观察到，花瓣区域富集 Ni 和 Al，
而在富 Ni-Al 的花瓣基体中还分布着富 Cu 的条状沉淀相，而花瓣间区域很
明显富集 Cr 和 Fe，贫其他元素。对花瓣和花瓣间的物相进行进一步的
STEM-EDS 成分分析，结果如图 5-64 所示。图 5-64(a) 为包含花瓣和花瓣间
区域的 HAADF-STEM 图像，图 5-64(b)～(d) 分别对应于花瓣间、花瓣
基体和花瓣内的条状沉淀相的 STEM-EDS 成分分析结果。花瓣间的平均成
分（原子百分数）为：3.04% Al、45.08% Cr、2.69% Cu、46.29% Fe 和
2.90% Ni，与涂层的名义成分相比，花瓣间富集大量的 Fe 和 Cr，二者占总
成分的 91.37%，其与花心中基体区域具有相似的成分水平，推断二者具有
相同的晶体结构，均为富 Fe-Cr 型的无序 BCC 固溶体；花瓣基体的平均成分

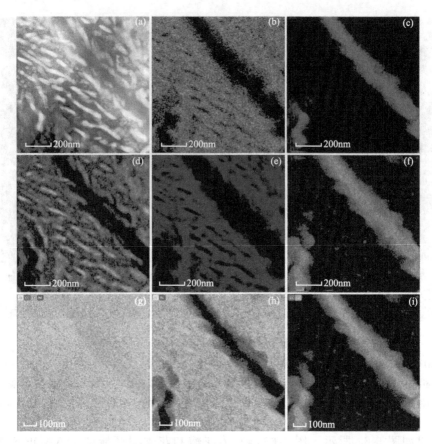

图 5-63　花瓣和花瓣间区域的 HAADF-STEM 形貌及对应的 STEM-EDS 面扫描元素分布图

(a) HAADF-STEM 形貌；(b)～(f) 分别为 Al、Cr、Cu、Ni 和 Fe 的元素分布图；(g) Al、Cr、Cu、Ni 和 Fe 叠加的元素分布图；(h) Al、Cu 和 Ni 叠加的元素分布图；(i) Cr 和 Fe 叠加的元素分布图

（原子百分数）为：33.13％ Al、1.25％ Cr、18.01％ Cu、7.22％ Fe 和 40.39％ Ni，与名义成分相比，花瓣基体富集大量的 Al 和 Ni，而 Cu 元素的含量也略高于名义成分，而 Cr 和 Fe 的含量远低于名义成分，根据各元素的成分含量，其可以写为 $(Ni, Fe, Cr)_{50}(Al, Cu)_{50}$，其与花心的种子的成分分布非常相似，推测花瓣基体与花心的种子具有相同的晶体结构，均为富 Ni-Al 型的 B2 有序固溶体；花瓣内条状沉淀相的平均成分（原子百分数）为：20.79％ Al、0.94％ Cr、55.33％ Cu、3.06％ Fe 和 19.87％ Ni，与名义成分相比，条状沉淀富集大量的 Cu 元素，对 Ni 和 Al 也有一定的固溶度，其与花心种子内部的球形沉淀具有相似的成分水平，推断条状沉淀与种子中的球形沉淀为同一种物相，以上花瓣和花瓣间区域的物相将采用 TEM 和

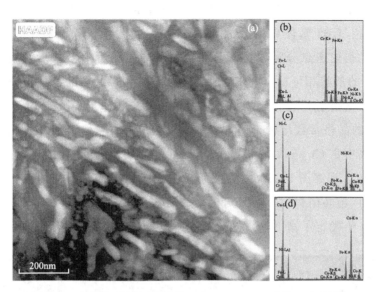

图 5-64　花瓣和花瓣间区域的 HAADF-STEM 形貌 （a）以及
STEM-EDS 成分分析 （b）花瓣间、（c）花瓣基体和 （d）富铜沉淀

HRTEM 做进一步的判断。

　　为进一步确定花瓣和花瓣间区域物相的晶体结构，对其进行 TEM 分析，结果如图 5-65 所示。图 5-65(a) 是富 Fe-Cr 的花瓣间区域的选区电子衍射结果，该衍射斑点可标定为 BCC 结构相沿 [011] 晶轴的衍射图谱，并且没有出现额外的超晶格斑点，表明富 Fe-Cr 的花瓣间相是具有 BCC 结构的固溶体；应用衍射斑点计算该相的晶格常数大约为 0.289nm，与花心内的富 Fe-Cr 基体相的晶格常数几乎相同，从而确定，花瓣间相与花心基体相是同一种物相。图 5-65(b) 是花瓣的选区电子衍射结果，主衍射斑点可确定该区域具有 BCC 结构，除主衍射斑点外，衍射图谱中出现的 {001} 晶面的超晶格衍射表明存在有序的 B2 结构。图 5-65(c) 是花瓣区域的 TEM 明场像，应用 {001} 晶面超晶格点获取的对应明场像的暗场像如图 5-65(d) 所示，从暗场像中可观察到花瓣基体呈现明亮对比度，而那些条状沉淀相则呈现昏暗的对比度，这表明基体为有序的 B2 相，而条状沉淀相与基体不是同一种物相。应用衍射斑点计算得到的花瓣基体的晶格常数与花心立方形种子的晶格常数几乎相同，从而确定花瓣基体与花心种子是同一种物相，均为富 Ni-Al 的有序 B2 固溶体。

　　为进一步确定花瓣中条状相的晶体结构对其 HRTEM 分析，图 5-65(e)

给出了一个富 Cu 的条状相嵌入 B2 基体的 HRTEM 图像, 图 5-65(f) 是富 Cu 的条状相与 B2 基体界面处放大的 HRTEM 图像, 分别对二者进行 FFT 处理得到的衍射斑点分别如右下角和右上角的插图所示。对衍射图谱进行标定, 富 Cu 的条状相可标定为 FCC 结构物相沿 [001] 轴的衍射图谱, 并且无额外的超晶格衍射, 表明该相是一种无序的 FCC 相; 应用 HRTEM 计算得富 Cu 条状相的晶格常数与种子内部富 Cu 球形颗粒的晶格常数几乎相同, 从而判定, 花瓣中富 Cu 条状相和种子内富 Cu 球形颗粒为同一种物相, 均为无序 FCC 固溶体。观察图 5-65(d) 右上角插图的衍射图谱, 除主衍射斑点, 还出现了 {001} 超晶格衍射点, 其可标定为有序 BCC 结构沿 [001] 轴的衍射结构, 这进一步确定了富 Ni-Al 的花瓣基体是具有 B2 结构的有序固溶体。

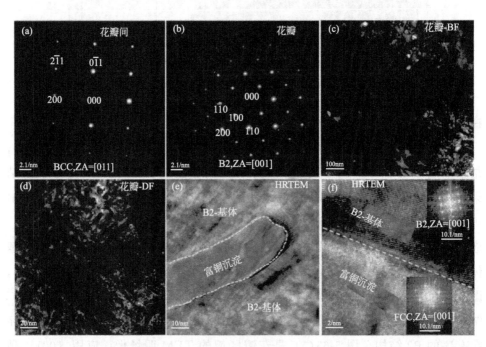

图 5-65　花瓣和花瓣间区域的 TEM 表征

(a) 花瓣间的选区电子衍射图谱; (b) 花瓣区域的选区电子衍射图谱; (c) 花瓣区域的 TEM 明场像;
(d) 运用 (b) 中 {001} 晶面超晶格衍射获取的对应 (c) 图的暗场像; (e) 花瓣相中富 Cu 条状沉淀
嵌入 B2 基体的 HRTEM 图像; (f) 富 Cu 条状沉淀和 B2 基体界面处的 HRTEM 图像, 右上角插图为对
B2 基体进行 FFT 获取的衍射斑点, 右下角插图为对富 Cu 条状沉淀进行 FFT 获取的衍射斑点

综合上述对 $Cu_{0.5}CrAlFeNi$ 涂层的系列观察和表征可得出, 该涂层组织是由一个一个的太阳花状的共晶团/晶粒构成, 花瓣和种子为同一种物相, 均为有序 B2 固溶体, 二者内部分别析出了呈弥散分布的富 Cu 条状相和富 Cu

球形颗粒，富 Cu 条状相和富 Cu 球形颗粒为同一种物相，均为无序的 FCC 固溶体；花心基体和花瓣间是同一种物相，均为富 Fe-Cr 的无序 BCC 固溶体。$Cu_{0.5}CrAlFeNi$ 涂层中太阳花状的共晶组织的形成机理：熔覆过程中，当等离子弧移开瞬间开始凝固时，富 Fe-Cr 的 BCC 固溶体作为初生相首先从液相中凝固，此时初生相呈各向同性生长，形成了太阳花的花心部位；随着冷却的进行，当到达共晶温度后，富 Fe-Cr 的 BCC 固溶体和富 Ni-Al 的 B2 固溶体以共晶的形式沿着初生相相间生长，并且其生长方向与花心边界保持垂直，从而呈现出镜像分布的放射状，形成了花瓣和花瓣间相，这样便初步形成了太阳花状的共晶团/晶粒；当凝固结束或与相邻的共晶团碰撞时，每个共晶团的生长停止。在高温时，在混合熵的影响下，初生相中除了 Fe 和 Cr 元素以外，还会固溶大量的 Ni 和 Al 元素，以及一定量的 Cu 元素，随着凝固过程的进行，温度逐渐降低，元素之间混合焓的作用越来越明显，在混合焓的影响下会逐渐发生相分解，在含 Fe-Cr-Ni-Al 的体系中，经常以调幅分解的形式形成富 Fe-Cr 的无序固溶体和 Ni-Al 的有序固溶体，而现在的观察中发现，恰恰符合调幅分解的组织特征。调幅分解是一个自发的脱溶分解过程，其通过溶质原子的上坡扩散实现成分变化，无需晶粒形核阶段，分解速度非常快。而由于非平衡等离子束熔覆过程其冷速极快，会抑制形核后的长大过程，而对快速的调幅分解过程则影响较小，因此结合以上组织特征、等离子束熔覆的工艺特征以及调幅分解本身的特点，可以断定在花心区域发生了调幅分解，形成了富 Fe-Cr 的无序固溶体和 Ni-Al 的有序固溶体。根据元素之间的混合焓，Cu 和 Fe、Cr 元素之间存在非常正的混合焓，而 Cu 与 Al 之间存在负的混合焓，Cu 与 Ni 之间存在相对较小的正的混合焓，二者在 354.5 ℃ 可以发生互溶，因此在调幅分解的过程中，Cu 会受到 Fe 和 Cr 的排斥而分区进入富 Ni-Al 的固溶体中，随着温度的进一步降低，在混合焓的影响下，Cu 会在富 Ni-Al 的基体中逐渐析出，形成富 Cu 的无序沉淀相。花瓣相中无序富 Cu 条状相的析出原理和种子中无序富 Cu 沉淀颗粒的析出原理应该相同，都是受到混合焓的影响，在较低温度下逐渐析出长大。但是二者生长的大小和形状都不同，在种子内部，由于本身种子的形状呈现几乎各向同性的立方形，因此富 Cu 沉淀颗粒生长过程也无明显的择优取向，因此呈现出各向同性的生长模式，生长成了球状；而在花瓣相中，由于花瓣相沿花心的径向生长，生长过程具有一定的取向性，因此，富 Cu 沉淀的析出长大过程也受到花瓣生长取向性的影响，基本上保持与花瓣平行的方向长大，而呈现出长条状。

（2）$Cu_{0.5}CrAlFeNiTi_{0.4}$　图 5-66 是 $Cu_{0.5}CrAlFeNiTi_{0.4}$ 高熵合金涂层表面 SEM-BSE 微观组织照片。图 5-66（a）和（b）分别是未腐蚀的低倍和高倍 BSE 形貌。从图 5-66（a）低倍形貌来看涂层由灰色的基体晶粒相和白色的枝晶间相构成；而从图 5-66（b）高倍的形貌可以观察到，涂层的晶间区域除了白色相（如 1 处）外，还存在一种形状不规则的灰色块状相（如 2 处），其与基体晶粒相的衬度相似，但仔细观察能够看出其与基体晶粒的差别，基体晶粒（如 3 处）呈凹陷状态，而晶间灰色块状相则呈现凸起状态。为了进一步确定各相的元素分布，对其进行 EDS 面扫分析，结果如图 5-67 所示。图 5-67（a）是未腐蚀的 SEM-BSE 微观组织照片，其中包含白色晶间相、晶间灰色块状相以及基体晶粒相；图 5-67（b）~（f）分别对应着 Cu、Cr、

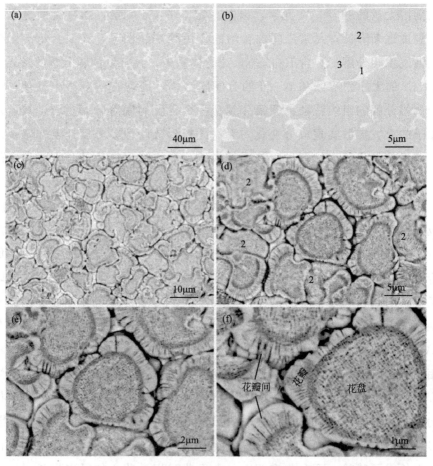

图 5-66　$Cu_{0.5}CrAlFeNiTi_{0.4}$ 高熵合金涂层表面 SEM-BSE 微观组织图

（a）和（b）分别为未腐蚀的低倍和高倍 BSE 形貌；（c）~（f）腐蚀后由低倍至高倍逐级放大的形貌

Fe、Ni、Al 和 Ti 的 EDS 面扫描元素分布图，从各元素分布图可明显看出，白色晶间相明显富集 Cu 元素，贫其他元素，晶间灰色块状相富集 Fe 和 Cr，而基体晶粒相富集 Ni-Al-Ti，由此看见，呈凸起状态的灰色块状相和基体晶粒相并非同一种物相。为进一步确定各相的具体元素含量，分别对三相进行 EDS 成分分析，结果如表 5-15 所示。从中可以看出，晶间白色相含 67.98% 的 Cu 元素，是富 Cu 相，结合上述对 $Cu_{0.5}CrAlFeNi$ 涂层的研究及 XRD 的分析结果，可确定该相为富 Cu 的 FCC 相，对应着 XRD 图谱中的 FCC 衍射峰；由于元素之间混合熵的影响，Cu 偏析到晶间区域形成富 Cu 相。晶间灰色块状相所含的成分（原子百分数）为：2.91% Cu、46.46% Cr、8.11% Al、30.82% Fe、8.38% Ni 以及 3.32% Ti，由此看见其富含大量的 Fe-Cr 元素，二者含量占总成分的 77.28%，结合 XRD 结果和对 $Cu_{0.5}CrAlFeNi$ 涂层物相的研究，可判定该相是富 Fe-Cr 的 BCC 相，对应着 XRD 图谱中的 BCC 衍射峰。基体晶粒相所含的成分（原子百分数）为：8.47% Cu、7.12% Cr、24.21% Al、15.47% Fe、28.43% Ni 以及 16.31% Ti，与涂层的名义成分相比，该相富集 Ni-Al-Ti，进一步观察各元素的比例，其可以写成 $(Ni,Fe,Cr)_2Al(Ti,Cu)$，结合 XRD 结果，可判断该相为 Ni_2AlTi 型的 $L2_1$ 相，对应着 XRD 图谱中的 $L2_1$ 衍射峰。

图 5-66(c)～(f) 是 $Cu_{0.5}CrAlFeNiTi_{0.4}$ 高熵合金涂层表面用王水腐蚀后由低倍至高倍逐级放大的 BSE 形貌。观察腐蚀的形貌发现，晶间富 Cu 相由于其较差的耐蚀性，基本已经被腐蚀掉。而基体晶粒相呈现出与 $Cu_{0.5}CrAlFeNi$ 涂层晶粒类似的太阳花状组织，但是花瓣的长度明显变短，而花盘部位明显变大，花盘里面几乎看不到种子，此外，花瓣间变得更加细小。对太阳花状的晶粒进行 SEM-EDS 面扫分析，结果如图 5-68 所示。图 5-68(a) 是腐蚀后的 SEM-BSE 微观组织照片，其包含典型的太阳花状晶粒，图 5-68(b)～(f) 分别对应着 Cu、Cr、Fe、Ni、Al 和 Ti 的 EDS 面扫描元素分布图，从各元素分布图可明显看出整个太阳花状晶粒的花盘、花瓣均富集 Ni-Al-Ti，由于花瓣间区域太过细小，无法分辨出其富集的元素。对花朵各个部位进行 SEM-EDS 成分分析（表 5-15）表明，花瓣和花盘具有相同的成分水平，均富集 Ni-Al-Ti；花瓣间区域虽然细小，测试时会受到花瓣成分的干扰，但是测试结果表明其含有相对高含量的 Fe-Cr，结合对 $Cu_{0.5}CrAlFeNi$ 涂层花瓣间区域的分析，可以确定该花瓣间区域是富 Fe-Cr 的 BCC 相。因此花瓣和花瓣间形成了 $L2_1$ 相和 BCC 相的共晶组织。

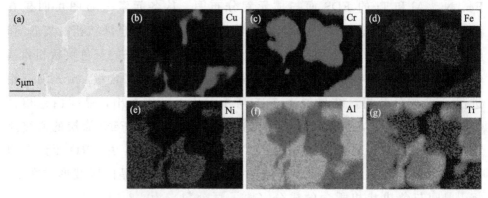

图 5-67　未腐蚀 $Cu_{0.5}CrAlFeNiTi_{0.4}$ 高熵合金涂层表面 SEM-BSE

图片（a）及对应的 EDS 面扫描图（b）～（g）

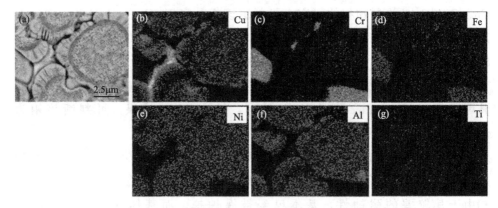

图 5-68　腐蚀后 $Cu_{0.5}CrAlFeNiTi_{0.4}$ 高熵合金涂层表面 SEM-BSE 图片（a）

及对应的 EDS 面扫描图（b）～（g）

表 5-15　$Cu_{0.5}CrAlFeNiTi_{0.4}$ 高熵合金涂层不同区域的元素含量

图 5-67 区域	元素（原子百分数）/%					
	Cu	Cr	Al	Fe	Ni	Ti
名义上	10.20	20.41	20.41	20.41	20.41	8.16
1	67.98	2.25	15.29	4.89	8.43	1.16
2	2.91	46.46	8.11	30.82	8.38	3.32
3	8.47	7.12	24.21	15.47	28.43	16.31
花瓣	10.17	6.42	24.63	13.59	28.97	16.22
花瓣间	6.03	32.23	12.35	24.68	16.24	8.47
花盘	8.43	7.03	24.30	15.22	28.56	16.46

总结上述对 $Cu_{0.5}CrAlFeNiTi_{0.4}$ 高熵合金涂层微观组织的观察发现，少量 Ti 的加入，使 $Cu_{0.5}CrAlFeNiTi_x$ 系高熵合金涂层物相和组织发生了转变，在不含 Ti 时，$Cu_{0.5}CrAlFeNi$ 涂层组织是由多个共晶晶粒构成，加入比例为 0.4 的 Ti 后，共晶晶粒的中心花盘变得非常大，花瓣变得短小，并且富 Fe-Cr 相被推挤到晶间区域，结合上述微观组织特点，断定 $Cu_{0.5}CrAlFeNiTi_{0.4}$ 涂层形成的是离异共晶组织。其发生离异共晶的原因可能有两点：一是，少量 Ti 的加入，使合金成分偏离 $L2_1$ 相和 BCC 相的共晶点很远，而初生 $L2_1$ 相长得很大（即上述花盘长得很大），共晶成分的残留液体很少，当共晶转变时，$L2_1$ 相以花瓣的形式在初生花盘上继续长出，而把富 Fe-Cr 的 BCC 相留在枝晶间；二是，非平衡等离子束熔覆极快的冷却速度导致液体过冷倾向大而使富 Fe-Cr 的 BCC 相析出受阻，初生 $L2_1$ 相继续长大而把 BCC 相留在枝晶间。从 XRD 结果可知，$Cu_{0.5}CrAlFeNiTi_{0.4}$ 和 $Cu_{0.5}CrAlFeNiTi_{0.8}$ 具有相同的物相，因此只在 $Cu_{0.5}CrAlFeNiTi_{0.8}$ 涂层中对各物相进行详细的 TEM 分析和验证。

（3）$Cu_{0.5}CrAlFeNiTi_{0.8}$　图 5-69 是 $Cu_{0.5}CrAlFeNiTi_{0.8}$ 高熵合金涂层表面 SEM-BSE 微观组织照片。图 5-69(a)～(c) 分别为未腐蚀由低倍至高倍逐级放大的形貌。从低倍形貌来看，与 $Cu_{0.5}CrAlFeNiTi_{0.4}$ 涂层类似，涂层由灰色的基体晶粒相和白色的枝晶间相构成；而从高倍形貌来看，晶粒呈现明显的共晶形貌，晶间包含两种衬度的物相，即白色相和灰色块状相。对涂层组织腐蚀后，其由低倍至高倍逐级放大的形貌如图 5-69(d)～(f) 所示。从腐蚀后形貌来看，晶粒呈现花朵状共晶形貌，但与 $Cu_{0.5}CrAlFeNiTi_{0.4}$ 共晶晶粒的形貌有很大的不同，$Cu_{0.5}CrAlFeNiTi_{0.8}$ 共晶晶粒的花心部位变得很小，花瓣区域变得非常大。

为确定共晶晶粒、晶间白色相和灰色块状相的元素分布，对未腐蚀和腐蚀后的组织进行 EDS 面扫分析，结果分别如图 5-70 和图 5-71 所示。从面扫结果的各元素分布图可明显看出，花朵状共晶晶粒的花心部位、花瓣间区域及晶间的灰色块状相均富集 Fe 和 Cr，而共晶晶粒的花瓣则明显的富集 Ni-Al-Ti，晶间白色相富集 Cu 元素，贫其他元素。对各相进行 SEM-EDS 成分分析以确定它们的元素具体含量，结果如表 5-16 所示。从表中可看出，晶间白色相富含高达 72.68% 的 Cu 元素，因此其为富 Cu 相；花心和晶间灰色块状相均富集大量的 Cr 和 Fe 元素，花心的 Cr 和 Fe 元素之和为 81.32%，晶间灰色块状相的 Cr 和 Fe 元素之和位 81.40%，由此可见这两相的 Cr 和 Fe 元素之和几乎

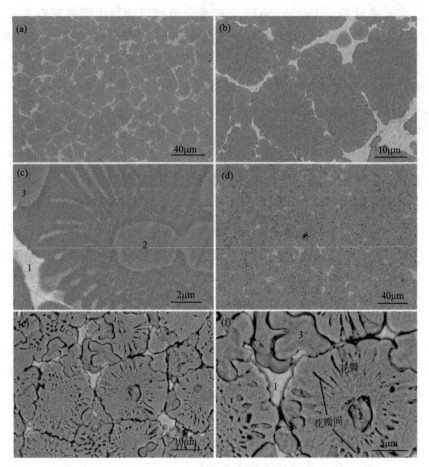

图 5-69 $Cu_{0.5}CrAlFeNiTi_{0.8}$ 高熵合金涂层表面 SEM-BSE 图片

(a)~(c) 未腐蚀由低倍至高倍逐级放大的形貌;(d)~(f) 腐蚀后由低倍至高倍逐级放大的形貌

相同,并且它们所含其他元素的含量水平也几乎相同,因此推测花心和晶间灰色块状相为同一种物相,均为富 Fe-Cr 相。由于花瓣间区域尺寸比较细小,因此在进行 EDS 成分测试时,难免会受到花瓣相成分的影响,使测试结果产生误差,但即便是这样,所得到的结果表明,花瓣间区域也富含大量的 Fe 和 Cr 元素,二者之和也达到 72.30%,再结合 XRD 的结果推测,花瓣间相和花心、晶间灰色块状相应该是同一种物相,均为富 Fe-Cr 的 BCC 相。对花瓣成分测试表明,其 Ni、Al 和 Ti 的含量均高于合金的名义成分,而另外几种元素的含量则低于名义成分,Ni、Al 和 Ti 三者含量之和达到了 73.68%,因此它是富 Ni-Al-Ti 相;进一步观察各元素的比例,其可以写为 $(Ni, Fe, Cr)_2Al(Ti, Cu)$,因此结合 XRD 结果,初步推断其为 Ni_2AlTi 型的 $L2_1$ 相。

接下来将会对各个结构进行细致的 TEM 表征，以进一步确定它们的成分和晶体结构。

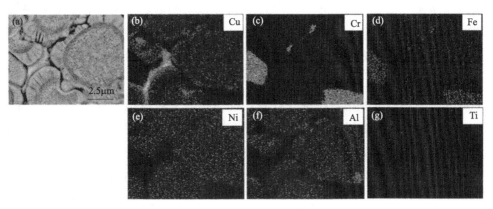

图 5.70   未腐蚀 $Cu_{0.5}CrAlFeNiTi_{0.8}$ 高熵合金涂层表面

SEM-BSE 图片（a）及对应的 EDS 面扫描图（b）～（g）

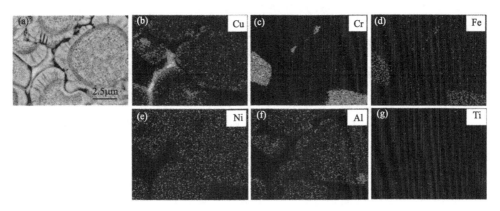

图 5-71   腐蚀 $Cu_{0.5}CrAlFeNiTi_{0.8}$ 高熵合金涂层表面

SEM-BSE 图片（a）及对应的 EDS 面扫描图（b）～（g）

表 5-16 $Cu_{0.5}CrAlFeNiTi_{0.8}$ 高熵合金涂层不同区域的元素含量

图 5-69 区域	元素（原子百分数）/%					
	Cu	Cr	Al	Fe	Ni	Ti
名义上	9.43	18.87	18.87	18.87	18.87	15.09
1	72.68	1.81	13.51	4.71	5.52	1.76
2	1.50	54.11	7.30	27.21	5.04	4.84
3	1.88	50.96	6.60	30.44	5.36	4.76
花瓣	5.58	5.31	24.59	15.44	29.14	19.95
花瓣间	2.54	38.64	6.99	33.66	10.56	7.61

图 5-72 是 $Cu_{0.5}CrAlFeNiTi_{0.8}$ 高熵合金涂层表面 HAADF-STEM 微观形貌。图 5-72(a) 是包含共晶晶粒花瓣、花瓣间及晶间区域的形貌，从中可看出共晶晶粒的花瓣区比较粗大，而花瓣间区域的宽度较细小，与 SEM 观察结果相一致；图 5-72(b) 是对晶间富 Fe-Cr 相内部沉淀相的局部放大图，可清晰地观察到球形沉淀在里面弥散分布，经统计球形沉淀相的平均直径大约为 110nm；图 5-72(c) 是对花心内部沉淀相的局部放大图，也可观察到里面呈弥散分布的球形沉淀相，经统计计算，沉淀相的平均体积分数等参数与晶间富 Fe-Cr 相内部沉淀相的相关参数相同，因此根据成分测试及统计计算，花心区域物相与晶间富 Fe-Cr 相为同一种物相，包括里面的沉淀相也相同，因此后续对这两个区域细节的 TEM 分析，只以晶间富 Fe-Cr 相为代表。

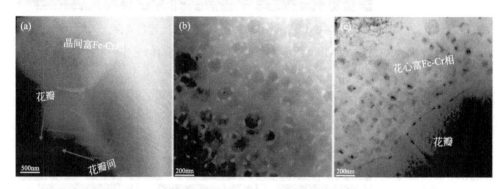

图 5-72 $Cu_{0.5}CrAlFeNiTi_{0.8}$ 高熵合金涂层表面 HAADF-STEM 微观形貌

(a) 包含共晶晶粒花瓣、花瓣间及晶间区域的形貌；(b) 晶间富 Fe-Cr 相内部沉淀相形貌；

(c) 花心富 Fe-Cr 相内部沉淀相形貌

采用 STEM-EDS 面扫分析进一步确定晶间富 Fe-Cr 相内部沉淀相及基体的元素分布，如图 5-73 所示。图 5-73(a) 为富 Fe-Cr 相内部的 HAADF-STEM 图像，图 5-73(b)～(g) 分别对应于 Ni、Ti、Al、Cr、Fe 和 Cu 的元素分布图，图 5-73(h) 为 Ni、Ti、Al、Cr、Fe 和 Cu 元素信号叠加的分布图，图 5-73(i) 为 Ni、Ti 和 Al 元素信号叠加的分布图，图 5-73(j) 为 Cr 和 Fe 元素信号叠加的分布图，图 5-73(k) 为 Ti、Cr 和 Cu 元素信号叠加的分布图，图 5-73(l) 为 Al、Cr 和 Fe 元素信号叠加的分布图。从以上元素分布图可以清晰地观察到，球形沉淀富集 Ni-Al-Ti，而基体富集 Fe-Cr；进一步对球形沉淀进行仔细观察发现，在球形沉淀的边缘和内部还分布着尺度更加细小的富 Cu 沉淀相，因此需对球形沉淀放大做进一步分析。

图 5-74(a) 为一个典型的球形沉淀相放大后 HAADF-STEM 图像，

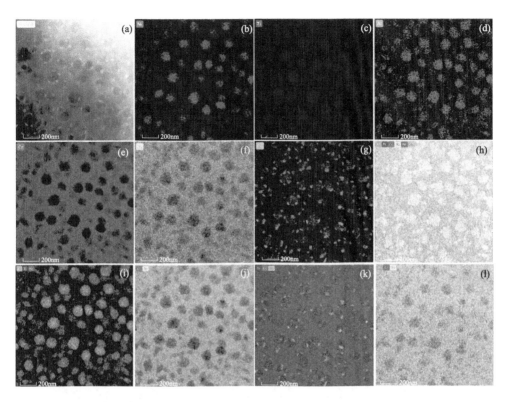

图 5-73 晶间富 Fe-Cr 相内部沉淀相 HAADF-STEM 形貌及对应的 STEM-EDS 元素分布图

(a) HAADF-STEM 微观形貌；(b)～(g) 分别为 Ni、Ti、Al、Cr、Fe 和 Cu 的元素分布图；

(h) Ni、Ti、Al、Cr、Fe 和 Cu 叠加的元素分布图；(i) Ni、Ti 和 Al 叠加的元素分布图；

(j) Cr 和 Fe 叠加的元素分布图；(k) Ti、Cr 和 Cu 叠加的元素分布图；

(l) Al、Cr 和 Fe 叠加的元素分布图

图 5-74(b)～(g) 分别对应于 Ni、Ti、Al、Cr、Fe 和 Cu 的元素分布图，图 5-74(h) 为 Ni、Ti、Al、Cr、Fe 和 Cu 元素信号叠加的分布图，图 5-74(i) 为 Ni、Ti 和 Al 元素信号叠加的分布图，图 5-74(j) 为 Fe 和 Cu 元素信号叠加的分布图，图 5-74(k) 为 Al、Ti、Ni 和 Cu 元素信号叠加的分布图，图 5-74(l) 为 Cr、Fe 和 Cu 元素信号叠加的分布图。从以上元素分布图可以清晰地观察到，球形沉淀基体富集 Ni-Al-Ti，贫 Fe-Cr，而在球形沉淀的边缘和内部还分布着富 Cu 的沉淀相，并且边缘的尺寸比内部尺寸要大。对基体及沉淀相做进一步的 STEM-EDS 成分分析，结果如图 5-74(m)～(p) 所示。图 5-74(m) 是球形沉淀周边 Fe-Cr 相基体的成分分析结果，其富集大量的 Cr 和 Fe 元素；图 5-74(n) 是球形沉淀的成分分析结果，其富集

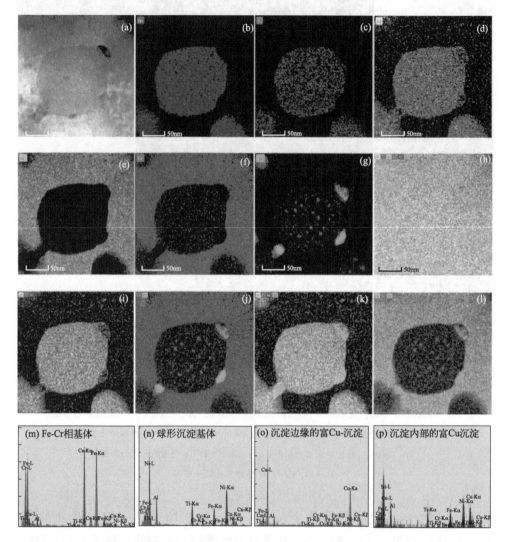

图 5-74 富 Fe-Cr 相内部球形沉淀相放大后的 HAADF-STEM 形貌及对应的 STEM-EDS 分析

(a) HAADF-STEM 形貌；(b)～(g) 分别为 Ni、Ti、Al、Cr、Fe 和 Cu 的元素分布图；

(h) Ni、Ti、Al、Cr、Fe 和 Cu 叠加的元素分布图；(i) Ni、Ti 和 Al 叠加的元素分布图；(j) Fe 和 Cu
叠加的元素分布图；(k) Al、Ti、Ni 和 Cu 叠加的元素分布图；(l) Cr、Fe 和 Cu 叠加的元素分布图；

(m)～(p) 分别为 Fe-Cr 相基体、球形沉淀基体、球形沉淀边缘的富 Cu 沉淀和球形沉淀
内部富 Cu 沉淀的成分分析

Ni-Al-Ti；图 5-74(o) 是球形沉淀边缘富 Cu 沉淀的成分分析结果，其 Cu 含
量高达 77.34％，是富 Cu 相；图 5-74(p) 是球形沉淀内部富 Cu 沉淀的成分
分析结果，由于其尺寸较小，因此测试结果难免受到球形基体本身成分的影

响，但是其测试结果也含有大量的 Cu 元素，因此它也是富 Cu 相，与边缘的富 Cu 沉淀相为同一种物相。富 Cu 沉淀相的形成仍然是混合焓的作用导致的，Cu 与其他元素较正的混合焓导致在凝固过程中 Cu 受到排斥而聚集形成沉淀相；边缘部位 Cu 沉淀尺寸较大是因为边缘区域是球形沉淀和 Fe-Cr 基体的相界部位，在 Fe-Cr 基体内属于后凝固区域，因此扩散比较充分，Cu 被排斥到此部位累计长大，而在球形沉淀内部来不及扩散长大，所以尺寸较小。

为进一步确定球形沉淀相晶体结构，对其进行 TEM 分析，结果如图 5-75 所示。图 5-75(a) 是富 Fe-Cr 相内部的 TEM 明场像，对包含球形沉淀和周边基体的区域进行选区电子衍射分析，结果如图 5-75(b) 所示，主衍射斑点可确定该区域具有 BCC 结构，此外，除主衍射斑点外，衍射图谱中还呈现超晶格衍射，表明存在有序 BCC（$L2_1$）结构。应用超晶格衍射斑点获取的暗场像如图 5-75(c) 所示，从暗场像可清晰地观察到球形沉淀呈现出明亮的对比度，而富 Fe-Cr 的基体区则呈现昏暗的对比度，结合 XRD 结果、STEM-EDS 分析及 SAED 可确定球形沉淀相为富 Ni-Al-Ti 的 $L2_1$ 相，对应于 XRD 中的 $L2_1$ 相衍射峰；而基体区域则是富 Fe-Cr 的无序 BCC 相，对应于 XRD 中的 BCC 相的衍射峰，从 SAED 可判断 $L2_1$ 相和 BCC 相存在共格关系。5-75(d) 是一个球形沉淀相的 HRTEM 图像，从图中可清晰地观察到球形沉淀相嵌入基体中，球形沉淀边缘分布着富 Cu 的沉淀相，而球形沉淀内部的富 Cu 的沉淀相由于尺寸太小无法辨认清楚。图 5-75(e) 是球形沉淀相与富 Fe-Cr 基体界面的 HRTEM 图像，从图中可看出，穿过两相的原子平面是连续的，进一步证明二者存在共格关系。对富 Fe-Cr 基体进行快速傅里叶变换（FFT）得到的电子衍射图谱如图 5-75(f) 所示，从中可明显看出 Fe-Cr 基体具有无序 BCC 结构；对球形沉淀进行快速傅里叶变换（FFT）得到的电子衍射图谱如图 5-75(g) 所示，从图中可明显观察到超晶格衍射斑点，进一步证明球形沉淀为有序相。图 5-75(h) 是球形沉淀其中一个边缘的富 Cu 沉淀相的 HRTEM 图像，从中可看出富 Cu 沉淀相几乎呈现非晶结构，只有极少量的结晶，这种细小的沉淀形成非晶结构可能归因于非平衡等离子束熔覆快速冷却作用。图 5-75(i) 是球形沉淀另一个边缘的富 Cu 沉淀相的 HRTEM 图像，从中可看出该处富 Cu 沉淀相则呈现结晶态。对其进行 FFT 处理，结果如图 5-75(j) 所示，呈现出明显的衍射斑点，经分析计算，其可标定为 FCC 相沿［011］轴的衍射图谱。这说明，在等离子束熔覆非平衡冷却条件下，可使细小沉淀相形成结晶态，也可形成非晶态，取决于具体部位的冷却条件。

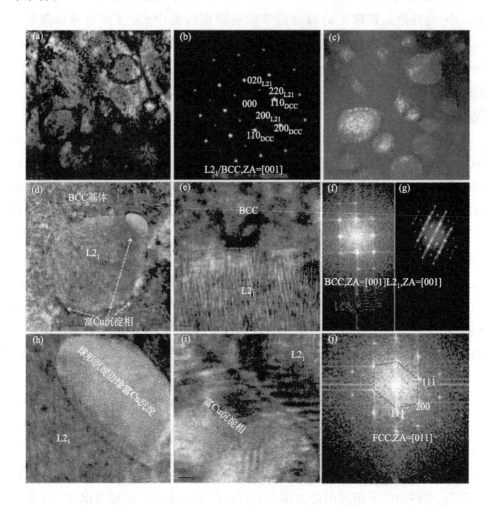

图 5-75　富 Fe-Cr 相内部球形沉淀相的 TEM 表征

(a) TEM 明场像；(b) 包含球形沉淀相和基体区域的选区电子衍射图谱；(c) 应用 (b) 中 {002} 晶面
超晶格衍射获取的对应 (a) 图的暗场像；(d) 球形沉淀相的 HRTEM 图像；(e) 球形沉淀相与富 Fe-Cr
基体界面的 HRTEM 图像；(f) 对富 Fe-Cr 基体 HRTEM 图像进行 FFT 获取的衍射斑点；(g) 对球形沉淀
基体 HRTEM 图像进行 FFT 获取的衍射斑点；(h) 和 (i) 球形沉淀边缘富 Cu 沉淀相的 HRTEM 图像；
(j) 对 (i) 图中富 Cu 沉淀基体 HRTEM 图像进行 FFT 获取的衍射斑点

共晶形貌的花瓣和花瓣间区域的 HAADF-STEM 形貌和对应的 STEM-EDS 面扫分析结果如图 5-76 所示。图 5-76(a) 为包含花瓣和花瓣间区域的 HAADF-STEM 图像，图 5-76(b)～(g) 分别对应于 Ni、Ti、Al、Cr、

Fe 和 Cu 的元素分布图，图 5-76(h) 为 Ni、Ti、Al、Cr、Fe 和 Cu 元素信号叠加的分布图，图 5-76(i) 为 Cr 和 Fe 元素信号叠加的分布图，图 5-76(j) 为 Cr 和 Ti 元素信号叠加的分布图，图 5-76(k) 为 Al、Cr 和 Fe 元素信号叠加的分布图，图 5-76(l) 为 Ni、Ti、Cu 和 Al 元素信号叠加的分布图。从以上宏观的元素分布图可以清晰地观察到，花瓣间区域富集 Fe-Cr，贫其他元素，花瓣富集 Ni-Al-Ti，与上述 SEM-EDS 面扫分析结果相一致。

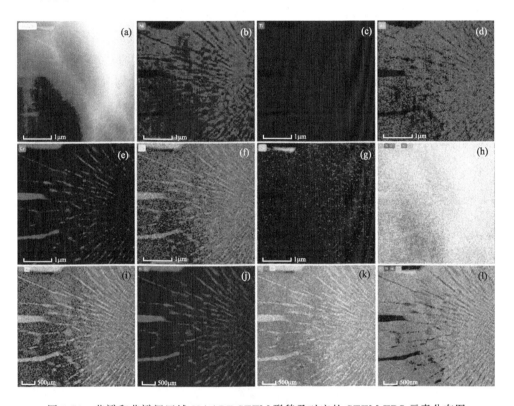

图 5-76　花瓣和花瓣间区域 HAADF-STEM 形貌及对应的 STEM-EDS 元素分布图
(a) HAADF-STEM 微观形貌；(b)~(g) 分别为 Ni、Ti、Al、Cr、Fe 和 Cu 的元素分布图；
(h) Ni、Ti、Al、Cr、Fe 和 Cu 叠加的元素分布图；(i) Cr 和 Fe 叠加的元素分布图；(j) Ti 和 Cr
叠加的元素分布图；(k) Al、Cr 和 Fe 叠加的元素分布图；(l) Ni、Ti、Cu 和 Al 叠加的元素分布图

为进一步分析花瓣间区域内部的沉淀相形态，对其做进一步放大观察，结果如图 5-77 所示。图 5-77(a) 为包含花瓣和花瓣间区域的 HAADF-STEM 形貌，图 5-77(b) 为对花瓣间内部放大后，一个典型的沉淀相的 HAADF-STEM 形貌，可观察到沉淀相呈长棒型，长度大约为 40nm，宽度大约为 12nm；对其进行 STEM-EDS 面扫分析，结果如图 5-77(c)~(l) 所示。

图 5-77(c)～(h) 分别对应于 Ni、Ti、Al、Cr、Fe 和 Cu 的元素分布图，
图 5-77(i) 为 Ni、Ti、Al、Cr、Fe 和 Cu 元素信号叠加的分布图，
图 5-77(j) 为 Ti 和 Cr 元素信号叠加的分布图，图 5-77(k) 为 Ni、Ti、Cu
和 Al 元素信号叠加的分布图，图 5-77(l) 为 Ni、Ti、Cu 和 Al 元素信号叠
加的分布图。从以上元素分布图可以清晰地观察到，棒状沉淀相富 Ni-Al-
Ti，贫 Fe-Cr，且在棒状沉淀一头的边缘部位析出了富 Cu 沉淀相。对棒状
沉淀及周边基体区域做进一步的 STEM-EDS 成分分析，结果如图 5-78(a)～(d)
所示。从中可看出，棒状沉淀富集 Ni-Al-Ti，与上述球形沉淀具有相似的成
分水平；棒状沉淀边缘的析出的富 Cu 沉淀相的成分（原子百分数）为：
16.71% Ni、10.96% Ti、10.81% Al、1.43% Cr、4.18% Fe 和 55.91%
Cu，由此可见其含有大量的 Cu 元素，富 Cu 沉淀相在富 Ni-Al-Ti 的棒状基体

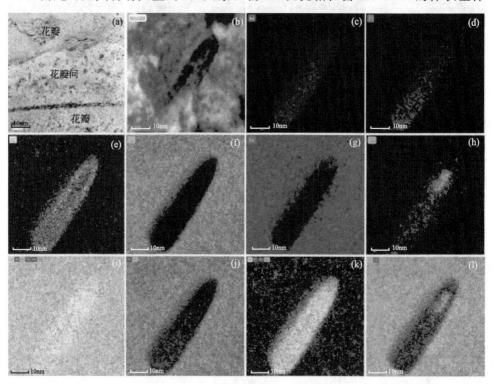

图 5-77　花瓣间内部沉淀相的 HAADF-STEM 形貌及对应的 STEM-EDS 元素分布图

(a) 包含花瓣和花瓣间区域的 HAADF-STEM 形貌；(b) 花瓣间内部沉淀相的 HAADF-STEM 形貌；
(c)～(h) 分别为 Ni、Ti、Al、Cr、Fe 和 Cu 的元素分布图；(i) Ni、Ti、Al、Cr、Fe 和
Cu 叠加的元素分布图；(j) Ti 和 Cr 叠加的元素分布图；(k) Ni、Ti、Cu 和 Al 叠加的元素分布图；
(l) Cr、Fe 和 Cu 叠加的元素分布图

中析出的机理应该与上述在富 Ni-Al-Ti 的球形沉淀相中析出机理相类似，均是受到元素之间混合焓的影响。棒状沉淀周边基体区的成分测试表明其含有大量的 Fe 和 Cr 元素，二者之和达到总成分的 90.2%，为富 Fe-Cr 相。对花瓣间内部包含棒状沉淀和周边 Fe-Cr 基体的区域进行 SAED 分析，结果如

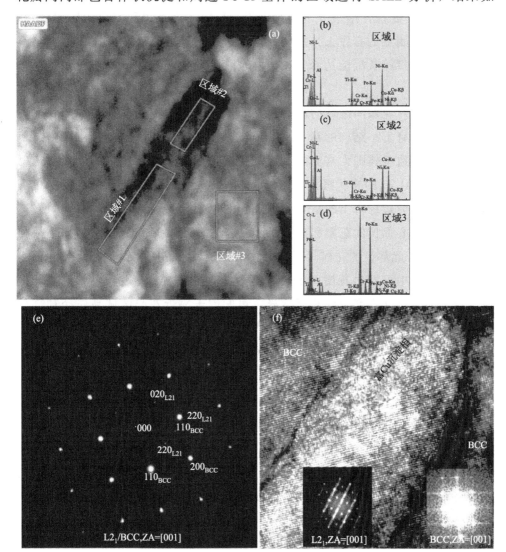

图 5-78　花瓣间内部沉淀相的 STEM-EDS 成分分析及 TEM 表征

（a）花瓣间内部沉淀相的 HAADF-STEM 形貌；（b）～（d）分别为（a）图中区域＃1、区域＃2 和区域＃3 的 STEM-EDS 成分分析；（e）包含沉淀相和基体区域的选区电子衍射图谱；（f）沉淀相嵌入基体的 HRTEM 图像，图下方左为对沉淀相 HRTEM 图像进行 FFT 获取的衍射斑点，下方右为对基体相 HRTEM 图像进行 FFT 获取的衍射斑点

图 5-78(e) 所示，主衍射斑点可确定该区域基体具有 BCC 结构，除主衍射斑点外，衍射图谱中还呈现超晶格衍射，表明存在有序 BCC（L2$_1$）结构；对包含棒状沉淀和周边基体的区域进行进一步的 HRTEM 分析，结果如图 5-78(f) 所示，从图中可清晰地观察到棒状沉淀嵌入基体中；对棒状沉淀区和基体区分别进行 FFT 处理，结果分别如图 5-78(f) 中下方左边和右边的插图所示，棒状沉淀呈现明显的有序 L2$_1$ 结构，而周边富 Fe-Cr 的基体呈现无序 BCC 结构，进一步观察棒状沉淀边缘富 Cu 相的晶格发现，其处于非晶态和结晶态之间。

综合上述对花瓣间区域的观察分析可知，花瓣区域整体富集 Fe-Cr，其内部还析出了具有 L2$_1$ 结构的富 Ni-Al-Ti 的棒状纳米沉淀，对应于 XRD 中 L2$_1$ 相衍射峰；周边基体则为富 Fe-Cr 的无序 BCC 相，对应 XRD 中的 BCC 衍射峰；在富 Ni-Al-Ti 的棒状沉淀相边缘还析出了富 Cu 的沉淀相，其析出机理与上述球形沉淀边缘析出的富 Cu 沉淀相相类似。

对靠近花心部位的花瓣和花瓣间区域进行 STEM-EDS 面扫分析，结果如图 5-79 所示。此部位的花瓣间区域尺寸相较于靠近晶间位置花瓣间尺寸要更加细小，从图中可看出花瓣间的尺寸宽度平均为 15nm 左右，而靠近晶间区域的花瓣间的尺寸宽度达到几百纳米，可归因于靠近花心区域是先冷却部位（花心为初生相），因此，此处物相尺寸没有靠近晶间后冷却区域长大的充分。图 5-79(a) 是包含花瓣和花瓣间区域的 HAADF-STEM 形貌，图 5-79(b)～(l) 为对应的 STEM-EDS 面扫分析结果。从这些元素分布图可明显地看出，此部位的花瓣间区域也明显地富集 Fe-Cr 元素，而花瓣相则富集 Ni-Al-Ti，在花瓣相内部还析出了富 Cu 的沉淀相。对此做进一步的 STEM-EDS 成分分析，结果如图 5-80(b)～(e) 所示。从中可看出，花瓣相富集 Ni-Al-Ti，与上述 Fe-Cr 相内部的球形沉淀、花瓣间内部棒状沉淀具有相似的成分水平，推测它们均为富 Ni-Al-Ti 的有序 L2$_1$ 相；花瓣间区域富集大量的 Fe-Cr，为富 Fe-Cr 的无序 BCC 相。对花瓣内析出的富 Cu 沉淀的成分测试结果［图 5-80(b)］表明其含有 57.05% 的 Cu 元素，与上述棒状沉淀中析出的富 Cu 沉淀具有相似的成分水平。对包含花瓣和花瓣间的区域进行 HRTEM 分析，结果如图 5-80(f) 所示，从中可看出花瓣和花瓣间相间分布的形貌，分别对两个区域进行 FFT 处理，以进一步确定它们的晶体结构。图 5-80(g) 是对花瓣间区域进行 FFT 处理获取的衍射斑点，其呈现出无序 BCC 结构；图 5-80(h) 是对花瓣相进行 FFT 处理获取的衍射斑点，其呈现出明显的 L2$_1$ 有序结构，由此进一步断定，整体来看共晶晶粒的花瓣相为有序的 L2$_1$ 相，而花瓣间相是无序 BCC 相。

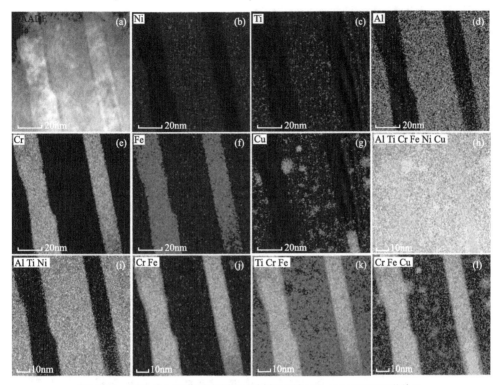

图 5-79　靠近花心部位的花瓣和花瓣间区域 HAADF-STEM 形貌及
对应的 STEM-EDS 面扫元素分布图

（a）HAADF-STEM 微观形貌；（b）～（g）分别为 Ni、Ti、Al、Cr、Fe 和 Cu 的元素分布图；

（h）Ni、Ti、Al、Cr、Fe 和 Cu 叠加的元素分布图；（i）Ni、Ti 和 Al 叠加的元素分布图；

（j）Cr 和 Fe 叠加的元素分布图；（k）Ti、Cr 和 Fe 叠加的元素分布图；

（l）Cr、Fe 和 Cu 叠加的元素分布图

对靠近晶间区域的花瓣相做 STEM 分析，结果如图 5-81 所示。图 5-81（a）为靠近晶间区域微观组织的 HAADF-STEM 形貌，其包含靠近晶间区域的花瓣相、花瓣间相、晶间富 Fe-Cr 相及晶间富 Cu 相。图 5-81（b）是花瓣内HAADF-STEM 形貌，其对应的 STEM-EDS 面扫分析结果如图 5-81（c）～（i）所示。图 5-81（c）～（h）分别为 Ni、Ti、Al、Cr、Fe 和 Cu 的元素分布图，图 5-81（i）是各元素信号叠加的分布图。从各元素分布图来看，花瓣相整体富集 Ni-Ti-Al 元素，并且其内部存在 Cu 的微观偏析，这和上述对靠近花心部位花瓣相的观察一致；进一步观察还发现，在花瓣相内

部存在富 Fe-Cr 的沉淀相，沉淀颗粒大小为 10～20nm，其具体的晶体结构，需做进一步的 TEM 和 HRTEM 分析。

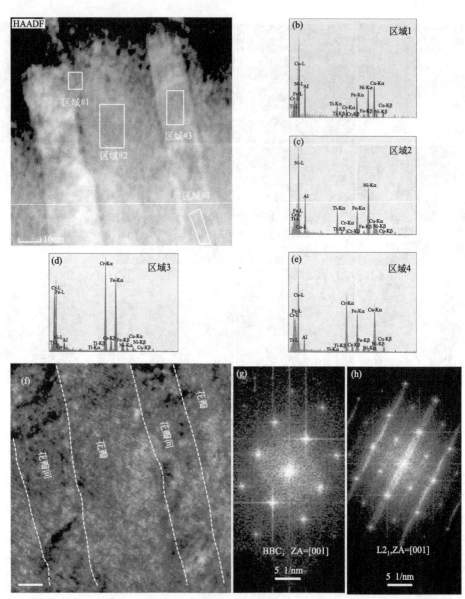

图 5-80　靠近花心部位的花瓣和花瓣间区域的 STEM-EDS 成分分析及 TEM 表征

（a）靠近花心部位的花瓣和花瓣间区域 HAADF-STEM 形貌；（b）～（e）分别为（a）图中区域♯1、区域♯2、区域♯3 和区域♯4 的 STEM-EDS 成分分析；（f）包含花瓣和花瓣间区域的 HRTEM 图像；（g）对花瓣间区域的 HRTEM 图像进行 FFT 获取的衍射斑点；（h）对花瓣区域的 HRTEM 图像进行 FFT 获取的衍射斑点

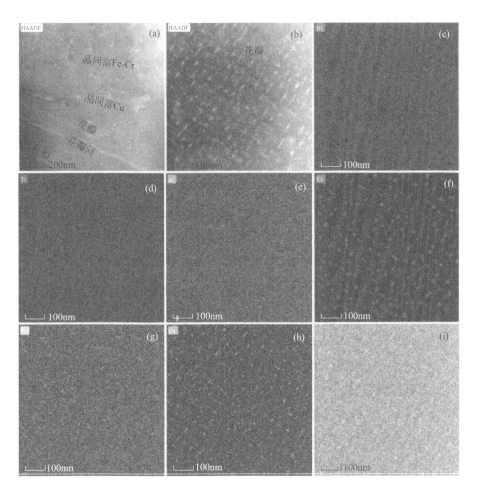

图 5-81　靠近晶间区域微观组织的 HAADF-STEM 形貌和花瓣内的
HAADF-STEM 形貌及对应的 STEM-EDS 元素分布图

(a) 靠近晶间区域微观组织的 HAADF-STEM 形貌；(b) 花瓣内的 HAADF-STEM 形貌；

(c)～(h)分别为 Ni、Ti、Al、Cr、Fe 和 Cu 的元素分布图；

(i)Ni、Ti、Al、Cr、Fe 和 Cu 叠加的元素分布图

　　图 5-82(a)～(f)是对靠近晶间区域的花瓣相内沉淀相的 TEM 分析结果。图 5-82(a)是花瓣相的 TEM 明场像，对其包含沉淀和周边基体的区域进行选区电子衍射分析，结果如图 5-82(b) 所示，衍射斑点整体可标定为 BCC/L2$_1$ 结构相沿 [001] 轴的衍射图谱，超晶格斑点的存在说明有有序相存在。利用超晶格衍射斑点获取的暗场像如图 5-82(c) 所示，从暗场像可清晰地观察到花瓣基体呈现明亮的衬度，而沉淀颗粒呈现昏暗的衬度，这说明富 Ni-Al-Ti 的花瓣基体是有序的，而沉淀颗粒是无序的。对包含沉淀

颗粒和基体的区域做 HRTEM 分析，结果如图 5-82(d) 所示，从中可观察到尺寸大约为十几纳米的沉淀相弥散分布于基体当中；分别对沉淀相和基体进行快速傅里叶变换（FFT）得到各自的衍射图谱，结果分别如图 5-82(e) 和（f）所示，从中可看出，富 Fe-Cr 的沉淀相具有无序 BCC 结构，基体相具有有序的 $L2_1$ 结构。

通过上述表征可以得出，靠近晶间区域的花瓣相是富 Ni-Al-Ti 的有序 $L2_1$ 相，其内部还弥散析出了富 Fe-Cr 的无序 BCC 相，这一点与靠近花心部位的富 Ni-Al-Ti 的花瓣相有所不同。上述靠近花心部位的富 Ni-Al-Ti 的花瓣相内部没有发现富 Fe-Cr 无序 BCC 相，这可能归因于靠近晶间区域为后冷却区域，缓慢的冷速使富 Fe-Cr 的 BCC 相有充分的时间扩散析出，而靠近花心的部位则恰恰相反。图 5-82(g) 是晶间富 Cu 相的 TEM 明场像，图 5-82(h)和（i）分别对应于该相沿 [011] 轴和沿 [$\overline{1}$12] 轴的选区电子衍射图谱，经标定，晶间富 Cu 相具有无序 FCC 结构，对应于 XRD 图谱中 FCC 的衍射峰。

总结上述对 $Cu_{0.5}CrAlFeNiTi_{0.8}$ 高熵合金涂层微观组织的观察发现，与 $Cu_{0.5}CrAlFeNiTi_{0.4}$ 涂层相比，Ti 含量的升高，使涂层的共晶晶粒形貌发生较大的变化，共晶晶粒的初生相由 $Cu_{0.5}CrAlFeNiTi_{0.4}$ 涂层富 Ni-Al-Ti 的 $L2_1$ 相转变为了 $Cu_{0.5}CrAlFeNiTi_{0.8}$ 涂层富 Fe-Cr 的 BCC 相，并且 $Cu_{0.5}CrAlFeNiTi_{0.8}$ 初生相的尺寸大大减小，但花瓣相尺寸长得很大，而 $Cu_{0.5}CrAlFeNiTi_{0.4}$ 涂层的花瓣相尺寸却很小。除共晶晶粒形貌不同外，两种不同 Ti 含量的涂层组织在晶间区域的物相种类和分布相似，均包含富 Fe-Cr 的 BCC 相和富 Cu 的 FCC 相。推测，与 $Cu_{0.5}CrAlFeNiTi_{0.4}$ 涂层类似，$Cu_{0.5}CrAlFeNiTi_{0.8}$ 涂层形成的仍然是离异共晶组织。但根据 $Cu_{0.5}CrAlFeNiTi_{0.8}$ 涂层微观组织特点，其与 $Cu_{0.5}CrAlFeNiTi_{0.4}$ 涂层产生离异共晶的机理不同：$Cu_{0.5}CrAlFeNiTi_{0.4}$ 涂层产生离异共晶的主要的原因是少量 Ti 的加入，使得合金成分偏离 $L2_1$ 相和 BCC 相的共晶点很远；而对于 $Cu_{0.5}CrAlFeNiTi_{0.8}$ 涂层，随着 Ti 含量的增加，合金成分逐渐向共晶点靠近，此时离异共晶的产生是由在初生相上形成了另一相的"晕圈"所致。由于富 Ni-Al-Ti 的 $L2_1$ 相和富 Fe-Cr 的 BCC 相性质差别较大，二者属于非小面-小面共晶合金，两相在形核能力和生长速度上有很大的差别；另外，由于 $L2_1$ 相和 BCC 相存在完全的共格关系，当富 Fe-Cr 的 BCC 相作为初生相析出后，其表面能作为 $L2_1$ 相生核的良好衬底，共晶转变时，在初生相周围形成 $L2_1$ 相的元素富集，使 $L2_1$ 相很快在初生相表面生核并侧向生长成相对完

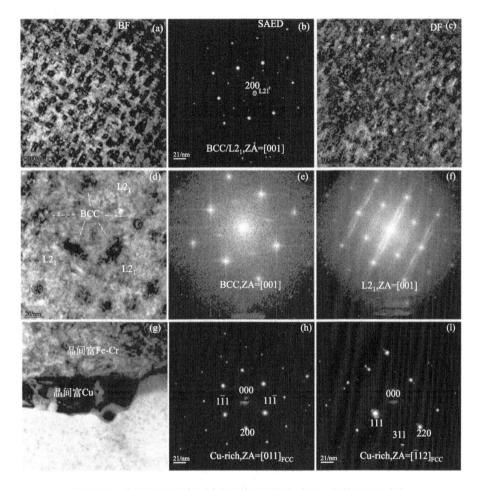

图 5-82　靠近晶间区域花瓣内沉淀相及晶间富 Cu 相的 TEM 表征

（a）花瓣相的 TEM 明场像；（b）花瓣的选区电子衍射图谱；（c）暗场像；（d）花瓣区域的 HRTEM 图像；

（e）对花瓣内沉淀相的 HRTEM 图像进行 FFT 获取的衍射斑点；

（f）对花瓣基体区的 HRTEM 图像进行 FFT 获取的衍射斑点；（g）晶间富 Cu 相的 TEM 明场像；

（h）和（i）分别为晶间富 Cu 相沿 [011] 和 [$\bar{1}$12] 轴的选区电子衍射图谱

整的壳，即"晕圈"。此时的"晕圈"是一个相对完整的壳，只存在少量的间隙，这些间隙可供初生相穿过并长入液体，进行两相的共生生长，此时形成的生长特征是 L2$_1$ 相的"晕圈"作为花瓣相。由于与液相接触充分，花瓣宽度生长得较大，而 BCC 相存在于"晕圈"间隙中，生长的宽度较小，形成花瓣间相。随着凝固的继续进行，花瓣相继续长大，而把富 Fe-Cr 的 BCC 相留在晶间，从而最终形成了以富 Fe-Cr 的 BCC 相作为初生相、花瓣间相和晶间相，而以富 Ni-Al-Ti 的 L2$_1$ 相作为花瓣相的离异共晶的组织形貌。

通过上述细节的微观组织的观察表明，在多种物相中析出了尺度更小的沉淀相，主要包括：晶间和花心富 Fe-Cr 的 BCC 相中析出了球形的 $L2_1$ 相，而在球形的 $L2_1$ 相的边缘和内部析出了富 Cu 的沉淀相；富 Fe-Cr 的花瓣间相内部析出了棒状的 $L2_1$ 相，而在棒状的 $L2_1$ 相边缘析出了富 Cu 的沉淀相；靠近花心部位的 $L2_1$ 花瓣相内部和边缘析出了富 Cu 沉淀相；靠近晶间区域的花瓣相内部除了析出了富 Cu 的沉淀相，还析出了富 Fe-Cr 的 BCC 相。由此可见 $Cu_{0.5}CrAlFeNiTi_{0.8}$ 高熵合金涂层形成的是具有多级纳米沉淀的共晶组织，纳米尺度沉淀相析出主要归因于凝固到较低温度时，元素之间混合熔发挥的作用越来越明显，具有较正混合熔的元素之间相互排斥，具有较负混合熔的元素之间相互聚集，从而分别形成了富 Ni-Al-Ti、富 Fe-Cr 和富 Cu 的沉淀相。

（4）$Cu_{0.5}CrAlFeNiTi_{1.2}$　图 5-83 是 $Cu_{0.5}CrAlFeNiTi_{1.2}$ 高熵合金涂层表面 SEM-BSE 形貌及对应的 EDS 面扫描分析结果。图 5-83（a）和（b）分别为低倍和高倍 SEM-BSE 形貌。从 SEM-BSE 图片来看，$Cu_{0.5}CrAlFeNiTi_{1.2}$ 涂层整体形貌与 $Cu_{0.5}CrAlFeNiTi_{0.8}$ 涂层非常相似，均包含花朵状共晶晶粒、晶间白色相和晶间灰色块状相；但是仔细观察发现，晶间灰色块状相呈现出两种不同的衬度，可能是两种不同的物相。为确定各相的元素分布，对涂层组织做 SEM-EDS 面扫描分析，结果如图 5-83（c）～（h）所示。从各元素分布图可看出，与 $Cu_{0.5}CrAlFeNiTi_{0.8}$ 涂层相似，$Cu_{0.5}CrAlFeNiTi_{1.2}$ 涂层共晶晶粒的花瓣相区域富集 Ni-Al-Ti；晶间白色相富集 Cu；而晶间区域的两种灰色块状相富集的元素不同，一种明显富集 Cr 元素，另外一种富集 Fe 和 Ti；此外，花心和花瓣间区域也明显富集 Cr 元素，Fe 元素在富 Cr 的晶间块状相、花心部位及花瓣间区域看不出明显的富集，这一点与 $Cu_{0.5}CrAlFeNiTi_{0.8}$ 涂层有所不同。

对各相进行 SEM-EDS 成分分析以确定它们的具体元素含量，结果如表 5-17 所示。从表中可看出，晶间白色相（如点 1 处）含 72.35% 的 Cu 元素，与 $Cu_{0.5}CrAlFeNiTi_{0.8}$ 涂层中晶间白色相具有几乎相同的成分组成，因此其为富 Cu 的 FCC 相，对应着 XRD 中 FCC 的衍射峰；晶间富 Cr 的块状相（如点 2 处）含有 63.21% 的 Cr 元素，Fe 的含量也高于名义成分，因此它是富 Fe-Cr 相，但与 $Cu_{0.5}CrAlFeNiTi_{0.8}$ 涂层晶间块状相相比，Cr 的含量升高，而 Fe 的含量降低，对花心部位和晶粒间区域的成分测试也得到了相似的结果；对晶间另外一种灰色块状相（如点 3 处）的 EDS 成分测试表明，其含有高含量的 Fe 和 Ti 元

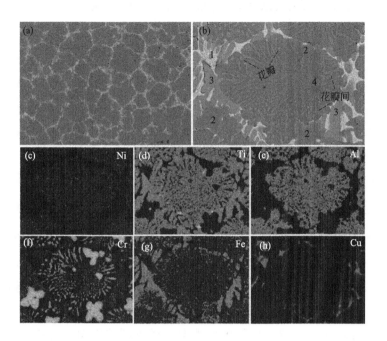

图 5-83　$Cu_{0.5}CrAlFeNiTi_{1.2}$ 高熵合金涂层表面 SEM-BSE 形貌及对应的 EDS 面扫描图

（a）和（b）分别为低倍和高倍 SEM-BSE 形貌；（c）～（h）涂层组织 SEM-EDS 面扫描图

素，两者的含量均高于合金的名义成分，而其他几种物相均低于名义成分，因此它是一种富 Fe-Ti 相，进一步观察各成分的比例，其可以写成（Fe，Ni，Cr）$_2$（Ti，Al，Cu），结合 XRD 结果及第二节和第三节中研究，可以确定该相为 Fe_2Ti 型的 Laves 相。由此推测，富 Fe-Cr 的 BCC 相中 Fe 含量大幅降低则归因于随着 Ti 含量的升高，生成 Laves 相，消耗了大量的 Fe 元素，从而使 BCC 相中的 Fe 含量降低。对花瓣相的成分测试表明，其 Ni、Al 和 Ti 的含量高于合金的名义成分，与 $Cu_{0.5}CrAlFeNiTi_{0.8}$ 涂层中富 Ni-Al-Ti 的 $L2_1$ 相具有几乎相同的元素含量组成，因此，花瓣相是富 $L2_1$ 相。综合上述对 $Cu_{0.5}CrAlFeNiTi_{1.2}$ 涂层的观察分析表明，其与 $Cu_{0.5}CrAlFeNiTi_{0.8}$ 涂层一样，也包含富 Fe-Cr 的 BCC 相、富 Cu 的 FCC 相、富 Ni-Al-Ti 的 $L2_1$ 相；但与 $Cu_{0.5}CrAlFeNiTi_{0.8}$ 涂层不同的是，$Cu_{0.5}CrAlFeNiTi_{1.2}$ 涂层在晶间区域生成了 Laves 相，这归因于随 Ti 含量的升高，Fe 与 Ti 之间存在较负的混合焓，二者易发生反应，其他元素不同程度地取代 Fe 和 Ti，从而生成了（Fe，Ni，Cr）$_2$（Ti，Al，Cu）型的 Laves 相。

表 5-17　$Cu_{0.5}CrAlFeNiTi_{1.2}$ 高熵合金涂层不同区域的元素含量

图 5-83 的区域	元素含量(原子百分数)/%					
	Cu	Cr	Al	Fe	Ni	Ti
名义上	8.78	17.54	17.54	17.54	17.54	21.06
1	72.35	1.35	13.01	4.33	6.01	2.95
2	1.04	63.21	5.89	21.48	3.03	5.35
3	2.14	17.44	3.53	41.79	7.20	27.90
4	1.00	62.30	6.14	21.43	3.48	5.66
花瓣	3.18	4.54	21.95	11.06	34.02	25.25
花瓣间	3.90	56.69	5.84	22.54	4.45	6.58

从组织形貌来看，当 Ti 含量由 0.8 升至 1.2 时，涂层的凝固组织形貌没有发生明显的变化，仍然具备离异共晶组织的特点。根据 $Cu_{0.5}CrAlFeNiTi_{0.8}$ 和 $Cu_{0.5}CrAlFeNiTi_{1.2}$ 相似的组织形貌，可推测二者具有相同的组织凝固演变过程。但是，Ti 含量的升高，使得 $Cu_{0.5}CrAlFeNiTi_{1.2}$ 涂层在晶间区域生成了脆性的 Laves 相，这对涂层的塑性会造成不利的影响，在图 5-89(d) 中，观察到 $Cu_{0.5}CrAlFeNiTi_{1.2}$ 熔覆层中产生的裂纹，正是该涂层脆性增加的标志。

三、硬度及性能

1. 显微硬度

图 5-84 是 $Cu_{0.5}CrAlFeNiTi_x(x=0,0.4,0.8,1.2)$ 系高熵合金涂层横截面沿深度方向的显微硬度分布。从图中可看出四个体系熔覆层的显微硬度均远高于基体 Q235 钢，计算可得 $Cu_{0.5}CrAlFeNi$、$Cu_{0.5}CrAlFeNiTi_{0.4}$、$Cu_{0.5}CrAlFeNiTi_{0.8}$ 和 $Cu_{0.5}CrAlFeNiTi_{1.2}$ 熔覆层的平均显微硬度值分别约为 $670.8HV_{0.1}$、$757.1HV_{0.1}$、$800.2HV_{0.1}$ 及 $855.7HV_{0.1}$；基体的平均显微硬度约为 $165HV_{0.1}$。由此可得 $Cu_{0.5}CrAlFeNi$、$Cu_{0.5}CrAlFeNiTi_{0.4}$、$Cu_{0.5}CrAlFeNiTi_{0.8}$ 和 $Cu_{0.5}CrAlFeNiTi_{1.2}$ 熔覆层的平均显微硬度分别为 Q235 钢基体的 4.07 倍、4.59 倍、4.85 倍和 5.19 倍。

在第一节 $CoCrFeMnNiTi_x$ 体系中，当 Ti 含量比例由 0 增加至 1.2 时，熔覆层的平均显微硬度分别约为 $278HV_{0.1}$、$300HV_{0.1}$、$443HV_{0.1}$ 及 $863HV_{0.1}$；在第二节 $CuCrFeNi_2Ti_x$ 体系中，熔覆层的平均显微硬度分别约为 $205.2HV_{0.1}$、$242.3HV_{0.1}$、$293.2HV_{0.1}$ 及 $444.7HV_{0.1}$。由此可见，本节

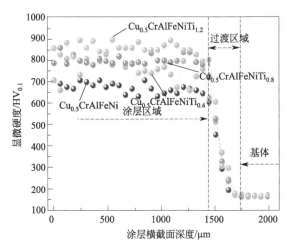

图 5-84　沿 $Cu_{0.5}CrAlFeNiTi_x$ 系高熵合金涂层横截面深度方向的显微硬度分布

中 $Cu_{0.5}CrAlFeNiTi_x$ 体系不同 Ti 含量的熔覆层显微硬度普遍高于前几节中高熵合金体系，甚至当没有添加 Ti 元素时，$Cu_{0.5}CrAlFeNi$ 的显微硬度也达到了 $670.8HV_{0.1}$，基本上高于前几节中任何不同 Ti 含量熔覆层的硬度（除了 $CoCrFeMnNiTi_{1.2}$，但是 $CoCrFeMnNiTi_{1.2}$ 涂层呈现明显的脆性，熔覆层存在由脆性导致的宏观裂纹），这主要归因于涂层主相的改变以及多级纳米沉淀相的强化作用。

对比四个体系熔覆层的显微硬度值发现，随着 Ti 含量的升高，熔覆层的平均显微硬度呈逐渐升高的趋势。其可归因于以下几个方面：第一是由于随着 Ti 含量的增加固溶强化效果逐渐显著；第二是当加入 Ti 元素后，涂层主相由 $Cu_{0.5}CrAlFeNi$ 的 BCC/B2 转变为 $Cu_{0.5}CrAlFeNiTi_{0.4}$、$Cu_{0.5}CrAlFeNiTi_{0.8}$ 和 $Cu_{0.5}CrAlFeNiTi_{1.2}$ 的 $L2_1$ 相，$L2_1$ 相比 BCC/B2 相具有更高的硬度和蠕变抗力，随着 Ti 含量比例由 0.4 升至 1.2，熔覆层中 $L2_1$ 相的含量逐渐增加，因此涂层的显微硬度逐渐提升；第三是由于随 Ti 含量的增加，涂层中纳米沉淀相发生改变，$Cu_{0.5}CrAlFeNi$ 涂层中沉淀相主要为立方形 B2 相和球形、条状富 Cu 沉淀相，而加入 Ti 元素后涂层的沉淀相转变为球形 $L2_1$ 相、棒状 $L2_1$ 相及球形富 Cu 沉淀相，并且沉淀相的尺寸更加细小，因此沉淀强化效果变得更加明显。此外，当 Ti 比例升至 1.2，涂层生成了硬质的 Laves 相，因此使涂层的显微硬度进一步提升，但是也增加了涂层的脆性。

与前几节中涂层体系相似，本节的 $Cu_{0.5}CrAlFeNiTi_x$ 体系在涂层和基体之间也存在过渡区；过渡区的存在会产生缓冲作用，有利于涂层与基体的结合，且使涂层利于承受冲击载荷。

2. 摩擦磨损性能

图 5-85 是 $Cu_{0.5}CrAlFeNiTi_x$ ($x=0$，0.4，0.8，1.2) 系高熵合金涂层的摩擦系数测试结果。从图中可看出，与 $CoCrFeMnNiTi_x$ 和 $CuCrFeNi_2Ti_x$ 体系相似，每个样品的摩擦系数变化均分为摩擦系数突然由零升高到最大值的跑合阶段和摩擦系数值相对稳定的摩擦阶段。在对磨表面刚开始接触时，两者表面的微凸体优先接触并发生摩擦，此时由于微凸体接触面积小，因此在承载面上的压强非常大，从而使两表面的微凸体发生剧烈的破坏，摩擦系数表现出不稳定且在此阶段材料的磨损率较高。

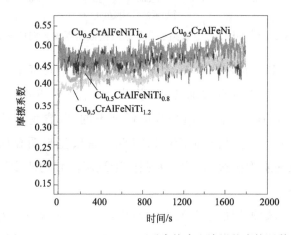

图 5-85 $Cu_{0.5}CrAlFeNiTi_x$ 系高熵合金涂层的摩擦系数

计算各样品稳定阶段的摩擦系数，Ti 含量为 0、0.4、0.8 和 1.2 的摩擦系数分别为 0.5083、0.4771、0.4653 和 0.4416。由此可见，随着涂层硬度的升高，摩擦系数呈逐渐降低的趋势，主要归因于硬度的升高能有效抵抗涂层的塑性变形从而抑制了黏着磨损作用，这与 $CoCrFeMnNiTi_x$ 和 $CuCrFeNi_2Ti_x$ 体系具有相同的变化趋势。进一步观察发现 $Cu_{0.5}CrAlFeNiTi_{0.4}$ 和 $Cu_{0.5}CrAlFeNiTi_{0.8}$ 摩擦系数非常接近，这可能归因于二者非常接近的硬度，以及具有相同的物相和相似的组织形貌。

与 $CoCrFeMnNiTi_x$ 和 $CuCrFeNi_2Ti_x$ 体系的摩擦系数相比，$Cu_{0.5}CrAlFeNiTi_x$ 体系的摩擦系数明显降低，$CoCrFeMnNiTi_x$ 体系的摩擦系数在 0.59～0.70 之间，$CuCrFeNi_2Ti_x$ 体系的摩擦系数在 0.52～0.68 之间，而 $Cu_{0.5}CrAlFeNiTi_x$ 体系的摩擦系数在 0.44～0.51 之间，摩擦系数降低主要归因

于涂层硬度的升高，有效抵抗因磨球微凸体的压入而引起的较严重的塑性变形和黏着磨损，从而降低了在摩擦过程中两接触面的粗糙度。

图 5-86 为计算所得的 $Cu_{0.5}CrAlFeNiTi_x$（$x=0,0.4,0.8,1.2$）系高熵合金涂层的磨损体积。$Cu_{0.5}CrAlFeNi$、$Cu_{0.5}CrAlFeNiTi_{0.4}$、$Cu_{0.5}CrAlFeNiTi_{0.8}$ 和 $Cu_{0.5}CrAlFeNiTi_{1.2}$ 的磨损体积分别为 $6.37\times10^5\mu m^3$、$1.77\times10^5\mu m^3$、$1.09\times10^5\mu m^3$ 及 $1.30\times10^5\mu m^3$。由此可见 $Cu_{0.5}CrAlFeNiTi_x$ 体系涂层随着 Ti 含量的增加涂层的磨损体积呈先降后增的趋势，但整体来看，含 Ti 涂层的磨损体积均低于不含 Ti 涂层，即 Ti 的添加有利于提升涂层的耐磨性，但是当 Ti 的添加量过高时，又会逐渐使耐磨性下降，这可能归因于涂层的脆性增加。

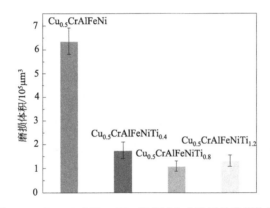

图 5-86　$Cu_{0.5}CrAlFeNiTi_x$ 系高熵合金涂层的磨损体积

在相同的磨损条件下，Q235 基体的磨损体积为 $1.91\times10^7\mu m^3$，因此，$Cu_{0.5}CrAlFeNiTi_x$（$x=0$，0.4，0.8，1.2）系高熵合金涂层的磨损体积普遍比 Q235 基体降低了两个数量级，可见相较于基体，涂层的磨损抗力大幅提升。对于第一节中 $CoCrFeMnNiTi_x$ 体系，Ti 含量为 0、0.4、0.8 和 1.2 时的磨损体积分别为 $1.52\times10^7\mu m^3$、$8.6\times10^6\mu m^3$、$1.6\times10^6\mu m^3$ 及 $2.5\times10^6\mu m^3$；对于第二节中 $CuCrFeNi_2Ti_x$ 体系，Ti 含量为 0、0.4、0.8 和 1.2 时的磨损体积分别为 $1.78\times10^7\mu m^3$、$1.61\times10^7\mu m^3$、$8.7\times10^6\mu m^3$ 及 $1.5\times10^6\mu m^3$。由此可见，本节中 $Cu_{0.5}CrAlFeNiTi_x$ 涂层体系的磨损体积比 $CoCrFeMnNiTi_x$ 和 $CuCrFeNi_2Ti_x$ 体系降低了 $1\sim2$ 数量级，表明，$Cu_{0.5}CrAlFeNiTi_x$ 体系比 $CoCrFeMnNiTi_x$ 和 $CuCrFeNi_2Ti_x$ 体系具有更好的磨损抗力。其主要归因于物相和组织的改变导致涂层具有更高的硬度以及更加优良的强韧配合组织特性。对于 $CoCrFeMnNiTi_x$ 体系，低 Ti 含量时，

涂层的主相为较软的 FCC 相，对涂层的强化作用主要来自大块状的金属间化合物，金属间化合物较少时，强化作用不明显，而金属间化合物较多时，会导致严重的脆性，如当 Ti 比例为 1.2 时，涂层因为脆性导致了贯穿熔覆层的裂纹，虽然高 Ti 含量时，涂层的主相转变为 BCC＋Laves 相，但巨大的脆性不利于磨损抗力的提升。对于 $CuCrFeNi_2Ti_x$ 体系，Ti 含量由 0 增至 1.2 时，涂层的主相均为 FCC 相，虽然在高 Ti 含量时，涂层的脆性得到了改善，但是整体涂层的硬度较低，不能有效抵抗磨球微凸体的压入，而易导致严重的黏着磨损，因此整体涂层的磨损抗力较低。而对于本节的 $Cu_{0.5}CrAlFeNiTi_x$ 体系，主相转变为了具有 BCC 结构的固溶体，更重要的是涂层的组织以共晶组织为主，具有良好塑韧性的无序 BCC 固溶体和具有高强度的 B2 或 L2₁ 有序固溶体相间分布，既有效地避免了有序固溶体的脆性，又能通过载荷传递强化作用充分发挥它们的高强度；进一步说，在 $Cu_{0.5}CrAlFeNiTi_x$ 体系固溶体中弥散分布着纳米沉淀相，能有效与位错发生相互作用，通过 Orowan 或颗粒剪切机理起到优良的沉淀强化作用，如果沉淀相分布状态呈现出多尺度多级的特点时，起到的强化作用会更加明显，而本研究中 $Cu_{0.5}CrAlFeNiTi_x$ 体系中沉淀相形态和分布则具有这样的特征。此外，相较于 $CoCrFeMnNiTi_x$ 和 $CuCrFeNi_2Ti_x$ 体系，$Cu_{0.5}CrAlFeNiTi_x$ 体系中添加了具有较大原子半径的 Al 元素，因此，除了 Ti 元素导致的固溶强化作用外，Al 元素也起到了重要的固溶强化作用。因此，以上几个因素综合作用导致 $Cu_{0.5}CrAlFeNiTi_x$ 体系比 $CoCrFeMnNiTi_x$ 和 $CuCrFeNi_2Ti_x$ 体系具有更加优良的磨损抗力。

图 5-87 是 $Cu_{0.5}CrAlFeNiTi_x$（$x＝0$，0.4，0.8，1.2）系高熵合金涂层磨痕宏观形貌及对应的磨痕横截面轮廓图。经测量计算，$Cu_{0.5}CrAlFeNi$、$Cu_{0.5}CrAlFeNiTi_{0.4}$、$Cu_{0.5}CrAlFeNiTi_{0.8}$ 和 $Cu_{0.5}CrAlFeNiTi_{1.2}$ 的平均磨痕宽度分别为 $692.2\mu m$、$501.3\mu m$、$398.4\mu m$ 及 $418.8\mu m$；对应的最大磨痕深度分别为 $18.8\mu m$、$10.2\mu m$、$8.4\mu m$ 及 $9.3\mu m$。由此可见磨痕的平均宽度和最大深度均呈现先降后增的趋势，和上述磨损体积的测试结果相一致。此外，从图 5-87（a_2）、（b_2）、（c_2）和（d_2）的磨痕横截面轮廓可观察到，除了 $Cu_{0.5}CrAlFeNi$ 涂层的横截面轮廓存在较为明显的凸起和凹陷形貌外，$Cu_{0.5}CrAlFeNiTi_{0.4}$、$Cu_{0.5}CrAlFeNiTi_{0.8}$ 和 $Cu_{0.5}CrAlFeNiTi_{1.2}$ 涂层的横截面轮廓都相对较为平整，整体形貌相似。各涂层的三维磨痕形貌如图 5-88 所示，其呈现出与磨痕横截面轮廓相似的特征，从三维形貌图中可明显观察到

$Cu_{0.5}CrAlFeNi$ 和 $Cu_{0.5}CrAlFeNiTi_{0.4}$ 的磨痕表面相对粗糙，并且磨痕的宽度和深度相对较大；$Cu_{0.5}CrAlFeNiTi_{0.8}$ 和 $Cu_{0.5}CrAlFeNiTi_{1.2}$ 的磨痕表面相对平坦，磨痕宽度和深度较 $Cu_{0.5}CrAlFeNi$ 和 $Cu_{0.5}CrAlFeNiTi_{0.4}$ 都变小。不同的磨痕形貌和不同的磨损机理相关联，后面结合高倍磨痕形貌观察对磨损机理做进一步分析。

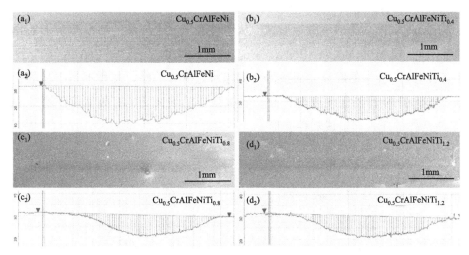

图 5-87　$Cu_{0.5}CrAlFeNiTi_x$ 系高熵合金涂层磨痕形貌及横截面轮廓

(a_1)、$(a_2)Ti_0$；(b_1)、$(b_2)Ti_{0.4}$；(c_1)、$(c_2)Ti_{0.8}$；(d_1)、$(d_2)Ti_{1.2}$

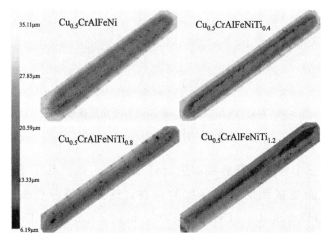

图 5-88　$Cu_{0.5}CrAlFeNiTi_x$ 系高熵合金涂层磨痕三维形貌

图 5-89 是 $Cu_{0.5}CrAlFeNiTi_x$（$x=0$，0.4，0.8，1.2）系高熵合金涂层磨痕微观形貌。图 5-89（a）是 $Cu_{0.5}CrAlFeNi$ 的磨痕微观形貌，从中可观察到

比较明显的塑性变形和犁沟，这是磨粒磨损特征。上述显微硬度测试表明，$Cu_{0.5}CrAlFeNi$ 在 $Cu_{0.5}CrAlFeNiTi_x$（$x=0$，0.4，0.8，1.2）体系中具有相对较低的硬度，在外加载荷作用下，磨球表面尖锐的微凸体在接触点处会产生很高的压强，易压入涂层的表面，造成材料的塑性变形，之后在摩擦运动过程中会在涂层表面进行微观切削，产生犁沟。

图 5-89（b）～（d）分别是 $Cu_{0.5}CrAlFeNiTi_{0.4}$、$Cu_{0.5}CrAlFeNiTi_{0.8}$ 和 $Cu_{0.5}CrAlFeNiTi_{1.2}$ 的磨痕微观形貌。从中可看出三个样品的磨痕微观形貌比较相似，相较于 $Cu_{0.5}CrAlFeNi$，$Cu_{0.5}CrAlFeNiTi_{0.4}$、$Cu_{0.5}CrAlFeNiTi_{0.8}$ 和 $Cu_{0.5}CrAlFeNiTi_{1.2}$ 的磨痕表面整体变得相对光滑和平整，观察不到明显的塑性变形，这说明随着涂层硬度的升高、屈服强度的增大，能有效抵抗因磨球表面大量微凸体的压入而造成塑性变形。

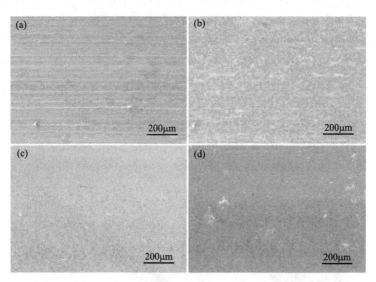

图 5-89　$Cu_{0.5}CrAlFeNiTi_x$ 系高熵合金涂层磨痕微观形貌

(a)Ti_0；(b)$Ti_{0.4}$；(c)$Ti_{0.8}$；(d)$Ti_{1.2}$

进一步对三个样品的磨痕表面进行仔细观察，虽然几乎不存在塑性变形和犁沟，但是能观察到少量剥落坑的存在，这是轻微疲劳磨损的特征；与 $Cu_{0.5}CrAlFeNiTi_{0.4}$ 和 $Cu_{0.5}CrAlFeNiTi_{0.8}$ 相比，$Cu_{0.5}CrAlFeNiTi_{1.2}$ 的磨痕表面的剥落坑相对较大，这归因于 $Cu_{0.5}CrAlFeNiTi_{1.2}$ 涂层脆性的增加。上述物相和微观组织分析表明，当 Ti 的比例增至 1.2 时，在晶间区域生成了脆性的 Laves 相，导致涂层脆性增加，并使熔覆层产生了宏观裂纹，在摩擦往复循环应力作用下，在脆性 Laves 相及原有裂纹的尖端都会造成很大的应力集中，从而使裂纹发生扩展并最终聚合，造成材料剥落，产生剥落坑。这也是 $Cu_{0.5}CrAlFeNiTi_{1.2}$ 涂层相较于 $Cu_{0.5}CrAlFeNiTi_{0.8}$ 涂层磨损体积增加，磨损抗力有所降低的原因。

在 $CoCrFeMnNiTi_x$ 和 $CuCrFeNi_2Ti_x$ 体系中，当添加 Ti 含量比例低时，两种体系涂层的硬度、屈服强度均较低，使材料在摩擦过程中极易发生塑性变形，并产生周期性的黏着剥层磨损，从而产生了非常大的磨损体积损失。当加入高比例的 Ti 时，对于 $CoCrFeMnNiTi_x$ 体系，虽然涂层的硬度提升，但对涂层的强化作用主要来自大片状金属间化合物的载荷传递强化，硬度提高的同时给涂层带来了巨大的脆性，使涂层产生了严重的宏观裂纹，因此，在高 Ti 含量时，$CoCrFeMnNiTi_x$ 体系的耐磨性相对于低 Ti 含量时的提升并不明显，磨损体积损失仍然在一个数量级；对于 $CuCrFeNi_2Ti_x$ 体系，高比例 Ti 的加入，虽没有导致涂层严重的脆性，但是涂层整体的硬度仍然较低，最高只有 $444.7HV_{0.1}$，因此不能充分有效地抵抗磨球微凸体的犁削作用，相较于高硬度的 $Cu_{0.5}CrAlFeNiTi_x$ 体系，高 Ti 含量的 $CuCrFeNi_2Ti_x$ 体系仍然表现出较大的磨损体积损失。在本节研究的 $Cu_{0.5}CrAlFeNiTi_x$ 体系中，具有无序 BCC 相和有序 $B2/L2_1$ 相形成的强韧配合的共晶组织，并辅以多级纳米沉淀相的强化作用，使得该体系表现出比 $CoCrFeMnNiTi_x$ 和 $CuCrFeNi_2Ti_x$ 体系更加优良的磨损抗力。

3. 电化学性能

图 5-90 是 $Cu_{0.5}CrAlFeNiTi_x$ ($x=0$，0.4，0.8，1.2) 系高熵合金涂层的动电位极化曲线，根据极化曲线获取的腐蚀电位 (E_{corr}) 和自腐蚀电流密度 (i_{corr}) 如表 5-18 所示。由图可知，几种涂层样品的动电位极化曲线未发现明显的拐点，因此推测它们没有发生明显的钝化，表面几乎一直处在活性溶解状态。从表 5-18 中可看出四种不同 Ti 含量的涂层样品均表现出比 Q235 基体高的腐蚀电位和低的腐蚀电流密度，表明 $Cu_{0.5}CrAlFeNiTi_x$ 体系涂层比 Q235 基体具有更好的耐蚀性。单独对比几种不同 Ti 含量的高熵合金涂层的动电位极化参数发现，涂层的自腐蚀电流密度随 Ti 含量的升高而逐渐增加，表明随着 Ti 含量的增加，涂层的耐蚀性有逐渐下降的趋势。此外，在该 $Cu_{0.5}CrAlFeNiTi_x$ 体系中，不同 Ti 含量的各涂层样品的腐蚀电位随 Ti 含量的变化没有明显的变化规律，这可能和涂层中复杂的微观组织结构有关系，在 $CuCrFeNi_2Ti_x$ 体系中也存在类似的现象。

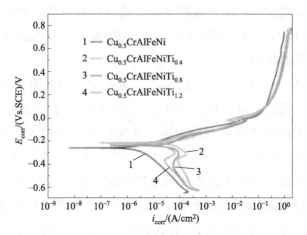

图 5-90　$Cu_{0.5}CrAlFeNiTi_x$ 系高熵合金涂层的动电位极化曲线

表 5-18　$Cu_{0.5}CrAlFeNiTi_x$ 系高熵合金涂层和 Q235 基体的动电位极化参数

样品	E_{corr}(Vs. SCE)/mV	$i_{corr}/(\mu A/cm^2)$
$Cu_{0.5}CrAlFeNi$	-264.5	1.47×10^{-2}
$Cu_{0.5}CrAlFeNiTi_{0.4}$	-224.4	7.77×10^{-2}
$Cu_{0.5}CrAlFeNiTi_{0.8}$	-243.6	1.81×10^{-1}
$Cu_{0.5}CrAlFeNiTi_{1.2}$	-218.9	1.94×10^{-1}
Q235 基体	-741.3	8.74

　　为了获取更多 $Cu_{0.5}CrAlFeNiTi_x$（$x=0$，0.4，0.8，1.2）系高熵合金涂层的腐蚀行为信息，对其进行了电化学阻抗谱（EIS）测试。各涂层样品的 Nyquist 图如图 5-91 所示，与前几节中研究的 $CoCrFeMnNiTi_x$、$CuCrFe$-Ni_2Ti_x 及 $CoCrAl_{0.5}NiCu_{0.5}$ 体系相似，$Cu_{0.5}CrAlFeNiTi_x$ 体系样品的 Nyquist 曲线也都是半圆弧形状，即单一的容抗弧，表明主要的腐蚀特征也是以电荷转移为控制步骤的电容性行为，电极反应阻力主要来自非均匀界面的电荷转移步骤。大的容抗弧半径对应着大的电荷转移电阻，对比四种不同 Ti 含量样品的容抗弧，其半径随着 Ti 含量的增加呈逐渐减小的趋势，因此从 Nyquist 曲线可以看出涂层耐蚀性随 Ti 含量的增加逐渐下降，这与动电位极化曲线测试中利用自腐蚀电流密度来表征的耐蚀性顺序相一致。

　　图 5-92 是 $Cu_{0.5}CrAlFeNiTi_x$（$x=0$，0.4，0.8，1.2）系高熵合金涂层的 Bode 图。高频区 $\lg|Z|$ 反映的是溶液电阻，因此四个样品的高频区 $\lg|Z|$ 值趋于一致；低频区 $\lg|Z|$ 反映的是涂层的钝化膜电阻，$Cu_{0.5}CrAlFeNiTi_{0.4}$、

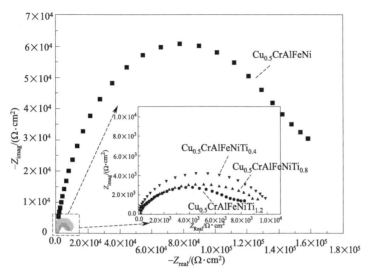

图 5-91　$Cu_{0.5}CrAlFeNiTi_x$ 系高熵合金涂层的 Nyquist 图

$Cu_{0.5}CrAlFeNiTi_{0.8}$ 及 $Cu_{0.5}CrAlFeNiTi_{1.2}$ 低频区的 $lg|Z|$ 值几乎相同，均低于 $Cu_{0.5}CrAlFeNi$ 低频区的 $lg|Z|$ 值，说明在 $Cu_{0.5}CrAlFeNiTi_x$ 体系中，Ti 的加入使涂层的钝化膜电阻降低，和上述 Nyquist 图中电荷转移电阻（R_{ct}）具有相同的趋势。相位角在中频区达最大值时，对应的频率范围大小表示腐过程中钝化膜的稳定性，频率范围越宽，代表腐蚀过程钝化膜的稳定性越好。从图中可看出四个样品在中频区相位角保持在平台区的频率范围宽度由大到小的顺序为：$Cu_{0.5}CrAlFeNi > Cu_{0.5}CrAlFeNiTi_{0.4} > Cu_{0.5}CrAlFeNiTi_{0.8} > Cu_{0.5}CrAlFeNiTi_{1.2}$，

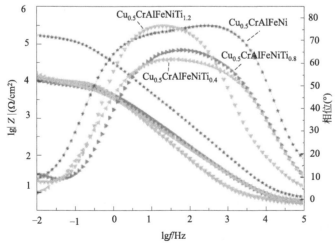

图 5-92　$Cu_{0.5}CrAlFeNiTi_x$ 系高熵合金涂层的 Bode 图

这和 Nyquist 图中电荷转移电阻的大小顺序相一致，进一步表明了在 $Cu_{0.5}CrAlFeNiTi_x$ 体系中，随着 Ti 含量的升高涂层的耐蚀性有降低的趋势。

根据 $Cu_{0.5}CrAlFeNiTi_x$ 系高熵合金涂层腐蚀过程特征，与 $CoCrFeMn-NiTi_x$、$CuCrFeNi_2Ti_x$ 及 $CoCrAl_{0.5}NiCu_{0.5}$ 体系相同，采用两个 $R-C$ 回路的电路模型拟合建立体系涂层的等效电路，如图 5-22 所示。利用 Gamry Echem 软件分析拟合获得的各参数值如表 5-19 所示。从表 5-19 可看出，钝化膜电阻值（R_1）和电荷转移电阻值（R_{ct}）均随着 Ti 含量增加而逐渐降低，说明钝化膜的保护能力逐渐降低，离子通过双电荷层的传输数量增加，耐蚀性降低，和上述动电位极化曲线、Nyquist 图和 Bode 图呈现的结果相一致。

表 5-19　$Cu_{0.5}CrAlFeNiTi_x$ 系高熵合金涂层在 3.5%（质量分数）NaCl 溶液中电化学模拟参数

涂层	$R/(\Omega \cdot cm^2)$			$CPE_1/$ $(\Omega^{-1}s^n \cdot cm^{-2})$	n_1	$CPE_2/$ $(\Omega^{-1} \cdot s^n \cdot cm^{-2})$	n_2
	R_s	R_1	R_{ct}				
$Cu_{0.5}CrAlFeNi$	6.08	1.44×10^5	7.52×10^5	6.40×10^{-6}	0.77	2.53×10^{-6}	0.82
$Cu_{0.5}CrAlFeNiTi_{0.4}$	6.14	3.40×10^4	1.52×10^4	5.22×10^{-6}	0.79	3.42×10^{-6}	0.76
$Cu_{0.5}CrAlFeNiTi_{0.8}$	6.17	1.21×10^4	9.42×10^3	2.78×10^{-6}	0.82	1.21×10^{-6}	0.78
$Cu_{0.5}CrAlFeNiTi_{1.2}$	6.09	6.95×10^3	5.01×10^3	2.05×10^{-6}	0.89	3.32×10^{-6}	0.87

综合上述动电位极化测试及 EIS 测试结果表明，对 $Cu_{0.5}CrAlFeNiTi_x$（x =0，0.4，0.8，1.2）系高熵合金涂层，随着 Ti 含量的增加，涂层的自腐蚀电流密度（i_{corr}）逐渐增大，钝化膜电阻（R_1）逐渐降低，电荷转移电阻（R_{ct}）逐渐降低。这些参数的测试结果表明，随 Ti 含量增加，涂层的耐蚀性逐渐下降。分析原因可能有以下几个方面：首先，随着 Ti 的增加，涂层的主相逐渐由 BCC/B2 相转变为 $L2_1$ 相，BCC 相是富 Cr 相，而 $L2_1$ 相是富 Ni-Al-Ti 相，为贫 Cr 相，因此在 $L2_1$ 相表面形成的钝化膜的致密性和厚度都劣于 BCC 相，削弱了对涂层的保护性能，并且随着 Ti 含量的增加，Cr 的相对含量则逐渐降低，形成的 Cr_2O_3 钝化膜数量减少，降低了对涂层表面的保护性；其次，随着 Ti 的加入，涂层组织逐渐由 BCC/B2 共晶组织转变成 BCC/$L2_1$ 的离异共晶组织，在 BCC/B2 共晶组织中，富 Cr 的 BCC 相相对均匀地分布在整个共晶晶粒里面，而在 BCC/$L2_1$ 的离异共晶组织中，大部分富 Cr 的

BCC 相呈大块状聚集于晶间区域，形成了明显的富 Cr 区和贫 Cr 区，富 Cr 区作为阴极，贫 Cr 区作为阳极，形成数量更多、面积更大的微观腐蚀电池，使涂层自腐蚀电流密度增加，而当 Ti 的比例增加至 1.2 时，在晶间区域又生成了贫 Cr、富 Fe-Ti 的 Laves 相，进一步增加了阳极区域的面积，使耐蚀性进一步降低；然后，随着具有大原子半径的 Ti 含量的增加，各含 Ti 物相中 Ti 的固溶度增大，使晶格畸变程度增加，界面应力增大，从而增加了应力腐蚀的倾向性；最后，当 Ti 比例增至 1.2 时，涂层脆性增加而导致宏观裂纹，在电化学实验过程中，NaCl 溶液中 Cl⁻ 很容易穿过涂层的裂纹，而对涂层内部进行侵蚀，从而进一步降低涂层的耐蚀性。

小　结

本节以 $CoCrFeMnNiTi_x$ 和 $CuCrFeNi_2Ti_x$ 体系的研究结果为参考，在 $CoCrAl_{0.5}NiCu_{0.5}$ 体系的基础上，进一步优化各元素的比例和组成，采用等离子熔覆制备了 $Cu_{0.5}CrAlFeNiTi_x$（$x=0$，0.4，0.8，1.2）系高熵合金涂层，研究了元素配比和组成的优化及 Ti 含量对涂层结构与性能的影响。

① $Cu_{0.5}CrAlFeNiTi_x$（$x=0$，0.4，0.8，1.2）系高熵合金涂层厚度为 $1.5\sim2mm$，涂层与基体之间形成了良好的冶金结合；当 Ti 的比例为 $0\sim0.8$ 时，涂层致密无缺陷，而当 Ti 的比例升至 1.2 时，涂层出现了少许的裂纹，归因于涂层的脆性增加。

② 对不含 Ti 的 $Cu_{0.5}CrAlFeNi$ 涂层，其主要物相包含晶间富 Cu 的 FCC 相、无序富 Fe-Cr 的 BCC 相及有序富 Ni-Al 的 B2 相；涂层组织是由多个共晶晶粒构成：富 Fe-Cr 的 BCC 相为初生相在晶粒中心优先形成，富 Ni-Al 的 B2 相和富 Fe-Cr 的 BCC 相以共晶的形式垂直于初生相边界沿径向相间分布。当加入 Ti 元素后，涂层组织由共晶组织向离异共晶组织转变，涂层主相转变为富 Ni-Al-Ti 的 $L2_1$ 相，对于 $Cu_{0.5}CrAlFeNiTi_{0.4}$ 涂层，合金成分偏离 $L2_1$ 相和 BCC 相的共晶点较远，初生 $L2_1$ 相长得很大，共晶 $L2_1$ 相和 BCC 相含量较少，大部分 BCC 相残留于晶间区域；当 Ti 的比例增至 0.8 时，初生相为小尺寸的富 Fe-Cr 的 BCC 相，在初生相周围形成了 $L2_1$ 相的"晕圈"，BCC 相存在于"晕圈"的间隙中与 $L2_1$ 相形成共晶，$L2_1$ 相与液相接触面积大，生长较快，最终将部分 BCC 相残留于晶间区域；$Cu_{0.5}CrAlFeNiTi_{1.2}$ 涂层组织结构与 $Cu_{0.5}CrAlFeNiTi_{0.8}$ 非常相似，均呈现相同的离异共晶组织形貌，由于 Ti 含量的升高，在 $Cu_{0.5}CrAlFeNiTi_{1.2}$ 涂层组织的晶间区域额外生成了

富 Fe-Ti 的 Laves 相。

③ $Cu_{0.5}CrAlFeNiTi_x$ 体系涂层的物相内部分布着多级纳米沉淀相：对于 $Cu_{0.5}CrAlFeNi$ 涂层，在初生 BCC 相中存在由后续调幅分解生成的立方纳米 B2 沉淀颗粒，在立方 B2 沉淀颗粒中还弥散分布着尺度更加细小的球形富 Cu 沉淀颗粒，而在共晶 B2 相中分布着平行于 B2 生长方向的条状富 Cu 沉淀相，球形和条状富 Cu 沉淀相均呈无序 FCC 结构；对于含 Ti 涂层，在富 Fe-Cr 的初生 BCC 相和晶间 BCC 相内部分布着纳米球形 $L2_1$ 相，而在共晶间的 BCC 相内部分布着纳米棒状 $L2_1$ 相，在球形和棒状 $L2_1$ 相的内部和边缘分布着尺度更小的纳米富 Cu 沉淀相，富 Cu 沉淀相呈非晶或 FCC 结构；在靠近晶间位置的共晶 $L2_1$ 相内部分布着纳米尺度的 BCC 相和富 Cu 沉淀相，而在靠近初生相位置的共晶 $L2_1$ 相内部只分布着富 Cu 纳米沉淀相。

④ 涂层的硬度随 Ti 含量的增加逐渐增加，$Cu_{0.5}CrAlFeNi$、$Cu_{0.5}CrAlFeNiTi_{0.4}$、$Cu_{0.5}CrAlFeNiTi_{0.8}$ 及 $Cu_{0.5}CrAlFeNiTi_{1.2}$ 熔覆层的平均显微硬度分别为 Q235 基体的 4.07 倍、4.59 倍、4.85 倍和 5.19 倍；涂层与基体之间存在一硬度缓降的过渡区，有利于涂层与基体的结合。

⑤ 涂层的磨损抗力远远优于 Q235 基体，不同 Ti 含量的各样品的磨损体积普遍比 Q235 基体降低了两个数量级，并且比 $CoCrFeMnNiTi_x$ 和 $CuCrFeNi_2Ti_x$ 体系磨损体积降低了一个数量级，$Cu_{0.5}CrAlFeNiTi_x$ 体系涂层优良的磨损抗力归因于塑韧性良好的无序 BCC 和有序 $B2/L2_1$ 相形成的强韧配合的共晶组织，以及多级纳米沉淀相的强化作用；涂层的磨损抗力随 Ti 的增加呈先增后降的趋势，当 Ti 的比例为 0.8 时，涂层具有最优的磨损抗力，但当 Ti 含量过高时，涂层组织的晶间区域会生成脆性 Laves 相，对涂层的磨损抗力不利；涂层的磨损机理由不含 Ti 涂层的磨粒磨损转变为含 Ti 涂层的轻微疲劳磨损。

⑥ $Cu_{0.5}CrAlFeNiTi_x$ 体系涂层耐蚀抗力均优于 Q235 基体，随 Ti 含量的升高涂层的耐蚀性逐渐下降，主要归因于 Ti 的加入使涂层主相转变为贫 Cr 的 $L2_1$ 相，以及离异共晶的发生使得富 Cr 区和贫 Cr 的区分更加明显，从而形成了数量较多、面积更大的微观腐蚀电池，增加了自腐蚀电流密度。

第六章　高通量等离子束熔覆制备及测试系统

　　针对具体环境条件下的耐磨蚀材料，就选择理想的耐磨损、耐腐蚀、耐冲蚀等靶向性能而言，主要的挑战首先是材料性能的高效表征。曾有学者一针见血地指出："没有高通量的表征技术，高效合成材料只不过是一种奢侈的浪费"，可见高通量表征技术对新材料开发的重要。目前，最为便利的是光学性能检测，对于功能材料的发光、光电、磁光、磁阻、电阻等性质已经发展并建立了一些行之有效的测量方法，一些新型的设备如扫描微波显微镜、面阵列克尔效应测量系统等已经被建立起来。但是，对于结构材料中关键的机械性能，尤其是各类涂层的耐磨、耐蚀性能，如何针对样品阵列而不是单个样品进行系统化的平行快速检测的研究较少。

　　大量研究及工程应用表明，材料在经过磨损、腐蚀、冲蚀后，表面形貌的变化是样品各自成分、合成工艺、微观结构、性能的综合反映，设计高精度、快速的样品表面粗糙度、轮廓测量结果和数据处理技术，有望为开发高通量的耐磨蚀材料表征和样品筛选方法提供关键的技术基础。高通量表征材料性能的前提是快速的组合材料制备技术，使得样品的制备可以系列化、连续化，这需要建立耐磨蚀材料数据挖掘技术与数据平台。用高能量密度的等离子束作热源，通过等离子束熔覆技术获得性能和成分梯度分布、呈冶金结合的金属陶瓷耐磨涂层，或金属间化合物耐蚀涂层；通过等离子射流温度场、粒子运动轨迹模拟，设计等离子束流特性；采用开放式计算机数字控制技术，开发适用于涂层组分、工艺参数连续可调的等离子束熔覆耐磨蚀涂层制备技术，为多层次跨尺度梯度耐磨蚀材料库的建立提供组合材料技术保障。在开

>>

发高通量的耐磨耐蚀涂层表征和制备技术基础上，实现材料成分、组织和性能的精确调控，这对于延长海洋、矿山、化工、电力等行业中工作在磨损、冲刷、腐蚀甚至高温等条件下关键零部件的使用寿命，对于提高设备运行的安全性具有重要意义。

第一节　高通量等离子束熔覆制备技术及控制系统

一、总体方案

针对高通量的高效快速特征，要求对送粉器的开闭进行精确联动自动控制以及同步送粉，可采用多个送粉器并联方法，针对不同体系配比合理设计样品阵列，一次加装多个成分体系的合金粉体进行等离子束熔覆，从而快速大量合成不同材料。等离子束熔覆设备采用三轴联动、计算机同步控制，等离子束熔覆时不同样品对应的送粉器之间动态精确切换。同时根据不同合金粉体的不同参数需求，还可同步进行离子气、送粉气、电流、电压等工艺参数的即时调整。总体方案如图 6-1 所示。

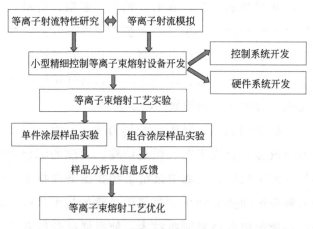

图 6-1　等离子束熔覆耐磨蚀组合涂层技术总体方案

二、多通道送粉设备设计

针对提出的技术要求，主要的改进在多通道精确送粉设备上，根据设计原理，对送粉器进行了大量调研，针对目前的设计要求对机械、控制部分重新进行了系统的设计，其设计图如图 6-2 所示。其送粉原理：配制好的粉末混合均匀后，将编好编号的混合均匀的粉末容器放入上部的同步送粉器中，在转移弧等离子束流点燃后，通过下部的送粉孔和送粉通道将粉末同步送入等离子束流内或熔池内，冷却凝固后形成表面涂层，通过控制开闭粉末容器的编号，可一次快速放置并获得六个粉末配比的样品。采用此设备，可提高送粉效率及等离子束熔覆试验效率，在高效快速进行合金粉末体系配方研究中有着极为广阔的应用前景。

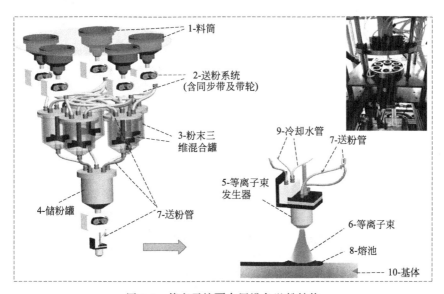

图 6-2　等离子熔覆专用设备送粉结构

三、等离子束熔覆专用等离子束发生器

为满足不同粉末体系的等离子束熔覆工艺需要，如对等离子束能量密度、送粉孔位置、送粉角度等的要求，对等离子束发生器进行了一系列改进。如为提高等离子束能量密度，同时满足精细熔覆需要，减少烧损，将等离子束发生器喷嘴由原来的分体式设计改为一体化设计，喷嘴孔直径减小，送粉孔与水平面夹角减小至 20°，从而进一步提高等离子束流的能量密度，提高等离子束发生器的冷却效果，减少喷嘴孔的烧损；为解决超细粉送粉散失率过大问题，设计了三阴极转移弧等离子炬，中心孔送粉，既解决了粉末散失问题，又可以进一步提高熔覆效率，如图 6-3 所示。

四、等离子束熔覆设备组成

等离子束熔覆耐磨蚀组合涂层制备设备主要由以下几部分组成：等离子

束熔覆专用电源、配粉和混粉设备、六通道同步送粉等离子束熔覆结构、控制系统、水冷设备等。其基本运行原理为：按合金粉末配方要求将各种原料粉末放入配粉原料罐中，根据成分配比进行控制并送入下部混粉罐中，一次可混 6 种合金粉末，待全部完成后将混粉罐密封然后进行混粉操作，完成后将合金粉末罐放入左侧送粉器中；等离子束熔覆时，将起灭弧、送粉、工装运行轨迹等写入程序，由控制设备控

图 6-3 等离子束发生器及送粉

制熔覆过程，在基体表面形成强化涂层，每次可连续制备六种合金粉末体系的熔覆层，效率比普通等离子束熔覆设备高 10 倍以上，特别适合于粉末配方的快速优选。设备如图 6-4 所示。

图 6-4 等离子束熔覆耐磨蚀组合涂层制备专用设备

五、控制系统

等离子束专用设备能够进行各种不同合金成分的等离子熔覆试验。

根据应用反馈，主要问题在于调整不便利、超细且流动性不好的粉末不易送出、控制软件中有不是很直观的地方等。根据反馈，优化了软件控制界面，在送粉量、送气量、送粉电机移动速度等控制方面进行了设计更新，使界面更容易操作，且更加直观简单，大大减少了误操作的发生；同时对等离子炬定位进行了重新设计，大大提高了定位精度，使操作进一步简单化；对

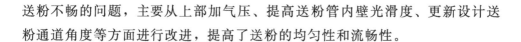

送粉不畅的问题，主要从上部加气压、提高送粉管内壁光滑度、更新设计送粉通道角度等方面进行改进，提高了送粉的均匀性和流畅性。

第二节　耐磨蚀组合涂层快速检测及表征技术

传统的耐磨蚀材料制备技术主要是依靠经验设计材料配方，采用试验方法验证性能，投入大、周期长、产出少。依据高通量筛选的原理研究新型耐磨蚀涂层材料的高效制备、快速检测和表征技术，建立数据处理系统，可大幅度提高耐磨蚀材料的开发效率。通过集等离子体技术、磨损和腐蚀性能检测技术、光学轮廓探测技术、数据处理技术等于一体，采用高能束流技术制备耐磨蚀组合涂层，开发快速磨损、腐蚀检测设备和适合高通量筛选的性能表征技术，并建立快速磨损、腐蚀与标准磨损、腐蚀试验数据间的定性和定量关系，实现组合涂层的耐磨、耐蚀性快速、准确表征。

一、高通量耐磨蚀组合涂层快速磨损试验机的总体方案设计

高通量耐磨蚀组合涂层快速磨损试验机采用了基于通用 PC 和 C37 运动控制器的开放式控制系统，基于此对系统整体的硬件与软件进行了整体设计。本磨损试验机选择运动控制器加软 PLC 的控制系统，以基于德国 3S 的 CODESYS 软 PLC 作为基础，进行了系统整体方案设计。功能强大的运动控制器作为系统的控制核心，承担几乎所有的控制任务。上位机采用 Visual C♯设计，基于 Windows 操作系统。整个系统采用总线式、模块化的设计思想，大大简化了硬件系统的设计与安装。系统具有极强的开放性，主要表现在以下几点：

（1）运动控制器选择的开放性　本系统的控制平台为运动控制器，CPU运算速度高，支持种类多样的拓展模块，抗干扰能力强，且基于擅长运动控制的 CODESYS 软件架构。

（2）PLC 的开放性　CODESYS 提供的软 PLC 代码开放，用户可以根据需要，对包括运动控制、逻辑控制在内的数控系统灵活设计。软件兼容众多控制产品。

（3）现场总线选择的开放性　系统几乎支持所有的总线协议，用户可以选择不同的总线模块，甚至可以搭配使用。常见的有 EtherCAT、CANopen、Ethernet TCP/IP、LightBus 等。

（4）伺服系统选择的开放性　系统兼容众多品牌的总线式伺服系统。由于总线式伺服大多比较昂贵，用户也可以通过总线适配器与脉冲发生模块，将非总线伺服转换为总线式的伺服使用。

二、高通量耐磨蚀组合涂层快速磨损试验机机械本体设计

1. 伺服电机选型

伺服系统是控制系统的执行部分，高通量耐磨蚀组合涂层快速磨损试验机所用数控磨床对控制精度有很高要求。选用 H1A 伺服驱动器与伺服电机，驱动器为 EtherCAT 总线型，具体型号为：H1A 系列交流伺服驱动器。伺服电机带增量式编码器。H1A 系列伺服驱动器产品是深圳市合信自动化技术有限公司（简称合信技术）研发的高性能型交流伺服驱动器。该系列产品功率范围为 200～3000W，可使用单相或三相 AC 输入，标配支持 Modbus 通信协议和 CANopen 通信协议，接受光栅尺与编码器信号，支持全闭环回路控制；多控制芯片协同处理，可满足设备开发商和系统整合商对精准定位、高速响应的控制需求；还可配合 Co-Trust CTH300-C 系列运动控制器、CTH300-H 中型 PLC 系统，构建 100Mb/s 高速运动控制总线 EtherCAT 网络，特别适用于多轴控制系统，广泛应用于纺织机械、印刷机械、电子设备、玻璃及木工机械等行业。合信 H1A 伺服驱动器与伺服电机如图 6-5 所示，合信 H1A 伺服驱动器与伺服电机参数如表 6-1 所示，合信 H1A 伺服驱动器与伺服电机连接图如图 6-6 所示。

图 6-5　合信 H1A 伺服驱动器与伺服电机

表 6-1　合信 H1A 伺服驱动器与伺服电机参数

基本规格	输入电源	主电源	单相/三相 AC220V±15％,50/60Hz
		控制电源	DC 24V±15％
	编码器反馈		增量式编码器 2500ppr,绝对值编码器
	冷却方式		风冷
	控制方式		采用 FOC(磁场定位控制)和 SVPWM(空间矢量调制)
	通信功能		标配 Modbus 协议,支持广播;标配 CANopen 协议;可选 EtherCAT 协议
	制动电阻		内置制动电阻(100Ω,100W,2～3kW 不支持);可外接制动电阻(≥30Ω)
	保护功能		过压、欠压、过流、过载、过热、过速、位置偏差过大、编码器反馈错误、制动率过大、行程超限、EEPROM 错误等
	显示及操作		5 位 LED 显示,5 位按键操作
	参数设置		按键或 MagicWorks Tuner 软件
性能	速度变动率	负载变动率	0～100％;0.1％以下(在额定转速下)
		电压变动率	额定电压±15％;0(在额定转速下)
		温度变动率	(25＋25)℃:±0.1％以下(在额定转速下)
	频率特性		500Hz (JL＝JM 时)

图 6-6　合信 H1A 伺服驱动器与伺服电机连接图

2. 传感器选型

选用 TF04 轮辐式称重测力传感器,相比其他传感器,本传感器的优点是精度高、稳定性好、外形低、安装简便快速,表层做了镀镍防腐处理,适用于试验机、测力计等。图 6-7 为 TF04 轮辐式称重测力传感器外观,表 6-2 为 TF04 轮辐式称重测力传感器技术参数。

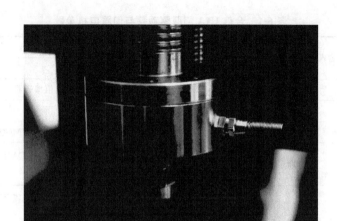

图 6-7　TF04 轮辐式称重测力传感器外观

表 6-2　TF04 轮辐式称重测力传感器技术参数

型号（model）	TF04
量程（capacity）	0～1001
输出灵敏度（output sensitivity）	2.0±0.005
零点平衡（zero balance）	±15F. S. ，±0.02％F. S(30 分钟后)
非线性（nonlinearity）	±0.03％F. S.
滞后（hysteresis）	±0.03％F. S.
重复性（repeatability）	±0.03％F. S.
灵敏度温度（sensitivity temperature）	≤0.002％F. S. /℃
零点温度（zero temperature）	≤0.002％F. S. /℃
工作温度范围（operating temperature range）	－10～70℃
温度补偿范围（temperature compensation）	－10～40℃
安全过载（safety overload）	150％F. S.
输入阻抗（input impedance）	405Ω＋20Ω
输出阻抗（output impedance）	350Ω＋3Ω
绝缘阻抗（insulation impedance）	≥5000MΩ(50MAC)
变速器供电（transmission power supply）	DC 24V
变速输出（variable speed output）	4～20mA
防护等级（protection level）	ip65
电缆颜色（cable color code）	红(＋E)绿(－E)黄(＋S)白(－S)

　　预选方案是将一个 0～200kg 量程的轮辐式传感器安装在高通量耐磨蚀组合涂层快速磨损试验机的主轴末端，以进行主轴恒力控制与力/位混合控制。然而，在进行实际磨蚀试验时，发现此预选方案可以进行主轴恒力控制与力/

位混合控制，但是由于信号线的存在，主轴无法转动，这使得主轴可以在 0～1000r/min 范围内调速这一技术指标无法实现。因此，本课题将一个 0～200kg 量程的轮辐式传感器更换为 4 个 0～50kg 量程的轮辐式传感器，安装在工作台上，上述问题得以解决。图 6-8 为改良后的轮辐式称重测力传感器装配示意图，传感器被安装在工作台的顶板与底板之间的四个角上。

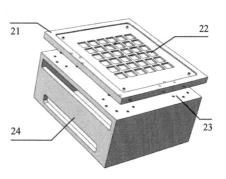

图 6-8　改良后的轮辐式称重测力
传感器装配示意图

3. 栅格板选型

栅格板（steel grating）又称为钢格板，具有通风、采光、散热、防滑、防爆等性能。被磨蚀的耐磨蚀组合涂层材料是一块块的小立方体，栅格板可以将这些材料一一固定，并且实现高通量，一起装夹可磨蚀 30 个样品的耐磨蚀组合涂层样品阵列，便于磨蚀加工。图 6-9 为栅格板上视图。

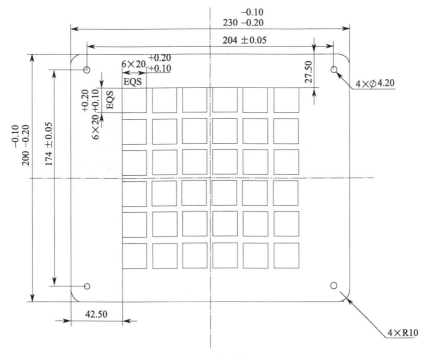

图 6-9　栅格板

4. 高通量耐磨蚀组合涂层快速磨损试验机本体搭建

伺服电机、传感器、栅格板等选型确定后，搭建出高通量耐磨蚀组合涂层快速磨损试验机本体，如图 6-10 所示。图 6-11 为高通量耐磨蚀组合涂层快速磨损试验机本体底座，图 6-12 为高通量耐磨蚀组合涂层快速磨损试验机本体工作台。

图 6-10　高通量耐磨蚀组合涂层快速磨损试验机本体

图 6-11　高通量耐磨蚀组合涂层快速磨损试验机本体底座

三、高通量耐磨蚀组合涂层检测控制系统的 Modbus 技术

高通量耐磨蚀组合涂层检测控制系统可以获取装备的运动状态、干预装备行为、与其他控制装备交换数据，及时发现和消除隐患。控制系统的设计要同时满足实时性、可靠性、可维护性、人机交互、数据管理、自动报警的

图 6-12 高通量耐磨蚀组合涂层快速磨损试验机本体工作台

要求，如何快速完成数据信息操作是系统关键。

Modbus 是 OSI 模型第 7 层上的应用层报文传输协议，如图 6-13 所示，它在连接至不同类型总线或网络的设备之间提供客户机/服务器通信。自从 1979 年出现工业串行链路的事实标准以来，Modbus 使成千上万的自动化设备能够通信。目前，互联网组织能够使 TCP/IP 栈上的保留系统 502 端口访问 Modbus，Modbus 网络体系结构如图 6-14 所示。

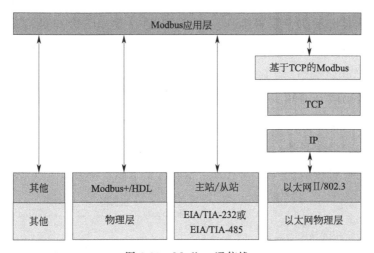

图 6-13 Modbus 通信栈

Modbus 协议定义了一个与基础通信层无关的简单协议数据单元（PDU）。特定总线或网络上的 Modbus 协议映射能够在应用数据单元（ADU）上引入一些附加域，如图 6-15 所示。

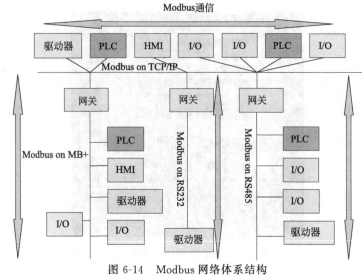

图 6-14　Modbus 网络体系结构

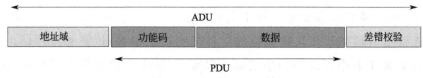

图 6-15　通用 Modbus 帧

　　启动 Modbus 事务处理的客户机，创建 Modbus 应用数据单元，通过功能码向服务器指示执行哪种操作。Modbus 协议建立了客户机启动的请求格式，即使用一个字节编码 Modbus 数据单元的功能码域。有效的码字范围是十进制 1～255(128～255 为异常响应保留)。当从客户机向服务器设备发送报文时，功能码域会通知服务器执行哪种操作。可向一些功能码中加入子功能码来定义多项操作。从客户机向服务器设备发送报文数据域包括附加信息，服务器使用这个信息执行功能码定义的操作。此域还包括离散项目和寄存器地址、处理的项目数量以及域中的实际数据字节数。原理如图 6-16 所示。

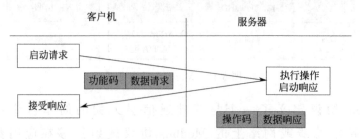

图 6-16　Modbus 事务处理原理

其中最主要的工作是功能码，即向服务器发送命令。表 6-3 是功能码的详解，本书主要用的是 03、06 和 16 功能码。

表 6-3　Modbus 功能码

				功能码			
				码	子码	（十六进制）	页
数据访问	比特访问	物理离散量分布	读输入离散量	02		02	11
		内部比特或物理线圈	读线圈	01		01	10
			写单个线圈	05		05	16
			写多个线圈	15		0F	37
	16 比特访问	输入存储器	读输入寄存器	04		04	14
		内部存储器或物理输出存储器	读多个寄存器	03		03	13
			写单个寄存器	06		06	17
			写多个寄存器	16		10	39
			读/写多个寄存器	23		17	47
			屏蔽写寄存器	22		16	46
	文件访问记录		读文件记录	20	6	14	42
			写文件记录	21	6	15	44
	封装接口		读设备识别码	43	14	2B	

以将加工代码文件从人机界面下载到 C37 运动控制器执行为例，首先人机界面要将文本按字分解为 16 进制数或 ASCII 码，然后再拼接成帧发送给 C37 运动控制器，控制器接收以后即进行加工。

四、高通量耐磨蚀组合涂层检测控制系统硬件设计

高通量耐磨蚀组合涂层检测控制系统硬件体系结构如图 6-17 所示。

运动控制器 C37 搭配 CODESYS 软件作为整个控制系统硬件体系结构的核心，负责所有实时操作。工业 PC 完成人机界面控制任务，包括控制数控磨床各个轴运动、实时检测 I/O 信号、人机界面代码文件生成、三维仿真等。运动控制器 C37 与伺服系统采用 EtherCAT 总线连接，总线周期可以达到毫秒级别；本书的伺服系统采用 CO-TRUST 的 EtherCAT 总线伺服并带有伺服电机和增量式编码器的产品。随着总线技术与编码器技术的发展，价格也较之前有所下降，如果使用非总线伺服可以使用 EtherCAT 总线耦合器与脉冲发生模块与之连接。开关信号主要为数控机床控制过程中的控制信号，信

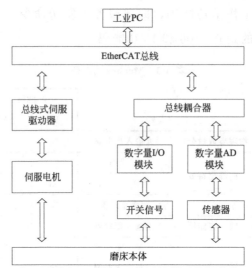

图 6-17　高通量耐磨蚀组合涂层检测控制系统硬件体系结构图

号都采用了基于 EtherCAT 总线的 I/O 模块负责，如果采用带增量式编码器的伺服产品，开关信号包括用于数控机床各轴的回零信号，如果采用非总线伺服，开关信号包括伺服电机使能、报警输出、清除报警等。系统层次分明、电气系统简便。高通量耐磨蚀组合涂层检测控制系统控制柜如图 6-18 所示。

下面对单个硬件模块进行介绍。

1. 现场总线选择

自现场总线技术开发以来，各公司都推出了自己的产品，目前还没有统一的总线标准，应用最广泛的几种有：FF（基金会现场总线）、CAN（控制器局域网络）、PROFIBUS（过程现场总线）。对比传统的现场总线技术，基于以太网的现场总线具有传输速度快、单次数据传输量大、传输距离长、基于通用的以太网卡降低成本等优点。如今流行的实时以太网协议有：Modbus/TCP、EtherNet/IP、Profinet、Powerlink、EtherCAT 等。

EtherCAT 是德国 BECKHOFF 公司在2003 年推出的一种基于以太网的高速数据传输技术，近几年来凭借出色的性能被广泛应用，

图 6-18　高通量耐磨蚀组合涂层
检测控制系统控制柜

许多自动化厂商都推出了自己的 EtherCAT 总线控制与驱动产品。EtherCAT 总线具有以下特点：

① Internet 数据与 EtherCAT 数据可以同时在网络中传输；

② 支持典型的拓扑结构，支持多主一从、一主多从方式；

③ 最快可以达到 $100\mu s$ 的数据刷新周期；

④ 可支持庞大的系统规模，一个网段可以容纳 65535 个设备；

⑤ 基于标准的以太网卡，可集成大多类型的以太网设备，硬件成本低。

2. 数字量 I/O 模块设计

前面提到，整个系统采用 EtherCAT 总线式分布，系统采用了 DIT-080S1 数字模块，有 8 个输入点。本系统的数字量 I/O 主要是磨床本体位置信号，包括：各轴寻参信号、正负限位信号等。由于 DIT-080S1 属于典型的欧系集电极开路型（PNP）信号，故机床各轴寻参开关、正负限位开关也选用了 PNP 型的非接触式接近开关。DIT-080S1 接线图如图 6-19 所示。

3. 模拟量 I/O 模块设计

系统采用了 AIV-080S1 模拟量模块，输入类型为电压型，有 8 个输入点。本系统的模拟量 I/O 主要是压力传感器信号。AIV-080S1 的接线图如图 6-20 所示。

实际磨蚀实验中，在进行主轴力/位混合控制时，发现所用 AIV-080S1 模拟量 I/O 模块的检测速度较慢。故本书改选了 WAGO 模块用于磨蚀压力的检测，图 6-21 为 WAGO 模块示意图。

4. 伺服系统选择

高通量耐磨蚀组合涂层磨蚀伺服系统是高通量耐磨蚀组合涂层快速磨损试验机中数控装置与磨床本体间的电传动联系环节，也是控制系统的执行部分，因而伺服系统性能的好坏直接影响数控磨床的加工精度。按照伺服系统的结构，通常可以分为开环伺服系统、半闭环伺服系统与闭环伺服系统，具体介绍已在前节提到。

综合考虑，系统 X 轴、Y 轴、主轴三坐标轴均采用了半闭环的控制方式。而 Z 轴采用全闭环的控制方式。此外，选择伺服系统还要充分考虑其精度、响应速度、稳定性、可靠性、动态负载特性等。本系统对各个轴进行了分析，具体而言：X 轴、Y 轴、Z 轴为直线运动，主轴为旋转运动，所有直线轴通过滚珠丝杠进行传动，主轴根据工作台的压力传感器返回的数据形成全闭环控制。综合考虑各方面因素，系统 X 轴、Y 轴、主轴选择合信 H1A 伺服驱动器与伺服电机，Z 轴选择三洋 R 系列伺服驱动器与伺服电机，所有伺服驱动器均为总线型。

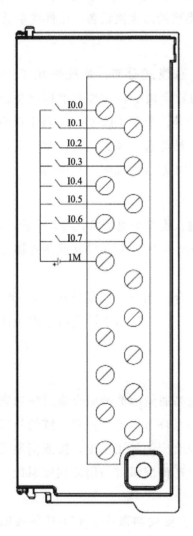

图 6-19　DIT-080S1 接线图

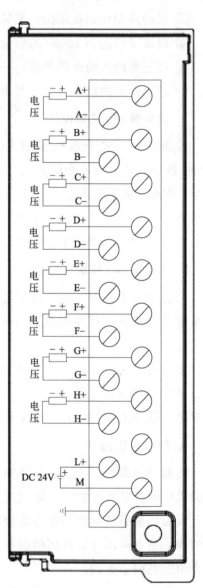

图 6-20　AIV-080S1 接线图

图 6-21　WAGO 模块

五、高通量耐磨蚀组合涂层检测控制系统软件设计

软件设计是整个控制系统的核心，控制系统软件结构体系示意图如图 6-22，CODESYS 基于 PC 承担了主要任务，同时要求设计人机交互程序完成可视化界面以及 CODESYS 软件操作。

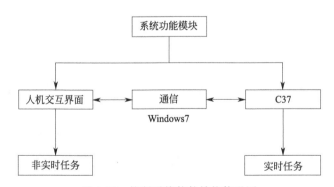

图 6-22　控制系统软件结构体系图

1. 控制系统软件

（1）人机界面程序　主要负责人机交互、图形界面显示、三维仿真、处理非实时任务（参数设置、功能选择、程序生成等），同时还要负责与 C37 运动控制器通信完成底层 PLC 的操作。

（2）CODESYS 软件系统　包含 PLC 程序与 CNC Motion，处理实时任务。主要负责高通量耐磨蚀组合涂层快速磨损试验机各轴运动控制的执行、执行高通量耐磨蚀组合涂层磨蚀运动代码、系统 PLC 逻辑功能判断以及完成与人机界面通信等功能。

操作系统选用 Windows 7 作为软件平台，CODESYS 以及 Visual Studio 与之很好兼容。运动控制器 C37 与人机界面的通信协议采用 Modbus 协议。人机界面程序位于 PC 中，CODESYS 程序在 PC 编写完成后下载到运动控制器 C37 中。

（3）CODESYS 软件

① 平台介绍。CODESYS（Controlled Development System）是德国 3S（Smart Software Solutions）公司开发的一种与设备无关的 PLC 编程系统，属于控制器平台开发软件。国内外许多自动化公司（如 ABB、施耐德、博世力士乐、固高科技、雷赛科技等）都采用 CODESYS 开发自己的控制系统产品。

CODESYS 支持的操作系统有 Windows CE、Windows XP/7、Linux、eCos、VxWorks、QNX、RTOS、Rtkernel，支持的处理器有 Intel 80186/80x86/Pentium x、ARM based CPU 等，兼容目前流行的所有操作平台。CODESYS 在一款软件中集成了工程编程、可视化界面、安全、总线配置、实时运行系统、Motion CNC 功能。

工程编辑（Engineering）为软件的 PLC 程序编辑，基于 IEC61131-3 规则执行程序，为软件核心部分。软件提供了一系列针对用户的工程块来确保编程效率。同时，工程编辑也可使用 CODESYSAutomation Platform 平台扩展定制基于 .NET 的功能块并集成到已有系统中。对于工厂中有冗余需求的环境，可以使用 CODESYS Redundant Toolkit 开发冗余程序。

安全（Safety）是软件集成需满足 EN/ISO13849、IES62061、IEC61508 标准的功能，以确保每个安全产品完全适应各分支行业的要求，如自动化工厂、移动处理机器工厂等，同时能够降低额外安全产品的成本。

总线配置（Fieldbus）为 CODESYS 软件协议库中部分，软件支持工业中大部分总线，同时也提供了串口通信库。可以根据应用自由选择总线类型，同时配置与编程简单。集成了调试与诊断功能，确保系统准确运行。

可视化界面（Visualization）是直接在 CODESYS PLC 开发环境中开发的人机界面，与 PLC 程序并行开发。用户可以采用已经封装好的图形模块，省去了第三方软件开发界面的步骤。界面程序可以运行在工作站、触摸屏、移动终端、示教器中，并且可以通过 IP 地址浏览器访问操作。现有的 V3.5 SP5 版本对 3D 仿真等高级界面功能尚不支持。

实时运行系统（Runtime）可以实现将嵌入式平台或者个人 PC 变成一台

运动控制器，有 Control RTE 和 Control Win 两个版本。RTE 为实时运行核，专门用来执行对程序执行周期要求高的场合；Win 为虚拟环境，可进行简单的 I/O 操作。Runtime 同时提供了与其他系统通信的接口。实时运行系统的功能还有：加载、处理和执行 CODESYS 已编译好的程序；处理 I/O 和总线系统；执行可视化与运动控制应用；调试软件应用；加载德国 3S 公司其他产品（PLCHandler、OPC Server、Toolkit）。

② CODESYS 软件模型。CODESYS 编程语言符合 IEC 61131-3 标准。编程语言除了包括 IL（指令表）、ST（结构化文本）、LD（梯形图）、FBD（功能块图）、SFC（顺序功能图）外，另有 CFC（连续功能图），允许编程人员自由地放置图形元素，可添加反馈循环。IEC 61131-3 标准语言主要特性如下：

① 良好的结构：以 POU 为单位逐级构建程序；

② 强大的数据类型测定：有多种数据类型可供分配；

③ 全执行控制：最大支持 100 个不同优先级的任务，最小循环时间可到 $50\mu s$；

④ 数据结构：系统和用户自定义的数据结构；

⑤ 灵活的语言选择：文本语言与图形语言都可以。

2. 人机界面功能规划与结构设计

图形化的人机界面（HMI）是整个耐磨蚀组合涂层检测控制系统的灵魂，它决定着系统整体功能的实现。优秀的人机界面应当具备功能完善、通俗易用、性能稳定等特点。本系统在设计的时候为用户尽可能多地提供了足够完备的功能，同时各个功能模块化设计，便于系统维护与二次开发。

（1）人机界面功能模块 如图 6-23 所示，本系统人机界面设计了八大功能模块：

① 信息显示模块：用来显示当前高通量耐磨蚀组合涂层快速磨损试验机的各轴位置、速度与主轴当前压力。

② 手动操作模块：用户可以使用手动操作以单独调节磨床每个轴的位置，这是系统的基本功能。手动模式下有快速和慢速两种模式。允许用户在两种模式之间切换，并进行正、负点动或者停止。

③ 寻参操作模块：用于机床原点设定，上电之后先进行寻参操作，可以单轴寻参，也可以同时寻参。

④ 复位模块：当高通量耐磨蚀组合涂层检测控制系统运行过程中各轴丢

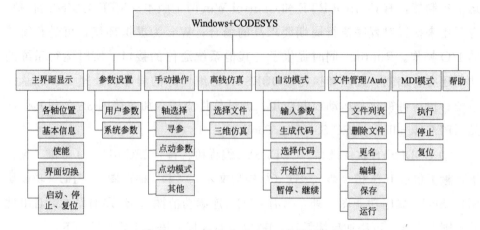

图 6-23　人机界面（HMI）软件结构图

失同步信号，以及各轴因错误而停止，用户可以通过按键复位。

⑤ 三维仿真模块：仿真界面支持鼠标操作模型旋转。三维仿真可以远程反映工作过程。通过三维仿真，可以观察高通量耐磨蚀组合涂层快速磨损试验机磨蚀过程示范。

⑥ 参数化编程模块：用户可以根据磨蚀工艺参数，即可自动生成加工代码，下载到控制器进行自动加工。

⑦ 参数设置模块：非加工状态时，允许用户修改当前的用户参数与系统参数。设置相应的用户权限，根据用户权限的不同，所能修改的变量也应当不同。

⑧ 通信操作模块：主要负责本软件与控制器之间 Modbus 通信，可以设置 IP 地址和端口号，默认状态下系统上电自动连接。

（2）人机交互软件界面设计　本节以高通量耐磨蚀涂层磨蚀检测控制系统为例介绍 HMI 界面设计，并简要介绍各界面的布局设计与操作。

① 主界面设计。如图 6-24 所示，主界面为系统的起始界面，主界面提供给用户主要的显示信息、三维仿真区域，以及主功能按钮。其中显示的信息为各轴的位置信息、速度信息等；主功能按钮包括启动、停止、复位等。启动加工可以启动参数化编程自动生成的加工代码。

② 参数设置界面设计。如图 6-25 为参数设置界面，分为用户参数和系统参数，默认状态下，开发人员已将这些参数设置为合理值，无需修改。修改系统参数和通信参数需要一定的权限。用户参数中还含有如零件行列间距等部分磨蚀工艺参数，是因为这些参数一旦确定，无需进行频繁变更，故将其归属于用户参数。

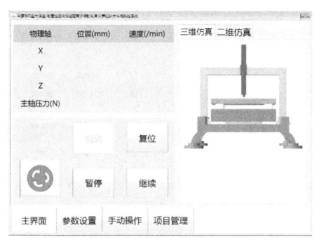

图 6-24　人机界面（HMI）主界面

图 6-25　人机界面（HMI）参数设置界面

③ 手动操作界面设计。手动操作界面分为信息显示区、使能区、点动区、主轴操作区、回原区五大功能模块，如图 6-26 所示。在装备进行加工之前，要先进行手动操作，包括各轴的使能等。由于本节所用伺服电机的编码器为相对式的，故执行启动加工命令前务必先进行各轴回原操作。

④ 项目管理界面设计。磨蚀形式包含直线往复和画圆往复两种情况。主要的磨蚀工艺参数有快进给位置、快进给速度、磨蚀次数、往复行程等。参数化编程的特色是：设置好工艺参数，检查参数无误之后，在工艺参数图解中依次点击每一块零件，即可为每一块零件生成个性化加工代码，并送入

图 6-26　人机界面（HMI）手动操作界面

C37 运动控制器进行自动加工。并且系统还设置了预加载界面，如果用户在进行打开项目操作时，忘记了项目名称，即不确定要打开的项目是不是自己想打开的，这时预加载界面会形象地将样品阵列呈现给用户，如是，则打开，否则返回重新选择项目，如图 6-27 所示。

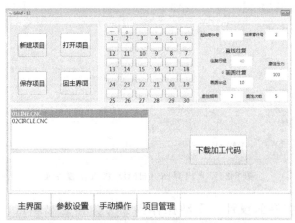

图 6-27　人机界面（HMI）项目管理界面

⑤ 补偿校正界面设计。主要分为螺距补偿与反向间隙补偿两种方式。这里以 Y 轴为例进行说明。Y 轴行程为 200mm，经过激光干涉仪测得如图 6-28 所示结果。测得反向间隙误差为 $36\mu s$，螺距误差随区间变化不等，最大为 $-35\mu s$，如图 6-29。最后给出 X、Y 和 Z 三轴的重复定位检测结果（图 6-30、图 6-31 及图 6-32）和校准证书，经过实际分析，可以得出结论，该系统的重复定位精度满足预期指标。

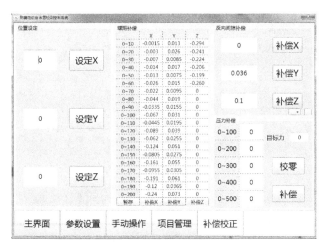

图 6-28　人机界面（HMI）补偿校正界面

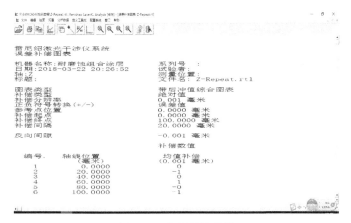

图 6-29　实际补偿效果

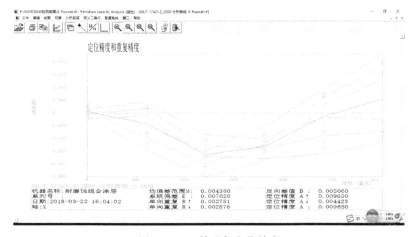

图 6-30　X 轴重复定位精度

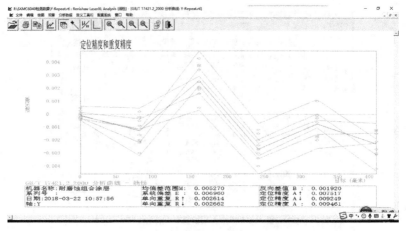

图 6-31　Y 轴重复定位精度

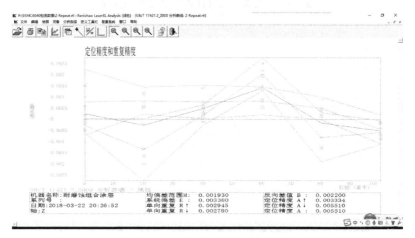

图 6-32　Z 轴重复定位精度

第三节　耐磨蚀材料数据库

建立适合于高通量筛选的数据库系统，实现实验方法的交互设计、样品库的管理、实验数据的管理和分析和数据处理等功能。数据库系统主要功能模块如图 6-33 所示。

高通量筛选工作流程如图 6-34 所示。

借助于耐磨蚀材料数据库系统，如图 6-35 所示，可以对大量数据进行快速处理和分析，快速优选出耐磨蚀涂层材料及制备工艺，缩短研发时间、节约成本。

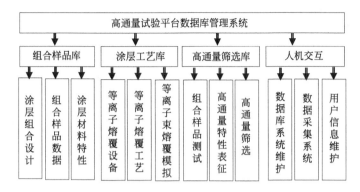

图 6-33　数据库系统主要功能模块图

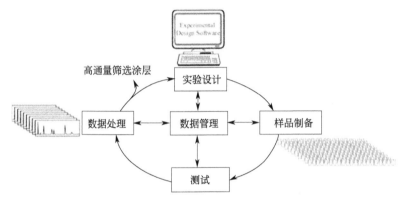

图 6-34　高通量筛选工作流程

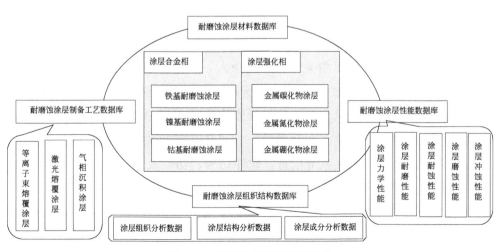

图 6-35　耐磨蚀材料数据库系统

耐磨蚀涂层材料数据库查询系统可以实现对数据的管理，在此系统里可以查询、添加、删除材料的数据，方便用户的管理，如图 6-36 所示。耐磨蚀涂层材料数据库查询系统是应对材料增多、信息量增大的问题，实现管理的现代化、网络化，逐步摆脱当前耐磨蚀涂层材料数据库查询系统的人工管理方式，提高数据管理效率而开发的。希望该程序能够提供材料信息存储、材料数据查询和录入以及数据库查询等一系列功能，并提供对各功能模块的查询和更新功能，且这两种功能基本上是通过存储过程来实现的。其中材料数据存储和材料信息查询是耐磨蚀涂层材料数据库查询系统的重点。

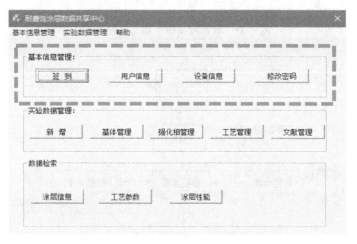

图 6-36　耐磨蚀涂层材料数据库查询系统

查询系统总体分为基本信息管理、实验数据管理及数据检索三个模块。基本信息管理可实现用户基本信息查询、修改，用户签到，设备信息查询、修改等功能。其中用户信息及设备信息修改为管理员权限。用户可通过实验数据管理模块进行数据库相关实验数据录入，除实验结果录入外，用户还可根据实验细节增加或修改耐磨蚀涂层所选用的基体。强化相、工艺参数等，并根据需要录入参考文献信息。数据检索模块便于用户查询数据库中已录入的相关实验数据包括实验工艺和参数、涂层体系、相关显微组织结构和涂层性能以及所对应的参考文献等信息。软件结构、功能及使用方法见附录 A 耐磨蚀涂层材料数据管理系统 V1.0 使用手册。此外根据用户需求，在 CS 架构的基础上开发了网络版本（BS 架构）耐磨蚀涂层材料数据库，其结构、功能及使用方法见附录 B BS 架构耐磨蚀涂层材料数据管理系统 V1.0 使用手册。

第七章　放电等离子烧结复合材料

放电等离子烧结（spark plasma sintering，简称 SPS）工艺是将金属等粉末装入石墨等材质制成的模具内，利用上、下模冲及通电电极将特定烧结电源和压制压力施加于烧结粉末，经放电活化、热塑变形和冷却完成制取高性能材料的一种新的粉末冶金烧结技术。SPS 的工艺优势十分明显：加热均匀、升温速度快、烧结温度低、烧结时间短、生产效率高、产品组织细小均匀、能保持原材料的自然状态、可以得到高致密度的材料、可以烧结梯度材料以及复杂工件。将等离子体的高温作用应用到引发和控制原位反应合成中，既能为反应体系提供足够的热量，使反应进行完全，又可以通过控制等离子弧的电流来控制原位反应进度。

第一节　放电离子加热反应合成 TiB_2 复合材料

陶瓷基复合材料因其具有比单相陶瓷更高的强度、硬度、韧性、耐磨性，以及优越的高温力学性能而蓬勃发展，引起了人们的广泛关注。二硼化钛（TiB_2）是由共价键和金属键组成的密排六方晶格的化合物，其熔点高、密度低、硬度高、耐磨性好、耐化学腐蚀和抗熔融金属侵蚀的能力强，可用于航空、汽车、工模具等领域中的喷嘴、耐高温耐磨损涂层、刀具、拉丝模等。二硼化钛具有很强的共价键结构，使得致密化过程因其很低的分散系数而受到限制，在烧结过程中表现出热膨胀系数的各向异性，因而制备完全致密的二硼化钛材料十分困难，大大限制了其商业应用。本节设

>>

295

计了 Ti-B$_4$C 体系放电等离子烧结（SPS）加热反应合成 TiB$_2$，并对其显微组织及性能进行检测。

一、实验材料及制备工艺

1. 实验材料

原材料为 Fe 粉、Ti 粉、B$_4$C 粉，规格参数见表 7-1，粉末形貌如图 7-1 所示。从图 7-1(a)～(c)中可以看出，Ti 颗粒由于在空气中易氧化，表面比较粗糙，颗粒形状不规则；而 B$_4$C 颗粒表面比较光滑，棱角分明；Fe 粉颗粒比较粗大且形状不统一。

表 7-1 实验材料

粉末	纯度/%	生产厂家
Ti	99	国药集团化学试剂有限公司
B$_4$C	99	牡丹江前进碳化硼有限公司
Fe	98	广东汕头西陇化工公司

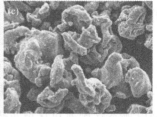

图 7-1 原材料粉末 SEM 形貌

(a) Ti；(b) B$_4$C；(c) Fe

2. 工艺流程

通过等离子加热反应烧结制备 TiB$_2$ 复合材料工艺流程如图 7-2 所示。

按照 xFe＋yTi＋B$_4$C ——→TiC＋TiB$_2$＋Fe$_2$Ti＋Fe$_3$（C、B）方程式计算各反应粉末的比例，并用电子天平称量；各组粉末装入广口玻璃瓶中，密封后在三维混料机上混合 1h，保证粉末的均匀性；将混合均匀的混合粉末装入自制模具中，通过手动液压式压片机施加压力，使其压制成为高度和直径均为 20mm 的圆柱体。

采用 DGR-5 型常压等离子处理设备（功率 10kW）对坯体进行多道次扫

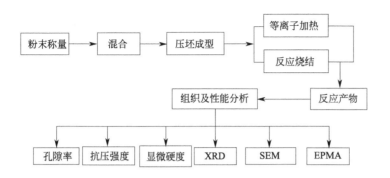

图 7-2　工艺流程图

描加热。等离子加热反应合成 TiB$_2$ 复合材料参数如表 7-2 所示。

表 7-2　离子加热反应合成制备 TiC-TiB$_2$-Fe$_2$Ti/Fe$_3$（C，B）工艺参数

编号	Fe：Ti：B$_4$C(摩尔比)	B$_4$C/μm	Ti/μm	Fe/μm	制坯压力/MPa	等离子电流/A
1				74～89		50
2	3：4：1 3：2：2	7～10	38～50		85	60
3						70

二、涂层结构及性能

1. TiC-TiB$_2$-Fe$_2$Ti 复合材料

（1）物相分析　图 7-3 为 Fe：Ti：B$_4$C＝3：4：1 时采用不同等离子束电流加热获得产物的 XRD 衍射分析图谱。产物中主要是 TiB$_2$、TiC、Fe$_2$Ti，还有少量的 Fe$_3$C，说明等离子束加热电流的改变对物相种类和相对含量没有显著影响。

（2）显微组织　图 7-4 为 TiB$_2$-TiC-Fe$_2$Ti 复合材料的微观组织 SEM 形貌，不同电流下的材料组织形貌几乎相同，均为深灰色的六边形或长方体组织、浅灰色球状组织和连续的白色不规则组织。深灰色组织为六边形或长方体的规则形态，大小不一，较大尺寸约为 2～5μm，小尺寸小于 1μm；浅灰色组织尺寸比较均匀，颗粒圆整，直径为 1～2μm；白色组织分布在深灰色和浅灰颗粒之间，填充在两种颗粒之间的间隙，各组织分布比较均匀致密。等离子束电流较小时，深灰色六边形和长方体颗粒、浅灰色球形颗粒相对细小，但随着电流增大，颗粒之间结合更加紧密。

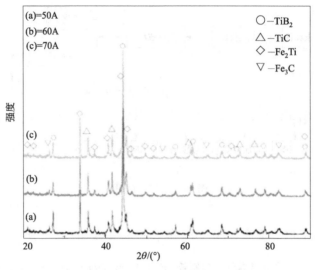

图 7-3　TiB_2-TiC-Fe_2Ti 复合材料 XRD 衍射图

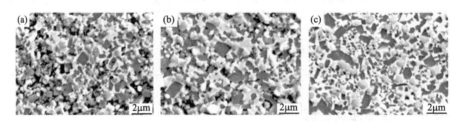

图 7-4　不同电流下 TiB_2-TiC-Fe_2Ti 复合材料微观组织 SEM 图像

（a）50A；（b）60A；（c）70A

图 7-5 为电流 70A 下制备的 TiB_2-TiC-Fe_2Ti 复合材料成分分析结果。由各元素的相对原子比可以看出，深灰色的六边形或长方体组织 A 中主要成分为 Ti、B，结合 XRD 分析结果，可以判断这种组织为 TiB_2；浅灰色球状组织 B 中主要成分 Ti、C，结合 XRD 分析结果，可推断定其为 TiC；白色的连续不规则组织 C 中主要包含 Ti、Fe 元素，另有一定量的 C 元素，可以推断此类区域主要 Fe_2Ti 相，其中混杂着的 Fe_3C。

等离子扫描加热时，Fe∶Ti∶B_4C＝3∶4∶1 组成的压坯中可能发生如下反应：

$$B_4C \longrightarrow 4B+C \tag{7-1}$$

$$Ti+2B \longrightarrow TiB_2 \tag{7-2}$$

$$Ti+C \longrightarrow TiC \tag{7-3}$$

$$3Fe+C \longrightarrow Fe_3C \tag{7-4}$$

$$2Fe + Ti \longrightarrow Fe_2Ti \tag{7-5}$$

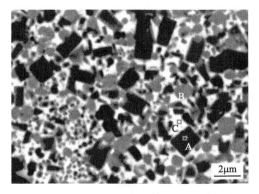

元素	A	B	C
B	64.19	0	0
C	0	43.78	17.87
Ti	32.35	47.48	33.36
Fe	3.46	8.74	46.76

图 7-5   电流 70A 下制备的 TiB_2-TiC-Fe_2Ti 复合材料元素分析

等离子束流的中心部温度可达到 10000℃ 以上，扫描加热压坯时产生的温度远远高于 Ti、Fe 的熔点，也会导致部分 B_4C 颗粒的熔化迅速分解。熔化的 Fe、Ti 液相分布在 B_4C 颗粒周围，液相的形成增加了颗粒之间的接触面积，随着等离子束的持续加热，B_4C 颗粒分解出的活性原子 [B] 和 [C] 增多。由于 C 原子的扩散速率要比 B 原子高 10^3 倍，C 原子将首先扩散进入溶液，与 Ti 直接反应形成 TiC。与此同时 Fe 的加入使得液相的量进一步增加，既增加了 C、B 的扩散的通道，又提高了反应体系的冷却速度。随着 B_4C 分解，溶液中 B 的含量增加，而 Ti 含量减少，为 TiB_2 的形成创造充分条件。当冷却至 TiB_2 熔点时，TiB_2 便开始形核、长大。最终生成的 TiB_2 颗粒形态是六边形或长方体，TiC 为近球形。

由于等离子束加热具有高的加热和冷却速率，极大提高了 TiC、TiB_2 的形核率，缩短了高温阶段晶粒生长的时间，使 TiC、TiB_2 晶粒得到细化。同时 TiC 生长速度较快且呈现各向同性，其形貌为近球形，在反应过后的快速冷却过程中，TiC 颗粒来不及发生小晶面生长，而保留近球状形态。当等离子束电压、扫描速度一定时，增大等离子束电流，单位时间内输入试样的热量增加，有利于体系中液相的形成及 TiB_2、TiC 颗粒长大，使颗粒间结合更加紧密，从而提高了复合材料的致密度。同时热量的增加，使反应中处于高温的阶段增加，有利于陶瓷相的充分长大。TiB_2（3193K）和 TiC（3290K）的熔点比较高，在 TiB_2 和 TiC 析出后，体系的温度仍超过 Fe、Ti 的共晶温度（1085℃），且 Ti 由于形成 TiB_2 和 TiC 而被消耗，体系中生成 Fe_2Ti，剩余的 Fe 和 C 反应生成了少量的 Fe_3C。

（3）韧性及硬度　图 7-6 为不同等离子束电流制备的 TiB_2-TiC-Fe_2Ti 复合材料的 SEM 断口形貌。材料的断裂方式主要为脆性断裂，并且断口处可以看到 TiC 颗粒的类似球状、TiB_2 颗粒的长条形、Fe_2Ti 黏结相的不规则形状。断裂模式主要为沿晶断裂和穿晶断裂，其中沿晶断裂主要发生在 TiC 和 TiB_2 颗粒之间，呈冰糖状断口，如图 7-6（b_2）和图 7-6（c_2）中箭头所示；穿晶断裂主要发生在 Fe_2Ti 中，在断裂处有明显的呈撕裂状的解理台阶，如图 7-6（c_2）中箭头所示。

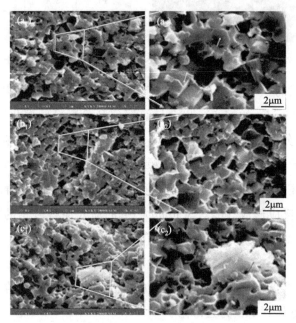

图 7-6　不同等离子束电流制备的 TiB_2-TiC-Fe_2Ti 复合材料的 SEM 断口形貌

（a_1）、（a_2）50A；（b_1）、（b_2）60A；（c_1）、（c_2）70A

表 7-3 为采用不同等离子束电流加热制备 TiB2-TiC-Fe_2Ti 复合材料的致密度和显微硬度。当等离子束电流为 50A、60A、70A 时，材料的致密度分别为 85％、91％和 95％，对应的平均显微硬度分别为 1065.48HV、1176.72HV、1208.42HV，随着电流增大，致密度明显增加，而显微硬度略有升高。

表 7-3　不同等离子束电流加热制备的 TiB_2-TiC-Fe_2Ti 复合材料致密度和显微硬度

等离子束电流/A	致密度/%	显微硬度
50	85	1065.48HV
60	91	1176.72HV
70	95	1208.42HV

2. TiB$_2$-B$_4$C-Fe$_3$ (C、B) 复合材料

将 Fe：Ti：B$_4$C 比例调整为 3：2：2，制备 TiB$_2$-B$_4$C-Fe$_3$ (C、B) 复合材料。

(1) 物相分析 图 7-7 为 TiB$_2$-B$_4$C-Fe$_3$ (C、B) 复合材料 XRD 分析结果，由图可知该体系反应产物主要有 TiB$_2$、B$_4$C、Fe$_3$ (C、B)，同时含有极少量的 FeB；等离子束加热电流的改变没有影响物相种类，但改变了物相的相对含量，随电流的增加物相 TiB$_2$ 的衍射峰明显地增强，而 B$_4$C 衍射峰减弱，这表明 TiB$_2$ 在复合材料中的相对含量随着电流的增大而增多，而 B$_4$C 则相反。

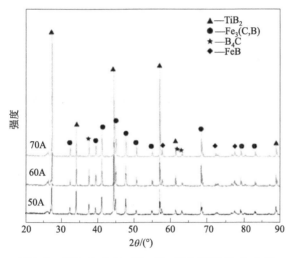

图 7-7 TiB$_2$-B$_4$C-Fe$_3$(C、B) 复合材料 XRD 分析

(2) 微观组织 图 7-8 为试样的微观组织形貌，三种电流下制备的材料微观组织均由深灰色的板条状组织、其间分布的灰白色块状组织，以及分布在深灰色板条状和灰白色块状相中的少量黑色组织组成。这种板条状组织板条长度为 $80\sim100\mu m$，按照一定的位向分布排列，板条之间有一定的小角度位向差；在深灰色板条之间分布着灰白色组织，呈断续块状和连续细条状。随着电流增大，深灰色板条变宽，灰白色组织变少。在 70A 电流下，深灰色板条状组织内部有针叶状亚结构，如图 7-8(d) 所示。

对 70A 电流下制备的材料试样进行 EDS 面扫分析，结果如图 7-9 所示。C 元素主要分布于黑色物相中，有少量的 C 分布在白色无规则的物相中，如图 7-9(b)。从图 7-9(c) 中可以观察到 Ti 元素只分布于深灰色板条状组织中；Fe 元素主要分布于白色无规则的组织中，如图 7-9(c)。从图 7-9(d) 观察可

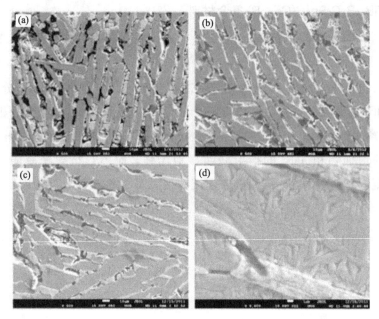

图 7-8　不同电流下制备的 TiB_2-B_4C-Fe_3（C、B）复合材料微观组织 SEM 图

(a)50A；(b)60A；(c)、(d)70A

知 B 元素分布于整个试样中，在黑色组织中含量较高。结合图 7-7 XRD 物相分析，黑色组织为 B_4C，白色无规则组织为 Fe_3（C、B），而深灰色板条状组织为 TiB_2。

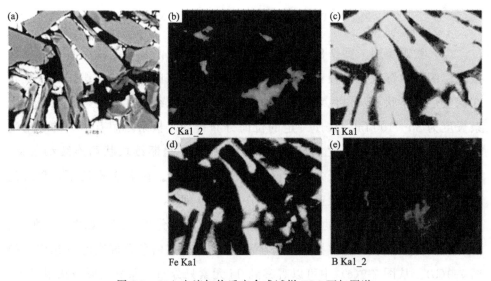

图 7-9　70A 电流加热反应合成试样 EDS 面扫图谱

等离子束加热 Ti、B_4C 和 Fe 粉压坯时，发生的主要反应如下：

$$B_4C \longrightarrow 4[B]+[C] \tag{7-6}$$

$$Ti+2[B] \longrightarrow TiB_2 \tag{7-7}$$

$$3Fe+[B]+[C] \longrightarrow Fe_3(C、B) \tag{7-8}$$

图 7-10 为等离子束加热反应及微观组织形成过程示意图。在 Ti、B_4C 和 Fe 粉末组成的坯体中[见图 7-10(a)]，Fe、Ti 因为熔点低，将首先熔化，见图 7-10(b)。因此在反应开始即有 Fe、Ti 液相分布在 B_4C 颗粒周围，随着持续的等离子束加热作用 B_4C 颗粒由表层逐步分解并部分熔化，分解出活性原子 [B] 和 [C]。在上述反应中，反应式（7-7）即 Ti 与 B 的反应驱动力最大，TiB_2 将优先生成，且因 TiB_2 熔点（3193K）高于 B_4C 和 Fe_3（C、B），冷却时 TiB_2 最先在未来得及分解的 B_4C 表层以及 Fe、Ti 液体中的杂质上形核，并沿着散热最快的方向生长，见图 7-10(c) 和 （d）。

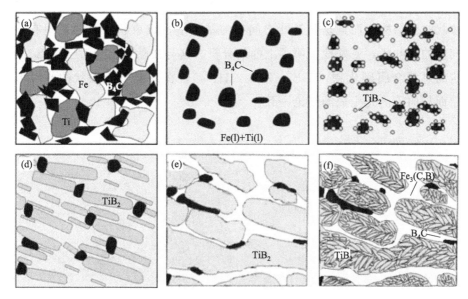

图 7-10　等离子束加热反应及微观组织形成过程示意图

(a) 原始压坯图；(b) Fe、Ti熔化，B_4C部分分解；(c) TiB_2 形核；

(d) TiB_2 定向生长；(e) TiB_2 充分长大；(f) 针形 TiB_2 析出

TiB_2 晶体的形态种类较多，有正六方体、六棱柱体和棒条状。本研究生成的 TiB_2 是板条状，如图 7-8 所示，且具有一定的位向，形态类似于沿着 TiB_2 六方晶格上的 c 轴（柱状轴）方向延伸。在冷却速度相同时，TiB_2 颗粒的尺寸、形态与生长空间和 Ti、B 源是否充分有关。等离子束扫描加热时，

TiB$_2$ 晶核处于 Ti 和 B$_4$C 的包围中，充足的 Ti 源和 B$_4$C 随时分解提供的 B 源，有利于 TiB$_2$ 晶粒沿着散热最快的方向迅速长大。随着 TiB$_2$ 晶粒的长大，剩余的 B$_4$C 被推挤在 TiB$_2$ 板条之间，如图 7-10(e)。因为等离子束的快速扫描加热与冷却，对 TiB$_2$ 的形成提供很大的过冷度和极高的形核率，故 TiB$_2$ 迅速生长成为细长的板条状。

由于板条状 TiB$_2$ 的显露面为柱面 $\{10\bar{1}0\}$ 和基面 (0001)，板条状 TiB$_2$ 在三维空间堆积时，其接触面可以是位于其六个柱面及上下基面中的任何一个晶面。在 TiB$_2$ 聚集区，尺寸为 $1\sim5\mu m$ 的 TiB$_2$ 棒条以束状或者有一定的位向差的针叶状堆积在一起，成为板条状的 TiB$_2$ 灰色组织[如图 7-8(c)]。电流越大，TiB$_2$ 晶粒长大越充分，束状或者针叶状堆积形态越明显。图 7-11 是等离子束电流为 70A 时试样的进一步放大倍率微观组织图像，由图 7-11(a) 可见，黑色 B$_4$C 分布在深灰色的 TiB$_2$ 板条之间；而图 7-11(b) 是板条 TiB$_2$ 进一步放大的微观组织结构，明显可以看出在板条状物相内有类似针叶状或者棒状的亚结构，而且这些针叶之间有的基本平行成束状，有的呈现有一定位向差的针叶状，更好地证明了上面的分析。这与文献得出的对于 AlB$_2$ 晶体结构的过渡金属硼化物（TiB$_2$，ZrB$_2$，HfB$_2$），在高温下板条状的晶粒因更稳定而趋向于优先生成的结论一致。

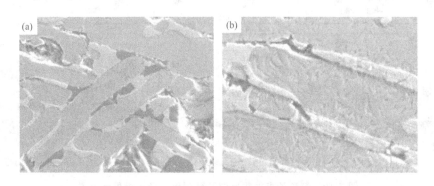

图 7-11　电流为 70A 时试样的高放大倍率微观组织的图像

采用的 Fe、Ti、B$_4$C 粉末摩尔配比为 $3:2:2$，Ti、B 源相对充足，因此所有的 Ti 都用于合成 TiB$_2$。而且 B$_4$C 的熔点为 2743K，在 $2743\sim3290$K 冷却温度区间，B$_4$C 继续向 Fe 溶液中提供 B 源和 C 源。当 B/C 摩尔配比小于 1 时合成共晶相为 Fe$_3$（C、B）而非 Fe$_2$（B、C）。同时 Fe 与 B、C 的反应驱动力相对差别不大，且液相中的 C 源比较充足，因此合金凝固时合成

Fe_3C，而 B 又置换出一部分的 C 而固溶在 Fe_3C 中形成 Fe_3（C、B）。随着 TiB_2 沿着散热最快的方向聚集、生长，Fe_3（C、B）只能在 TiB_2 板条之间的空间生长；而未分解的 B_4C 颗粒因在高温下具有一定的塑性，因为 Fe_3（C、B）和 TiB_2 而被挤压，最终与 Fe_3（C、B）一起分布在 TiB_2 板条之间。B_4C 的存在能够提高复合材料的致密度和韧性。图 7-8(a)、(b) 中深灰色板条状的 TiB_2 聚集区中未看出细小的板条状 TiB_2，可能是因为在较小的等离子束电流加热时，TiB_2 未来得及长大，低倍下难以观察到。

（3）韧性及硬度　表 7-4 为不同等离子束电流条件下制备的试样中各物相对应的显微硬度。等离子束电流为 70A 时 TiB_2 相的显微硬度为 2179.36HV，60A 时 TiB_2 相显微硬度为 2562.44HV，50A 时 TiB_2 相的显微硬度为 2684.76HV，显微硬度随电流的增大而降低。等离子束电流为 70A 时 TiB_2 板条明显比 60A 和 50A 时 TiB_2 组织粗大（图 7-8）。因为在扫描速度一定时，电流越大，单位时间内输入试样的热量越多，反应物坯体的熔化及生成物相的生长都更加充分，冷却凝固时 TiB_2 形核生长为较粗大的晶粒，显微硬度相对较低。反之电流越小，单位时间内输入坯体的热量越小，坯体中的熔化区及热影响区减少，等离子束扫描过后，坯体冷却速度快，TiB_2 形核长大成为细小的晶粒，显微硬度较高。

表 7-4　不同电流条件下制备的试样中各物相对应的显微硬度

等离子束电流	TiB_2	B_4C	$Fe_3(C,B)$
50A	2684.76HV	2656.90HV	1018.15HV
60A	2562.44HV	2604.84HV	1098.33HV
70A	2179.36HV	1826.46HV	985.39HV

小　结

① 在 $3Ti-B_4C$ 中添加 Fe 粉，使实验原料摩尔配比为 Fe∶Ti∶B_4C＝3∶4∶1，并在 50A、60A 以及 70A 等离子束电流扫描加热作用下发生反应制备 TiB_2-TiC-Fe_2Ti 复合材料，反应产物中的物相主要有 TiB_2、TiC、Fe_2Ti 以及少量的 Fe_3C。由于等离子束具有高的加热和冷却速率，极大提高了 TiC、TiB_2 的形核率，缩短了高温阶段晶粒生长的时间，使得复合材料中的 TiB_2、TiC 比较细小。等离子束电流增大，体系中液相增多，形成的 TiB_2、TiC 颗粒长大充分，使得颗粒间结合更加紧密。复合材料的致密度和显微硬度都随

着电流的增加而不断增加。TiB_2-TiC-Fe_2Ti 复合材料的断裂方式主要为脆性断裂，断裂模式主要为沿晶断裂和穿晶断裂，并且断口处可以明显地看到类似球状的 TiC 颗粒、长条形的 TiB_2 颗粒、不规则形状的 Fe_2Ti 黏结相。其中沿晶断裂为冰糖状断口，其主要发生在 TiC 和 TiB_2 颗粒之间；穿晶断裂主要发生在黏结相 Fe_2Ti 中。

② 在 $3Ti$-B_4C 中添加 Fe 粉，其摩尔配比为 $Fe：Ti：B_4C=2：2：1$，并在不同电流的等离子束流扫描加热作用下反应合成 TiB_2-B_4C-Fe_3（C、B）复合材料。TiB_2 板条由呈束状或者有一定位向差的针叶细小 TiB_2 晶粒堆积而成；Fe_3（C、B）相与 TiB_2 板条相间分布，未分解的 B_4C 颗粒被挤压在 TiB_2 和 Fe_3（C、B）白色相之间，以提高复合材料的致密度。等离子束的快速加热、冷却造成的极大过冷度及散热的方向性，使得 TiB_2 基复合材料中 TiB_2 的分布呈现相互平行的板条状。等离子束电流影响单位时间内输入试样的热量，电流越大，反应物坯体的熔化及生成物相的生长都更加充分，冷却凝固时 TiB_2 针叶以及由针叶堆积而形成的板条越粗大，显微硬度越低；反之电流越小，组织越细小，显微硬度越高。

第二节　放电等离子烧结和烧结-等离子重熔制备 Ni-TiB₂-TiC 复合涂层

利用放电等离子烧结-等离子重熔，通过复合工艺合理控制陶瓷相尺寸和分布，可以提高高陶瓷含量复合材料涂层耐磨性。本节以 Ni、Ti、B_4C 混合粉末为原料制备 Ni-TiB_2-TiC 复合材料，通过分析 Ni 含量对复合材料的物相组成、组织结构、硬度和耐磨性的影响来确定涂层设计原料最优配比；通过等离子烧结技术制备 Ni-TiB_2-TiC 复合材料涂层，而后分别采用 60A、75A、90A 等离子束电流进行等离子重熔，研究不同重熔电流条件下涂层的组织结构、与基体结合状态和耐磨性能。

一、放电等离子烧结 Ni-TiB₂-TiC 复合材料微观组织及磨损性能

1. 实验材料及制备工艺

原始粉末为 Ti 粉（$\geqslant98\%$，$10\sim13\mu m$），形状为不规则块状；B_4C 粉末（$\geqslant99\%$，$5\sim10\mu m$）；Ni 粉（$\geqslant98\%$，$3\sim4\mu m$），形状为表面有突起的类球状。将上述粉末分别按照表 7-5 所示的比例进行称量，标记为 20Ni、30Ni、

40Ni 和 50Ni 四组。随后球磨（球磨机型号：QM-3SP4，ZrO_2 磨球）8h，球料质量比为 8：1。

表 7-5 不同配比 SPS 复合材料原始粉末成分

样品	成分（质量分数）/%		Ti：B_4C（原子比）
	Ni	陶瓷（3Ti＋B_4C）	
20Ni	20	80	
30Ni	30	70	3：1
40Ni	40	60	
50Ni	50	50	

实验所使用的制样设备是放电等离子烧结炉，称取适量的混合粉末（10g）装入石墨模具中，随后将装有混合粉末的石墨模具置于烧结炉试验腔正中心，抽真空结束后开始实验，烧结温度为 1100℃，在 50MPa 压力下保温 5min，随后冷却至室温，烧结过程示意图和具体温度压力控制参数如图 7-12 所示。

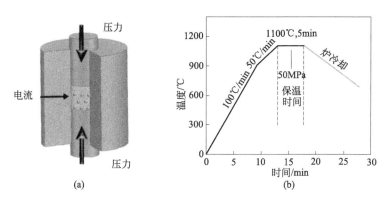

图 7-12 SPS 工艺过程示意图（a）和温度压力控制参数（b）

为了获取复合材料宏观硬度，利用洛氏硬度计（型号：HR-150A）检测试样的硬度（HRC）；采用维氏硬度计（型号：HVS-1000）在表面进行了预制压痕的实验，所采用的载荷是 9.8N，保压时间为 10s；采用多功能磨损试验机（型号：UMT-3）进行室温往复式干滑动摩擦磨损实验测试材料的磨损性能，摩擦副为 ZrO_2 陶瓷球（硬度：92HRA），实验加载力为 20N，实验时间 1h，滑移速度 10mm/s，往复距离 5mm。

2. 物相及微观组织

（1）物相分析 图 7-13 为实验所得复合材料样品 Ni-TiB_2-TiC 的 XRD 分

析结果，由图可以看出，材料的物相有 γ-Ni、TiB_2、TiC、TiB、Ni_2B、Ni_3B。衍射结果中无 Ti 和 B_4C 原料剩余，证明通过 $3Ti+B_4C \longrightarrow 2TiB_2+TiC$ 反应形成了 TiB_2 和 TiC。随着原始粉末中 Ni 含量的提高，TiB_2、TiC 衍射峰强度不断降低，而 γ-Ni 的衍射峰强度显著提高。20Ni 和 30Ni 样品中只有 γ-Ni、TiB_2、TiC 三种物相，40Ni 和 50Ni 样品中出现了 TiB、Ni_2B、Ni_3B 物相，可能是因为 Ti、B_4C 粉末被 Ni 所隔离，所以在局部区域 B_4C 分解产生的 ［B］原子与 Ni 发生反应生成 Ni_2B、Ni_3B，在局部富 Ti 的区域通过反应 $5Ti+B_4C \longrightarrow 4TiB+TiC$ 生成了 TiB，另外还有一些微小的杂峰可能是原料粉末中的杂质造成的。

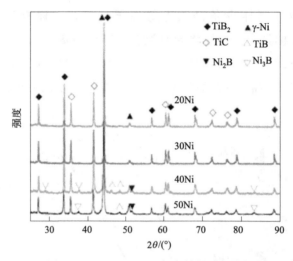

图 7-13　Ni-TiB_2-TiC 复合材料 XRD 图

（2）微观组织　图 7-14 为实验所得复合材料试样 Ni-TiB_2-TiC 的 FE-SEM 背散射图像。从图中可以看出，复合材料主要由深灰色矩形条状组织、深灰色多边形组织、浅灰色不规则块状组织和近白色黏结相组织组成。20Ni 试样中的矩形条状晶粒尺寸为 $2\sim5\mu m$，浅灰色块状晶粒尺寸为 $2\sim6\mu m$，颗粒组织出现团聚现象，颗粒之间有大量孔洞分布，组织疏松不致密；随着原始粉末中 Ni 含量的增加，30Ni 试样中颗粒尺寸下降，疏松情况明显改善，组织趋向均匀化；进一步增加 Ni 添加量，试样 40Ni 中颗粒明显细化，其中矩形条状晶粒尺寸仅为 $1\sim4\mu m$，浅灰色块状晶粒尺寸为 $0.5\sim3\mu m$，组织分布均匀，无孔洞等明显缺陷分布，说明 Ni 的加入能够有效限制颗粒组织长大，从而起到细化晶粒的作用；50Ni 复合材料颗粒组织尺寸与 40Ni 复合材料相似，无明显缺陷分布，但是其中近白色组织出现了聚集的现象。

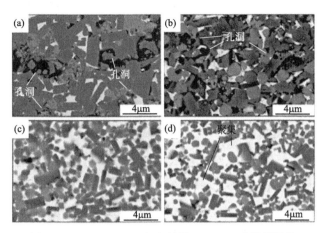

图 7-14　Ni-TiB$_2$-TiC 复合材料 FE-SEM 背散射图像

（a）20Ni；（b）30Ni；（c）40Ni；（d）50Ni

图 7-15 为 40Ni 复合材料样品高倍数下观察得到的 FE-SEM 背散射图像，表 7-6 为图中颗粒相（其中深灰色多边形晶粒 "1" 一部分被白亮色黏结相掩盖）Ti、B、C、Ni 元素的 EDS 点成分分析结果。通过成分分析结果可以看出，深灰色多边形晶粒和矩形条状晶粒主要含有 Ti 和 B，且原子比接近 1∶2；浅灰色块状晶粒主要含有 Ti 和 C，原子比接近 1∶1，结合 XRD 分析结果可以确定，深灰色条状和深灰色多边形晶粒为 TiB$_2$，浅灰色块状晶粒是 TiC，近白色黏结相组织为 γ-Ni。在其他有关 TiB$_2$、TiC 强化相的复合材料研究当中也得到类似形貌的结构形态。由于含量较少，在微观组织图中并没有发现 XRD 结果中 TiB、Ni$_2$B、Ni$_3$B 的明显分布。

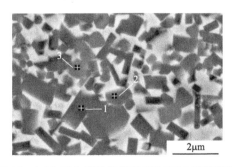

图 7-15　40Ni 复合材料高倍数 FE-SEM 背散射图像

表 7-6　图 7-15 中各点波谱成分含量分析结果

单位:%（原子百分数）

点	Ti	B	C	Ni
1	34.8039	62.8005	1.9932	0.4023
2	32.5096	63.5438	3.6418	0.3049
3	46.8313	1.1342	50.8757	1.1587

3. 硬度及摩擦磨损性能

（1）显微硬度　图 7-16 为 4 种不同配比 $Ni-TiB_2-TiC$ 复合材料显微硬度分布图，从图中可以看出复合材料的显微硬度随着 Ni 含量的增加而逐渐降低。这是因为 TiB_2 和 TiC 陶瓷相具有很高的硬度，使得材料的平均显微硬度提高，其弥散地分布在 Ni 黏结相之中，起到了骨架的作用，作为硬质相提高了材料的抗塑性变形能力。随着 Ni 含量的增加，复合材料中 TiB_2 和 TiC 陶瓷相数量减少，使得显微硬度降低。

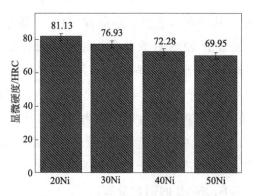

图 7-16　$Ni-TiB_2-TiC$ 复合材料硬度

（2）摩擦磨损性能　图 7-17 为 4 种不同配比 $Ni-TiB_2-TiC$ 复合材料在 50N 载荷下磨痕截面轮廓图。从图中可以看出，20Ni 和 30Ni 材料磨痕截面轮廓较为粗糙；40Ni 和 50Ni 材料磨痕截面轮廓变得相对平滑，初步推断复合材料的磨损机理可能有所不同；随着 Ni 含量的增加，磨痕的深度和宽度有先变小后变大的趋势，说明 Ni 的加入使得材料磨损量有先减少后增加的趋势。

图 7-18 为三维形貌仪测得的不同配比 $Ni-TiB_2-TiC$ 复合材料的磨损率对比图，通过对比可以发现，20Ni 样品的磨损率最大，高达 $23.29 \times 10^{-6} mm^3/$（N·m），随着 Ni 添加量的增加，30Ni 的磨损率有了比较明显的减少，40Ni

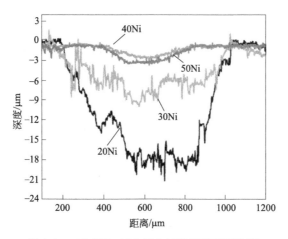

图 7-17　$Ni\text{-}TiB_2\text{-}TiC$ 复合材料磨痕截面轮廓

磨损率最少，为 $1.88\times10^{-6}\,mm^3/(N\cdot m)$，继续增加 Ni 含量，50Ni 的磨损率开始增大，达到 $2.54\times10^{-6}\,mm^3/(N\cdot m)$。40Ni 磨损率相较于 20Ni 样品减少大约 92%，呈现出最佳的耐磨损能力，有效提高了陶瓷材料的耐磨性。但继续增加 Ni 含量，50Ni 磨损率反而增加，耐磨性开始下降。Ni 添加量对磨损性能的影响规律与图 7-17 磨痕的深度和宽度的规律相吻合。

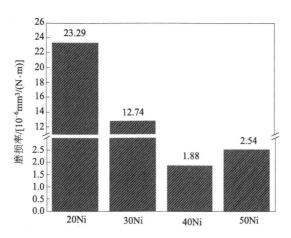

图 7-18　$Ni\text{-}TiB_2\text{-}TiC$ 复合材料的磨损率对比

图 7-19 为不同配比 $Ni\text{-}TiB_2\text{-}TiC$ 复合材料磨损表面微观形貌图像，通过图片可以发现经过室温往复干滑动磨损后，20Ni 试样表面存在大面积的剥落坑，剥落坑尺寸较大，在剥落坑周围可以发现明显的裂纹扩展痕迹，在磨痕表面有较多的磨屑残留，呈现出典型的疲劳磨损的特点；30Ni 试样相较于

20Ni 磨痕表面剥落坑尺寸有所减小，磨屑数量减少，整体形貌呈现出与 20Ni 相似的特点，属于同一种磨损机理；与以上两种复合材料表面形貌相比，40Ni 试样表面未发现剥落坑的分布，磨痕表面平滑，有犁沟的分布，陶瓷相与黏结相之间没有发生脱黏，与黏结相结合牢固 [图 7-19 （c）放大图所示]，呈现出微切削磨损的典型形貌；50Ni 试样与 40Ni 试样表面形貌类似，犁沟相比于 40Ni 材料更深，通过对 50Ni 试样取点处能谱分析结果 [图 7-19（d）表格] 可以看出，在 Ni 黏结相集中分布的区域有轻微黏着现象的发生。40Ni 和 50Ni 试样磨痕形貌中陶瓷相均保持了较好的完整性，无破损和拔出现象，能够抵抗干摩擦过程中摩擦副磨球对试样的刮擦作用，因此对磨球对较软的 Ni 黏结相的微切削作用成为主要的磨损形式。

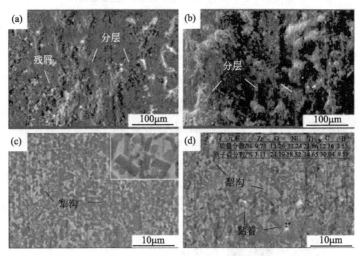

图 7-19　Ni-TiB$_2$-TiC 复合材料磨痕表面微观形貌

(a) 20Ni；(b) 30Ni；(c) 40Ni；(d) 50Ni

图 7-20 为在 50N 载荷下不同配比 Ni-TiB$_2$-TiC 复合材料摩擦系数分布图。由图中可以看出，20Ni 和 30Ni 材料摩擦系数较高，并且相对波动比较大，其中 20Ni 材料摩擦系数保持在 0.62～0.68 之间，30Ni 材料摩擦系数略低，保持在 0.58～0.64 之间。而 40Ni、50Ni 材料摩擦系数曲线波动减小，并且数值减小。对比 4 种配比复合材料的摩擦系数，40Ni 材料摩擦系数最小，基本保持在了 0.56；50Ni 样品摩擦系数略大于 40Ni，保持在了 0.57～0.58 之间，摩擦系数的上升也可能是由 50Ni 样品中 Ni 的聚集导致的黏着磨损造成的。

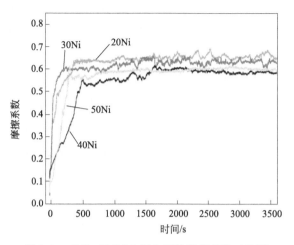

图 7-20　TiB_2-TiC/Ni 复合材料摩擦系数对比图

　　图 7-21 为摩擦磨损过程和机理示意图，Ni 含量对摩擦系数有着比较大的影响，随着 Ni 量的增加，材料的摩擦系数有降低和趋于平稳的变化。这是因为在 Ni 含量低（20Ni）时，一是在复合材料组织中陶瓷相尺寸较大且分布不均匀，容易破损；二是黏结相少，不足以填充孔洞，造成组织疏松，组织中的缺陷在磨损过程中可能成为裂纹源。复合材料在受到对磨球的循环挤压和剪切应力双重作用下萌生微裂纹，裂纹在缺乏有效阻碍的情况下持续扩展，达到临界尺寸，聚集的陶瓷相颗粒整体与黏结相分离，使得材料表面出现大量的剥落坑［如图 7-21（b）所示］，由剥落陶瓷相产生的坚硬磨屑在对磨面形成磨粒，发生三体磨损，使得材料发生更加严重的磨损，材料摩擦系数上升；随着磨损的进行，磨痕面上一些磨屑被排出对磨面，同时部分剥落坑被磨屑重新充填，因此材料的摩擦系数会存在下降的趋势，在磨损面反复出现这样的循环，因此 20Ni 材料的摩擦系数存在较大的波动（如图 7-20 所示）。30Ni 与 20Ni 材料相比，Ni 的增加一方面使热量通过液相传输远程扩散，避免局部温度、成分不均，限制了陶瓷相的异常长大，因此陶瓷相变得更加细小、均匀；另一方面由于 Ni 的黏连作用，样品在磨球的压力下不易破碎、剥离，其磨痕上磨屑相对较少，故 30Ni 样品的摩擦系数较 20Ni 有所下降，疲劳磨损有所改善。

　　通过对不同配比 Ni-TiB_2-TiC 复合材料组织形貌图（图 7-14）进行观察可以看出，40Ni 复合材料中 Ni 的增加对组织产生了明显的影响：一方面 Ni 的增加进一步稀释了陶瓷相原位反应原料，对陶瓷相的生长有抑制作用，有利于晶粒细化和组织均匀化；另一方面大量的 Ni 可以填充到陶瓷相之间，使得组织致密并增强界面结合。故 40Ni 试样中陶瓷相尺寸较小，组织中也没有孔洞缺陷，并且在磨损过程中没有发生破碎，Ni 的黏连作用使得陶瓷相不容易整体被磨球挤出，能够保持较好的完整性[如图 7-19(c)小图所示]，因此其摩擦系数较低且相对比较平滑。陶瓷相本身具有很高的硬度，能够有效抑制磨粒磨损和黏着磨损的作用，在对磨球的持续作用下强化相粒子形成明显的凸起结构，通过实验发现这种结构能够有效保护软的黏结相在磨损过程中避免受到更严重的破坏而提高材料耐磨性。

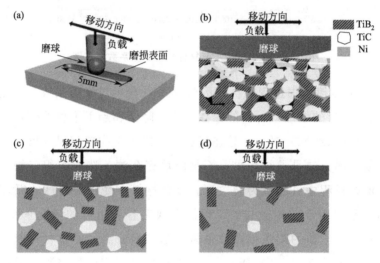

图 7-21　摩擦磨损过程和机理示意图

图 7-22 为 40Ni 样品压痕及裂纹偏转 FE-SEM 形貌图。当微裂纹扩展到 Ni-TiB$_2$-TiC 界面处时，因为陶瓷相本身具有高强度、高硬度的特点，裂纹很难穿过陶瓷强化相而发生扩展，TiB$_2$、TiC 陶瓷相颗粒分布杂乱，裂纹只能沿着复相陶瓷颗粒与黏结相界面曲折传播，吸收了扩展能，对裂纹的扩展起到有效的阻碍作用，有利于提高材料的韧性和强度，因而使得复合材料表现出优异的磨损性能。因此未发现文献中提到的复合材料磨痕表面较软材料处，存在微裂纹扩展而影响磨损性能的情况。因此 40Ni 材料的磨损过程主要表现为磨球对材料表面软的 Ni 的微切削作用，磨损机理如图 7-21（c）所示；50Ni 材料中 Ni 的加入量更多，在陶瓷相周围产生了 Ni 组织的聚集，Ni 的聚集加剧了对磨球和磨粒对于材料表面的微切削作用，另外由于软的 Ni 的聚集，容易在这些部位发生黏着现象，磨球局部滑动阻力增大、磨损量增加，

因此摩擦系数和磨损率反而有所上升，磨损机理如图 7-21（d）所示。

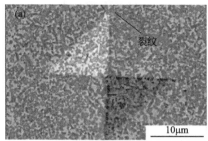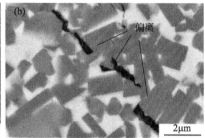

图 7-22　40Ni 样品压痕及裂纹偏转 FE-SEM 形貌图

二、烧结-等离子重熔 Ni-TiB₂-TiC 复合涂层组织及耐磨性能

1. 实验材料及制备工艺

图 7-23 为烧结-等离子重熔涂层制备工艺过程示意图。实验所用的基体材料为 Q235 低碳钢，先用电火花线切割机精密加工出尺寸 Φ15mm×10mm 的圆柱，分别用 200～5000 目砂纸打磨外表面去除氧化皮，最后用无水乙醇清理表面。实验原始粉末与上节 Ni-TiB₂-TiC 复合材料所用粉末一致。根据烧结制备 Ni-TiB₂-TiC 复合材料结论，选取其中 Ni 含量为 40％的组分为烧结涂层原料配比，随后进行 8h 球磨，球料质量比为 8∶1。将 Q235 圆柱放入石墨烧结模具中，称取适量（约 3g）球磨后混合粉末放入石墨模具中，置于 Q235 圆柱上，保证直接接触，用石墨压头压实。随后将石墨模具置于烧结炉试验腔正中心，抽真空结束后开始实验。根据前期实验，尝试在 1100℃的温度下进行实验，存在 Q235 发生剧烈熔化溢出的问题，所以设定烧结温度为 1050℃，采用两段式升温（20～900℃：100℃/min，900～1050℃：50℃/min），压力 50MPa，保温时间为 5min，采用同样的参数制备至少 4 组烧结涂层备用。

采用 DLZ-Ⅱ型等离子试验机进行烧结涂层重熔实验，等离子束电流分别设定为 60A、75A、90A，其他工艺参数：熔覆速度 228mm/min、熔覆距离 14mm、小离子气 0.5L/min、保护气 2.5L/min。分别将未重熔和在 60A、75A、90A 电流下进行重熔涂层标记为 R0、R60、R75 和 R90。磨损实验摩擦副为 ZrO₂ 陶瓷球（硬度：92HRA），实验加载力为 20N，磨损时间 1h，滑移速度 10mm/s，往复距离为 5mm。

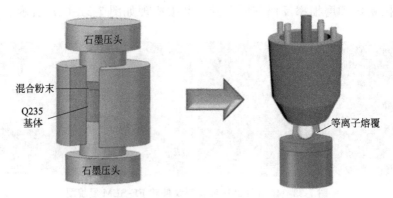

图 7-23　烧结-等离子重熔涂层制备工艺过程示意图

2. 微观组织

图 7-24 为放电等离子烧结制备 Ni-TiB$_2$-TiC 复合材料涂层及采用不同电流进行等离子重熔后涂层表面显微组织。从图 7-24（a）可以看出，涂层组织比较均匀，陶瓷颗粒尺寸较为细小，涂层中有少量微小孔洞缺陷的分布，孔洞产生的原因主要是烧结温度较低（1050℃）。经过 60A 电流重熔后，R60 涂层组织与未重熔前变化不明显，其中孔洞缺陷减少，陶瓷颗粒尺寸没有发生明显变化；随着重熔电流的上升（75A），R75 涂层中陶瓷颗粒的尺寸有上升的趋势，整体组织表现出更加均匀化分布的特点，其中 TiB$_2$ 陶瓷颗粒尺寸为 2～6μm，采用等离子束熔覆时，40%（质量分数）陶瓷含量，TiB$_2$ 陶瓷颗粒尺寸已经达到 12～25μm，而采用烧结-等离子重熔工艺较好控制了原位生成陶瓷相尺寸；当重熔电流继续上升，达到 90A 时，TiB$_2$ 长成为长条状，长度为 6～18μm，长径比约为 5.5，在陶瓷颗粒中和基体中都出现了较多的缺陷。产生缺陷的主要原因为：随着电流的增大，TiB$_2$ 失稳成为大长条状，陶瓷颗粒（TiB$_2$：8.1×10^{-6}℃$^{-1}$，TiC：7.74×10^{-6}℃$^{-1}$）与黏结材料 γ-Ni（约 14.5×10^{-6}℃$^{-1}$）的热膨胀系数存在较大差异，在冷却过程中，大尺寸的结构会引起自身应力集中，出现缺陷的概率较大。

R90 涂层中 TiB$_2$ 颗粒形态似长条状，是由于陶瓷相形成元素含量较多，增强相周围存在较高浓度扩散场，小平面晶体晶面二维形核率显著增加，TiB$_2$ 沿小平面晶面 {0001} 剧烈生长。R75 涂层中 TiB$_2$ 颗粒呈六棱柱形，在重熔实验中等离子重熔的面积较小（烧结涂层表面为 Φ15mm 的圆形），重熔过程热输入量少，在同等等离子熔覆/重熔参数下，相比于等离子熔覆过程重熔过程冷却速度更快，采用 75A 电流重熔时，{0001} 生长周期缩短。在本

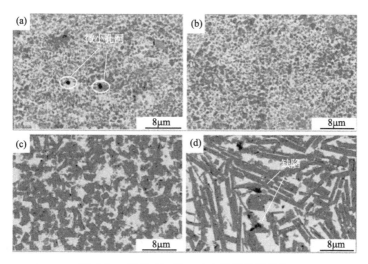

图 7-24　重熔 Ni-TiB$_2$-TiC 涂层显微组织

(a) R0；(b) R60；(c) R75；(d) R90

书研究中还存在一种六边形片状典型的 TiB$_2$ 颗粒形态，在不同熔覆速度下实验中速度较低时出现明显分布。对本书中各种条件下的 TiB$_2$ 形态做了统计，结果如表 7-7 所示。根据统计结果绘制了在本书中出现的 TiB$_2$ 形态趋势图，如图 7-25 所示。从图中可以看出随着冷凝速度的降低和陶瓷相含量的提高，TiB$_2$ 会出现大片状或者长条状生长的趋势，磨损过程中容易在磨球的法向和切向作用力下产生较大应力集中，可能会对涂层的磨损性能产生不利的影响。采用烧结-等离子重熔技术在较高陶瓷含量情况下，通过控制重熔电流可获得由较小尺寸六棱柱状 TiB$_2$、较小尺寸 TiC 复合强化的涂层。

表 7-7　本书中各种条件下 TiB$_2$ 形态

样品编号	Ti+B$_4$C 含量（质量分数）/%	熔覆/重熔速度/(mm/min)	熔覆/重熔电流/A	熔池凝固速度	TiB$_2$ 形态
R75	60	228	75	极快	六棱柱状
R90	60	228	90	较快	长条状
S2	20	228	90	较快	六棱柱状
S3	30	228	90	较快	六棱柱状
S4	40	228	90	较快	六棱柱状
S5	50	228	90	较快	长条状
S380	40	380	90	极快	六边形片状
S304	40	304	90	极快	六棱柱状
S228	40	228	90	较快	六棱柱状
S152	40	152	90	较慢	六棱柱状

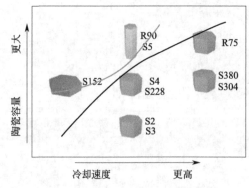

图 7-25　不同条件 TiB$_2$ 形态示意图

　　图 7-26 为放电等离子烧结制备的复合材料涂层及不同电流重熔下涂层结合处组织形貌和沿箭头方向 EDS 线扫描分析结果。从图中可以看出，烧结涂层内有许多气孔缺陷，通过 EDS 分析结果看出 Ni、Fe 元素存在骤降和陡升的过程，涂层与基体为机械结合，在涂层与基体的结合处有明显的分界线，涂层层状分布明显。在 60A 电流等离子重熔处理后，组织均匀化趋势明显，涂层与基体结合处有过渡带分布，约为 40μm，在这一区域通过 ESD 线扫描分析结果可以看出部分 Fe 基体成分扩散进入了涂层中；重熔电流增大到 75A，涂层与基体形成明显的冶金结合，结合区没有气孔或裂纹缺陷，存在沿热流方向生长的枝状晶，其中结合区的宽度达 120μm 以上，在此重熔电流下能量输入较大，形成重熔熔池，细密 TiB$_2$ 和 TiC 晶体生长，熔池的形成也有效填充了涂层气孔等缺陷，使得组织分布均匀致密，基材 Q235 钢部分熔化，扩散进入涂层成分中，产生稀释作用，通过 EDS 结果可以看出存在明显的成分过渡带，形成了较好的冶金结合；在 90A 电流的重熔作用下，涂层结合区的特点与 75A 电流重熔结合区形态基本一致，涂层与基体也呈现出了冶金结合的特点，结合区的宽度更大，在 160μm 以上，是由于热输入量的进一步增加，基材扩散效应更加明显，熔池保温时间增长，冷却凝固放缓。

3. 摩擦磨损性能

　　图 7-27 为未重熔及不同电流情况下重熔 Ni-TiB$_2$-TiC 涂层显微硬度曲线。从图中可以看出未重熔涂层与 60A 电流重熔涂层的显微硬度分布基本一致，都表现出了较为均匀的特点，R60 重熔涂层的显微硬度分布更为均匀，是由于 60A 电流等离子重熔处理有效消除了组织中的孔洞等缺陷；当重熔电流上升到 75A 时，涂层显微硬度整体分布有下降趋势，推测是由于电流升高有利

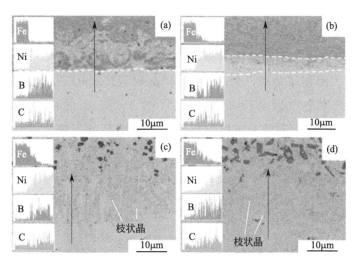

图 7-26　重熔 Ni-TiB$_2$-TiC 涂层结合处显微组织及 EDS 线扫描分析

(a) R0；(b) R60；(c) R75；(d) R90

于基材的熔化，部分基材成分扩散到重熔涂层中，形成较好冶金结合的同时，涂层中的陶瓷强化相的整体含量有下降的趋势；而当重熔电流达到 90A，显微硬度波动最为明显，而对应图 7-24 涂层表面组织形貌图可以看出，此时涂层中强化相尺寸较大，缺陷较多，造成了显微硬度的分布不均。而 75A 和 90A 电流重熔涂层在离表面 950～1100μm 的区域存在明显的显微硬度过渡区，在此处熔化的基材与涂层材料充分混合形成冶金结合，涂层成分随深度逐渐变化，致使涂层显微硬度分布也呈现出梯度递减的趋势。

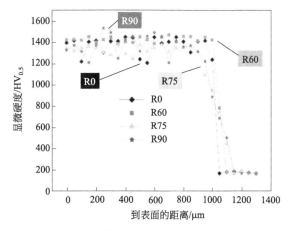

图 7-27　重熔 Ni-TiB$_2$-TiC 涂层硬度曲线

图 7-28 为未重熔及不同电流重熔涂层磨损率统计结果。通过对比可以看出未重熔烧结涂层磨损率较大，为 $4.93 \times 10^{-6} \mathrm{mm^3/(N \cdot m)}$；60A 等离子重熔涂层磨损率有了较为明显的下降，为 $2.33 \times 10^{-6} \mathrm{mm^3/(N \cdot m)}$；当重熔电流为 75A 时，磨损率最小，为 $2.2 \times 10^{-6} \mathrm{mm^3/(N \cdot m)}$；增大重熔电流达到 90A 时，磨损率最大为 $5.74 \times 10^{-6} \mathrm{mm^3/(N \cdot m)}$。通过 60A 和 75A 电流等离子重熔处理，磨损率较未重熔涂层有了比较明显的下降，说明经过一定的重熔处理可以提高涂层表面的耐磨性能。

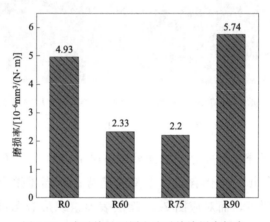

图 7-28　未重熔及不同电流重熔涂层磨损率

图 7-29 为不同电流重熔涂层摩擦系数对比图。从图中可以看出，R0 涂层摩擦系数有一定的波动，摩擦系数值较高（约 0.58），这是由于涂层内部存在微孔洞等缺陷使得摩擦磨损过程中的阻力较大；而采用 60A 和 75A 电流重熔涂层的摩擦系数有了一定的下降，摩擦系数的平稳性也明显增强，是由于电流重熔的作用下使组织均匀化，涂层内部缺陷减少；而在 90A 电流重熔作用下的摩擦系数相较于低电流时上升明显，并且抖动也比较严重，在 4 组涂层中其摩擦系数最大，说明磨损机理发生了比较大的变化，需要结合磨痕等其他摩擦磨损信息进行解释。

图 7-30 为烧结制备的复合材料涂层及不同电流等离子重熔涂层磨痕表面形貌。图 7-30(a) 为 R0 涂层磨痕表面形貌，可以看到磨损表面有较多的磨屑分布，有轻微犁沟，其中颜色较深的区域为磨屑填充磨痕破损区域而形成的堆积层，其主要的磨损机制为磨粒磨损；R60 涂层磨痕表面较为平滑，分布有较浅的犁沟，陶瓷颗粒没有拔出的痕迹；R75 涂层磨痕形貌与 R60 磨痕形貌特点基本一致，对涂层的破坏主要为对陶瓷颗粒周围黏结相的划擦作用，

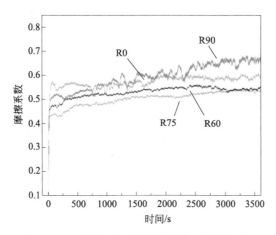

图 7-29　不同电流重熔涂层摩擦系数对比图

陶瓷颗粒起到了较好的保护作用；R90 涂层磨痕表面存在大量的凹坑，凹坑
分布范围和尺寸较大。

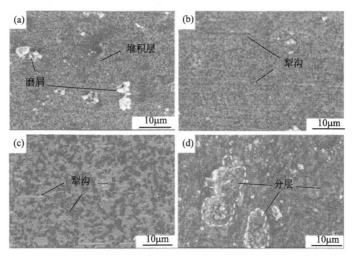

图 7-30　不同电流重熔涂层磨痕表面形貌

(a) R0；(b) R60；(c) R75；(d) R90

图 7-31 为涂层磨损机理示意图。烧结涂层组织较为致密，分布比较均
匀，所以摩擦系数较低（如图 7-29 所示），但是由涂层中存在由烧结温度过
低和烧结温度的分布不均匀等问题导致的孔洞等缺陷，在磨球的反复碾压下，
缺陷处可能出现更大的破坏，产生大量的磨屑，在图 7-30(a) 中可以看到在
磨痕表面分布有大量的磨屑，磨屑在磨球的反复推挤作用下，会填充到缺陷

处，填平表面凹坑，因此随着时间的推移摩擦系数并没有出现较大的波动，磨损机理为磨粒磨损，磨损过程示意图如图 7-31(a) 所示。而通过 60A 等离子重熔以后，有效消除了涂层中的缺陷，所以涂层摩擦系数有了明显的下降，磨痕表面较为平滑，耐磨性能有了很大的提高，磨痕表面形貌跟 R0 涂层相似，磨损机理表现为磨粒磨损。当重熔电流达到 75A 时，较大电流使得热输入量增加，其中陶瓷强化相颗粒长大趋势明显，由于基材熔化扩散与涂层材料相混合，强化相颗粒尺寸较大，能有效承受载荷，磨球对涂层的磨损过程表现为对基体材料 Ni 的微切削的作用，因此 75A 重熔电流下涂层的磨损过程表现为微切削型的磨粒磨损形式，涂层具有较好的耐磨性能，磨损率最小（如图 7-28 所示）。重熔电流达到 90A，在大电流的作用下，TiB_2 颗粒强化相长成为长条状，尺寸较大，颗粒相中存在较多的缺陷，在磨损过程中陶瓷相中产生大的磨损应力，过大尺寸的强化相粒子因其自身存在缺陷而发生断裂破碎[如图 7-31(b)所示]，陶瓷强化相容易从涂层中拔出[如图 7-30(d)磨痕所示]，破碎的强化相粒子在磨球的作用下成为三体磨损的磨料，从而诱发切削程度进一步增加，磨损率迅速提高，达到 $5.74 \times 10^{-6} \, mm^3/N \cdot m$（如图 7-28 所示），其磨损机理表现为压力循环作用下的剥层磨损，重熔涂层在 90A 等离子电流重熔下的耐磨性是最差的。

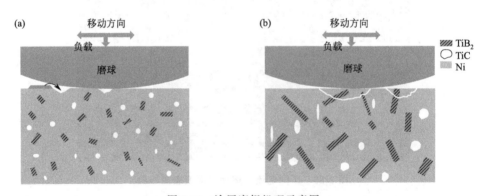

图 7-31　涂层磨损机理示意图

小　结

① 以 Ti、B_4C、Ni 粉末为原始材料，采用放电等离子烧结的方法合成了 $Ni-TiB_2-TiC$ 复合材料，复合材料主要物相为 $\gamma-Ni$、TiB_2、TiC。Ni 含量显著影响复合材料的耐磨性和磨损机制，在 Ni 含量低时（20%、30%），材料组

织中尺寸较大的陶瓷相容易破损，且存在团聚和孔洞，磨损过程中极易萌生微裂纹，产生疲劳磨损和表面剥落坑，摩擦系数高且存在较大的波动，磨损率很大；随着 Ni 含量的增加（40%），陶瓷球对 Ni 微切削作用成为主要的磨损形式，摩擦系数降低且趋于平稳，耐磨性明显提高，磨痕表面比较平滑，有犁沟的分布，表现出最优的磨损性能；而当 Ni 含量过多时，由于微切削作用和黏着的加剧促使摩擦系数和磨损率开始上升。

② 对 Ni-TiB$_2$-TiC 复合材料涂层等离子重熔，重熔电流分别为 60A、75A、90A。通过重熔处理发现：随着等离子重熔电流的增加，涂层与基体的结合由机械结合转变为冶金结合方式，结合性显著增强；60A 和 75A 电流重熔涂层磨损机理主要为磨粒磨损，摩擦系数较小，磨损破坏轻微；当重熔电流上升到 90A 时，由于热量的集聚输入，陶瓷颗粒尺寸明显增大，成为长条状，在磨损过程中容易出现破碎和从黏结相中拔出的情况，因此 90A 重熔涂层的磨损率和摩擦系数上升，涂层的主要磨损机理为剥层磨损。

第三节　放电等离子烧结制备高熵合金涂层

一、实验材料及制备工艺

1. 原材料

原料为雾化球形 Co 粉（≥99.5%，约 100μm）、Al 粉（≥99.9%，约 75μm）、Ni 粉（≥99.8%，约 50μm）、Cu 粉（≥99.5%，约 75μm）和机械破碎 Cr 粉（≥99.5%，约 75μm），按照摩尔比 Co-Cr-0.5Al-Ni-0.5Cu 配制混合粉末，样品总质量为 30g，计算所需每种粉末用量为：8.23g Co、7.26g Cr、1.88gAl、8.19g Ni、4.44g Cu。

2. 制备工艺

将原始粉末利用行星式球磨机在氩气（Ar）气氛下混合 3h，采用型号为 SPS-332LX 的放电等离子烧结设备将混合粉末在 Q235 基体表面固化成熔覆层。将烧结后的样品表面用碳纸打磨干净，并将涂层试样加工成尺寸为 10mm×10mm×8mm 的样品，制备成涂层表面样品和横截面样品。

二、物相及微观组织

图 7-32 是 SPS 制备的 CoCrAl$_{0.5}$NiCu$_{0.5}$ 高熵合金涂层表面的微观组织及

SEM-EDS 分析结果。图 7-32(a) 是从涂层表面获取的 SEM-BSE 图片，从图中可看出涂层组织呈现等轴晶的形貌；图 7-32(a) 右上角插图为涂层表面局部放大图，从放大的插图可看出涂层组织存在三种不同的衬度，即浅灰色基体相、晶间白色相以及处于晶间白色相与基体相之间的深灰色相。对它们分别进行 SEM-EDS 成分分析，灰色基体相成分（原子百分数）为：29.19％ Co、29.62％ Cr、7.45％ Cu、26.47％ Ni、7.27％ Al；晶间白色相成分（原子百分数）为：2.59％ Co、0.71％ Cr、75.54％ Cu、12.49％ Ni、8.67％ Al；深灰色相成分（原子百分数）为：13.12％ Co、7.46％ Cr、6.88％ Cu、37.56％ Ni、34.98％ Al。由此看见灰色基体相为富 Co-Cr-Ni 相，晶间白色相富 Cu，深灰色相富 Ni-Al。为能更加清晰地识别不同衬度的物相的元素分布，对图 7-32(a) 中插图进行 EDS 面扫分析，其包含灰色基体相、晶间白色相及深灰色相，结果如图 7-32(b)～图 7-32(f)所示，从图中可明显看出 Cu 在晶间区域富集，深灰色主要富 Ni 和 Al，基体相比较明显富集 Co 和 Cr，与 EDS 定量成分分析结果相一致。

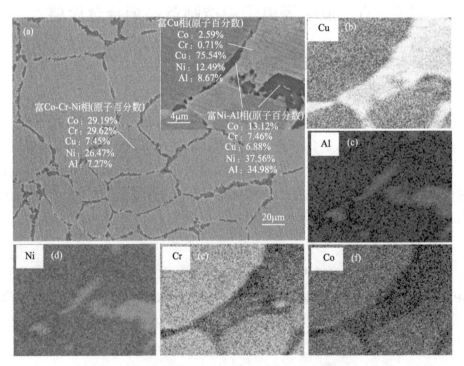

图 7-32　涂层表面微观组织（a）及 SEM-EDS 分析(b)～(f)

等离子束熔覆和 SPS 制备的 $CoCrAl_{0.5}NiCu_{0.5}$ 高熵合金涂层组织存在以

下不同：首先是晶粒形貌不同，等离子束熔覆制备的组织呈枝晶形貌，而SPS 制备的组织呈等轴晶形貌，这主要归因于两种制备方法不同的加热原理。等离子束熔覆过程中等离子体高能束流的中心温度能够达到上万开尔文，能够使原始粉末完全熔化，之后在熔池中产生的对流搅拌和保护气体产生的搅拌作用下发生扩散，等离子束流移开后发生快速非平衡凝固，凝固过程受到成分过冷的影响而以树枝状结晶；放电等离子烧结过程可以看作是颗粒放电、导电加热和加压综合作用的结果，颗粒间的放电作用可产生局部高温，使颗粒表面局部熔化，在电场的作用下发生快速扩散，这与等离子束熔覆过程中材料完全熔化不同，SPS 过程使局部熔化，其结晶形状受到原始粉末颗粒的形状的影响，因此与完全熔化后再凝固过程不同，在原始粉末几乎均为等轴状的情况下，SPS 后的晶粒为等轴状。其次是 SPS 涂层中比等离子束熔覆的涂层多了一种富 Ni-Al 的物相，该物相所含 Ni 与 Al 的比例差不多为 1∶1，再结合先前文献中含 Ni-Al 元素高熵合金的报道，推测该物相为富 Ni-Al 的B2 相，后面将通过 XRD、EBSD 及 TEM 开展进一步的研究。此外，对比两种方法制的涂层的物相成分发现，SPS 涂层晶间白色相的 Cu 含量比等离子束熔覆涂层晶间白色相的 Cu 含量高很多（接近 10%），表明 SPS 制备的涂层中元素偏析现象更严重，这主要归因于 SPS 制备后的缓慢冷却过程（真空随炉冷却），元素有充分的时间条件和温度条件发生扩散，使涂层组织趋近于稳态，所以 Cu 在 SPS 制备的涂层组织中发生了更充分的扩散；而等离子束熔覆则恰恰相反，其快速的冷却过程能有效抑制元素的扩散，得到非平衡组织。在 SPS 涂层组织生成了富 Ni-Al 的物相，而等离子束熔覆的涂层组织则没有，这也和 SPS 的缓慢冷却过程相关，后面还会做进一步讨论。

图 7-33（a）是原始混合粉末及 SPS 制备的 $CoCrAl_{0.5}NiCu_{0.5}$ 高熵合金涂层的 XRD 图谱。在原始混合粉末的 XRD 图谱中可清晰识别出 Co、Cr、Cu、Ni 和 Al 元素的衍射峰，SPS 后，$CoCrAl_{0.5}NiCu_{0.5}$ 高熵合金涂层的 XRD 图谱中呈现出一套无序 FCC 固溶体和一套有序 FCC 相（$L1_2$ 相）叠加的衍射峰；此外，还可以观察到一套衍射强度不高的有序 BCC 相（B2 相）的衍射峰。在低角度 $2\theta = 24.7°$ 和 $35.2°$ 处呈现出的超晶格衍射峰，可分别归因于 $L1_2$ 有序相的 {100} 和 {110} 晶面的衍射，计算可得 $L1_2$ 有序相的晶格常数为 0.3572nm；在低角度 $2\theta = 31.1°$ 处呈现出的超晶格衍射峰可归因于 B2 相的 {100} 晶面的衍射，计算的晶格参数约为 0.2872nm。图 7-34（b）中的 EBSD 相图进一步证明了晶间区域深灰色的富 Ni-Al 相为 B2 相，对应于 XRD

图谱中 B2 相的衍射峰，稍后采用 TEM 分析做进一步的验证。采用定向成像显微分析方法对熔覆层的 FCC 基体晶粒进行了定量的表征。图 7-34(c) 是一个较大区域扫描面积（1002μm×1000μm，步长 2μm）的反极图（IPF），从图中可看出 FCC 基体具有等轴多边形的晶粒结构，晶粒尺寸分布比较均匀；图 7-33（d）中计算的 {111}、{110} 及 {100} 极图表明 FCC 晶粒具有随机取向。采用等效直径方法对 FCC 基体晶粒做了统计分布，如图 7-34(d) 所示，计算得到的平均晶粒尺寸为 10.86μm。

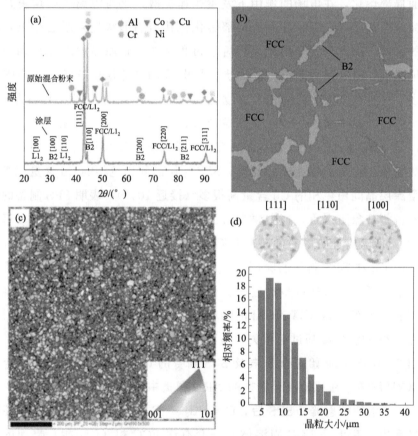

图 7-33　合金 XRD 和 EBSD 分析

(a) 原始粉末及涂层的 XRD 图；(b) EBSD 分析；

(c) {111}、{110}、{100} 极图；(d) FCC 基体晶粒统计分布

图 7-34(a) 是包含基体晶粒和晶间区域的 TEM 明场像。结合 TEM-EDS 分析，晶间区域包含富 Ni-Al 相和富 Cu 相。图 7-35(b) 和（c）为在富 Ni-Al 相的区域获取的选区电子衍射结果，除了 BCC 的主衍射斑点外，还存在 B2

的超晶格斑点，因此可分别标定为 B2 相（有序 BCC）沿 [011] 和 [001] 轴的电子衍射花样图谱，这进一步证明了晶间区域富 Ni-Al 相为 B2 相，和上述 XRD、SEM 及 EBSD 的分析结果相一致。运用衍射斑点计算得到的 B2 相的晶格常数为 0.2857nm，和上述 XRD 测量的结果约 0.2872nm 非常接近。图 7-34(d) 是从 B2 相和 FCC 基体界面处获取的选区电子衍射结果，发现存在两套衍射斑点，即 FCC 基体的 [110] 晶轴和 B2 相的 [111] 轴衍射斑点，两套衍射斑点相互叠加建立了 K-S 型的晶体学位向关系；该位向关系可表达为：$[011]_{FCC}$ // $[111]_{B2}$、$\{111\}_{FCC}$ // $\{110\}_{B2}$。

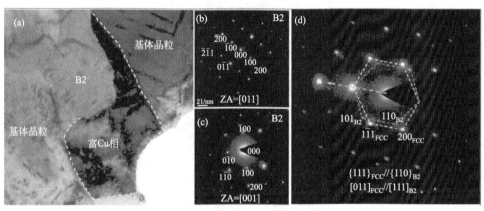

图 7-34　B2 相的 TEM 表征结果

（a）包含基体晶粒和晶间区域的 TEM 明场像；（b）B2 相沿 [011] 轴的选区电子衍射图谱；

（c）B2 相沿 [001] 轴的选区电子衍射图谱；

（d）在 B2 相与 FCC 基体晶粒界面处获取的选区电子衍射图谱，

观察到二者存在一组 K-S 型的位相关系

为进一步识别基体晶粒内部沉淀相的形貌和晶体结构，对基体晶粒进行了三个不同晶轴的 TEM 观察及选区电子衍射分析，如图 7-35 所示。图 7-35 (a_1)、(b_1) 和 (c_1) 分别为沿 [001]，[011] 和 [114] 观察获取的明场像，从中可观察到多尺度的板状沉淀相。图 7-35 (a_2)、(b_2) 和 (c_2) 为对应三个轴的选区电子衍射图谱，其包含板状沉淀及周边基体的衍射信号；主衍射斑点可确定基体区域具有 FCC 结构，即基体为 FCC 相，而三个晶轴的衍射图谱均呈现出 $\{001\}$ 和/或 $\{011\}$ 晶面的超晶格衍射，表明基体中存在 $L1_2$ 有序相。通过超晶格斑点获取对应明场像的暗场像分别示于图 7-36(a_3)、(b_3) 和 (c_3) 中，通过对三个晶轴的明场像和暗场像对比观察发现，在明场像中观察到的板状沉淀只有一部分在暗场图像中显示为明亮的衬度，这或许表明每条板状相只有一部分具有 $L1_2$ 有序结构。此外，对暗场像仔细观察发现，在板状沉淀相之间存在一些尺度更小的也呈现明亮衬度的球形沉淀相，推测这些细小的球形沉淀也具有 $L1_2$ 有序结构，后面会对其做进一步分析。

图 7-35　基体晶粒的 TEM 表征结果

(a_1)、(b_1)、(c_1)为沿三个不同晶轴观察的明场像，(a_3)、(b_3)、(c_3)分别对应(a_1)、(b_1)、(c_1)的暗场像，

(a_1)和(a_3)沿[001]晶轴，(b_1)和(b_3)沿[011]晶轴，(c_1)和(c_3)沿[114]晶轴；

(a_2)、(b_2)和(c_2)分别为[001]，[011]和[114]晶轴的选区电子衍射图谱，

暗场像是通过电子衍射图谱中超晶格衍射斑点获取的

STEM-EDS 和 HRTEM 分析被用来进一步识别基体晶粒内部板状沉淀相的成分和晶体结构。图 7-36(a_1) 是从基体内部获取的暗场像，图 7-36(a_2) 是对应图 7-36(a_1) 的 HAADF-STEM 图像。从图中可看出一些板状沉淀在暗场像和 HAADF-STEM 图像中呈现出两种不同的衬度（即亮与暗）。进一

步观察发现，板状沉淀在暗场像和 HAADF-STEM 图像中表现出恰恰相反的衬度，如图 7-36(a_1) 和图 7-36(a_2) 的实线箭头标注所示。HAADF-STEM 图像中相的不同衬度通常与较重（如：Cu）或较轻（如：Al）元素的富集有关。对不同衬度的板状沉淀进行 STEM-EDS 定量成分分析，如表 7-8 所示。从表 7-8 中可得出，板状沉淀的明亮衬度处[图 7-36(a_2)的点 1]包含约 90.2% 的 Cu 元素，其为富 Cu 相；板状沉淀的灰暗衬度处[图 7-36(a_2)的点 2]包含大量的 Ni、Al 和 Cu 元素，其对应的比例大约为 4∶2∶3，三者的总含量约占总成分的 92.3%。此外，为了区分不同衬度板状沉淀相的成分，采用 STEM-EDS 线扫描做进一步分析，如图 7-36(b_1) 和图 7-36(b_2) 所示。两条扫描线［在图 7-36 (a_2) 中分别标注为"3"和"4"］均依次穿过不同衬度的板状沉淀。两个 STEM-EDS 线扫描结果均表明基体富集 Co-Cr-Ni，板状沉淀的明亮衬度部分富集大量的 Cu，贫其他元素，而板状沉淀的昏暗部分富集 Ni-Al-Cu。图 7-36(c_1) 为对应图 7-37(a_1) 中区域 A 的 HRTEM 图像，表明在暗场像中呈现明亮衬度的板状沉淀（即富 Ni-Al-Cu 的部分）具有 $L1_2$ 超晶格结构；图 7-36(c_2) 为对应图 7-36(a_1) 中区域 B 的 HRTEM 图像，其包含基体、明亮衬度的板状沉淀（富 Ni-Al-Cu 的部分）及昏暗衬度的板状沉淀（富 Cu 部分），从 HRTEM 图中可明显观察到基体和昏暗衬度部分是无序的，而明亮衬度的板状沉淀则呈现出有序结构。

因此，综合上面 STEM-EDS 分析、SAED 及 HRTEM 分析，可确定基体晶粒内部的板状沉淀是由两相构成：一种是包含 90% 以上的 Cu 元素，在 HAADF-STEM 图像呈明亮衬度，而在暗场像中呈现昏暗衬度，是一种无序的富 Cu 板状沉淀，可简记为 Cu-plate；另外一种是富集 Ni-Al-Cu，分别在 HAADF-STEM 和暗场像中呈现昏暗和明亮的衬度，是有序的 $L1_2$ 板状沉淀，可简记为 γ'_p。

图 7-36(d_1)～图 7-36(d_3) 分别表示基体和 γ'_p 界面、基体和 Cu-plate 界面、γ'_p 和 Cu-plate 界面的 HRTEM 图像，从这三图中可看出，穿过两个界面 γ'_p/Cu-plate 及 Cu-plate/γ'_p 的原子平面是连续的，表明两物相之间存在共格关系，或者说它们之间存在晶体学位向关系。采用 HRTEM 图像测量的基体和 γ'_p 相的晶格参数分别为 0.3589nm 和 0.3553nm，与 XRD 测量的结果约 0.3582nm 和 0.3572nm 非常接近。采用 HRTEM 图像测量的 Cu-plate 的晶格参数为 0.3638nm，比基体和 γ'_p 相略大。但是在 XRD 图谱中 Cu-plate 没有呈现出自己特有的一套衍射峰，这归因于 Cu-plate 和基体的晶格常数非常接近，并且二者均为无序的 FCC 结构，导致二者的衍射峰叠加难以区分。通过计算比较

发现，上述三相之间晶格参数最大差别不超过 2%，因此在图 7-36 中每个晶轴的选区电子衍射图谱中仅显示出一套无序 FCC 结构和有序 $L1_2$ 结构相互叠加的衍射斑点。图 7-36(e_1)～(e_3)分别表示快速傅里叶变换（FFT）得到的基体、Cu-plate 及 γ'_p 相的衍射斑点，从图中可进一步看出基体和 Cu-plate 呈现无序结构，而 γ'_p 相具有的 $L1_2$ 超晶格结构为有序相。

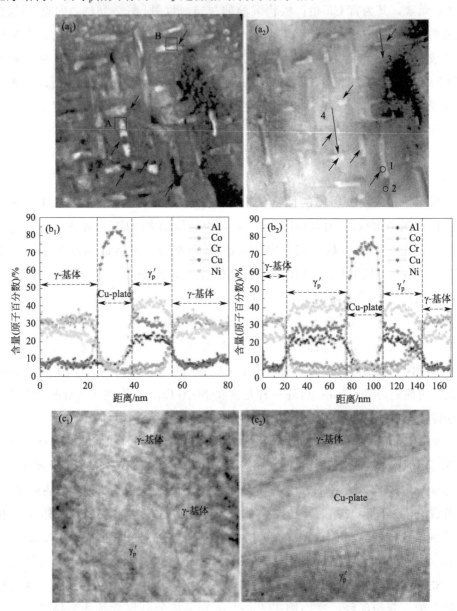

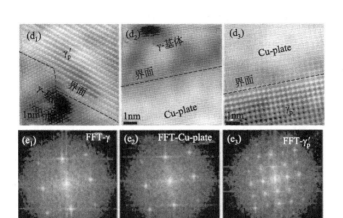

图 7-36　板状沉淀的 TEM 表征

（a_1）含有板状沉淀的暗场像；（a_2）对应暗场像的 HAADF-STEM 图像；

（b_1）和（b_2）分别为沿（a_2）图中的"3"和"4"位置处的 STEM-EDS 线扫描；

（c_1）和（c_2）分别为对应（a_1）中的区域 A 和 B 的 HRTEM 图像；（d_1）γ 基体和 γ_p' 界面处 HRTEM 图像；

（d_2）γ 基体和富 Cu 板状沉淀界面处的 HRTEM 图像；（d_3）γ_p' 和富 Cu 板状沉淀界面处的 HRTEM 图像；

（e_1）～（e_3）分别为通过快速傅里叶变换（FFT）得到的 γ 基体、富 Cu 板状沉淀和 γ_p' 的电子衍射花样图谱

表 7-8　STEM-EDS 测量的各种相的成分

单位：%（原子百分数）

位置		富集区域	Co	Cr	Cu	Ni	Al
图 7-36(a_2)	1	Cu(Cu-plate)	1.60±0.59	2.10±0.83	90.15±4.15	3.29±1.02	2.83±0.72
	2	Ni-Al-Cu(γ_p')	5.44±1.35	2.09±0.61	25.7±2.15	44.51±3.56	22.23±2.24
图 7-38(a)	5	Co-Cr-Ni(PFZ)	36.08±0.81	36.09±0.97	2.66±1.06	21.01±1.12	4.14±0.66
	6	γ_s'	24.85±3.31	20.86±3.45	15.62±2.23	27.19±2.72	11.4±2.14
图 7-39(b)	7	Ni-Al-Cu(γ_c')	6.85±1.24	2.04±0.89	25.47±2.81	45.30±2.88	20.34±2.15
	8	Cu(γ_{Cu})	1.29±0.31	0.92±0.35	87.53±4.17	6.64±1.02	3.62±0.88

　　为了进一步明确板状沉淀相的形态、元素分布和位向，使用超级能谱沿三个不同晶轴（[001]、[110]和[111]）进行了更全面的 STEM-EDS 面扫分析。图 7-37（a_1）～（c_5）为在晶粒内部获取的 STEM-EDS 元素分布图。图 7-37（a_1）～（a_3）分别为[001]、[110]和[111]晶轴的 Al 和 Cu 元素叠加的元素分布图；图 7-37（b_1）～（b_3）分别为[001]、[110]和[111]晶轴的 Al、Ni 和 Cu 元素叠加的元素分布图，三个插图分别为[001]、[110]和[111]晶轴的衍射斑点；图 7-37（c_1）～（c_5）分别为 [001] 晶轴的 Al、Ni、Cu、Co 和 Cr 的元素

分布图。从这些 STEM-EDS 元素分布图中可以更加清晰地识别出每条板状沉淀确实含有两相：Cu-plate 和 γ_p'，与上述 STEM-EDS 定量分析及线扫描分析结果相一致。此外，从三个晶轴的 STEM-EDS 元素分布图可进一步确定沉淀相为板状而不是针状，这些板状沉淀近似呈矩形，惯习面平行于基体的 {100} 晶面，板状沉淀的边与基体的 [001] 方向平行。

因此，板状沉淀的位向和形状可以表示在一个笛卡尔坐标系中，如图 7-37(d_1) 所示。图 7-37(d_2)～(d_4) 分别为沿 TEM 样品基体的 $[00\bar{1}]$、[110] 和 [111] 方向观察时的投影简图。从投影图中可看出，只有当沉淀相的惯习面与观察方向平行时才能反映出沉淀相真实厚度，此时呈现出的厚度值是最小的，如图 7-37(d_2) 和 (d_3) 中标注为实心条状的部分所示。然而，当板状沉淀的惯习面与观察方向是倾斜的时候，此时板状相的厚度比真实厚度要厚，观察到的厚度是板倾斜角度和局部样品厚度的函数。利用 ImageJ 软件对板状沉淀的等效直径、平均厚度和体积分数进行了仔细的分析，对 5 张以上不同晶轴的 STEM-EDS 元素分布图进行了统计分析，并取平均，结果表明板状沉淀的等效直径、平均厚度和体积分数分别为 128.96nm、16.96nm 和 36.2%。

图 7-38(a) 是表示板状间球形沉淀在基体中分布的高倍 TEM 暗场像。球形沉淀在暗场像中也呈现出与 γ_p' 相似的明亮衬度，表明球形沉淀也具有 $L1_2$ 有序结构。仔细观察球形沉淀的分布发现，在 γ_p' 相附近存在一宽度为 20～25nm 的无沉淀区 (PFZ)；溶质贫化是导致 PFZ 形成的主要原因，同时也可表明球形沉淀相和 γ_p' 相具有相似的成分，γ_p' 相要先于球形沉淀相形成。对球形沉淀相和 PFZ 区域进行 STEM-EDS 定量成分分析，PFZ 区域[图 7-38 (a)中点 5]富集 Co-Cr-Ni，与上述基体具有相似的成分水平；测量的球形沉淀相的成分中含有大量的 Ni，需要说明的是，由于在 STEM-EDS 测量时束斑的稀释作用，很难准确确定纳米球形沉淀相的准确成分，不可避免地会受到沉淀相周围的基体信号的影响。图 7-38(d) 为包含周围基体区域和球形沉淀相的 STEM-EDS 线扫描结果，与对 γ_p' 相的线扫描结果相类似，球形沉淀也富集 Ni-Al-Cu 但是与 γ_p' 相表现出不同的成分水平。因此，更好的评估球形沉淀相成分的方法是采用原子探针 (APT) 进行测量以去除 STEM-EDS 测量时束斑的稀释作用。

采用聚焦离子束加工技术 (FIB) 来制备 APT 样品，所提取区域包含 γ_p' 相、PFZ 区域及球形沉淀区域，提取的其中一个 APT 样品的近似区域在图 7-38(a) 中以梯形突出显示。图 7-38(e) 为各种元素 APT 的 3D 重构图，从图

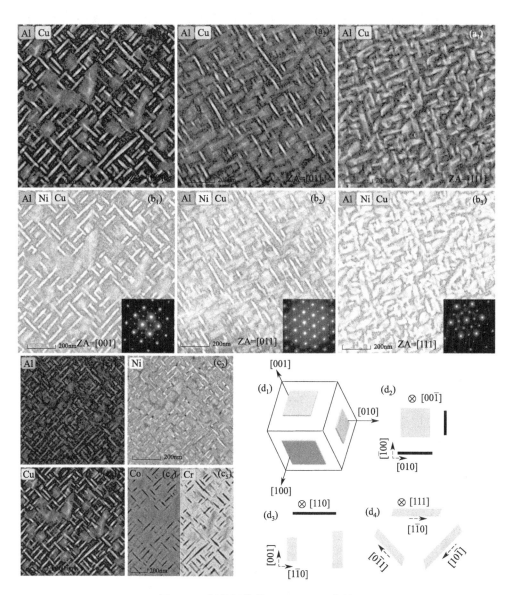

图 7-37　板状沉淀的 STEM-EDS 表征

（a_1）～（a_3）分别为[001]、[110]和[111]晶轴的 Al 和 Cu 元素叠加的元素分布图；

（b_1）～（b_3）分别为[001]、[110]和[111]晶轴的 Al、Ni 和 Cu 元素叠加的元素分布图，

插图分别为[001]、[110]和[111]晶轴的衍射斑点；（c_1）～（c_5）分别为 [001]

晶轴的 Al、Ni、Cu、Co 和 Cr 的元素分布图；（d_1）为板状沉淀在一个 γ 基体立方体中的三种变体的简图；

（d_2）～（d_4）分别为沿[00$\bar{1}$]、[110]和[111]方向进行 TEM 观察时的投影示意图

中可看出，重构图组的针尖顶部包含一小部分富含 Ni-Al-Cu 的 γ_p' 相，针尖下

端为一块面积相对较大的基体区，可明显看出富集 Ni-Al-Cu 元素的球形沉淀弥散分布于基体中；此外在毗邻 γ'_p 相的区域还观察到了一块无沉淀相的 PFZ 区域，与 TEM 观察结果相一致。图 7-38(f) 为穿过 γ'_p/PFZ 界面的成分分布，从中可得出 γ'_p 相具有的平均成分（原子百分数）为：45.5% Ni、23.2% Al、24.7% Cu、2.1% Cr 和 4.5% Co，PFZ 区域具有的平均成分（原子百分数）为：37.3% Cr、36.5% Co、20.7% Ni、3.2% Al 和 2.3% Cu；图 7-38(g) 为穿过 γ'_p/γ 界面的成分分布，从中可得出球形沉淀（γ'_p）具有的平均成分（原子百分数）为：43.6% Ni、23.8% Cu、22.5% Al、3.7% Cr 和 6.4% Co，基体（γ）具有的平均成分（原子百分数）为：31.1% Cr、31.7% Co、25.8% Ni、6.2% Al 及 5.2% Cu。从上述 APT 测量成分结果得出，球形沉淀和 γ'_p 相具有几乎相同的成分水平，表明使用 APT 评估物相成分，尤其是尺寸较小的纳米沉淀物比 STEM-EDS 更精确。此外，进一步观察表明，在 PFZ 区域测量得到的 Ni、Al 和 Cu 含量低于基体中，表明在 PFZ 区域存在 Ni、Al 和 Cu 元素的贫化，这进一步证明 PFZ 的形成是由于溶质贫化造成的。

采用 HRTEM 进一步确定球形沉淀的晶体结构以及基体与球形沉淀的界面特征。图 7-38(b) 为对应于 7-38(b_1) 中区域 C 的 HRTEM 图像。图 7-38(c) 是基体与球形沉淀的界面处的 HRTEM 图像。从 HRTEM 图像中可看出，与 γ'_p 相相似，球形沉淀也呈现出 $L1_2$ 的超晶格结构，穿过球形沉淀与基体的界面的原子平面是连续的，表明球形沉淀与基体之间也存在共格关系。综合上述对球形沉淀的成分和晶体结构的分析，可以确定球形沉淀与 γ'_p 相均为 $L1_2$ 有序相，由于形成过程和机理不同导致二者的形貌不同，将球形沉淀相简化表示为 γ'_s。

图 7-39 是晶间富 Cu 相的 TEM 表征结果。图 7-39(a) 是富 Cu 相的 TEM 明场像，插图为富 Cu 相沿 [001] 轴的选区电子衍射图谱，可以看出除了主 FCC 衍射斑点外，还存在 {001} 和 {011} 位置的超晶格斑点，表明富 Cu 相里面存在 $L1_2$ 有序相。图 7-39(b) 为利用 {011} 超晶格斑点获取的对应于图 7-39(a) 区域的 TEM 暗场像，在暗场像中可明显观察到呈明亮衬度的立方形沉淀相弥散地分布于晶间富 Cu 基体中，立方沉淀的尺寸为 20～60nm。运用 STEM-EDS 测量的立方沉淀及周边 Cu 基体的成分如表 7-8 所示。立方沉淀[图 7-39(b) 中的点 7]包含的平均成分（原子百分数）为：20.34% Al、45.30% Ni、25.47% Cu、2.04% Cr 及 6.85% Co，与 γ'_p 相具有相似的成分

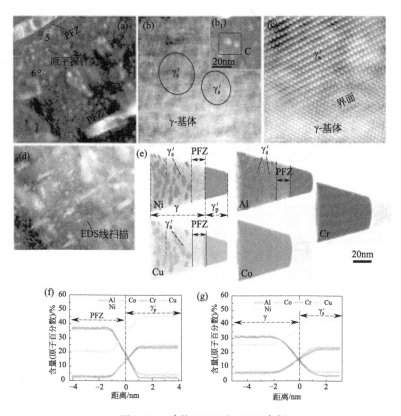

图 7-38　γ_s' 的 TEM 和 APT 表征

（a）TEM 暗场像；（b）HRTEM 图片；（b₁）TEM 暗场像表示 γ_s' 嵌入 γ 基体中；

（c）γ 和 γ_s' 界面处的 HRTEM 图片；（d）包含 γ 基体中和 γ_s' 的 EDS 线扫描结果；

（e）各种元素 APT 重构图；（f）和（g）分别为穿过 γ_p'/PFZ 和 γ_s'/γ 界面的成分分布

水平，也是富 Ni-Al-Cu 相。基体[图 7-39（b）中的点 8]包含的平均成分（原子百分数）为：87.53% Cu、6.64% Ni、3.62% Al、0.92% Cr 及 1.29% Co，是富 Cu 基体。图 7-39（d₁）～（d₆）是晶间富 Cu 相的 STEM-EDS 元素分布图，从图中可看出，相对于 Cu 基体，立方沉淀相富集 Ni-Al，此外 Co 元素在沉淀相中含量高于在 Cu 基体中的含量，而 Cr 元素则没有明显的区别。图 8-39（c）是对应（b）图中区域 D 的 HRTEM 图片，表示立方沉淀与 Cu 基体的界面，从 HRTEM 图中可看出立方沉淀具有 L1₂ 有序结构，并且穿过立方沉淀与 Cu 基体界面处的原子平面是连续的，说明二者存在共格关系。图 7-39（c）中的插图，即 7-39（c₁）和（c₂）分别表示通过 FFT 获取的立方沉淀和 Cu 基体的电子衍射图谱，Cu 基体呈无序 FCC 结构，而立方沉淀则呈现 L1₂ 超晶格结构。将立方沉淀和 Cu 基体可分别简写为 γ'_c 和 γ_{Cu}。通过运用 HRTEM 图片测量的 γ'_c 的晶格参数大约为 0.3564nm，这与 γ'_c 相的约 0.3553nm 非常接近；γ_{Cu} 的晶格参数测量值为 0.3653nm，与晶粒内部 Cu-板的约 0.3638nm 非常接近。纳米级 γ'_c 沉淀相均匀弥散地分布于无序的 FCC 结构的 Cu 基体中，与许多具有良好高温力学性能的 Ni 基超合金中观察到的 $\gamma+\gamma'$ 的微观组织相类似。

综合上述微观组织观察分析表明，$CoCrAl_{0.5}NiCu_{0.5}$ 高熵合金熔覆层的主相为塑性较好的 γ 相，而 γ 相中包含着多级的 γ' 纳米沉淀相。

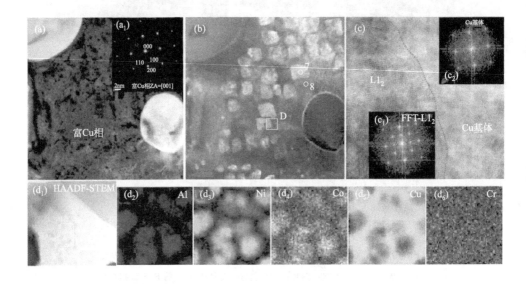

图 7-39　晶间富 Cu 相的 TEM 表征

(a) 富 Cu 晶间区域的 TEM 明场像；插图 (a_1) 为富 Cu 相沿 [001] 晶轴的选区电子衍射图谱；
(b) 对应 (a) 图的 TEM 暗场像；(c) 对应于 (b) 中区域 D 的 γ'_c 与 Cu 基体的界面处的 HRTEM 图像；
插图：(c_1) FFTγ'_c 区域得到的电子衍射图谱；(c_2) FFTCu 基体得到的电子衍射图谱；
(d_1) 晶间富 Cu 相的 HAADF-STEM 图片；(d_2)～(d_6) 分别为 Al、Ni、Co、Cu 和
Cr 的元素分布图，面扫位置为 (d_1) 中方框区域

三、力学及腐蚀性能

1. 纳米压痕和显微硬度测试

涂层的力学性能采用纳米压痕和显微硬度测试来进行评估。对于高熵合金的熔覆层，纳米压痕用来评估基体晶粒区的纳米硬度，而由于显微硬度测

试的压痕面积比较大，压痕区域能够包含基体晶粒区以及晶间区域，因此显微硬度更能体现熔覆层的整体力学性能。图 7-40(a) 是利用深度控制模式沿 $CoCrAl_{0.5}NiCu_{0.5}$ 高熵合金涂层深度方向获取的不同区域的载荷位移曲线，利用 Oliver-Pharr 分析方法计算获取的纳米硬度值如图 7-40(b) 所示。熔覆层、过渡层及基体的平均纳米硬度值分别为 7.75GPa、5.47GPa 和 2.11GPa，熔覆层的硬度值是基体的 3.67 倍。测量的熔覆层、过渡层及基体的平均显微硬度值[如图 7-40(b)所示]分别为 $455HV_{0.1}$、$321HV_{0.1}$ 及 $135HV_{0.1}$，熔覆层的显微硬度值是基体的 3.37 倍。由此可见，相较于基体，熔覆层的硬度（包括纳米硬度和显微硬度）有大幅的提升。此外，过渡层的硬度值介于熔覆层和基体之间，表明沿涂层深度方向硬度没有突降的变化；过渡层的存在会产生缓冲效应，促进了熔覆层和基体的结合。与上一章等离子束熔覆的 $CoCrAl_{0.5}NiCu_{0.5}$ 涂层枝晶基体的纳米硬度（6.07GPa）相比，本节利用 SPS 的涂层基体晶粒区的纳米硬度（7.75GPa）更高，其可归因于 SPS 涂层的基体晶粒内部析出的多级纳米沉淀相（板状和球形沉淀）起到了优良的沉淀强化作用。

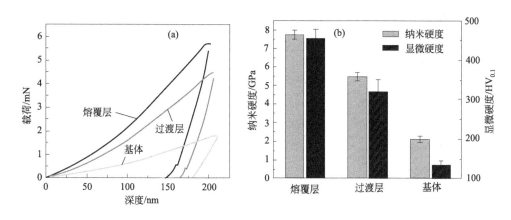

图 7-40　$CoCrAl_{0.5}NiCu_{0.5}$ 高熵合金涂层的纳米压痕及显微硬度测试结果

为了评价本研究熔覆层的硬度，将其与文献中报道的其中一些 FCC 结构和 BCC 结构的高熵合金涂层的显微硬度进行了对比，如表 7-9 所示。通过对比可以明显看出，在本研究中，SPS 制备的 FCC 基 $CoCrAl_{0.5}NiCu_{0.5}$ 熔覆层的显微硬度值远高于所列出的 FCC 结构高熵合金的硬度；此外，SPS 制备的 FCC 基 $CoCrAl_{0.5}NiCu_{0.5}$ 熔覆层的显微硬度同样也高于所列出的具有 BCC 结构的难熔高熵合金和高 Al 含量的高熵合金，结合微观组织分析，其主要归因于熔覆层中多级纳米沉淀析出相的沉淀强化作用，具体的强化机理将在后面进行讨论。

表 7-9　$CoCrAl_{0.5}NiCu_{0.5}$ 高熵合金熔覆层的显微硬度与文献中报道
的部分 FCC 和 BCC 结构的高熵合金的显微硬度对比

合金	状态[①]	结构	显微硬度/HV
$CoCrAl_{0.5}NiCu_{0.5}$	SPS 烧结	FCC 基	455
$Al_{0.5}CoCrCuFeNi$	铸态	FCC 基	208
	均质化	FCC 基	154
	轧制	FCC 基	399
	退火	FCC 基	250
	锻造	FCC 基	350
	均质化-FC	FCC 基	265
$Al_{0.3}CoCrFeNiC_{0.1}$	时效处理	FCC 基	185-285
$CrCoFeNiMo_{0.85}$	铸态	FCC 基	420
$CuCrFeNiMn$	铸态	FCC 基	263
$CuCrFeNi_2Mn_2$	铸态	FCC 基	176
$CuCr_2Fe_2NiMn$	铸态	FCC 基	332
$CuCr_2Fe_2Ni_2Mn_2$	铸态	FCC 基	189
$Cu_2CrFe_2NiMn_2$	铸态	FCC 基	232
$Cu_2CrFe_2Ni_2Mn$	铸态	FCC 基	171
$Cu_2Cr_2FeNiMn_2$	铸态	FCC 基	230
$Cu_2Cr_2FeNi_2Mn$	铸态	FCC 基	238
$NiCoCuFe$	MA＋SPS 烧结	FCC 基	160
$NiCoCrCuFe$	MA＋SPS 烧结	FCC 基	400
$CrFeCoNiMn$	铸态	FCC 基	130
	轧制	FCC 基	394
	退火	FCC 基	414～434
$FeNiCrCuCo$	铸态	FCC 基	286
$FeNiCrCuMo$	铸态	FCC 基	263
$FeNiCrCuMn$	铸态	FCC 基	296
$CrFe_2NiMnV_{0.25}C_{0.125}$	铸态	FCC 基	180
	HPT 变形	FCC 基	435
$CoCrFeNiMnC_x$ ($x=0,0.1,0.175,0.25$)	铸态	FCC 基	160～275
	退火	FCC 基	152～305
$Al_{0.5}CoCrCuFeNiV_x$ ($x=0～0.6$)	铸态	FCC 基	205～331

合金	状态[①]	结构	显微硬度/HV
$(FeCoNiCrMn)_{100-x}$ $Al_x(x=0\sim11\%)$	铸态	FCC 基	174～401
$Al_xCoCrFeNi$ $(x=0\sim0.8)$	铸态	FCC 基	115～390
$Co_xCrFeNiTi_{0.3}$ $(x=1,0.8,0.6)$	铸态	FCC 基	366～436
$Al_xCrCuFeNi_2$ $(x=0.2\sim0.7)$	铸态	FCC 基	160～292
$CoCrFeNiMo_x$ $(x=0,0.3,0.5,0.85)$	铸态	FCC 基	135～420
AlCoCrCuFeNi	铸态	BCC 基	420
$AlCoCr_{0.5}CuFeNi$	铸态	BCC 基	367
$AlCoCrCuFe_{0.5}Ni$	铸态	BCC 基	418
$AlCoCrCuFeNi_{0.5}$	铸态	BCC 基	423
TaNbHfZrTi	铸态	BCC 基	390
NbTiVZr	退火	BCC 基	335
$NbTiV_2Zr$	退火	BCC 基	305
CrNbTiZr	退火	BCC 基	418
TiZrHfNbV	退火	BCC 基	390
NbTaTiVMo	铸态	BCC 基	443
NbTaTiV	铸态	BCC 基	317
NbTaTiVW	铸态	BCC 基	446
FeNiCrCuAl	铸态	BCC 基	342
$FeNiCrCoAl_{1.5}$	铸态	BCC 基	402
$FeNiCrCoAl_2$	铸态	BCC 基	432
HfNbTaTiZr	均质化	BCC 基	370

①FC：炉内冷却，MA：机械合金化，HPT：高压扭转。

2. 电化学性能

对放电等离子烧结（SPS）和等离子束熔覆（PTA）制备的 Co-$CrAl_{0.5}NiCu_{0.5}$ 涂层进行了电化学性能测试，并与 Q235 基体进行对比。图 7-41 是两种工艺制备的 $CoCrAl_{0.5}NiCu_{0.5}$ 涂层及 Q235 基体的动电位极化曲线，根据极化曲线获取的腐蚀电位（E_{corr}）和自腐蚀电流密度（i_{corr}）如表 7-10 所示。两种涂层样品的动电位极化曲线未发现明显的拐点，因此推测它们没有发生明显的钝化，表面处于活性溶解状态。从表 7-10 中可看出两种涂层样品均表现出比 Q235 基体高的腐蚀电位和低的自腐蚀电流密度，表明 CoCrAl$_{0.5}$NiCu$_{0.5}$ 涂层比 Q235 基体具有更好的耐蚀性。单独对比两种涂层的动电位极化参数发现，等离子束熔覆（PTA）制备涂层比 SPS 涂层具有高的腐蚀电位和低的自腐蚀电流密度，自腐蚀电流密度低了一个数量级，表明前者比后者具有更好的耐蚀性。

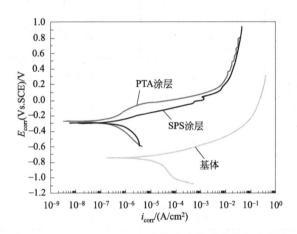

图 7-41　CoCrAl$_{0.5}$NiCu$_{0.5}$ 高熵合金的动电位极化曲线

表 7-10　CoCrAl$_{0.5}$NiCu$_{0.5}$ 高熵合金涂层和 Q235 基体的动电位极化参数

样品	E_{corr}(Vs. SCE)/mV	i_{corr}/(μA/cm^2)
PTA 涂层	-271.2	3.11×10^{-2}
SPS 涂层	-296.0	1.05×10^{-1}
基体	-741.3	8.74

　　为了获取更多 CoCrAl$_{0.5}$NiCu$_{0.5}$ 高熵合金涂层的腐蚀行为信息，对其进行了电化学阻抗谱（EIS）测试。两种涂层及 Q235 基体样品的 Nyquist 图如图 7-42 所示，两种方法制备的 CoCrAl$_{0.5}$NiCu$_{0.5}$ 高熵合金涂层及 Q235 基体的 Nyquist 曲线都是半圆弧形状，即单一的容抗弧，表明 CoCrAl$_{0.5}$NiCu$_{0.5}$ 体系的主要腐蚀特征也是以电荷转移为控制步骤的电容性行为，电极反应阻力主要来自非均匀界面的电荷转移步骤。大的容抗弧半径对应着大的电荷转移电阻，两种涂层样品的容抗弧半径均大于 Q235 基体，表明涂层比基体具有大的电荷转移阻力；对比两种涂层样品发现，PTA 涂层比 SPS 涂层具有大的容抗弧半径，从这一方面表明 PTA 涂层比 SPS 涂层具有更好的耐蚀性，这与上述动电位极化曲线反映的结果相一致。

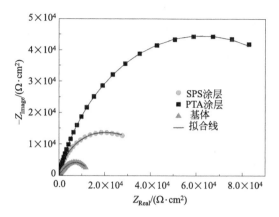

图 7-42　CoCrAl$_{0.5}$NiCu$_{0.5}$ 高熵合金 Nyquist 图

图 7-43 是两种涂层及 Q235 基体样品的 Bode 图。在高频区，样品的 $|Z|$ 值反映的是溶液电阻，此时它们的值趋于一致；在低频区时，$|Z|$ 值反映的是样品的钝化膜电阻，此时样品的 $|Z|$ 值按 PTA 涂层、SPS 涂层、Q235 基体的顺序依次降低，和上述 Nyquist 图中电荷转移电阻（R_{ct}）具有相同的变化趋势。相位角在中频区达最大值时，对应的频率范围大小表示腐蚀过程中钝化膜的稳定性，频率范围越宽，代表腐蚀过程钝化膜的稳定性越好。从图中可看出 PTA 涂层在中频区相位角保持在平台区的频率范围宽度最大，其次是 SPS 涂层，宽度最小的是 Q235 基体，这也和 Nyquist 图中电荷转移电阻的大小顺序相一致，同时也证明样品的耐蚀顺序按 PTA 涂层、SPS 涂层、Q235 基体的顺序降低。

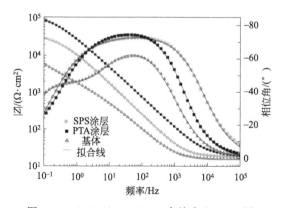

图 7-43　CoCrAl$_{0.5}$NiCu$_{0.5}$ 高熵合金 Bode 图

根据 CoCrAl$_{0.5}$NiCu$_{0.5}$ 高熵合金涂层腐蚀过程特征，采用两个 R-C 回路的电路模型拟合建立体系涂层的等效电路（见图 5-22）。利用 Gamry Echem 软件分析拟合获得的各参数值如表 7-11 所示。从表中可看出，钝化膜电阻值（R_1）和电荷转移电阻值（R_{ct}）均按 PTA 涂层、SPS 涂层、Q235 基体的顺序降低，离子通过双电荷层的传输数量增加，耐蚀性降低，和上述动电位极化曲线、Nyquist 图和 Bode 图呈现的结果相一致。

表 7-11　CoCrAl$_{0.5}$NiCu$_{0.5}$ 高熵合金涂层在 3.5%（质量分数）NaCl 溶液中电化学模拟参数

样品	$R/\Omega \cdot cm^2$			CPE$_1$/ $\Omega^{-1}s^n \cdot cm^{-2}$	n_1	CPE$_2$/ $\Omega^{-1} \cdot s^n \cdot cm^{-2}$	n_2
	R_s	R_1	R_{ct}				
PTA 涂层	6.93	4.71×10^4	1.66×10^5	6.10×10^{-6}	0.83	3.59×10^{-6}	0.57
SPS 涂层	6.76	1.71×10^4	7.99×10^4	1.42×10^{-5}	0.87	2.40×10^{-5}	0.69
基体	6.45	1.63×10^3	1.22×10^4	5.56×10^{-5}	0.80	1.51×10^{-4}	0.68

四、讨论分析

1. 相的形成和演变

了解相的形成和演化规律是进一步调节 CoCrAl$_{0.5}$NiCu$_{0.5}$ 高熵合金涂层微观结构和宏观力学性能的关键。在 SPS 的熔覆层中观察到七种物相：基体晶粒包含无序的 γ 基体、有序的 γ_p'、无序的 Cu-plate 以及有序的 γ_s'；晶间区域包含有序的 B$_2$ 相、无序的 γ_{Cu} 以及有序的 γ_c'。一般来说，在高熵合金体系中，构型熵在较高温度下占主导地位，此时可以使合金保持较高温度下的单相固溶体；但是，当温度降低时，混合焓逐渐发挥作用并占主导地位，使其逐渐分解成有序和无序固溶相的复杂混合物。最近有学者报道表明，在 1000℃ 和固相线温度之间，在含 Cu 的高熵合金体系中存在两种无序的 FCC 固溶体：枝晶贫 Cu 固溶体和枝晶间富 Cu 固溶体；在这样的含 Cu 高熵合金体系中，由于混合焓始终占据主导地位，使得此体系不存在单相的、稳定的固态相场。事实上，对于含 Cu 的高熵合金体系，由于 Cu 和其他元素强烈排斥作用，很难获得单相固溶体，因为铜与其他元素存在正的且较大的混合焓；即便是将高熵合金系统经过连续的冷轧、高温固溶，然后快速地淬火，也无法防止 Cu 的微观偏析。在本研究中，所提出的不同相的形成和演变示意图以及在 SPS 冷却过程中熔覆层相形成序列如图 7-44 所示。

本研究中，烧结温度设定在 1100℃，其介于 1000℃ 与固相线温度之间，因此可以推测在 1100℃ 下合金系统在平衡状态时，存在两种无序的 FCC 固溶

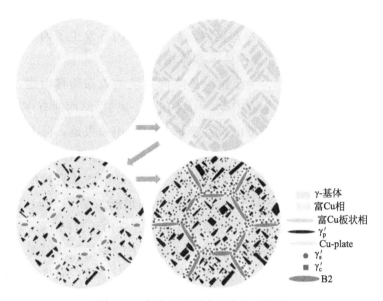

γ-基体
富Cu相
富Cu板状相
γ_p'
Cu-plate
γ_s'
γ_c'
B2

图 7-44　各种相的形成和演变示意图

体，即基体相和晶间富 Cu 相，这会导致系统熵的稳定性降低，并增加相在低温下分离的趋势。这与本研究中微观组织中含有有序和无序相的复杂混合物的微观结构观察相一致。当 SPS 后温度开始下降时，此时保留在基体晶粒内部的 Cu 元素在混合熵的影响下，首先在高温固溶体中被排斥出来，一部分 Cu 元素被排斥的晶间区域，进一步增加晶间区域的 Cu 含量；而另一部分 Cu 则在基体晶粒内部会形成一种富 Cu 的无序板状沉淀相（disordered Cu-rich plate-like phase），如图 7-44 中第二个示意图所示。推测基体晶粒内部富 Cu 的无序板状沉淀的形成源于调幅分解的机理，因为通过上述微观组织观察揭示了一种多元纳米板状调幅分解形成的微观结构，这些板状沉淀平行于基体的 [001] 晶轴观察时，它们形成彼此相互垂直排列的编织状结构，这正是调幅分解机理的特征。一般情况下，在合金凝固过程中会形成诸如空位和位错等微观缺陷，尤其对于具有多种元素的高熵合金系统，具有不同原子半径的不同元素之间相互作用会导致晶格畸变的增加，从而使固溶体中产生高密度的位错，这会增加调幅分解的驱动力。尤其是 SPS 后缓慢冷却的特点会为调幅分解提供更充足的驱动力，使调幅分解形成的组织进一步长大。在高 Al 含量的 Al$_x$CoCr（Cu）FeNi（含 Cu 或不含 Cu）合金体系中，调幅分解已被广泛的证实，其在枝晶中形成了 A$_2$ 和 B$_2$ 混合的调幅结构。然而，对于低 Al 含量的高熵合金体系，最近被 Pickering 等人所确认，其使用高分辨电镜发现，在枝晶内部由调幅分解形成了两种无序的 FCC 固溶体相。在本研究中同样发现，在 SPS 后在从高温缓慢冷却期间，基体晶粒内部发生了调幅分解而形成了富 Cu 的无序板状沉淀和无序的 γ 基体相。

当温度进一步下降时，为了进一步降低系统的吉布斯自由能，在基体晶粒内部和晶间区域都会发生有序化，而具有 L1$_2$ 或 B2 结构的有序相会逐渐沉淀并长大。尽管有许多关于 L1$_2$ 沉淀形成机制的相关报道，但 L1$_2$ 相形成的本质仍有争议。初始的研究表明，L1$_2$ 相的形成源于较低温度下枝晶 FCC 相的完全有序化，或是在固相线以下在枝晶基体和晶间区域直接形成的一种固态产物。后续 Jones 等人的研究表明，L1$_2$ 相的形成是源于冷却过程中的沉淀作用，而不是存在于高温下的一种固态产物或者是由于枝晶 FCC 相的完全有序化。此外，Pickering 等人的研究进一步确认 L1$_2$ 相的形成是源于冷却过程中的沉淀作用，而且 L1$_2$ 相不仅可以在枝晶基体中形成，而且还可以在晶间富 Cu 相中形成。最近，Gwarani 等人详细研究了 L1$_2$ 相的形貌、生长和高温稳定性，确定了 L1$_2$ 相的有序无序转变温度约为 930℃，结果不仅进一步证明了 L1$_2$ 相的形成是由沉淀作用引起的，而且在冷却过程中，也表明了 L1$_2$ 相的形成具有一定的温度范围。在本研究中，在熔覆层中包含三种不同形貌和尺寸的 L1$_2$ 相：晶粒内部为板状的 γ$'_p$ 和球形的 γ$'_s$，晶间为立方形的 γ$'_c$。

有趣的是在基体晶粒内部发现，每一个板状沉淀相均包含两相：γ$'_p$ 和 Cu-plate。根据生成的统计信息和仔细的观察，γ$'_p$ 和 Cu-plate 不可能单独成核并相互配合形成单个沉淀板。因此，γ$'_p$ 和 Cu-plate 被认为起源于同一类板状沉淀物中的相分离，这种行为可以从热力学的观点来解释。在 Al-Co-Cr-Cu-Ni 体系中，对于 Cu 元素而言，它只有和 Al 之间存在负的混合熵，同时，Cu 和 Ni 元素之间有小的正混合熵，使二者在 354.5℃ 以上可以完全互溶，因此，在开始冷却基体晶粒内部发生调幅分解时，大量的 Al 和 Ni 元素可以保留在无序的富 Cu 板状相中。在随后继续冷却过程中，为进一步降低系统的吉布斯自由能，无序的富 Cu 板状相将会发生相分离而造成有序化，形成无序的 Cu-plate 和有序的 γ$'_p$，这种相分离的趋势也可以被 Tsai 等人提出的 Cu-Ni-Al 三元相图所证实，他们的研究表明 Al$_{0.3}$CoCrCu$_{0.5}$FeNi 高熵合金体系经过高温均匀化处理后，在随后炉冷的过程中，富 Cu-Ni-Al 的板状相会形成具有 L1$_2$ 结构的 （Ni，Cu）$_3$Al 相和无序富 Cu 相。他们预测的适合的相图为含 8.3%～8.9% Al 的 Cu-Ni-Al 三元相图横截面，在温度为 930～900℃ 以下，会发生相分离而形成有序 Ni$_3$Al 和无序 （Cu，Ni）。需要指出的是，通过三元相图预测的相分离的起始温度 930～900℃ 与利用同步辐射衍射实验预测的 L1$_2$ 相的有序无序转变温度约 930℃ 非常接近。因此，在本研究中基体晶粒内部有序化至少部分归因于调幅分解形成的无序富 Cu 板状相的相分离形成的有序 γ'_p 沉淀相。随着温度的下降，为进一步降低基体晶粒内部系统的自由能，将会进一步发生有序化导致 γ'_s 相的形成而分布于板状沉淀之间。由于调幅分解导致的 Ni、Cu 和 Al 三种元素分区进入板状沉淀，在板间 Ni、Cu 和 Al 三种元素，尤其是 Cu 元素，含量会大幅降低。在较低的温度下，由于扩散动力学变慢，长距离扩散将受到抑制，只能发生局部成分重新分布，因此，L1$_2$ 沉淀相变成了尺寸更小的球形。上述微观组织观察到的 PFZ 区域的形成就是归因于靠近板状 γ'_p 的 Ni、Cu 和 Al 元素由于 γ'_p 相长大导致 Ni、Cu 和 Al 元素耗尽，而出现无沉淀区。晶间富 Cu 区中 γ'_c 相的形成同样可归因于低温时 L1$_2$ 相的析出和长大过程，这种现象与许多镍基超合金类似，其 γ' 相在冷却过程中发生沉淀形成典型的 $\gamma+\gamma'$ 微观结构。

在晶间区域，除了 γ'_c 相和 γ_{Cu} 外，还存在富 Ni-Al 的 B2 相。初始的研究表明，在 Al$_x$CoCr(Cu)FeNi 高熵合金体系中当 $x<1$ 时，在高的混合熵和迟滞扩散效应的影响下不会有 B2 相生成；然而实际上，当铝含量较低时，在 Al$_x$CoCr(Cu)FeNi 合金中可以形成 B2 相，如 $x=0.5$，这已被后续的系列研究所证实，作者认为混合熵控制着该合金的相平衡，从而会导致金属间化合物的形成。以前报道中没有检测到 B2 相的可能原因是，合金在相对快速冷却的条件下处于过饱和状态，导致形成少量的细小的 B2 沉淀，这些沉淀不能通过简单的测试手段，如 XRD 和 SEM 检测到。在本研究中，在晶间区可以清楚地观察到微米级的 B2 相，B2 相发展成相对粗大的尺度可能是由于 SPS 后冷却速度较低，有助于形成稳定相。富 Ni-Al 的 B2 相形成的主要原因可以用该体系中 Al 和 Ni(22kJ/mol) 具有最大负的混合熵来解释。Jones 等人的研究表明，B2 相的固相线温度大约为 975℃，其在晶间或晶界区域的形成速度非常快，在 900℃ 和 800℃ 下只需保温 0.1h，在 700℃ 下只需保温 1h，但是 B2 相在基体晶粒内部的形成速度则要慢得多，在 700℃ 时需要保温 50h。这一结果与目前对 B2 相分布的观测结果一致，SPS 后的低冷却速率很容易导致晶间区 B2 相的形成和生长，但由于较高温度下的暴露时间相对较短，因此不能在基体晶粒中形成和生长。此外，在先前报道中，在 Al$_x$CoCr(Cu)FeNi 体系中，经常可以观察到拓扑密排结构的 σ 相，但是在现在样品的熔覆层中没有观察到，这可归因于形成结构复杂拓扑密排结构的 σ 相需要在更高温度下

暴露更长的时间，例如在 800℃ 下暴露 10h，在 700℃ 下暴露 100h；此外，Cr、Co 和 Fe 都是有助于在该合金体系中形成 σ 相的元素，但现在的熔覆层中几乎不含 Fe，这可能导致形成 σ 相的概率降低。

2. 强化机理

$CoCrAl_{0.5}NiCu_{0.5}$ 高熵合金熔覆层的显微硬度达到 455HV（即 4450MPa），高于文献中报道的大多数 FCC 基的高熵合金，甚至比一些 BCC 结构的难熔高熵合金和一些高 Al 含量的 BCC 基高熵合金的硬度高，这一发现应与各种强化机制有关，尤其是沉淀强化，因为在熔覆层中包含高密度的多级纳米沉淀相。运用 Tabor's 等式，$H = 3\sigma_y$，其中 H 为材料的硬度，σ_y 是材料的屈服/流变应力，通过计算得 $\sigma_y \approx 1483MPa$。为了探索可能导致熔覆层强度演变的强化机制，对每种强化机制对整体强度的各自定量贡献进行了评估。基于微观结构分析，熔覆层可作为多晶材料，各种强化贡献的 σ_y 值可表示为：

$$\sigma_y = \sigma_0 + \Delta\sigma_{ss} + \Delta\sigma_{gb} + \Delta\sigma_{dis}\Delta\sigma_p \tag{7-9}$$

式中，σ_0 为固有晶格摩擦应力，存在于由所有元素的晶格中；$\Delta\sigma_{ss}$、$\Delta\sigma_{gb}$、$\Delta\sigma_{dis}$ 和 $\Delta\sigma_p$ 分别代表固溶强化、晶界强化、位错强化和沉淀强化。σ_0 值采用混合法则进行计算，计算结果大约为 100MPa，这与文献中报道的 $Al_{16.7}Co_{16.7}Cr_{16.7}Cu_{16.7}Fe_{16.6}Ni_{16.6}$ 高熵合金体系计算结果 105MPa 非常接近。

传统的测量 $\Delta\sigma_{ss}$ 的方法是基于稀固溶体，可能对高熵合金体系不适用，因为高熵合金体系被认为是多主元高浓度的。然而，在目前的高熵合金体系中，由于 Al 在该体系中具有最大的原子半径，其他几种元素具有大小几乎相同的原子半径，因此可以认为该体系中晶格畸变主要是由 Al 引起的。因此，在这个体系中，Al 可以被认为是溶质，固溶强化作用主要由 Al 引起。基于弹性位错-溶质相互作用的模型可用于固溶强化的评价：

$$\Delta\sigma_{ss} = M\frac{G\varepsilon_s^{3/2}c^{1/2}}{700} \tag{7-10}$$

式中，M 是泰勒因子，值为 3.06，表示在 FCC 多晶基体中的剪应力到法向应力的转换；G 是剪切模量，可以利用公式 $G = E/2(1+v)$ 来计算，其中 E 是 γ 基体弹性模量，利用纳米压痕方法进行测量，结果约为 197GPa，v 是泊松比，值大约为 0.33，因此，G 的计算结果大约为 74GPa。c 是 Al 在 γ 基体中总的摩尔比，通过上述 EDS 进行测量；ε_s 是相互作用参数，可以表示为：

$$\varepsilon_s = \left| \frac{\varepsilon_G}{1+0.5\varepsilon_G} - 3\varepsilon_a \right| \tag{7-11}$$

式中，ε_G 和 ε_a 分别为弹性常数错配和原子尺寸错配，可分别被定义为 $\varepsilon_G = \frac{1}{G} \times \frac{\partial G}{\partial c}$ 和 $\varepsilon_a = \frac{1}{G} \times \frac{\partial a}{\partial c}$，其中 a 是 γ 基体的晶格参数（0.3589nm）。相对于 ε_a，ε_G 可以被忽略。根据这些参数，计算可得固溶强化的强度贡献大约为 27.1MPa。

晶界强化采用传统的 Hall-Petch 理论进行计算，可表达为：

$$\Delta\sigma_{gb} = K^{HP} d^{-1/2} \tag{7-12}$$

式中，K^{HP} 是 Hall-Petch 系数，对于粗晶的 FCC 结构的高熵合金其值约为 $0.6\mathrm{MPa} \cdot \mathrm{m}^{-1/2}$；$d$ 是平均晶粒尺寸，根据上述 EBSD 的分析结果，其值约为 $10.64\mu m$，因此，运用这些参数最终计算得到的晶界强化的贡献为 183.9MPa。

位错强化源于变形过程中的材料内部位错之间的相互作用，通常情况下，位错密度越高，对屈服强度的贡献越大。位错强化贡献 $\Delta\sigma_{dis}$ 可运用 Bailey-Hirsch 公式进行评估：

$$\Delta\sigma_{dis} = M\alpha Gb\rho^{1/2} \tag{7-13}$$

式中，α 是修正系数，对于 FCC 结构的金属其值大约为 0.2；$b = \sqrt{2}/2a = 0.2538$（nm），其中 $a = 0.3589$nm，是 γ 基体的晶格参数；ρ 是位错密度，可通过以下公式进行计算：

$$\rho = \frac{2\sqrt{3}\varepsilon}{Db} \tag{7-14}$$

式中，ε 和 D 分别为微观应变和结晶尺寸，两者均可通过 XRD 图谱通过 Williamson-Hal 方法进行计算。在 XRD 图谱中，真实的 XRD 衍射峰宽 B 包括样品的结晶尺寸宽化和微观应变宽化，B、D 和 ε 三者的关系可定义为：$B\cos\theta = \frac{K\lambda}{D} + (4\sin\theta)\varepsilon$，其中 θ 是特定峰的布拉格角，$\lambda = 0.15405$nm 是 $CuK\alpha$ 辐射的波长；K 是常数，值大约为 0.9；ε 可由线性拟合 $B\cos\theta - 4\sin\theta$ 的斜率确定，得出的 ε 值大约为 -0.00264，接近于 0，考虑到计算过程中的误差将 ε 值确定为 0 是合理的。因此从等式（7-14）中，得出位错密度为 0，这也可从上述 TEM 和 HRTEM 微观组织观察中得到确认，在熔覆层中几乎未观察到错位的存在，因此从公式（7-13）中计算位错强化的贡献值 $\Delta\sigma_{dis}=0$。

这一现象与 He 和 Sharma 等人的报道相类似，在他们研究的高熵合金合金体系中，经过完全退火后，合金内部的位错密度几乎降为 0，位错引起的强化贡献此时可以忽略。对于现在的 SPS 样品，在球磨处理粉末等过程中可能会使粉末中储存一定量的位错，但是在 SPS 的过程中，发生再结晶，释放球磨导致的应变能，使位错密度大幅下降；SPS 后缓慢的冷却过程，类似于一个退火过程，同样也会导致位错密度降低，因此，本研究计算认定熔覆层内部位错密度为 0 是合理的。

从上述微观组织观察发现，熔覆层包含不同形貌的多级纳米沉淀，因此会导致沉淀强化。由于基体晶粒的面积占据整个熔覆层的绝大多数，因此这里只对基体晶粒内部产生的沉淀强化贡献做详细计算。基体晶粒内部包含两种不同尺寸和形貌的沉淀相（板状和球形沉淀）。由于板状沉淀和球形沉淀均匀分布在基体晶粒内部，因此二者产生的强化贡献可以进行叠加。使用修正的 Orowan-Ashby 等式对沉淀强化作用进行计算：

$$\Delta\sigma_{pp}=\frac{Gb}{2\pi\sqrt{1-v}}\left(\frac{1}{1.145\sqrt{0.306\pi d_p t/f}-(\pi d_p/8)-1.061t}\right)\ln\frac{0.981\sqrt{d_p t}}{b}$$

$$(7-15)$$

式中，$\Delta\sigma_{pp}$ 是由板状沉淀引起的沉淀强化；G 是剪切模量，E 是 γ 基体的弹性模量，v 是泊松比；$b=0.2538nm$；d_p（128.96nm）、t（16.96nm）和 f（36.2%）分别代表板状沉淀的平均直径、平均厚度和体积分数。运用这些参数计算得到的 $\Delta\sigma_{pp}=1019.4MPa$。

根据文献报道，当沉淀颗粒足够小并且与基体保持共格关系时，颗粒剪切机制将主导沉淀强化，因此运用颗粒剪切模型评估 γ'_s 相产生的沉淀强化作用，剪切机制应考虑三个影响因素，可表示为：

$$\Delta\sigma_{cs}=M\alpha_\varepsilon(G\epsilon_c)^{3/2}\left(\frac{d_s f_s}{Gb}\right)^{1/2}\tag{7-16}$$

$$\Delta\sigma_{ms}=M0.0055(\Delta G)^{3/2}\left(\frac{2f_s}{G}\right)^{1/2}\left(\frac{d_s}{2b}\right)^{\frac{3m}{2}-1}\tag{7-17}$$

$$\Delta\sigma_{os}=M0.81\frac{\gamma_{apb}}{2b}\left(\frac{3\pi f_s}{8}\right)^{1/2}\tag{7-18}$$

式中，$\Delta\sigma_{cs}$、$\Delta\sigma_{ms}$ 和 $\Delta\sigma_{os}$ 分别代表由 γ'_s 引起的共格强化、模量错配强化

和有序强化，$\Delta\sigma_{cs}$ 和 $\Delta\sigma_{ms}$ 在发生剪切之前发挥作用，而 $\Delta\sigma_{os}$ 在剪切过程中发挥作用，因此，$\Delta\sigma_{cs}+\Delta\sigma_{ms}$ 和 $\Delta\sigma_{os}$ 较大者决定 γ_s' 的沉淀强化作用；M 是泰勒因子，值为 3.06，α_ε 是一个常数，对于 FCC 结构的金属值为 2.6；ε_c 为晶格参数错配，$\varepsilon_c\approx\frac{2}{3}\left(\frac{\Delta\alpha}{\alpha}\right)$，$\Delta\alpha$ 是 γ_s' 和 γ 基体晶格常数的差异，计算可得 $\left(\frac{\Delta\alpha}{\alpha}\right)=0.0029$，$\varepsilon_c\approx0.00193$；$d_s$ 和 f_s 分别代表 γ_s' 的平均直径和体积分数，ImageJ 软件可用来分析 d_s 和 f_s，统计 5 张以上 TEM 暗场像并做平均，获取的值为 $d_s=5.12\text{nm}$ 和 $f_s=2.68\%$；ΔG 是 γ_s' 和 γ 基体的剪切模量错配；$m=0.85$；γ_{apb} 是 γ_s' 反相界自由能。借鉴 Ni 基合金中 γ' 数据，ΔG 和 γ_{apb} 的值分别为 4GPa 和 0.12J/m^2。综合上述参数，运用式(7-16)～式(7-18)，$\Delta\sigma_{cs}$、$\Delta\sigma_{ms}$ 和 $\Delta\sigma_{os}$ 的计算值分别为 96.9MPa、6.8MPa 及 104.1MPa。则 $\Delta\sigma_{os}$（104.1MPa）比 $\Delta\sigma_{cs}+\Delta\sigma_{ms}$（103.7MPa）值略大，因此 $\Delta\sigma_{os}$ 决定了 γ_s' 的强化贡献。最终，由沉淀贡献的强化作用为 1123.5MPa。

综合上述各种强化作用的计算结果，熔覆层的 σ_y 计算值为 1434.5MPa，比运用 Tabor's 等式得到的 1483MPa 略小，然而，这两个值之间的一致性是可以接受的。两者之间的偏差可能归因于以下几点：首先，在 Tabor's 等式计算以及在本书的计算过程中存在误差；其次，使用的一些计算参数如 ΔG 和 γ_{apb} 是借助于 Ni 基超合金，运用到现在的体系会存在偏差；最后，晶间的富 Cu 相中也存在有序沉淀相，会产生沉淀强化作用，此外 B2 相被认为是一种硬质相，可通过载荷传递机理产生强化作用，由于这两者相对含量较少，在计算过程中没有考虑。需要指出的是，沉淀强化提供了最大的强度增量，熔覆层的超高硬度主要源于内部多级纳米沉淀相的沉淀强化作用。

3. 腐蚀机理

综合上述动电位极化测试及电化学阻抗谱（EIS）测试表明，两种工艺制备的 CoCrAl$_{0.5}$NiCu$_{0.5}$ 高熵合金涂层均比 Q235 钢基体具有更好的耐蚀性；单独对比两种工艺制备的涂层发现 PTA 的涂层比 SPS 的涂层具有更好的耐蚀性，涂层的自腐蚀电流密度低了一个数量级。上述微观组织观察及 EDS 成分分析表明，SPS 的熔覆层内部包含基体晶粒相、晶间富 Cu 相及处于 Cu 相和基体晶粒相之间的富 Ni-Al 的 B2 相，而基体晶粒相内部又包含尺寸为几纳米至几百纳米的多级纳米沉淀相（板状和球形），晶间富 Cu 相内部也包含尺寸为几十纳米的 L1$_2$ 立方形沉淀相，因此 SPS 的熔覆层内部由多种类、多尺度的物相和组织构成。在这些物相中除 γ 基体为富 Cr 相外，晶间富 Cu 相、富 Ni-Al 的 B2 相以及基体内部沉淀相、晶间内部沉淀相均为贫 Cr 相，因此在电化学测试的过程中，富 Cr 相和贫 Cr 相之间会形成电位差，从而形成微观腐蚀电池。尤其是 SPS 熔覆层内部复杂的物相和组织会导致极大数量的微观腐蚀电池，从而使贫 Cr 的晶间相由沉淀相优先受到侵蚀，伴随着较大的自腐蚀电流密度。相较于 SPS 涂层，等离子熔覆的涂层其内部物相种类及沉淀相的种类和尺寸均有不同，但其只含有枝晶基体相和晶间富 Cu 相，枝晶基体内部只包含尺寸为几个纳米的无序球形富 Cu 沉淀相，晶间富 Cu 基体内部则包含尺寸为 1nm 左右均匀分布的 L1$_2$ 有序沉淀相；相较于 SPS 涂层，等离子熔覆涂层的沉淀相的种类和尺寸均下降，并且不存在大块状的富 Ni-Al 的 B2 相。因此，在电化学性能测试的过程中，形成的微观腐蚀电池的数量相较于 SPS 涂层大幅下降，从而使自腐蚀电流密度大幅下降。此外，EDS 成分分析表明，SPS 熔覆层晶间富 Cu 相的 Cu 含量远高于等离子束熔覆富 Cu 相的 Cu 含量，这意味着 SPS 涂层中元素偏析更加严重，归因于 SPS 缓慢的冷却速度使元素的扩散更加充分，从而在一定程度上恶化了其耐蚀性；而等离子束熔覆则恰恰相反，其非平衡加热和快速冷却的特点会抑制元素扩散偏析和沉淀相的长大，因此等离子束熔覆制备的高熵合金涂层具备更好的耐蚀性。

参考文献 REFERENCES

[1] 徐滨士,刘世参,史佩京. 再制造工程和表面工程对循环经济贡献分析 [J]. 中国表面工程,2006,19 (1):1-6.

[2] 徐滨士,刘世参. 表面工程新技术 [M]. 北京:国防工业出版社,2002.

[3] 涂铭旌,欧忠文. 表面工程的发展及思考 [J]. 中国表面工程,2012,25(5).

[4] Li X H. Study on erosion wear resistance of internal coating of wear-resistant FRP compound Pipe [J]. Applied Mechanics & Materials,2016,851:112-116.

[5] Kaur R,Hasan A,Iqbal N,et al. Synthesis and surface engineering of magnetic nanoparticles for environmental cleanup and pesticide residue analysis:a review [J]. Journal of Separation Science,2014,37 (14):1805-1825.

[6] Elosegui I,Alonso U,Lacalle L N L D. PVD coatings for thread tapping of austempered ductile iron [J]. International Journal of Advanced Manufacturing Technology,2017,91(5):1-10.

[7] Mayhew A J,De Souza R J,Meyre D,et al. A systematic review and meta-analysis of nut consumption and incident risk of CVD and all-cause mortality [J]. British Journal of Nutrition,2016,115(2):212-225.

[8] Fachinger V,Elbers K,Kixmoeller M,et al. Prevention and treatment of sub-clinical PCVD [P]. 2012-10-10.

[9] 屠振密,郑剑,李宁,等. 三价铬电镀铬现状及发展趋势 [J]. 表面技术,2007,36(5):59-63.

[10] Song J L,Chen W G,Dong L L,et al. An electroless plating and planetary ball milling process for mechanical properties enhancement of bulk CNTs/Cu composites [J]. Journal of Alloys & Compounds,2017,720:54-62

[11] 吴子健. 热喷涂技术与应用 [M]. 北京:机械工业出版社,2006.

[12] Nahvi S M,Jafari M. Microstructural and mechanical properties of advanced HVOF-sprayed WC-based cermet coatings [J]. Surface & Coatings Technology,2016,286:95-102.

[13] Wank A,Wielage B,Pokhmurska H,et al. Comparison of hardmetal and hard chromium coatings under different tribological conditions [J]. Surface and Coatings Technology,2006,201(5):1975-1980.

[14] 梁存光,李新梅. 喷涂距离对等离子喷涂 WC-12Co 涂层抗冲蚀磨损性能的影响 [J]. 中国表面工程,2017,30(6):111-121.

[15] 晏涛,樊自拴,张正东. 自保护堆焊工艺制备的铁基含非晶合金涂层 [J]. 表面技术,2013,42(4):

87-90.

[16] Yuan Y, Li Z. Effects of rod carbide size, content, loading and sliding distance on the friction and wear behaviors of $(Cr, Fe)_7C_3$-reinforced α-Fe based composite coating produced via PTA welding process [J]. Surface and Coatings Technology, 2014, 248:9-22.

[17] 赵建华, 赵占西, 杨顺贞, 等. CrMoV 和 CrNi 堆焊涂层耐泥沙冲蚀磨损性能研究 [J]. 材料导报, 2015, 29(6):125-128.

[18] 王娟. 表面堆焊与热喷涂技术 [M]. 北京:化学工业出版社, 2004.

[19] Du B, Paital S R, Dahotre N B. Synthesis of TiB_2-TiC/Fe nano-composite coating by laser surface engineering [J]. Optics & Laser Technology, 2013, 45:647-653.

[20] Li J, Yu Z, Wang H. Wear behaviors of an (TiB+TiC)/Ti composite coating fabricated on Ti_6Al_4V by laser cladding [J]. Thin Solid Films, 2011, 519(15):4804-4808.

[21] Wang X H, Pan X N, Du B S, et al. Production of in situ TiB_2+TiC/Fe composite coating from precursor containing B_4C-TiO_2-Al powders by laser cladding [J]. Transactions of Nonferrous Metals Society of China, 2013, 23(6):1689-1693.

[22] Wang W F, Jin L S, Yang J G, et al. Directional growth whisker reinforced Ti-base composites fabricated by laser cladding [J]. Surface and Coatings Technology, 2013, 236:45-51.

[23] Zhu Y Y, Li Z G, Li R F, et al. High power diode laser cladding of Fe-Co-B-Si-C-Nb amorphous coating: Layered microstructure and properties [J]. Surface and Coatings Technology, 2013, 235(22):699-705.

[24] Anandkumar R, Almeida A, Vilar R. Wear behavior of $Al-12Si/TiB_2$ coatings produced by laser cladding [J]. Surface and Coatings Technology, 2011, 205(13-14):3824-3832.

[25] Wang X H, Zhang M, Liu X M, et al. Microstructure and wear properties of TiC/FeCrBSi surface composite coating prepared by laser cladding [J]. Surface and Coatings Technology, 2008, 202(15):3600-3606.

[26] 张平, 马琳, 赵军军, 等. 激光熔覆数值模拟过程中的热源模型 [J]. 中国表面工程, 2006, 19(z1):161-164.

[27] Gao W, Zhao S, Wang Y, et al. Effect of re-melting on the cladding coating of Fe-based composite powder [J]. Materials & Design, 2014, 64:490-496.

[28] 惠泷, 崔洪芝, 宋晓杰, 等. 等离子熔覆 ZrB_2-ZrC/Fe 复合涂层组织及耐磨性 [J]. 复合材料学报, 2017, 34(11):2500-2508.

[29] Li Y, Cui X, Jin G, et al. Influence of magnetic field on microstructure and properties of TiC/cobalt-based composite plasma cladding coating [J]. Surface and Coatings Technology, 2017, 325:555-564.

[30] Jin G, Li Y, Cui H, et al. Microstructure and tribological properties of in situ synthesized TiN reinforced Ni/Ti alloy clad layer prepared by plasma cladding technique [J]. Journal of Materials Engineering and Performance, 2016, 25(6):1-8.

附录

附录一　耐磨蚀涂层材料数据管理系统简介

一、概述

（一）系统需求

Win2000 以上操作系统

256M 以上内存

dotNetFx40LP _ Client _ x86 _ x64zh-Hans

WindowsInstaller-KB893803-v2-x86

（二）系统安装

1. 安装系统

解压 LIMS. zip 至任意目录，双击 setup. exe 弹出安装向导。

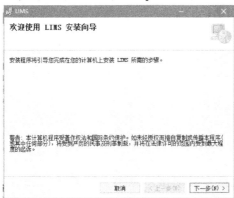

点击下一步，选择安装路径及软件使用权限。

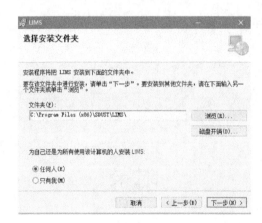

任意选择安装路径，默认路径为 C:\program files\SDUST\LIMS\，根据需要选择权限，点击下一步。

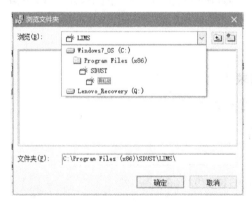

点击确定，等待安装完成。

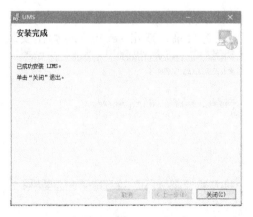

注意：如计算机已安装旧版本软件，可选择 setup1.exe，选择"删除"，

卸载原有版本软件。卸载完成后再次运行文件"setup.exe"安装本软件。

2. 系统初始化

首次运行本系统进入用户登录界面,第一次运行的用户名为:Admin;密码为:admin;此为管理员权限。(＊＊为安全起见,应立即修改该用户密码＊＊)

3. 软件注册

管理员登录系统后可指定一定数量的普通用户 ID 并设置密码,非管理员用户可根据管理员提供的 ID 及密码进行登录。

(三)系统操作员

系统共设置了两级操作员:管理员与普通用户。各级操作员操作权限如下:

管理员:可使用系统所有的操作功能,并分配普通用户,管理设备信息;

普通用户:除用户信息和设备信息管理以外的其他功能。

二、软件操作说明

(一)系统管理

(1)功能

实现不同权限用户软件登录。

(2)操作说明

软件登录时会进入如下窗口。

输入初始用户名及密码,或根据管理员提供的用户名和密码即可登录系统。

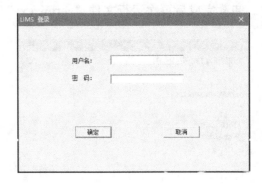

（二）软件功能

1. 主要功能简介

软件总体分为基本信息管理、实验数据管理及数据检索三个模块。

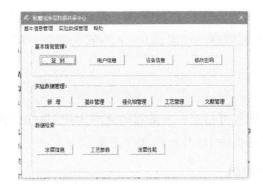

（1）基本信息管理

可实现用户基本信息查询、修改，用户签到，设备信息查询、修改等功能。其中用户信息及设备信息修改为管理员权限。

（2）实验数据管理

可实现新增实验数据，实验工艺、基体、强化相查询修改，文献查询及管理。

（3）数据检索

可实现按涂层信息、工艺参数和涂层性能进行信息检索。

2. 模块介绍

以管理员权限登录系统，通过按钮或菜单选择相关功能实现软件相关功能。

（1）基本信息管理

① 签到

实现数据库管理软件使用者签到功能，将显示签到人 ID、用户名及签到时间。

② 用户信息

此模块功能为管理员权限，可实现软件用户添加、删除、密码复位等功能，管理员可通过此功能添加一定数量的普通用户，且有权终止该用户的软件使用权。

③ 设备信息

可实现数据库中所有设备信息的查询、修改或添加新设备信息，其中添加和修改设备信息为管理员权限。

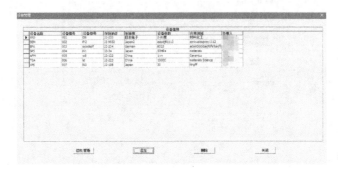

④ 修改密码

初始登录用户及管理员分配的普通用户可用该功能修改个人用户名对应的密码。

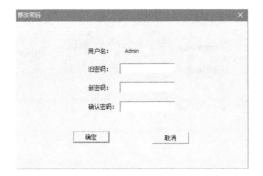

（2）实验数据管理

用户可通过实验数据管理模块进行数据库相关实验数据录入，除实验结果录入外，用户还可根据实验细节增加或修改耐磨蚀涂层所选用的基体、强化相、工艺参数等，并根据需要录入参考文献信息。

① 新增实验数据

此模块可根据有效实验结果或已知参考文献实现涂层相关信息录入功能。

涂层信息方面，每个涂层有唯一确定的涂层 ID 与之对应，且每个 ID 对应的涂层信息必须与其他可检索的涂层信息有所区别。根据涂层特点，可赋予每个 ID 对应的涂层以相应的涂层名称。

初步选择涂层的基本信息，如涂层工艺、涂层基体及涂层强化相。工艺分类、涂层基体、强化相种类均可通过下拉菜单选择。

对于菜单中未出现的强化相种类、涂层工艺、涂层基体，可通过强化相管理、工艺管理、基体管理等功能先增加，再选择，具体增加和修改方法详见本节（2）第②、③、④部分。

强化相含量可通过手动输入在"含量"一栏设置，请注意设置时需保证所有强化相总含量不超过 100%，否则无法提交。录入信息时，任意一种强化相必须有对应的含量。

录入所新增涂层的工艺参数，并保证录入数据有效，对于缺项的工艺参数可空缺。

录入涂层性能数据，并保证录入数据有效，对于缺项的性能数据可空缺，性能数据以图表形式上传为佳，具体操作详见下文。

在数据来源处录入参考文献信息。

点击浏览，出现参考文献编辑窗口。

将对应涂层的相关参考文献按顺序排列，录入前请确保文献被公开索引。

点击新增按钮，将文献标题作者、文献出处等信息录入。以 DOI 形式录入为佳。对于错误文献或已被证明无关参考文献可选中该文献以"删除"按钮将对应参考文献删除。

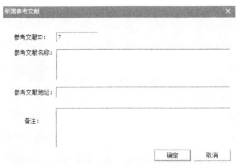

检查所有信息无误后点击"保存"按钮，将实验数据上传至数据库。此时该涂层 ID 已被锁定，且对应涂层名称也被唯一确定，如需在此基础上修改或新增实验数据，则需要删除此 ID 对应涂层信息或重新分配涂层 ID，并重新命名涂层名称。

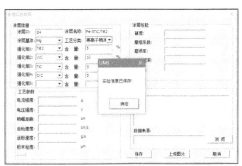

为使实验数据丰富且直观展示，可使用"新增图片"按钮，上传涂层相关显微组织、性能实验数据图表等图片，作为实验数据的补充信息。

单个涂层 ID 限上传 10 张图片，表格型实验数据需转化为图片格式上传，仅支持 JPEG（.jpg）格式的图片上传至数据库。

上传时首先点击"浏览"按钮选择图片路径和相关图片。

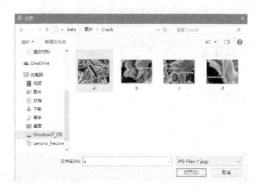

如本图片来源于该涂层已录入的参考文献，点击图片来源"选择"按钮，选择该图片对应的参考文献，点击"确定"，将该参考文献名称导入该图片信息。

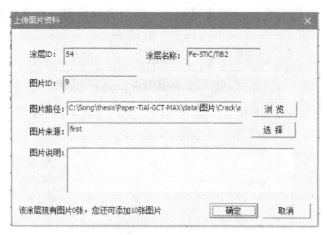

并将该图片的相关信息如图注、图例等信息在图片说明处予以录入说明，保证简介清楚地表述该图片与涂层的关系。

图片信息检查无误后，点击"确定"按钮上传。

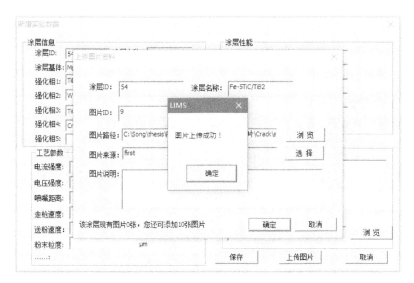

如该图层需录入多张图片，则重复以上操作，将所有图片导入。

② 基体管理

该模块可实现涂层基体材料的新增、编辑和删除操作。

对于该模块编辑的基体材料信息将显示在"①新增实验数据"中涂层基体选项卡中，因此如需增加数据库中未出现的基体材料，需通过此功能添加。

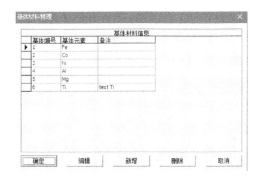

③ 强化相管理

该模块可实现涂层基体材料的新增、编辑和删除操作。

对于该模块编辑的强化相信息将显示在"①新增实验数据"中强化相选项卡中，因此如需增加数据库中未出现的涂层强化相，需通过此功能添加。

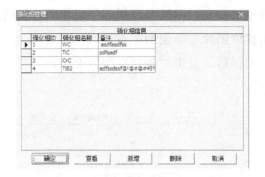

④ 工艺管理

该模块可实现涂层基体材料的新增、编辑和删除操作。

对于该模块编辑的强化相信息将显示在"①新增实验数据"中工艺分类中，因此如需增加数据库中未出现的涂层工艺分类，需通过此功能添加。

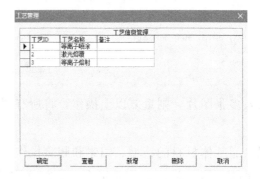

⑤ 文献管理

该模块可实现所有涂层相关文献的新增和删除，该功能与"①新增实验数据"部分数据来源功能相同，该模块独立后便于所有参考文献的编辑管理，随着数据库信息增多，用户在命名参考文献时可在备注处注明该参考文献所对应的涂层信息，以便查阅。

（3）数据检索

该模块便于用户查询数据库中已录入的相关实验数据包括实验工艺、参数，涂层体系，相关显微组织结构和涂层性能以及所对应的参考文献等信息。

按照实验数据录入情况，数据检索可分为按涂层信息检索、按工艺参数检索和按涂层性能检索三个模块，用户可根据所感兴趣的信息或已知信息进行相关实验数据等的检索。

① 按涂层信息检索

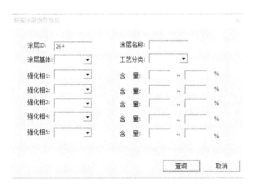

由于任何一个涂层的涂层 ID 及涂层名称唯一确定，检索时如按照 ID 检索或者通过涂层名称检索将得到精确检索结果，且结果唯一。

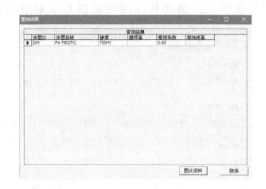

检索结果将显示满足条件的涂层所有信息，用户可点击图片资料了解该涂层的详细图片资料。

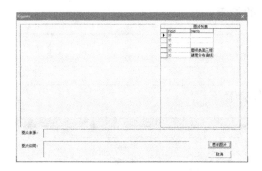

选择其中一张图片，点击显示图片可将所选图片显示至左侧窗口，来源参考文献及图片信息简介将显示在窗口下方。

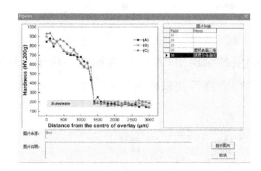

除按涂层 ID 及涂层名称查询外，也可通过涂层基体、工艺、强化相及含量等方式检索，这些方式的检索结果由于结果可能不唯一，属于模糊检索。

模糊检索的检索结果将以列表的形式显示在查询结果窗口中，模糊检索的检索条件越多，对应检索结果将越精确，过多的检索条件可能导致无结果匹配。用户可根据检索结果选择对应项显示更多细节。

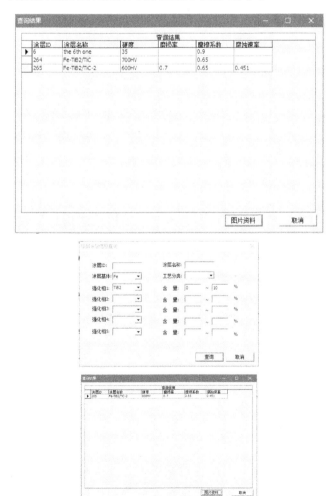

② 按工艺参数检索

用户可根据工艺种类或工艺参数不同设置检索条件，此类检索也属于模糊检索，具体检索条件设置，检索结果查询可参考"①按涂层信息检索"相关说明进行操作。

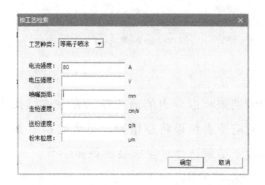

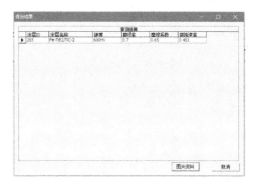

相关涂层细节显示用户也可参考本节"①按涂层信息检索"部分进行操作，得到涂层具体信息。

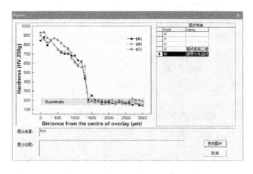

③ 按涂层性能检索

用户可根据涂层性能不同设置检索条件，此类检索也属于模糊检索，具体检索条件设置、检索结果查询可参考本节①按涂层信息检索相关说明进行操作。

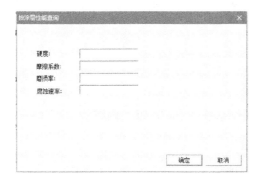

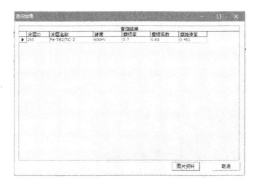

相关涂层细节显示用户也可参考本节①按涂层信息检索部分进行操作，得到涂层具体信息。

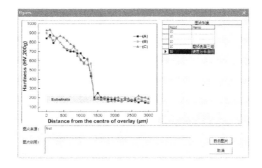

三、其他说明

本软件可用于耐磨蚀涂层数据管理及数据共享。

系统后续功能拓展有待进一步开发，欢迎用户提出宝贵意见。

系统使用中如遇到任何问题，欢迎邮件咨询 hanye@sdust.edu.cn。

附录二　BS 架构耐磨蚀涂层材料数据管理系统简介

一、概述

（一）系统需求

Win2007 以上操作系统，256M 以上内存。

（二）系统地址

1. 系统前台访问地址

系统地址：http：//wcrc.edu139.cn/，复制到浏览器即可访问。

2. 系统进入

点击耐磨蚀涂层材料数据库查询系统，即可进入耐磨蚀涂层材料数据库查询系统中。

3. 系统注册与登录

点击注册按钮，即可进入注册页面。

在登录页面输入注册的用户名及密码即可进入系统。

（三）系统操作员

后台管理地址：http://wcrc.edu139.cn/usadmin/login.aspx。

打开后台管理账户，输入管理员的账号和密码即可登录后台系统。

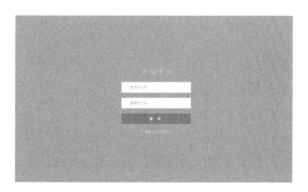

二、软件操作说明

（一）系统管理

1. 登录页面

（1）前台登入页面

进入前台以后的页面如下。

（2）后台登入页面

进入后台系统以后的页面如下。

（二）软件功能

1. 主要前台功能简介

前台分为数据查询、个人信息修改两个模块。

（1）数据查询

在搜索框中输入需要查询的关键字，然后点击搜索，即可搜索数据。

也可以点击高级搜索，输入详细的搜索数据进行搜索。

（2）查询结果查看

查询结果显示如下。

点击标题可以查看更为详细的结果信息。

（3）按照分类查询

可点击相应的分类可以查询分类信息。

2. 后台管理介绍

以管理员登录系统，通过按钮或菜单选择相关功能实现软件相关功能。

（1）基本数据管理

① 添加数据

点击添加数据，输入相应的信息，点击保存即可添加数据。

② 修改数据

在数据列表中选择相应的数据，点击右侧的修改，可以修改相应的数据。

③ 基体管理

点击基体管理，可以查看基体的分类，也可以新增和修改基体信息。

④ 工艺管理

点击工艺管理，可以查看工艺列表，并且可以添加和修改工艺信息。

⑤ 强化项 1 管理

点击强化项 1，可以查看强化项 1 列表，并且可以添加修改强化项 1
信息。

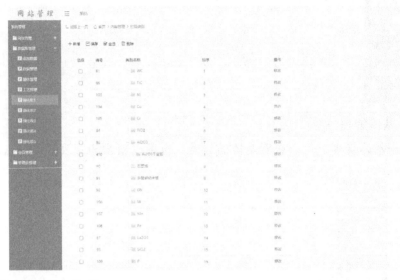

⑥ 强化项 2 管理

点击强化项 2，可以查看强化项 2 列表，并且可以添加修改强化项 2
信息。

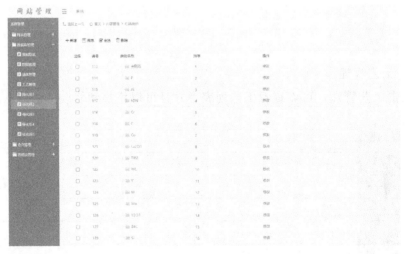

⑦ 强化项 3 管理

点击强化项 3，可以查看强化项 3 列表，并且可以添加修改强化项 3
信息。

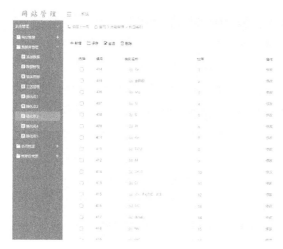

⑧ 强化项 4 管理

点击强化项 4，可以查看强化项 4 列表，并且可以添加修改强化项 4 信息。

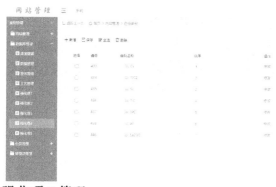

⑨ 强化项 5 管理

点击强化项 5，可以查看强化项 5 列表，并且可以添加修改强化项 5 信息。

⑩ 会员管理

点击会员管理，可以查看已经注册的会员信息，也可以对会员信息进行修改。

三、其他说明

本软件可用于耐磨蚀涂层数据管理及数据共享。

系统后续功能拓展有待进一步开发，欢迎用户提出宝贵意见。

系统使用中如遇到任何问题，欢迎邮件咨询 hanye@sdust. edu. cn。